海洋生物资源开发利用高技术丛书

生物技术在海洋生物资源开发中的应用

王梁华　焦炳华　主编

科学出版社
北京

内 容 简 介

为进一步推动我国海洋生物技术的快速发展，在科技部863计划海洋生物资源开发利用技术主题专家组的倡导下，我们组织国内同行编写了本书。按照现代海洋生物技术的内涵，全书共分7章。第一章现代海洋生物技术概论；第二章海洋基因工程技术；第三章海洋蛋白质工程技术；第四章海洋细胞工程技术；第五章海洋代谢工程技术；第六章海洋生物分离工程技术；第七章海洋生物芯片技术。

本书参编人员都是从事海洋生物技术教学和科研的一线人员。本书吸纳了国内外相关领域的最新研究成果，同时融入了参编人员对发展我国海洋生物技术的思考。本书不仅可作为海洋生物科技工作者的参考书，也可作为生物技术专业本科生以及研究生的参考资料。

图书在版编目(CIP)数据

生物技术在海洋生物资源开发中的应用/王梁华，焦炳华主编. —北京：科学出版社，2017.1
(海洋生物资源开发利用高技术丛书)
ISBN 978-7-03-049605-8

Ⅰ. ①生… Ⅱ. ①王… ②焦… Ⅲ. ①生物技术-应用-海洋生物资源-资源开发-研究 Ⅳ. ①P745

中国版本图书馆CIP数据核字(2016)第191197号

责任编辑：朱 灵
责任印制：黄晓鸣 / 封面设计：殷 靓

科学出版社 出版
北京东黄城根北街16号
邮政编码：100717
http://www.sciencep.com
南京展望文化发展有限公司排版
广东虎彩云印刷有限公司印刷
科学出版社发行 各地新华书店经销

*

2017年1月第 一 版 开本：787×1092 1/16
2024年8月第十一次印刷 印张：17 3/4
字数：426 000

定价：130.00元

(如有印装质量问题，我社负责调换)

《生物技术在海洋生物资源开发中的应用》编委会

主　编

王梁华　焦炳华

副主编

蔡在龙　刘小宇　卢小玲

编　者（按姓氏笔画排序）

王梁华　卢小玲　刘小宇　孙铭娟　杜　磊
杨生生　李盛英　张　伟　姚真真　殷　颖
阎金勇　焦炳华　蔡在龙　缪明永

Foreword 丛书序

海洋是生物资源的巨大宝库,据估计,地球上约 80% 的物种生活在海洋,种类超过 1 亿种。种类多样的海洋生物除提供人类优质蛋白质以外,其独特的环境孕育了特有的生命现象。海洋生物在高渗、低温或低氧生境下生存并进化使得它们拥有与陆地生物不同的基因组和代谢规律,合成产生了一系列结构和性能独特、具有巨大应用潜力的功能天然产物,是开发海洋药物、生物制品、食品和其他功能产品的重要资源。

海洋生物技术是现代生物技术与海洋生命科学交叉的产物。现代海洋生物高技术的内涵包括海洋生物基因工程、细胞工程、蛋白质工程和发酵(代谢)工程等。当前,海洋生物高技术的快速发展,极大地推动了海洋生物资源的高效保护与利用以及海洋生物战略性新兴产业的形成与壮大,并已成为世界海洋大国和强国竞争最激烈的领域之一。

自 20 世纪 80 年代以来,美国、日本、俄罗斯等国以及欧盟分别推出了"海洋生物技术计划"、"海洋蓝宝石计划"、"极端环境生命计划"、"生物催化 2021 计划"等,投入巨资加大对海洋生物高技术的研究与应用力度。自 2004 年以来,国际上就接连批准了 6 个海洋药物,产值达到百亿美元;海洋生物制品已成为新兴朝阳产业,一批高性能海洋生物酶、功能材料、绿色农用制剂、健康食品等实现产业化,产值达到千亿美元。我国海洋生物资源丰富,在海洋生物资源开发利用方面具有较好的基础。近年来在国家 863 计划、国家科技支撑计划等的支持下,分别在海洋药物、海洋生物制品、海洋功能基因产品、海洋微生物技术与产品、海水产品加工与高值化利用、海洋渔业资源可持续利用等方面取得了明显的成绩,缩短了与发达国家的差距,为我国海洋生物技术的快速发展奠定了良好的技术、人才和产品基础。随着"建设海洋强国"战略的实施和面向海洋战略性新兴产业发展的国家需求,发展海洋生物高技术创新体系,建设高技术密集型海洋生物新兴产业,实施海洋生物资源高值化开发战略,是我国海洋生物高技术发展的必然之路。

海洋生物资源开发利用高技术丛书是在国家 863 计划海洋技术领域办公室、中国 21 世纪议程管理中心的领导下组织编写的。在唐启升、管华诗、戚正武、陈冀胜、徐洵、张偲等院士的指导下，组成了强大的编写队伍，分别由“十二五”863 计划海洋生物技术主题专家组成员和国内著名海洋生物科技专家担纲各分册主编。丛书共分 6 个分册，分别为《生物技术在海洋生物资源开发中的应用》、《海洋生物资源评价与保护》、《海洋天然产物与药物研究开发》、《海洋生物制品开发与利用》、《海洋生物功能基因开发与利用》和《海洋水产品加工与食品安全》。我们希冀本丛书的问世，为进一步推动我国海洋生物高技术的发展和海洋生物战略性新兴产业的壮大作出一定的贡献。

本丛书吸纳了国家海洋领域技术预测和国家“十三五”海洋科技创新专项规划战略研究部分成果。编委会对参与技术预测和规划战略研究专家所贡献的智慧一并表示诚挚的谢意！

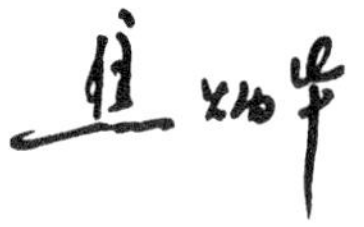

863 计划海洋生物资源开发利用技术主题专家组

2016 年 3 月

Preface 前　言

海洋是地球生命的摇篮，估计海洋生物种类可达1亿种以上，其中99%的物种尚未开发利用。海洋的特殊环境造就了大量陆地上罕见的物种，这就使海洋生物资源的开发利用成为极富有创造性又蕴含巨大应用潜力的国际热点。

海洋生物技术是以海洋生物为对象，运用海洋生物学与工程学的原理和方法，利用海洋生物或生物代谢过程生产有用的生物制品或定向改良海洋生物遗传特性的综合性科学技术。海洋生物技术的基础是分子生物学，是综合应用基因工程、细胞操作技术和细胞培养技术等手段，对海洋生物资源进行研究、开发利用和保护。

海洋生物技术兴起于20世纪80年代，是传统海洋生物学发展的新兴研究领域。研究内容大体有三个方面：一是开发、生产和改造海洋生物天然产物，以便用作药物、食品、新材料；二是定向改良海洋动物、植物遗传特性，为海水养殖业提供具有生长快、品质高和抗病害特性的优良品种；三是培养具有特殊用途的“超级细菌”，用来清除海洋环境的污染，或者生产具有特定生物治理功能的物质。

为了适应海洋生物技术的迅猛发展，我们召集了国内从事生物技术研究的一线科技人员，收集整理了国内外海洋生物技术开发应用的成果，编写了《生物技术在海洋生物资源开发中的应用》一书。全书共7章，各章节通过各种生物技术的简介、理论探讨和实例，展示了生物技术在海洋生物资源开发利用中的应用。第一章现代海洋生物技术概论，主要简介了海洋生物技术的建立与发展，以及在海洋生物制药、海洋生物制品、海洋基因资源、海洋微生物资源、水产品加工与食品安全、远洋渔业资源等中的开发利用；第二章海洋基因工程技术，主要概述了基因操作技术、海洋生物基因组技术、基因表达技术，并通过一系列实例讨论了海洋次级代谢产物的异源表达；第三章海洋蛋白质工程技术，概述了修饰和分子生物学改造蛋白质的两大技术路线，详细介绍了在蛋白质改性、海洋活性多肽、荧光蛋白质工程等中应用的实例，并列举了蛋白质组学在海洋生物研究中的应用现状；第四章海洋细胞工程技术，首先概述细胞工程基本技术，然后通过实例详细介绍了海洋动物细胞以及干细胞的培养；第五章海洋代谢工程技术，主要介绍发酵技术、生物反应器操作模式、代谢组学等内容；第六章海洋生物分离工程技术，主要包括生物分离过程的概述，生物材料的选择和预处理，初步纯化技术，精细纯化技术，并列举了几个海洋生物药物分离纯化实例；第七章海洋生物芯片技术，主要介绍DNA芯片、蛋白质芯片、组织芯片等内容，展望芯片技术在海洋生物资源开发利用中的应用。

在本书编写过程中，得到了科技部领导、海洋领域专家组和参编人员所在单位的大力支持，在此深表感谢。由于海洋生物技术领域进展迅猛，而编写时间较为仓促，难免有不足之处，恳请读者批评指正。

王梁华　焦炳华

2016年6月12日

Contents 目录

第一章

现代海洋生物技术概论

全球海洋面积3.61亿平方公里,覆盖地球表面70.8%。海洋是生物资源的巨大宝库,据估计,地球上80%的物种生活在海洋,种类超过1亿种。统计数据表明,整个地球生物的生产力相当于每年1 540亿吨有机碳,这其中海洋就占了87%。如此巨大的资源宝库每年可为人类转化30亿吨水产品,能满足300亿人口的蛋白质需要。海洋生物除提供人类优质蛋白质以外,其独特的环境孕育了特有的生命现象。海洋生物在高渗、低温或低氧生活环境下的进化使得它们拥有与陆地生物不同的基因组和代谢规律,合成产生了一系列结构和性能独特、具有巨大应用潜力的功能天然产物,是开发海洋药物、生物制品、食品和其他功能产品的重要资源。

因而,海洋生物的保护、开发和利用为生物技术开辟了一个广阔的天地,并赋予其旺盛的生命力。现代海洋生物技术涵盖的范围很广,包括海洋基因操作与基因工程技术、海洋蛋白质工程技术、海洋细胞工程技术、海洋生物发酵与代谢工程技术、海洋生物能源技术、海洋生物环境保护技术等,这些技术已经在海洋生物育种、海洋资源保护、海洋生物制药、海洋生物化工、海洋生境保护、海洋污染的生物治理等多个领域得到越来越多的应用。

21世纪以来,随着海量生物数据的产生以及高通量测序和数据处理、分析技术的快速发展,生命科学进入了空前的"大数据"(big data)时代。在这一背景下,生命科学研究模式亦正在发生重大转变,其主要标志就是生命科学正从"微观"(以分子生物学为代表的实验科学)向"宏观"(以数据驱动和生物信息学分析为主的各类组学与系统生物学)和"微观"科学并驾齐驱的方向发展,而这种模式的转变已正在并必将深刻影响着海洋生物科学与技术的发展,海洋生物大数据的建立、发展与挖掘必将驱动新一轮海洋生命科学革命。

第一节 海洋生物技术的建立与发展

海洋生物技术(marine biotechnology)是一个相对年轻的技术领域。现代海洋生物技术一般认为是以美国Scripps海洋研究所(the Scripps Institution of Oceanography)于1998年成立的海洋生物技术与生物医药中心(Center for Marine Biotechnology and Biomedicine)为起始。

一、海洋生物技术的定义

海洋生物技术是海洋生命科学的一个重要组成部分,是现代生物技术与海洋生物学交叉的产物，它是一门运用现代生物学、化学和工程学的原理，利用海洋生物体的生命系统和生命过程，研究海洋生物遗传特性，开发海洋生物产品，保护海洋环境的综合性科学技术。

海洋生物技术的研究范围包括海洋生物的基因工程、细胞工程、蛋白质（包括酶）工程和发酵（代谢）工程等。其研究内容包括利用基因工程和细胞工程培育海水养殖优良品种技术，利用现代分子生物学和医学技术诊断、预防、治疗海洋动物疾病，利用海洋生物特殊功能基因和生命活性物质，开发出有效的海洋药物和海洋保健品；此外，海洋生物技术还包括海洋污染的生物治理，海洋生物传感器的开发与应用，海洋生物技术在工业上的应用，等等。随着海洋生态学、分子生物学、海洋工程学、遥感技术以及深海探测技术不断向海洋生物技术领域渗透并与之结合，预计海洋生物技术研究范围还将日益拓宽。

二、海洋生物技术的现状

当前，国际上海洋生物技术的应用主要体现在两个方面，一为海洋生物资源的保护，二为海洋生物资源的可持续利用。本章主要介绍海洋生物资源高效利用中的海洋生物技术。

（一）世界海洋生物技术发展现状

自20世纪80年代以来，世界海洋大国和强国纷纷将开发与利用海洋列为基本国策。美国、日本、俄罗斯、欧盟等分别推出了“海洋生物技术计划”、“海洋蓝宝石计划”、“海洋生物开发计划”、“极端环境生命计划”、“冷酶计划”、“极端细胞工厂计划”、“生物催化2021计划”、“深海之星计划”等，投入巨资加大对海洋生物资源开发利用的力度。

1. 海洋药物先导化合物与创新药物研究开发技术

国际海洋药物的研究始于20世纪40年代，最早开发成功的海洋抗生素药物便是来源于海洋真菌的头孢菌素。随后，阿糖胞苷和阿糖腺苷成功上市。自2004年以来，在短短10年间，国际上又接连批准了7个海洋药物，分别为齐考诺肽（芋螺毒素）、拉伐佐（Ω-3-脂肪酸乙酯）、曲贝替定（加勒比海鞘素）、艾日布林（黑色软海绵素甲磺酸）、阿特赛曲斯（海兔毒素抗体偶联物）、伐赛帕（高纯度EPA）、玛丽佐米（盐单胞菌内酰胺）。16种针对恶性肿瘤、创伤和神经精神系统疾病的海洋药物进入Ⅰ~Ⅲ期临床研究。除此之外，还有大量的海洋活性化合物正处于成药性评价和临床前研究中。据统计，1998~2011年，国际上共有1 420个具有抗肿瘤和细胞毒活性，抗菌、抗病毒、抗凝血、抗炎、抗虫等活性，以及作用于心血管、内分泌、免疫和神经系统等的海洋活性化合物进行成药性评价和/或临床前研究，有望从中产生一批具有开发前景的候选药物。

2. 海洋高端生物制品研究开发技术

近年来，国际上以各种海洋动植物、微生物等为原料，研制开发海洋生物制品已成为海洋资源开发的热点。当前，国际海洋生物制品研发的热点主要集中在海洋生物酶、功能材料、绿色农用制剂，以及保健食品和日用化学品等方面。世界发达国家投入巨资发展海洋生物酶产业，迄今为止，已有20余种具有重要工业、医药、食品、日化用途的高性能海洋生物酶进入产业化，并垄断了中国80%以上的市场。利用壳聚糖开发的急救止血材料批准上市，并作为美军列装物资；另有一批海洋生物来源的组织损伤修复、组织工程、药物运载缓释材料以及疫苗佐剂等已处于实质性开发阶段。利用海洋琼脂开发的琼脂糖分离介质,在蛋白质、疫苗、抗体等生物大分子的分离纯化中得到了大规模应用。一批新型海洋生物农药、植物免疫调节剂得到大规模的应用,引发了绿色种植、健康养殖和食品安全的一场绿色化学革命。以疫苗接种为主导的养殖鱼类病害防治取得了显著的社会与经济效益。上述成果预示着海洋生物制品的研究与开发迎来一个空前发展的新阶段,海洋生物制品已成为新兴朝阳产业。

3. 海洋生物功能基因开发利用技术

基因是海洋生物资源再生和可持续开发利用的遗传基础。随着第二、三代测序技术的应用,世界各海洋大国纷纷加大了对海洋生物基因资源掠夺性的发掘和保护,国际上三大基因数据库中海洋生物基因的数量呈指数增加,围绕海洋生物基因的专利也迅猛增加。目前世界各国已开展并完成了多个不同门类海洋生物的全基因组序列测定。同时,转录组学、蛋白质组学及代谢组学技术也在海洋生物基因资源发掘中发挥了重要作用,获得了海量的功能基因,阐释了重要复杂性状的决定机制和代谢调控网络,并展示出在食品、医药、化工、农业、环保、能源等许多领域巨大的应用潜力。目前国际上成功产业化开发并进入市场的海洋生物功能基因产品主要包括海洋来源的多肽类药物、水产养殖动物生长和免疫抗病相关功能基因产品及海洋酶类等。

4. 海洋微生物资源开发利用技术

大洋、深海储藏着种类和数量巨大的微生物资源。近年来,各海洋国家认识到深海生物资源的重大开发利用价值及战略意义,投巨资进行深入系统的研究。深海微生物的特殊代谢途径将产生丰富且结构全新的药物先导化合物,为创新药物研发提供了丰富的候选化合物资源。目前,已经从深海极端微生物及深海动物中发现了一大批新结构或新作用机制先导化合物,显示出对恶性肿瘤、超级耐药菌等的高效性以及抗艾滋病和抗肝炎等的巨大应用潜力。因此,人们预计深海生物及其基因资源将形成21世纪一个新的产业生长点。

5. 海洋水产品加工、高值化利用及食品安全技术

据2013年联合国粮农组织统计年鉴统计,2010年世界渔业捕捞及水产养殖总产量已达到了1.48亿吨,其中1.28亿吨可作为人类的食物,水产品为人类提供了17%的蛋白质来源。世界水产品产量约75%是经过加工后销售,水产品加工产业是世界渔业产业的重要组成部分。英国、法国、德国、美国、挪威、日本等发达国家在水产品加工、装备开发、高值化利用、食品安全技术等方面仍然处于领先地位。发达国家以理论研究为先导,引领着技术的进步和发展,如日本鱼糜的加工理论、微冻保鲜理论、超高压杀菌理论,美国的危害分析的临界控制点(hazard analysis critical control point, HACCP)理论等都在全世界实现了推广和应用。另外,充分利用海洋水产品中富含的功能性蛋白质、糖类、脂类和小分子活性产物,开发新型健康食品、特殊膳食、肠内营养制品、保健食品、生物材料等高附加值产品,提高人类健康水平,成为世界各海洋科技强国发展新世纪海洋经济的必争领域。食品安全是全世界关注的焦点和热点问题,美国、欧盟、日本等通过调整和修订政策法规,将食品安全列入优先发展领域,通过增加科技投入,强化技术研发,建立溯源技术体系,开展风险评估,保障食品安全。

6. 海洋渔业资源可持续利用发展技术

在深远海捕捞业方面,20世纪90年代以来其增长速度呈现减缓的态势。传统底层鱼类资源普遍出现衰退，头足类、南极磷虾以及中小型中上层等鱼类资源是今后开发利用的重点。在近海渔业资源养护方面，增殖放流是各国优化资源结构、增加优质种类、恢复衰退渔业资源的重要途径；海洋牧场已经成为世界发达国家发展渔业、保护资源的主攻方向之一；同时，负责任捕捞已成为世界各国捕捞技术和渔业管理的重点。在绿色海水养殖方面，发达国家海水养殖普遍实现集约化。在生态理念的指导下，以节能减排、环境友好、安全健康为特点的生态集约养殖新生产模式已成为发达国家海水养殖业的发展趋势。

（二）我国海洋生物技术发展现状与水平

我国海洋生物资源丰富，在海洋生物资源开发利用方面具有一定的研究基础。近年来在国家863计划、国家科技支撑计划、国家海洋局公益性项目等支持下，分别在海洋药物、生物制品、功能基因产品、微生物技术与产品、水产品加工与高值化利用、渔业资源可持续利用等方面已取得明显的成绩，缩短了与发达国家的差距，部分技术达到国际先进水平，部分产品已进入到应用推广阶段，为后续快速发展奠定了良好的技术、人才和产品基础。

1. 海洋药物先导化合物与创新药物研究开发技术

我国是最早将海洋生物用作药物的国家之一，20世纪八九十年代批准了5个海洋多糖药物上市。我国科学家从海洋生物中发现了一批结构新颖和活性多样的针对重大疾病的药物先导化合物，其中20余种针对重大疾病的候选药物正在开展系统的成药性评价和临床前研究，5个海洋药物正在开展临床研究。

2. 海洋高端生物制品研究开发技术

海洋生物酶经过多年的研究积累，筛选到多种具有显著特性的酶类，部分品种（如蛋白酶、脂肪酶、酯酶、溶菌酶等）已得到实际应用；海洋多糖纤维制造技术已实现规模化生产，新一代止血、愈创、抗菌功能性伤口护理敷料和手术防粘连产品实现产业化；海洋寡糖农药开发应用在世界上处于先进水平，并已进入到应用推广阶段；一批具有产业化前景的候选疫苗已进入行政审批程序，其中迟钝爱德华氏菌活疫苗已经通过初审。

3. 海洋生物功能基因开发利用技术

我国目前拥有的测序仪数量为世界第二位，基因资源发掘能力显著提高，且已具备良好的技术基础，正在逐步走向国际领先水平。海洋生物功能基因经过多年的研究积累，已经筛选到一批具有显著特性的功能基因，部分功能基因产品（如抗菌肽基因工程产品饲料添加剂和免疫增强剂）已进入产业化，在国内外市场具有一定的竞争优势。

4. 海洋微生物资源开发利用技术

随着我国综合国力、财力和技术的不断进步，在大洋深海科学考察船的数量、航次数量等方面居世界前列，无人遥控潜水器（remote operated vehicle, ROV）、载人潜水器也已经研制成功，为我国学者开展深海微生物资源的勘探与获取提供了保障。近年来，我国在深海微生物资源的储备方面，建立了大洋深海微生物资源库，积累了大量的深海微生物资源，为我国海洋微生物资源研究与开发奠定了资源保障。上述工作为进一步开发海洋高端微生物制品和海洋创新微生物药物奠定了坚实的基础。

5. 海洋水产品加工、高值化利用及食品安全技术

我国水产品加工能力和水平有了较大的提高，2012年全国水产品加工能力达到2 638

万吨/年(占水产品总产量的45%左右),规模以上企业2 737个;加工技术装备水平有了较大提高,一大批新型装备得以开发并投入使用;我国的褐藻胶、琼胶、卡拉胶和壳聚糖产品已占国际市场70%左右的份额,海洋水产品高附加值多糖、蛋白质和脂类等的利用技术研究取得重要进展;逐步建立和完善了海洋食品安全预报预警信息的收集、评价、发布系统。

6. 海洋渔业资源可持续利用技术

经过近30年的发展,我国已成为世界第一捕捞大国、第一养殖大国。1949年以来,我国掀起了海水养殖蓝色产业的"五次浪潮",主要的养殖对象已从过去的几种增加到40多种,养殖种类也从贝藻类养殖为主向虾蟹类、鱼类和海珍品养殖全面发展。数字化技术在渔业中迅速得到发展与应用,水产养殖病害控制技术取得突出进展,养殖水环境清洁化、无害化处理得到高度重视。

(三) 海洋生物技术发展趋势

随着世界主要海洋强国对海洋生物技术投入的不断增加,海洋生物资源开发利用的发展迎来了新的机遇。当前,国际上海洋生物资源开发利用领域的发展趋势主要体现在下列三个方面。

1. 海洋生物资源的利用逐步从近海、浅海向远海、深海发展

在国家管辖范围以内的海底区域,世界各国已采取行动建立海洋保护区。针对目前深海生物及其基因资源自由采集研究的现状,联合国已展开多次非正式磋商,酝酿出台保护深海生物及其基因资源多样性的法规。我国充分利用后发优势,研制成功了定点、可视取样装备包括载人潜器、遥控潜水器和深拖系统(深海拖曳观测系统)等平台;完善了船载和实验室深海环境模拟培养/保藏体系;发展了相应的深海微生物培养、遗传操作和环境基因组克隆表达等生物技术手段,有望开发出一批满足节能工业催化、新药开发、能源利用和环境修复等需求的海洋生物新产品。

2. 各种陆地高新技术在海洋生物资源的利用中得到高效应用

包括药物新靶点发现和验证集成技术,药物高通量、高内涵筛选技术,现代色谱分离组合技术,海洋天然产物快速、高效分离、鉴定技术,现代生物信息学和化学信息学技术,计算机辅助药物设计技术,先进的先导化合物结构优化技术,海洋药物/生物制品生物合成机制及遗传改良优化高产技术,海洋药物/生物制品系统性成药性/功效评价技术,海洋药物/生物制品大规模产业化制备技术,等等。

3. 以企业为主导的海洋药物/生物制品研发体系成为主流

当前,国际上已出现专门从事海洋药物研究开发的制药公司(如西班牙的PharmaMar、美国的Nereus Pharmaceuticals等),并取得了令人瞩目的成绩。随着海洋药物研究丰硕成果的不断涌现,一些国际知名的医药企业或生物技术公司纷纷投身于海洋药物的研发和生产,包括美国辉瑞、瑞士罗氏、美国施贵宝、法国赛诺菲、美国金纳莱(Genaera)、美国礼来(Eli Lilly)、美国眼力健(Allergan)、日本先达(Syntex)、英国史克毕成(Smith-Kline Beecham)、美国Ligand Pharmaceuticals、丹麦诺维信(Novozymes A/S)、美国杰能科(Genecor)和美国的Verenium等。企业在海洋药物/生物制品创制方面的主体意识不断增强,建设了完整配套的创新药物研究开发技术链,逐步推动以企业为主体的专业性海洋新药/生物制品研发平台发展,促进了新药/生物制品研究和医药产业的整体水平和综合创新能力的提升。

第二节　大数据时代的海洋生物技术

半个世纪以来,随着计算机技术全面融入社会生活,信息爆炸已经积累到了一个开始引发变革的程度,从而创造出了“大数据”(big data)这个概念。近年来,大数据一词的应用已越来越普及。人们一般用它来描述和定义信息爆炸时代产生的海量数据,并命名与之相关的技术发展与创新。大数据分析常常和云计算联系到一起。截止到2012年,全球的数据量已经从TB(1 024 GB = 1 TB)跃升到PB(1 024 TB = 1 PB)、EB(1 024 PB = 1 EB)甚至ZB(1 024 EB = 1 ZB)级别。国际数据公司(IDC)的研究结果表明,2008年全球产生的数据量为0.49 ZB,2009年的数据量为0.8 ZB,2010年增长为1.2 ZB,2011年的数量更是高达1.82 ZB,相当于全球每人产生200 GB以上的数据。预计到2020年,全世界所产生的数据规模将达到今天的44倍,达到35.2 ZB。

一、大数据的特征

大数据具有以下的4“V”特征。

1. 数据量大(volume)

大数据的第一个特征是数据量大。大数据的起始计量单位至少是PB、EB或ZB。

2. 类型繁多(variety)

大数据的第二个特征是数据类型繁多。例如,海洋生物科学大数据就包括了生物多样性种类,生物的图片、视频、音频、来源地理位置信息,序列(DNA、RNA、氨基酸),代谢产物的结构、活性等,多类型的数据对数据的处理能力提出了更高的要求。

3. 价值密度低(value)

大数据的第三个特征是数据价值密度相对较低。例如,随着海洋生物基因组高通量测序技术和化合物高效发现技术的快速发展,海洋生物来源的信息无处不在,信息海量,但价值密度较低,如何通过强大的机器算法更迅速地完成数据的价值“提纯”,是大数据时代亟待解决的难题。

4. 速度快时效高(velocity)

大数据的第四个特征是处理速度快,时效性要求高,以达到快速、高效利用海洋生物资源的目的,这是大数据区分于传统数据挖掘最显著的特征。

目前既有的技术架构和路线,已经无法高效处理如此海量的海洋生物数据,而对于相关研究机构和人员来说,如果投入巨力采集的信息无法通过及时处理反馈有效信息,那将是得不偿失的。可以说,大数据时代对人类的数据驾驭能力提出了新的挑战,也为人们获得更为深刻、全面的洞察能力提供了前所未有的空间与潜力。

二、海洋生物大数据库的建设与应用

随着高通量测序,海洋微生物尤其是深海微生物采集、培养、保藏,海洋天然产物快速发现、结构鉴定等技术的发展,国际上有关海洋生物基因、菌种和化合物的信息量越来越庞大,迫切需要建设专门的资源库收集、处理、分析、挖掘并应用这些数据,亦即将这些数据转变成财富,应用于人类社会与经济发展。这将是大数据时代海洋生物技术的主要任务。

(一) 海洋基因资源库

近年来,基因组、转录组、蛋白质组和宏基因组等组学技术和生物信息学技术快速发展,并广泛应用于揭示海洋生命活动规律和大规模挖掘海洋生物功能基因资源。利用这些技术平台,世界各国科研人员已对多个门类的海洋生物开展全基因组研究,包括极端环境下的海洋生物,以及具有显著进化地位或经济价值的海洋动植物。美国一直居于海洋生物基因组计划研究的最前列,已投入巨资完成了领鞭虫、海绵、海葵、丝盘虫、海蠕虫、青贝、海胆、海鞘、文昌鱼和七鳃鳗等海洋动物的全基因组测序;其他海洋大国也相继针对鹿角珊瑚、小须鲸、非洲腔棘鱼、姥鲨等不同海洋生物开展了基因组学研究,目前已完成了绿海龟、剑尾鱼、蓝鳍金枪鱼、虹鳟鱼、红鳍东方鲀、黑斑鲀、青鳉鱼、大西洋鳕鱼、三棘刺鱼等经济动物基因组测序。同时,海洋转录组学、蛋白质组学和代谢组学也蓬勃开展,这些海洋生物组学数据的积累为加快海洋功能基因的发掘和利用提供了更为丰富的基因资源。

基因资源的开发利用已成为海洋生物技术的主攻方向,面对数量巨大的海洋生物及其丰富的基因资源,发掘筛选出具有应用前景的功能基因,开发具有我国自主知识产权的海洋功能基因新产品,将催生以功能基因为源头的新兴生物工程产业。大力发掘和合理利用海洋生物基因资源,不仅能从更深层次探究海洋生命的奥秘,更是我国海洋资源可持续发展的必然趋势。面向国家战略需求和学科前沿,建立和发展基因发掘、基因功能验证和功能蛋白开发技术是提高海洋生物资源发掘利用水平、提升蓝色经济核心科技创新力和国际竞争力、推动我国建设海洋强国的必然之路。

数据库是实现我国海洋生物基因序列有效存储、管理和开发的重要基础。目前国际上主要有三大序列数据库(EMBL、DDBJ 和 GenBank),而国内尚未建立具有世界影响力的数据库,数据基本提交到国外数据库,但受到国外数据库传输能力的限制,使得国内用户无法对已获得的数据进行有效的储存和管理。因此,建设我国海洋生物基因序列数据库、发展数据管理技术是有效使用大数据、发展大科学、实现大产业的根本。

(二) 海洋微生物资源库

国际上对海洋微生物,特别是深海极端环境微生物资源的争夺十分激烈。深海微生物资源勘探和开发利用,对于拓展战略发展空间、开发利用公海资源、实施可持续性发展具有重大的战略意义。近年来,各海洋国家认识到深海微生物资源的重大开发利用价值及战略意义,投入了巨大的人力物力,进行深入系统的研究。从深海微生物多样性调查,深海生态系统观测,深海微生物资源获取、挖掘及其在人类健康、环境保护、绿色农业、生物材料和工业催化与生物制造等领域中的应用等，无不显示出国际社会对深海微生物及其基因资源的高度关注。

科技部于 2004 年成立了“中国海洋微生物菌种保藏管理中心”(Marine Culture Collection of China, MCCC)(http://www.mccc.org.cn)。MCCC 设有冷冻真空干燥菌种保藏库、液氮冻结菌种保藏库和超低温冰箱冻结菌种保藏库。目前库藏海洋微生物 16 000 多株，其中细菌 518 属 1 973 种；酵母 38 属，128 种；真菌 90 属，170 种。从分离的海域看，MCCC 已经涵盖了国内海洋微生物的所有的分离海域和生境，来源多样，除了我国各近海外，还包括三大洋及南北极。MCCC 平台初步实现了样品、资源、技术的共享。但目前我国拥有的极端嗜热、嗜冷、嗜碱、嗜压等深海极端或/和特殊功能的微生物资源数量与发达国家相比严重不足，而更多海洋微生物资源的价值还有待深入研究，亟需加强建设。

(三) 海洋天然产物资源库

国际上对海洋生物次生代谢产物的研究始于 20 世纪 40 年代。近 40 年来，科学家已从海洋动、植物等不同海洋生物中发现了 32 400 余个海洋天然产物，其中结构新颖、具有显著生物活性和重要应用前景的海洋生物分子有数百种。海洋生物所产生的化合物结构几乎涵盖了天然有机化合物的各类结构，其中萜类、生物碱类、甾体类和聚酮类占 80% 以上；结构特异复杂，多含卤素(Br、Cl、I、F)，O、N、S 等，富含羧基、硫酸基和多不饱和双键，这些使海洋天然产物具有活性谱广且强度高的特点，从而为海洋药物的研究提供了源头化合物。

自 1996 年以来，*Nature Product Repots* 每年均发表一篇题为 *Marine Natural Products*(海洋天然产物)的综述，内容包含了化合物(特别是新化合物)的结构、生物活性、生物来源、生物(化学)合成等内容。

我国 2009 年出版的《中华海洋本草》副篇《海洋天然产物》(上、中、下)是从庞大的国内外海洋天然产物研究数据中搜集、提取、整理编辑而成，它汇集 20 世纪初以来国内外现代海洋天然产物研究获得的 2 万余种化合物及其生物活性研究的全部信息。

目前，国际上尚未有专门的海洋天然产物数据库。位于圣地亚哥的加利福尼亚大学(UCSD)在其天然产物数据库(http://naturalprod.ucsd.edu)下建设了海洋天然产物数据库(UCSD Marine Natural Products Database)。目前已收集超过 4 500 个海洋化合物样品以及约 4 650个提取组分。我国迄今为止尚未建立国家级的海洋天然产物资源库，大部分资源仍然分散在各研究单位，限制了海洋天然产物数据的挖掘与应用。

三、生物信息学在海洋生物大数据挖掘中的应用

生物学数据爆炸性增长的时代已经到来，自从 1990 年美国启动人类基因组计划以来，生物数据如潮水涌现。截至 2014 年 1 月 15 日，仅 GenBank 数据库中登录的序列总数已达到 173 353 076 条(包含 161 822 845 643 bp)。国际上没有专门的海洋生物基因数据库，绝大部分海洋生物基因数据包含在国际三大序列数据库(GenBank、EMBL 和 DDBJ)中，数据库在发布序列时，均有生物种属的描述。快速发展的生物信息学(bioinformatics)将在海洋生物大数据的挖掘中起到十分重要的作用。

（一）生物信息学的概念

生物信息学是一门交叉科学，它包含了生物信息的获取、处理、存储、分配、分析和解释等在内的所有方面，它综合运用数学、计算机科学和生物学的各种工具，来阐明和理解大量数据所包含的生物学意义。生物信息学这一名词于1991年前出现，但计算生物学这一名词的出现要早得多。鉴于这两门学科之间并没有界定严格的分界线，因此可以统称为生物信息学。

（二）生物信息学的应用

生物信息学的研究内容主要包括新算法和统计学方法研究，各类数据的分析和解释，研制有效利用和管理数据新工具等。生物信息学在海洋生物大数据信息挖掘中主要的应用如下。

1. 序列比对

即比较两条或两条以上符号序列的相似性或不相似性。序列比对是生物信息学的基础。两条序列的比对有较成熟的动态规划算法，以及在此基础上编写的比对软件包——BLAST和FASTA，这些软件在数据库查询和搜索中有重要的应用。

2. 蛋白质编码基因的识别

给定基因组序列后，正确识别编码基因的范围及在基因组序列中的精确位置。目前已有数十种算法和相应软件在网上免费使用。原核生物的基因识别相对容易。从具有较多内含子的真核生物基因组序列中正确识别出起始密码子、剪切位点和终止密码子，是个相当困难的问题，仍有大量的工作要做。

3. 非编码区分析和DNA语言研究

真核基因组中的编码部分仅占较小的比例，而非编码区的绝大部分序列的功能尚未明确。DNA序列作为一种遗传语言，不仅体现在编码序列之中，而且隐含在非编码序列之中。分析非编码区DNA序列需要崭新的研究思路和方法。

4. 蛋白质结构预测

包括对于蛋白质二、三级结构，乃至四级结构预测。从方法上看有演绎法和归纳法两种途径。前者主要是从一些基本原理或假设出发，来预测和研究蛋白质的结构与折叠过程。分子力学和分子动力学属这一范畴。后者主要是从观察和总结已知结构的蛋白质结构规律出发来预测未知蛋白质的结构。同源模建和指认方法属于这一范畴。但目前蛋白质结构预测研究现状远远不能满足实际需要。

5. 其他

如基因表达谱分析、代谢网络分析、基因芯片设计和蛋白质组学数据分析等，逐渐成为生物信息学中新兴的重要研究领域。

（三）生物信息数据库

大量生物学实验数据的积累，形成了数以亿计的生物数据，需要一个能有效组织、管理海量数据的系统，挖掘其中蕴涵的信息。生物信息数据库（bioinformation databases）是指存储在一起的相关生物数据的集合，按一定的目标收集和整理的生物学实验数据，所有生物数据已结构化，无不必要的冗余，并提供相关的数据查询、数据处理的服务。生物数据的存储独立于使用它的程序；对生物信息数据库插入新数据，修改和检索原有数据均能按一种公用的和可控制的方式进行；大多数生物信息数据库可以通过网络访问或下载。

生物信息数据库种类繁多，按数据层次可分为一级数据库和二级数据库。一级数据库的数据都直接来源于实验获得的原始数据，只经过简单的归类整理和注释；二级数据库是在一级数据库、实验数据和理论分析的基础上针对特定目标衍生而来，是对生物学知识和信息的进一步整理。国际上著名的一级核酸数据库有 Genbank、EMBL 和 DDBJ；蛋白质序列数据库有 SWISS - PROT、PIR 等；蛋白质结构库有 PDB 等。国际上二级生物学数据库非常多，它们因针对不同的研究内容和需要而各具特色，如基因组图谱库（GDB）、转录因子和结合位点库（TRANSFAC）、蛋白质结构家族分类库（SCOP）等。

按数据类型可分为四大类：基因与基因组数据库、蛋白质数据库、功能数据库和其他数据库资源。

1. 基因与基因组数据库

包括美国国立生物技术信息中心（NCBI）的 Genbank 数据库（http://www.ncbi.nlm.nih.gov/genbank/）、欧洲分子生物学实验室的 EMBL 数据库（http://www.ebi.ac.uk/embl/）和日本 DNA 数据库 DDBJ（http://www.ddbj.nig.ac.jp/）。

以 Genbank 为例，每条数据记录包含了对序列的简要描述：科学命名、物种分类名称、参考文献、序列特征表以及序列本身。序列特征表里包含对序列生物学特征的注释，如编码区、转录单元、重复区域、突变位点或修饰位点等。所有数据记录被划分在若干个文件里，如细菌类、病毒类、灵长类、啮齿类，以及 EST 数据、基因组测序数据、大规模基因组序列数据等 16 类中。学者可以利用数据库提供的软件进行数据检索、序列比对和提交序列数据。

2. 蛋白质数据库

常见的蛋白质数据库包括 PSD（http://pir.georgetown.edu/）、SWISS - PROT（http://www.ebi.ac.uk/swissprot/）、PROSITE（http://www.expasy.ch/prosite/）、PDB（http://www.rcsb.org/pdb/）、SCOP（http://scop.mrc-lmb.cam.ac.uk/scop/）、COG（http://www.ncbi.nlm.nih.gov/COG）等。

其中 PSD 和 SWISS - PROT 是经过注释的蛋白质序列数据库，PROSITE 收集了具有生物学显著意义的蛋白质，PDB 是蛋白质结构数据档案库，SCOP 描述已知蛋白质结构之间的关系，而 COG 则根据系统进化关系构建而成。

3. 功能数据库

主要包括 KEGG（http://www.genome.ad.jp/kegg/，着重描述基因组-功能关系）、DIP（http://dip.doe-mbi.ucla.edu/，蛋白质-蛋白质相互作用数据库）、ASDB（http://cbcg.nersc.gov/asdb，可变剪接数据库）、TRRD（http://www.mgs.bionet.nsc.ru/mgs/dbases/trrd4/，转录调控区数据库）、TRANSFAC（http://transfac.gbf.de/TRANSFAC，转录因子数据库）等。

4. 其他数据库资源

DBCat（http://www.infobiogen.fr/services/dbcat/）是生物信息数据库的目录数据库，它

收集了500多个生物信息学数据库的信息，并根据它们的应用领域进行了分类。包括DNA、RNA、蛋白质、基因组、图谱、蛋白质结构、文献著作等基本类型。

PubMed(http://www.ncbi.nlm.nih.gov/)是NCBI维护的文献引用数据库，提供对Medline、Pre-Medline等文献数据库的引用查询和对大量网络科学类电子期刊的链接。利用Entrez系统可以对PubMed进行方便的查询检索。

第三节　海洋生物技术在海洋生物资源开发利用中的应用

21世纪人类社会面临人口增加和老龄化、资源匮乏、能源短缺、环境恶化和突发公共卫生疾病蔓延等诸多问题的严峻挑战。随着陆地生物资源的日益减少，海洋生物资源的可持续开发和高效利用已成为世界海洋大国和强国竞争的焦点，海洋生物技术在其中发挥着不可替代的作用。

一、海洋生物制药

种类丰富的海洋生物在海洋生态系统中起着关键的作用。海洋生态环境的特殊性(高压、高盐、缺氧、避光等)，导致了海洋生物巨大的生物多样性和独特的化学多样性。许多低等海洋生物如海绵、珊瑚等无脊椎动物及海草、藻类等生物为在生存竞争严酷激烈的海洋生态环境中进化发展，通过生产一些次生代谢产物来防御、逃避被其他食物链上游生物的捕食、攻击。因而，海洋生物次生代谢产物的化学多样性、生物合成途径和防御系统的独特性与高效性与陆地生物相比有着巨大的差异，并成为寻找和发现创新药物的重要源泉，未来的"重磅炸弹"级新药最有可能源于海洋。

(一) 国际海洋药物研究突飞猛进

国际上最早开发成功的海洋药物便是著名的头孢菌素(cephalosporins，俗称先锋霉素)，现在已成为抗感染的主力药物。第二个就是利福霉素(rifamycins)，20世纪60年代利福霉素成为耐药性结核杆菌治疗的一线药物。世界各国已经从各种海洋动物、植物和微生物中分离和鉴定了32 400个新型化合物，它们具有广泛的药理活性。迄今，国际上上市的海洋药物除了上述的头孢菌素和利福霉素外，还有阿糖胞苷等9个(表1-1)。目前还有16种针对恶性肿瘤、创伤和神经精神系统疾病的海洋药物进入各期临床研究。

表1-1　FDA/EMA批准上市的海洋药物(统计至2014.8)

药物名称	商品名	生物来源	化学性质	分子靶点	适应证
阿糖胞苷 (Cytarabine, Ara-C)	Cytosar-U	海绵	核苷酸	DNA聚合酶	急、慢性淋巴细胞和髓性白血病
阿糖腺苷 (Vidarabine, Ara-A)①	Vira-A	海绵	核苷酸	病毒DNA聚合酶	单纯疱疹病毒感染

续表

药物名称	商品名	生物来源	化学性质	分子靶点	适应证
齐考诺肽(芋螺毒素, Ziconotide)	Prialt	芋螺	多肽	N-型钙离子通道	慢性顽固性疼痛
甲磺酸艾日布林 (Eribulin Mesylate, E7389)	Halaven	海绵	大环内酯	微管	晚期、难治性乳腺癌
Ω-3-脂肪酸乙酯 (Omega-3-acid ethyl esters)	Lovaza	海鱼	Ω-3-脂肪酸乙酯	甘油三酯合成酶	高甘油三酯血症
曲贝替定 (Trabectedin, ET-743) (EMA 注册)	Yondelis	海鞘	生物碱	DNA 双螺旋小沟	进行性软组织肉瘤,复发性卵巢癌
泊仁妥西布凡多汀 (Brentuximab vedotin, SGN-35)	Adcetris	海兔	ADC(海兔抑素 E)	CD_{30}^{+} 微管	霍奇金淋巴瘤
伐赛帕(AMR101)	Vascepa	海鱼	EPA	甘油三酯合成酶	高甘油三酯血症
玛丽佐米(Marizomib)	NA	海洋细菌	β-内酯-γ-内酰胺	蛋白酶体抑制剂	多发性骨髓瘤

注:ADC:抗体-药物偶联物(antibody-drug conjugate);①:2001 年 6 月停产。

(二)中国海洋药物历史悠久,近年来取得长足进步

我国是最早将海洋生物用作药物的国家之一。从公元前 3 世纪的《黄帝内经》到明末的《本草纲目》,历经 2 000 多年,共收录海洋药物 110 种,成为我国中医药宝库中的一个重要组成部分。我国海洋新天然产物的年发现量居世界首位,迄今为止我国科学家已发现约 3 000 多个海洋小分子新活性化合物和近 300 个糖(寡糖)类化合物,在国际天然产物化合物库中占有重要位置。据权威杂志 *Natural Product Report* 分析,目前中国平均每年从海洋生物中发现超过 200 个新化合物,新化合物发现的数量居世界第一位。近年来,我国医药工作者在继承和发展海洋药物方面开展了大量的工作。1985 年,我国第一个海洋药物藻酸双酯钠成功上市,此后,甘糖酯、岩藻糖硫酸酯、海力特、烟酸甘露醇等海洋药物纷纷批准上市。

目前,我国科学家已获得一批针对重大疾病的海洋药物先导化合物,其中 20 余种针对恶性肿瘤、心脑血管疾病、代谢性疾病、感染性疾病和神经退行性疾病等的候选药物正在开展系统的成药性评价和临床前研究阶段;处于Ⅰ~Ⅲ期临床研究的海洋药物有络通(玉足海参多糖)、K-001、D-聚甘酯、HS971 和几丁糖酯(916)等。上述工作为海洋药物的产业化奠定了一定的基础。但总的来看,我国海洋药物研究与开发基础较为薄弱,技术与品种积累相对较少,海洋药物产业目前仍处于孕育期。

二、海洋生物制品开发

海洋孕育的特殊生态系统在生物多样性、物质循环和能量流动以及极端生物对环境适应的机理也与陆地生态系统大相径庭。海洋特殊环境造就的海洋生物多样性,是研究与开

发新型海洋生物制品的重要生物资源。

(一)国际海洋生物制品已形成绿色产业

酶制剂广泛应用于工业、农业、食品、能源、环境保护、生物医药和材料等众多领域。欧盟、美国及日本等发达国家每年投入多达100亿美元资金,用于海洋生物酶的研究与开发。迄今为止,已从海洋微生物中筛选得到200多种酶,其中新酶达到30余种。目前在海洋微生物酶领域至少有8家大型公司参与了工业酶的开发,著名的有丹麦的诺维信,美国的杰能科、西格玛和维仁妮等。

海洋生物是功能材料的极佳原料,特别是随着国际第三代功能性可降解生物材料的发展,壳聚糖、海藻酸盐、胶原蛋白功能材料备受关注,美国、英国、日本等著名药械公司均投入巨资开展生物相容性海洋生物医用材料产品的开发。国外已上市或正在开发的产品主要有创伤止血材料(HemCon绷带、Celox止血粉等)、组织损伤修复材料(海藻酸盐伤口护理敷料、壳聚糖基跟腱修补材料、心脏补片等)、组织工程材料(人工皮肤、骨、角膜、神经、血管等)。此外还有药物缓释材料、生物分离材料、疫苗佐剂材料等正在研发之中。

海洋寡糖及寡肽是通过激活植物的防御系统达到植物抗病害目的的一类全新生物农药。法国戈艾玛(Goemar)公司以海带为原料开发出"IODUS40"、Appetizer和Vacciplant等系列海洋糖类生物农药,并得到大规模推广应用。美国Eden生物技术公司通过基因工程开发的寡肽植物活化剂Messenger被批准在全美农作物上使用,并被誉为作物生产和食品安全的一场绿色化学革命。

鱼类病原全细胞疫苗是目前世界各国商业鱼用疫苗的主导产品,挪威作为世界海水养殖强国和大国,在以疫苗接种为主导的养殖鱼类病害防治应用中取得了显著成效,阿尔法公司(Alpharma)研制的杀鲑气单胞菌疫苗挽救了挪威的鲑鱼产业。

(二)我国海洋生物制品产业发展正处于战略机遇期

我国开发海洋生物制品的资源丰富。我国是海洋生物制品原料生产大国,以壳聚糖、海藻酸钠为例,我国生产量占世界80%以上。海洋生物酶经过多年的研究积累,筛选到多种具有显著特性的酶类,在国内外市场具有较强的竞争优势,其中部分酶制剂如溶菌酶、蛋白酶、脂肪酶、酯酶等已进入产业化实施阶段。在海洋功能材料方面,海洋多糖的纤维制造技术已实现规模化生产,年产量约在1 000吨;海洋多糖纤维胶囊,新一代止血、愈创、抗菌功能性伤口护理敷料和手术防粘连产品均已实现产业化;海洋多糖、胶原组织工程支架材料的研发取得重要进展。在海洋绿色农用制剂方面,海洋寡糖农药开发应用在世界上处于先进水平,并已进入到应用阶段,推广亩次超过100 000亩;针对重要海洋病原(如鳗弧菌、迟钝爱德华菌、虹彩病毒等)开展了深入系统的致病机理研究和相应的疫苗开发工作,一批具有产业化前景的候选疫苗已进入行政审批程序,有望通过进一步的开发形成新的产业。

三、海洋基因资源开发

海洋生物所拥有的丰富奇妙的基因是人类社会宝贵的资源宝库,是海洋生物资源可持续利用的核心和根本。基因资源的开发利用已成为海洋生物技术的主攻方向。面对数量巨大的海洋生物及其丰富的基因资源,大力发掘和合理利用海洋生物基因资源,不仅能从更深层次探究海洋生命的奥秘,还能发掘筛选出一大批具有应用前景的功能基因,开发出性能优良的海洋功能基因新产品,将催生以功能基因为源头的新兴生物工程产业。

(一)国际海洋生物功能基因研究如火如荼

种类繁多的海洋生物中蕴藏着巨大的基因资源库。近年来,基因组、转录组、蛋白质组和宏基因组等组学技术和生物信息技术快速发展并广泛应用于揭示海洋生命活动规律和大规模挖掘海洋生物功能基因资源。第三代高通量核酸测序技术正逐渐取代第一、二代测序技术在基因资源的大规模发掘中发挥重要作用。利用这些技术平台,世界各国科研人员已完成了多个门类的20余种海洋生物的全基因组测序工作,这些海洋生物组学数据的积累为加快功能基因的发掘和利用提供了更为丰富的基因资源。

在海洋生物功能基因产品研发方面,目前国际上成功产业化开发并进入市场的海洋生物功能基因产品主要包括海洋来源的多肽类药物、水产养殖动物生长和免疫抗病相关功能基因产品及海洋酶类等。已批准的海洋多肽药物有镇痛用的齐考诺肽(ω-芋螺毒素),目前还有近10种抗癌多肽/蛋白质类药物进入临床研究,包括海鞘来源的脱氢膜海鞘素B、地中海海鞘素Khalalide,海兔来源的海兔毒肽10、ILX652和Cemadotin等。鱼类及其他水产养殖动物生长和免疫抗病相关功能基因及其产物的应用是解决水产养殖业面临重大问题的核心技术手段,欧美日等相继启动各种水产养殖动物的基因组计划,旨在发现一些关键生物性状基因及抗病基因等进行开发利用;这些基因一方面作为鱼类抗病分子标记,用于抗病品种的培育,另一方面用于研制抗病基因蛋白质制品和免疫增强剂等基因工程产品。海洋生物功能基因另外一个主要开发领域是酶制剂,酶的研究开发不断向满足特殊化应用的要求发展,如耐高温酶、低温酶等,从海洋尤其是海底、深海火山口等特殊环境生物中获得高性能的工业用酶,是海洋生物功能基因和国际酶制剂研究开发领域的前沿发展方向,有着巨大的发展潜力。

(二)我国在海洋生物基因资源挖掘能力上已进入国际先进行列

随着新一代测序平台的建设,我国在海洋生物基因资源挖掘能力上已进入国际前列。深圳华大基因研究院、中科院北京基因组研究所、诺禾致源和中国科学院海洋研究所等单位纷纷进入到海洋生物基因研究中来。深圳华大基因研究院正在开展千种鱼类转录组计划,实施规模化转录组测序与分析。目前国内已完成了半滑舌鳎、石斑鱼、大黄鱼和牡蛎等海洋生物的全基因组测序,其中牡蛎基因组是国际上第一个完成测序的经济贝类基因组,表明我国已经在国际海洋生物基因组计划中占有一席之地。同时我国科研人员采用转录组学、蛋白质组学和代谢组学等多组学技术围绕海洋生物特殊生命过程和关键经济性状进行了研究和探索,高通量获得了海洋生物重要功能基因。

我国研究人员对一批海洋生物功能基因来源的候选药物开展了系统的成药性评价和临床前研究工作,如突破了海葵强心肽基因工程产品关键技术,实现基因工程产品的规模化生产;完成抗肝纤维化新药重组鲨肝刺激物质类似物、靶向抗肿瘤新药重组文蛤多肽及镇痛候选药物 lt14a 等的临床前研究，为开发基因工程海洋新药奠定了坚实的基础。同时我国在海洋生物生长调节、抗病和免疫增强剂等功能基因产品开发方面已取得阶段性成果。成功制备重组石斑鱼摄食肽和几丁质酶，开发出新型高效安全的海水鱼苗生长免疫增强剂，获得国家田间试验批文并进入田间试验；海水养殖动物免疫增强剂 PYH 获得农业部生物安全证书 2 项。先后从我国大黄鱼、青蟹等多种经济动物获得了近 20 个具有我国自主知识产权的抗菌肽基因，建立了高效表达与纯化抗菌肽的优化工艺技术，建立了抗菌肽作为饲料添加剂的研发工艺，1 种抗菌肽基因工程产品饲料添加剂获得国家田间试验批文。

四、海洋微生物资源开发

生命起源于海洋，海洋中蕴藏着丰富的微生物资源，是具有巨大开发潜力的资源宝藏。海域根据其归属，可划分为国家管辖海域、争议海域和没有国家归属的国际海域。海洋占地球表面积 70%，其中深海（水深 > 1 000 米）约占海洋总面积的 90%，而且大部分处于国家管辖海域之外。深海中蕴藏着丰富的资源，包括油气、矿产、微生物及其基因等，是地球上最后的待开辟的疆域。

（一）国际海洋微生物资源的竞争日趋激烈

近年来国际上对深海极端环境微生物资源的争夺十分激烈，深海极端环境微生物的开发和利用已成为 21 世纪各国竞相发展高新技术的重要战略组成部分。目前，各类深海极端微生物及其基因资源在生物、医药、工业、农业、食品、环境等领域的开发应用取得了突破，已经形成了数十亿美元的产业。近年来，日本发现和开发出了大量的深海来源的嗜碱菌株和碱性生物酶，获得 20 多项相关专利，其中碱性纤维素酶、环糊精酶、碱性蛋白酶等已在工业上广泛应用。

深海微生物的特殊代谢途径将产生结构全新的药物候选物，为创新药物研发提供丰富的模式化合物。从深海微生物中寻找新结构或新作用机制的生物碱、萜类、大环内酯类、肽类、多糖及其组合物等具有生物活性的先导化合物，通过分子生物学、分子药理学、计算机辅助药物设计、结构生物学以及组合化学等深入研究，通过修饰优化获得具有开发前景的新药候选化合物，用于治疗重大疾病如恶性肿瘤、耐药性感染性疾病、艾滋病和肝炎等。

全球每年因病害导致的农作物减产可高达 20%，目前仍然缺乏有效的病害防治策略。深海微生物具有产生多种新颖抑菌活性物质的巨大潜力，具有开发出优秀的天然新杀菌剂潜力。因此，人们预计深海微生物及其基因资源的开发利用将形成 21 世纪一个新的产业生长点。

（二）我国已成为国际深海微生物研究的主要团队之一

我国在“十五”期间启动了国际海底微生物及其基因资源的相关研究，目前已成为国际上少数几个能系统开展深海微生物及其基因资源调查的国家之一。经过十几年的发展，我国已有了较好的国际海域科研调查队伍和调查平台，初步具备了开展深海微生物及其基因资源基础研究和应用潜力评估的深海微生物实验室及相关研究技术平台。在国际海域调查方面，发现了多个新的热液区，开展了硫化物资源等综合调查，微生物样品来源有较好基础。

目前，我国已经筹建了较好的深海微生物及其基因资源的研究平台，中国大洋协会2001年成立了“中国大洋深海生物基因研发基地”，2003年筹建了“深海微生物研究平台”。科技部2004年成立了“中国海洋微生物菌种保藏中心”。2010年，我国自主研制的ROV和蛟龙号载人潜器等高科技深海调查设备研制成功，并成功通过了海试。国家“十一五”、“十二五”计划期间，我们已经获得并保藏了海洋微生物菌株16 000余株，申请国内专利50项、国际专利6项、发现一批具有药物开发潜力的活性先导化合物和具有巨大开发潜力的新型深海微生物酶。

我国已经成为一支在国际上具有较大影响力的深海微生物研究力量，积极开展了国际合作交流，组织了多次深海微生物学国际研讨会。2011年成立深海生物基因资源工作组，整合了国内海洋微生物研发优势力量，承担大洋生物资源重大项目。随着国家投入的不断加大以及相关深海专业的发展，我国的深海微生物勘探团队将成为国际深海微生物研究的主要团队之一。

五、水产品加工与食品安全

水产品加工产业是世界渔业产业的重要组成部分。根据2013年联合国粮农组织(FAO)统计年鉴，2010年世界渔业捕捞及水产养殖总产量已达到了1.48亿吨，其中约75%是经过加工后销售的，因此，发展绿色、高效加工技术是开发“蓝色粮仓”的重要保证。同时，海洋水产品的食品安全已引起世界各国政府和民众的高度重视。

（一）精深加工、高值化利用和食品安全是世界水产品加工业的趋势

渔获物的陆上加工主要有鱼糜、罐头、干制品、冷冻调理食品、功能食品等。在船上保鲜及加工方面，法国、美国、挪威等发达国家处于国际领先地位。国外的加工船主要以冷海水保鲜船、船上保鲜加工船为主，船上保鲜加工主要对象是金枪鱼等高经济价值渔获物，还有少量的船上鱼虾粉加工、船上干制品加工等。在陆上保鲜与加工方面，西方以及日本等传统渔业发达国家以冷冻水产品为主，加工手段机械化自动化程度高。在水产品保鲜流通方面，西方渔业发达国家对整个保鲜流通过程进行预警监测和全方位、一体化监控，对水产品流通管理、品质保障及产品质量安全的提高起到重要的支撑作用。在水产品品质保持方面，国外已开展激光、纳米、电子束辐照、脉冲电磁、超高压等高新物理技术在水产品加工中的应用研究，在水产食品开发、改善产品品质、减轻劳动强度、延长产品货架期等方面取得一定的进展。在加工理念方面，联合国环境计划署(UNEP)于1989年就提出清洁生产的加工理念，旨在通过实施清洁化生产促进预防性的环保措施。

充分利用海洋水产品中富含的功能性蛋白、糖类、脂类和小分子活性物等，开发新型健康食品、特殊膳食、肠内营养制品、保健食品、生物材料等高附加值产品已成为世界各海洋科技强国发展海洋经济的必争领域。美国、欧洲、日本等国家和地区在海洋水产品蛋白质、糖类及脂质资源的高值化利用方面产业起步早，产品在国际市场占据主导地位。在蛋白质利用方面，国外在海洋水产品蛋白质的高效提取、除杂、酶法可控降解及活性修饰改性技术都

有先进的专利技术和产品，如美国安利公司的蛋白粉类产品等。在脂质技术方面，目前国际鱼油产品相关产业链的价值约为300亿美元/年，南极磷虾油已实现产业化，高甘油三酯型EPA/DHA、磷脂型EPA/DHA、海洋神经节苷脂及脑苷脂等鱼油产品将成为今后国际国内市场的主流产品。在多糖利用方面，目前开发利用的主要是海藻多糖和甲壳类多糖。日本、美国等发达国家通过物理或化学改性开发特定用途的多糖基食品添加剂功能性产品开发方面走在世界前列。

世界各国政府都高度重视食品安全。在全球贸易一体化的背景下，食品安全已成为各国保护自身利益、制定技术性贸易措施的主要内容。美国、欧盟、日本等通过调整和修订政策法规，将食品安全列入优先发展领域。发达国家海洋食品安全领域的共同特征表现在：具有健全的法律体系、严格统一的标准体系、完善的机构体系、先进的配套技术、明确的处理和传播机制、科学的评价程序和措施、准确透明的信息采集共享交换机制等。

（二）中国水产品加工和食品安全技术日趋成熟

我国水产品加工水平有了较大提高。根据2013年中国渔业统计年鉴显示，2012年全国水产品总产量5 907.68万吨，水产品加工企业数量达到9 706个（规模以上加工企业2 737个），水产品加工能力达到2 638万吨/年，特别是在传统的腌渍、干制、冷冻水产品以及即食、方便休闲现代海洋食品加工方面取得了重要进展。随着科研投入的加大，市场需求的提高，我国水产品加工技术装备水平有了较大提高，一大批新型装备被开发并投入使用，如牡蛎自动清洗装备、连续发酵装备等，大大提高了生产效率以及产品质量。

高值化利用成为新亮点。海洋生物多糖产业化技术取得重大突破，目前我国已成为世界第一海洋水产品多糖原料生产大国，占国际市场70%的份额；海洋水产品蛋白质资源高效利用技术研究取得重要进展，特别在海参、牡蛎、鲍鱼等蛋白质的精深加工，在鱿鱼、牡蛎、波纹巴非蛤和文蛤等的废弃物综合利用，以及在大宗低值鱼类蛋白质的高值化利用方面均实现了突破；海洋水产品脂质研究取得重要进展，目前我国已实现EPA/DHA等鱼油产品的产业化，新一代鱼油产品如高纯度EPA、甘油三酯型EPA/DHA、磷脂型EPA/DHA、海洋神经节苷脂及脑苷脂等正在研发中。

海洋食品安全监测预警技术突飞猛进。渔用药物、重金属、生物毒素、有机污染物以及致病微生物等主要危害因子的监测力度和范围都显著提高。2010年年初，我国通过了《食品安全风险监测管理规定》。目前，我国正不断借鉴国际食品安全预报预警系统的管理经验，逐步建立和完善海洋食品安全预报预警信息的收集、评价、发布系统，并构建具备可视化、实时化、动态化、网络化的食品安全预警系统。海洋食品安全控制水平不断提高，已经初步形成了一个以HACCP原则为核心、符合ISO9000管理要求的水产养殖体系。2011年，国家食品安全风险评估中心在北京成立，标志着我国水产品质量安全风险评估正在向国际标准靠近。

六、远洋渔业资源利用

20世纪90年代以来，世界海洋捕捞产量基本稳定在7 500万~8 000万吨，其中大洋性海洋捕捞产量(如金枪鱼类和鱿鱼类等)占全球海洋产量的比例达15%左右。据2012年FAO评估报告,在400多种重要经济种类中,处于低度和适度开发的种类从70年代中期的40%下降到目前的15%;过度开发、衰退和恢复的种类从70年代中期的10%增加到目前的32%。占世界海洋捕捞产量30%的前10名种类中多数已被完全开发。

综合世界海洋渔业资源开发现状,可以认为,传统底层鱼类资源普遍出现衰退,深海及底层鱼类资源开发潜力不大,头足类、南极磷虾以及中小型中上层鱼类等资源是今后开发利用的重点;金枪鱼类资源(除鲣鱼外)进一步开发和利用的潜力不大;印度洋、中西太平洋和南极是3个未充分开发利用的主要海域。

(一) 渔业资源养护和生态友好型捕捞已成为国际共识

世界深远海捕捞业发展呈现以下特点: ① 区域性国际渔业管理组织和沿岸国家对全球渔业资源管理日趋严格,传统远洋渔业进一步发展的空间受到限制;② 渔业资源养护已经成为社会共识,渔业活动对海洋濒危动物的影响受到日益关注;③ 远洋渔船不断向专业化发展,自动化程度得到大幅度提高;④ 水产品冷链物流的建立为远洋渔业发展提供了条件。

1995年,FAO通过了《负责任渔业的行为守则》后,世界海洋渔业管理正逐步向责任制管理方向发展,负责任捕捞已成为世界各国捕捞技术和渔业管理的重点。为此,世界各国在管理方面,实行了渔船吨位与功率限制、准入限制、可捕量和配额控制等。对渔具渔法的限制措施主要有: 禁止破坏性捕捞作业,禁止运输、销售不符规格的渔获物,禁捕非目标或不符合规格的种类,禁止不带海龟装置、副渔获物分离装置的拖网作业,甚至禁止近岸海区拖网渔业等。

(二) 我国深远海捕捞量世界第一,生态友好型捕捞正在实施

经过近30年的发展,我国已成为世界远洋渔业大国。据统计,2012年我国远洋渔船1 830艘,其中大型专业渔船近500艘;海外基地100多个,捕捞总产量122万吨,捕捞产值132亿元,作业渔场遍及38个国家的专属经济区和三大洋公海及南极海域。我国远洋渔业也面临着一些突出问题,主要表现在: ① 沿海国家保护资源的意识加强,以及公海渔业资源管理日趋严格,进一步发展远洋渔业的空间有限;② 远洋渔船总体装备水平不高,发展后劲相对不足;③ 对主要渔业合作国和公海渔业资源的信息缺乏,对资源和渔场掌握不准;④ 科技研究和成果应用滞后影响着远洋渔业发展的后劲。

我国负责任捕捞技术主要围绕网具网目结构、网目尺寸、网具选择性装置等方面开展研究,尚处于研究评估阶段,未形成规模化示范应用。目前,有效评估了我国主要流刺网渔具结构和渔获性能,取得了东海区小黄鱼、银鲳、黄海区蓝点马鲛和南海区金线鱼刺网最小网目尺寸标准参数。成功获取了海区鱼拖网、多囊桁杆虾拖网、单囊虾拖网、帆张网、锚张网和单桩张网等不同捕捞对象体型特征的最适/最小网囊网目结构和尺寸参数。研制发明了适宜我国渔具结构和捕捞对象的圆形、长方形刚性栅和柔性分隔结构等多种选择性装置。在东海区蟹笼选择性研究方面,突破了传统渔网/具靠改变网目尺寸提高选择性能的方法。

(焦炳华)

主要参考文献

焦炳华. 2009. 中华海洋本草. 微生物卷. 上海：上海科技文献出版社；北京：海洋出版社.
易杨华，焦炳华. 2006. 现代海洋药物学. 北京：科学出版社.
张书军，焦炳华. 2012. 世界海洋药物现代与发展趋势. 中国海洋药物，31(2)：58－60.

第二章

海洋基因工程技术

基因工程(genetic engineering)是以分子生物学理论和技术为基础,在体外对基因进行改造,构建重组 DNA 分子,导入受体细胞内进行复制或表达,从而使细胞产生新的表型或者获取新的蛋白质产物的一种生物技术。利用基因工程技术,人类可以培育出优质、高产、抗性好的农作物及畜、禽、鱼新品种,生产制备出如基因工程药物等蛋白质产品,开发针对疾病的基因治疗和基因诊断新方法。随着对海洋生物资源开发利用的日益重视,基因工程技术在其中也具有更广阔的应用前景。

第一节　基因操作技术

同陆地生物一样,对海洋生物基因资源的开发利用也离不开基因获取、改造和重组等基因操作技术。浩瀚的海洋具有丰富的生物资源,并且由于生活环境的特殊性使得海洋生物具有一些独特的生物学特性及相应有价值的功能基因。基因操作技术可以帮助人类对丰富的海洋生物基因资源加以开发利用,包括功能基因的获取、物种改造、海洋药物和生物制品的开发等方面。本节主要介绍基因操作技术中最为常用的 PCR 技术、核酸分子杂交技术、DNA 测序技术和 DNA 重组技术。

一、聚合酶链反应(PCR)技术

聚合酶链反应(polymerase chain reaction, PCR)是目前最常用的一种在体外快速扩增特定基因或 DNA 序列的方法,又称为基因的体外扩增法。PCR 技术自问世以来已成为获得基因序列的一种有效的手段,也是目前获取海洋生物的基因序列最为常用的方法。随着全基因组高通量测序技术的发展,越来越多的海洋生物(如海洋微生物、藻类生物、水母、贝类及鱼类生物等)的全基因组测序和序列注释工作已经完成,并且建立了相应的基因组数据库。利用这些数据中的基因序列信息,通过 PCR 技术可以获得我们感兴趣的功能基因序列。对于全基因组测序尚未完成的海洋生物,可以根据物种的进化关系及保守序列,设计简并引物,通过 PCR 技术也能获得功能基因的序列。

(一) PCR 原理

PCR 技术在体外扩增 DNA 的原理类似于生物体内天然 DNA 的复制机制,主要是利用

DNA 聚合酶依赖于 DNA 模板的特性及在目的基因上下游的寡核苷酸引物(primer),模拟体内的 DNA 复制过程进行聚合反应合成新的 DNA 分子。整个 PCR 的全过程一般由 20~40 个温度变化的循环组成,每个循环包含变性、退火、延伸三个步骤。

变性(denaturation):双链的模板 DNA 在 95℃左右的高温条件下氢键断裂,从而解链成为单链 DNA 分子。

退火(annealing):将反应温度降低至引物与模板 DNA 上对应序列的适当退火温度,使二者准确配对结合,为后续的聚合反应提供 3′-OH 末端。

延伸(extension):将温度调至 DNA 聚合酶的最适反应温度,一般为 72℃,DNA 聚合酶以 dNTP 为底物,按照碱基互补配对的原则将对应的 dNMP 连接到引物的 3′-OH,沿 5′→3′方向合成新的 DNA。

在最初的循环阶段,原来的 DNA 链起着模板的作用,随着循环次数的递增,新合成的引物延伸链急剧增多而成为主要的模板,因此 PCR 扩增产物将受到所加引物 5′端的限定,其终产物序列是介于两种引物 5′端之间的区域。

PCR 技术自问世以来已成为获得目的基因的一个有效的手段。对于序列已知的目的基因,可以设计一段与目的基因两端特异性互补的引物,利用 PCR 技术,经数小时的反应之后,就能将极微量的目的基因或特定的 DNA 片段扩增数十万倍,乃至千百万倍。PCR 技术操作简单,容易掌握,结果也较为可靠,为基因的分析与研究提供了一种强有力的手段。随着 PCR 技术的发展,现在已能扩增长达几十 kb 的 DNA 片段。但是此方法的产物中可能有 1/10 000~1/1 000 的错配率,所以 PCR 产物中可能存在突变体。因此,通过 PCR 扩增的基因,必须通过 DNA 序列测定才能确认。

(二) PCR 反应体系及条件

1. PCR 反应体系

1) 引物(primer):PCR 反应产物的特异性由一对上下游引物所决定。引物的好坏往往是 PCR 成败的关键。一般要求引物长度为 16~30 nt,常用为 20 nt 左右,其中 G+C 含量通常为 40%~60%;引物本身不能存在二级结构,并且引物自身及两条引物之间要避免形成二聚体;两条引物的退火温度相差不能超过 2℃。由于引物 5′端对扩增特异性影响不大,可在引物设计时加上限制酶切位点便于与相应载体连接,或者加上生物素、荧光素、地高辛等标记物制备探针。一般 PCR 反应中的引物终浓度为 0.2~1.0 μmol/L。引物过多会产生错误引导或产生引物二聚体,过低则降低产量。

2) 4 种三磷酸脱氧核苷酸(dNTP):一般反应中每种 dNTP 的终浓度为 20~200 μmol/L。理论上 4 种 dNTP 各 20 μmol/L,足以在 100 μL 反应中合成 2.6 μg 的 DNA。当 dNTP 终浓度大于 50 mmol/L 时可抑制 *Taq* DNA 聚合酶的活性。4 种 dNTP 的浓度应该相等,以减少合成中由于某种 dNTP 的不足出现的错误掺入。

3) 模板:PCR 反应必须以 DNA 为模板进行扩增,模板 DNA 可以是单链分子,也可以是双链分子;可以是线状分子,也可以是环状分子(线状分子比环状分子的扩增效果稍好)。一般反应中的模板数量为 10^2~10^5 个拷贝。

4) *Taq* DNA 聚合酶(*Thermus aquaticus* DNA polymerase):PCR 反应在 *Taq* DNA 聚合酶

的催化下进行，该酶属耐热的依赖 DNA 的 DNA 聚合酶，分子质量为 65 kDa，其特点是 95℃ 不失活，使得引物退火与延伸可在较高温度进行。目前主要有 2 种 *Taq* DNA 聚合酶，一种是从栖热水生杆菌中提纯的天然酶，另一种为大肠杆菌中表达的基因工程酶。酶浓度过高可引起非特异性扩增，浓度过低则影响扩增效率。

5）反应缓冲液：反应缓冲液一般含 10～50 mmol/L Tris－HCl（20℃下 pH 8.3～8.8）、50 mmol/L KCl 和适当浓度的 Mg^{2+}。Mg^{2+} 浓度对 *Taq* DNA 聚合酶影响很大，它可影响酶的活性和真实性，影响引物退火和解链温度，影响产物的特异性以及引物二聚体的形成等。通常 Mg^{2+} 浓度范围为 0.5～2 mmol/L。另外，反应液可加入 5 mmol/L 的二硫苏糖醇（DDT）或 100 μg/mL 的牛血清白蛋白（BSA），它们可稳定酶活性。

2. PCR 反应条件

1）双链 DNA 一般在 94℃的条件下都会解链，故一般每轮循环中的变性条件设为 94℃、30 s。为使模板充分变性、解链，常会在第一轮循环前进行 94℃预变性 5～10 min，然后加入 *Taq* DNA 聚合酶（即热启动），这样可减少由于 DNA 聚合酶在低温下仍有活性而产生非特异性扩增产物的错误。

2）PCR 反应的退火温度和所需时间的长短取决于引物的碱基组成，引物的长度、引物与模板的配对程度以及引物的浓度。实际使用的退火温度比扩增引物的 *T*m 值低 3～5℃。一般当引物中 GC 含量高，长度长并与模板完全配对时，应提高退火温度。退火温度越高，所得产物的特异性越高。通常退火温度和时间为 37～65℃、1～2 分钟。

3）延伸：延伸反应通常为 72℃，接近于 *Taq* DNA 聚合酶的最适反应温度 75℃。在一般反应体系中，*Taq* DNA 聚合酶每分钟约可合成 2 kb 长的 DNA。延伸时间过长会导致产物非特异性增加。但对很低浓度的目的序列，则可适当增加延伸反应的时间。一般在扩增反应完成后，都需要一步较长时间（10～30 min）的延伸反应，以获得尽可能完整的产物，这对以后进行克隆或测序反应尤为重要。

4）循环次数：当其他参数确定之后，循环次数主要取决于 DNA 浓度。一般而言 25～30 轮循环已经足够。循环次数过多，会使 PCR 产物中非特异性产物大量增加。通常经 25～30 轮循环扩增后，反应中 *Taq* DNA 聚合酶活性已经不足，如果此时产物量仍不够，需要进一步扩增，可将扩增的 DNA 样品稀释 10^3～10^5 倍作为模板，重新加入各种反应底物进行扩增，这样经 60 轮循环后，扩增水平可达 10^9～10^{10}。

（三）反转录 PCR 获得功能基因

普通 PCR 方法是以 DNA 为模板扩增基因，但真核生物的基因为断裂基因，由外显子（exon）和内含子（intron）组成，以染色体 DNA 为模板用 PCR 方法扩增出的基因是内含子和外显子相间排列的 DNA 分子，不能用于基因工程的直接表达。反转录 PCR（reverse transcription－PCR，RT－PCR）利用反转录病毒依赖于 RNA 的 DNA 逆转录酶，在寡聚（dT）、随机引物或基因特异性引物的引导下合成 mRNA 互补的 DNA（complemental DNA，cDNA），再按普通的 PCR 的方法用两条引物以 cDNA 为模板，扩增出不含内含子的可编码完整蛋白质的基因（图 2－1）。这一 DNA 的 5′端和 3′端经改造可直接用于基因工程的表达，因此 RT－PCR 成为目前获取目的基因的一条重要途径。海洋生物中蕴藏着大量结构新颖、生理活性和功能独特的生物活性物质及其基因，利用 RT－PCR 可以获得这些功能基因的 cDNA 序列，进一步通过基因工程技术表达获得这些活性物质。例如，海洋生物的多肽毒素（如芋螺毒素、海蛇毒素、海葵毒素、水母毒素和海胆毒素等）具有毒性作用强、药效高和活性广泛的特点，具有很高的应用价值。用传统的从海洋生物活体中分离纯化多肽毒素的方法不仅费时费力、产量小、纯度低并会影响海洋生态环境，而 RT－PCR 技术可以非常方便地获取这些多肽毒素的编码基因，通过基因工程技术进行重组表达、大批量生产。

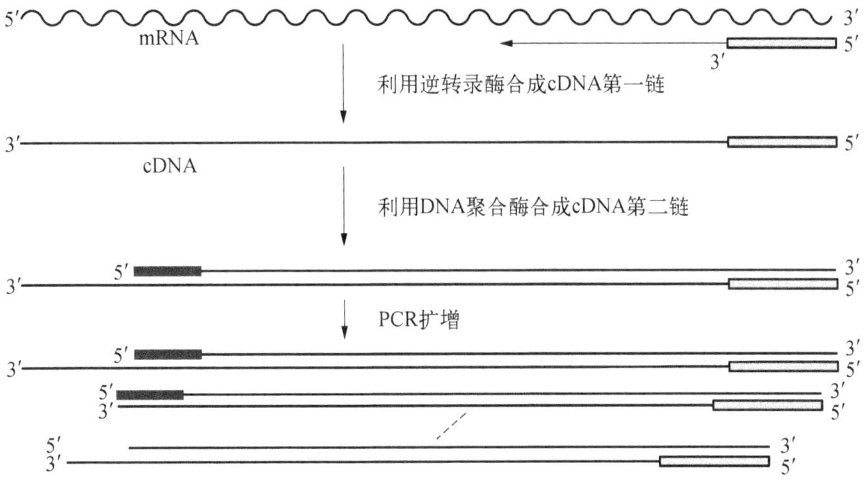

图 2－1　RT－PCR 原理示意图（引自焦炳华，2014）

有时 RT－PCR 技术所获得的 cDNA 序列并不完整，需通过 cDNA 末端快速扩增（rapid amplification of cDNA ends，RACE）技术获得其完整的全长 cDNA 序列。RACE 是一种基于 PCR 技术基础上，对一段部分序列已知的 cDNA 片段向两端进行延伸扩增，从而获得完整全长 cDNA 的方法，其基本原理是利用 mRNA 3′端 poly（A）或 5′端帽子结构作为锚定引物，根据已知的 cDNA 序列设计基因特异引物（gene specific primer，GSP），PCR 扩增获得 cDNA 的 5′端和 3′端序列。这就保证了全长 cDNA 的克隆，也为研究基因 5′和 3′非编码区及启动子提供了条件，有利于海洋生物功能基因表达调控研究的开展。

二、核酸分子杂交技术

核酸分子杂交（nucleic acid hybridization）技术是一种常用的分子生物学技术，是指依赖严格的碱基配对原则，通过变性与复性，一条 DNA 或 RNA 单链分子与另一条碱基序列互补的单链 DNA 或 RNA 分子形成异质双链 DNA－DNA、DNA－RNA、RNA－RNA 杂交分子达到特异性检测核酸分子目的的方法，具有高特异性和高灵敏性的特点。该方法目前主要被应用于基因文库筛选、基因拷贝数检测、基因表达分析、基因突变位点分析、染色质定位等研究。在海洋生物技术领域，核酸分子杂交技术也有广泛的用途。例如，针对病原体的特定的基因序列设计特异的探针（probe），可以方便的进行海水养殖动物疾病诊断；根据功能基因的保守序列设计探针，可以从海洋新物种的基因文库或 cDNA 文库中筛选获得新的功能基因;利用原位杂交技术可以明确重要功能基因的组织定位。目前,已针对可引起对虾大规模死亡的主要病毒性病原白斑综合征病毒(white spot syndrome virus, WSSV)和Taura综合征病毒开发出了商品化的杂交检测试剂盒。Deering等研制了生物素标记的反义探针用来检测感染虹鳟鱼、硬头鳟、银鳟和几种大马哈鱼及大西洋鲑的鱼类的传染性造血器官坏死病毒(infectious haematopoietic necrosis virus, IHNV)。

(一)核酸分子杂交基本原理

双链DNA分子主要依赖互补碱基对之间的氢键维系其双链结构,某些理化因素(温度、pH和离子强度等)会导致氢键发生断裂,使得DNA双链解离成单链,这一过程称为变性(denaturation)。当变性条件缓慢去除后,两条解离的互补链又重新互补配对,恢复原有的双链结构,这一过程称为复性(renaturation)。热变性后的DNA通过缓慢冷却逐渐恢复成双链的过程就是复性过程,又称为退火(annealing)。如果将不同种类的DNA单链或RNA放置于同一溶液中,碱基序列存在一定程度配对互补关系的两种核酸单链就有可能形成杂化双链(heteroduplex),这种现象就称为核酸杂交。两条DNA单链之间能否复性,并不取决于这两条链是否同源,而取决于它们的碱基序列是否互补。分子杂交不仅可发生在两条DNA单链之间,而且也可发生在具有互补碱基的DNA和RNA片段之间,或RNA与RNA片段之间,即有DNA-DNA杂交、DNA-RNA杂交和RNA-RNA杂交三类。

(二)核酸探针

广义上探针(probe)是指能与特定靶分子发生特异性相互作用,并能被特殊方法所检测的分子。例如,抗原-抗体、生物素-亲和素的结合均可看成是探针与靶分子的相互作用。而核酸分子杂交技术中用于检测特定核酸分子的核酸探针是指标记有放射性或非放射性标记物的寡核苷酸单链,能与待检测的特定核酸分子发生特异互补杂交,并容易被检测出来。

1. 核酸探针种类

根据来源与性质不同,核酸探针分为基因组DNA探针、cDNA探针、RNA探针、cRNA探针(互补RNA探针,是以cDNA为模板在体外转录而成)和人工合成的寡核苷酸探针5类。选择探针的原则是要有高度特异性,其次也需考虑制备探针难易性和检测手段的灵敏性等其他因素。一般探针越长,杂交作用越强,其专一性也越强。

根据标记物的不同,核酸探针分为放射性核素标记和非放射性标记探针两大类。最早用于核酸分子杂交的探针是放射性核素标记探针,主要是用^{3}H、^{32}P、^{35}S和^{125}I来进行标记,具有灵敏度高的特点,并且放射性核素与相应的元素具有完全相同的化学性质,不会影响碱基配对的特异性、稳定性及杂交性质。但是由于放射性核素标记探针有放射性,容易污染环境和伤害人体,且半衰期较短,不宜长期存放,逐渐被非放射性标记物所取代。目前常用的非放射性标记物有地高辛(digoxigenin)、生物素(biotin)和荧光素(fluorescein)等。虽然非放射性标记探针的敏感性不如放射性核素标记,但其稳定性和分辨率更高,且标测时间短、操作简便,不需特殊的防护设备,更重要的是不存在放射性污染。近年来,随着荧光物质的不断发现,荧光素标记探针得到了越来越多的应用。常用的荧光素有异硫氰酸荧光素(FITC)、羧基荧光素(FAM)、吲哚二羧菁(Cy3、Cy5)、四氯荧光素(TET)、六氯荧光素(HEX)和四甲-

6-羧罗丹明(TAMRA)等。探针的荧光素标记分为间接标记和直接标记。间接标记是指利用亲和素对生物素有极高亲和力的原理,首先将生物素连接在探针上进行分子杂交,然后用偶联有荧光素的亲和素或链霉亲和素进行检测;直接标记是指将荧光素直接与探针上的核苷或磷酸戊糖骨架共价结合,或掺入荧光素-核苷三磷酸进行标记探针,在杂交后可直接检测荧光信号。

2. 核酸探针的标记方法

核酸探针标记的方法主要有两大类:化学法和酶促法。

化学法是指通过化学反应将标记物分子上的活性基团与核酸分子上的基团直接结合在一起的方法。例如,生物素的衍生物——连接有硝基苯叠氮的生物素——光敏生物素在紫外线的激发下,形成的一个芳香硝基中间化合物(氮宾)可以非特异性地与 DNA 或 RNA 形成稳定的共价键,从而将生物素引入已经合成好的核酸探针中。

酶促法是指预先将标记物标记在核苷酸分子上,然后通过酶促反应将标记好的核苷酸分子掺入到探针分子中的方法。相比之下,酶促法的标记效率远高于化学法,并且适用于放射性核素标记和非放射性标记,是目前实验室中最常用的标记方法。常用的酶促法有切口平移法、随机引物法和末端标记法等。

(三)分子杂交技术

核酸分子杂交根据杂交的介质大致可分为液相杂交和固相杂交两类。

1. 液相分子杂交

液相分子杂交是最早使用的方法。其原理是将参加液相杂交的两条核酸链都游离在溶液中,在一定条件下(溶液的离子强度、温度、时间等)进行杂交,然后再将未杂交的探针除去,即得到杂交后的核酸分子。

2. 固相分子杂交

固相分子杂交是将待测的靶核苷酸链预先固定在固相支持物上,而标记的探针则游离在溶液中,进行杂交反应后,使杂交分子留在支持物上,故称固相杂交。目前最常用的固相支持物为硝酸纤维素膜和尼龙膜。其可通过漂洗能将未杂交的游离探针除去,留在膜上的杂交分子容易被检测,能防止靶 DNA 的自我复性,故被广泛应用。常用的固相杂交方法有 Southern 印迹杂交、Northern 印迹杂交、原位杂交和斑点杂交等。

Southern 印迹杂交是由 Edwin Southern 于 1975 年建立的用于检测膜上 DNA 的杂交技术,利用这一技术可进行克隆基因 DNA 的酶切图谱分析、基因组中某一基因的定性与定量分析、基因点突变及限制性片段长度多态性分析等。

Northern 印迹杂交是应用 DNA 探针检测膜上特异 RNA 的一种杂交技术,由 Alwine 于 1977 年建立,其方法类似于 Southern 印迹杂交。

斑点杂交(dot blot)是指将待测处理后的核酸样品,用点状加样滴在纤维素膜上,晾干烘烤,固定,然后将薄膜放入预杂交液内进行预杂交,再放入杂交液中杂交。本法简便、快速、节省材料、样品不必用内切酶消化或电泳分离,但不能测定杂交片段的大小。

原位杂交(hybridization *in situ*)是指将标记探针与细胞或组织切片中的核酸进行杂交并对其实行检测的方法。原位杂交技术不需要从组织中提取核酸。仅要求将细胞或石蜡包埋的组织切片、活组织的切片置于载玻片上，固定，加甲酰胺等使核酸变性后，可依实验目的选择探针进行杂交。根据探针的标记物是否能直接被检测，原位杂交可分为直接法和间接法两种。直接法原位杂交，探针与组织细胞内靶核酸所形成的杂交体不经免疫组织化学即可直接显示。反之，间接原位杂交一般都用半抗原标记探针，而探针与组织内靶核酸所形成的杂交体则通过免疫组织化学对半抗原的定位间接地显示。随着荧光技术的发展，荧光原位杂交技术（fluorescence *in situ* hybridization, FISH）也得到了广泛应用。

由病原体引起的动物病害是制约海水养殖业发展的重要因素，开发灵敏度高、特异性强、实用性好的病原体检测技术对于海水养殖动物疾病的诊断具有重要作用。目前核酸杂交技术在海水养殖动物疾病诊断方面已被广泛应用。例如，对虾白斑综合征病毒（white spot syndrome Virus, WSSV）、对虾黄头症病毒（yellow head virus, YHV）、对虾杆状病毒（baculovirus penaei, BP）和斑节对虾杆状病毒（penaeus monodon-type baculovirus, MBV）是影响对虾生长的重要致病病原体。近年来，针对各种对虾病毒成功制备了特异性的探针，利用斑点杂交和原位杂交技术等，优化杂交条件，有效地对这类海水养殖动物疾病进行早期诊断。

核酸杂交技术也被应用于海洋浮游植物的检测。海洋浮游植物是海洋生态系统中的初级生产者，通过其生命活动影响海水的生态环境。同时海洋生态环境的污染和破坏也会作用于浮游植物个体和群体。因此，对海水中浮游植物的群落结构和数量的监测具有重要科学意义和应用价值，尤其是对赤潮的研究具有重要作用。根据浮游植物的核糖体基因和线粒体细胞色素 b 基因设计相应的探针，利用全细胞原位杂交对海水中的浮游植物进行检测，分析浮游植物的种群组成及其在时间和空间上的变化。例如，Scholin 等以拟菱形藻属（*Pseudo-nitzchia*）为模型建立了赤潮藻的荧光原位杂交检测方法；Tyrell 等设计出针胞藻（*Fibrocapsa japonica*）和赤潮异弯藻（*Heterosigma akashiwo*）的特异性探针，对其进行了定量研究。

此外，近年来 FISH 技术在鱼类的基因定位、性别鉴定、染色体变异及种间杂交等研究中也得到了广泛的应用。

三、DNA 序列测定技术

DNA 序列测定技术，又称基因测序技术，是研究和改造基因的基础，对生命科学的迅猛发展起到巨大的推动作用。目前，DNA 测序技术在经典的双脱氧链终止法和 Maxam-Gilbert 化学降解法基础上，已从第一代的自动激发荧光技术快速发展到了第二代循环测序技术和第三代单分子测序技术。尤其是近年来随着高通量测序技术的发展，全基因组测序技术已非常成熟，越来越多的物种已完成了全基因组测序工作，为深入了解物种的进化与变异、研究基因的结构与功能，挖掘重要的功能基因奠定基础。

在人类及陆地重要生物基因组计划成功实施以后，基因组和功能基因组学研究的技术平台逐渐完善，研究成本也不断降低。海洋独特的环境、物种和基因资源吸引了越来越多的科研人员的关注，海洋生物基因资源的研究与利用是海洋生物技术研究领域中的重要内容。对海洋生物进行基因组测序，解析基因遗传密码，可以分析出各基因组的表达性状，保留和加强表达优势性状的基因,改变表达劣势性状的基因,提高生物抗逆性,让生物按照人们希望的方向去生长。全基因组测序还有利于研究海洋生物的功能基因,这些功能基因的开发将为新兴海洋产业提供广阔空间。目前世界上已在对虾、牡蛎、大马哈鱼、虹鳟鱼、鲶鱼等水产经济生物和紫菜等经济海藻的基因组研究中取得了进展,我国科学家陆续完成了牡蛎、大黄鱼、石斑鱼和半滑舌鳎的基因组测序并绘制出了全基因组序列图谱。

(一) 经典 DNA 序列测定原理

1977 年,英国科学家 F. Sanger 创立了双脱氧末端终止法,又称为 Sanger 法。同年,美国科学家 A. M. Maxam 和 W. Gilbert 创建了化学降解法,又称为 Maxam-Gilbert 法。这两种测序方法的成功建立大大提高了 DNA 测序的效率,3 位科学家也因此分享了 1980 年的诺贝尔化学奖。

1. 双脱氧末端终止法

双脱氧末端终止法的基本原理是: 利用大肠杆菌 DNA 聚合酶 Ⅰ,以单链 DNA 为模板,并以与模板事先结合的寡聚核苷酸为引物,根据碱基配对原则将脱氧核苷三磷酸(dNTP)底物的 α 位 5′-磷酸基团与引物的 3′- OH 末端生成 3′,5′-磷酸二酯键。通过这种磷酸二酯键的不断形成,新的互补 DNA 得以从 5′→3′延伸。Sanger 引入了双脱氧核苷三磷酸(ddTNP)作为链终止剂。ddTNP 比普通的 dNTP 在 3′位置缺少一个氧,即没有羟基(2′,3′- ddNTP),可以通过其 5′三磷酸基团掺入到正在增长的 DNA 链中,但由于缺少 3′- OH,不能同后续的 dNTP 形成 3′,5′-磷酸二酯键。因此,正在增长的 DNA 链不再延伸,使这条链的延伸终止于这个异常的核苷酸处。这样,在 4 组独立的酶反应体系中,4 种 dNTP 混合底物中分别加入 4 种 ddNTP 中的一种后,链的持续延伸将与随机发生却十分特异的链终止展开竞争,在掺入 ddNTP 的位置链延伸终止。结果产生 4 组分别终止于模板链的每一个 A、每一个 C、每个 G 和每一个 T 位置上的一系列长度不一的核苷酸链。通过高分辨率变性聚丙烯酰胺凝胶电泳,从放射自显影胶片上直接读出 DNA 上的核苷酸顺序,如图 2 - 2 所示。

2. Maxam-Gilbert 化学降解法测序

化学降解法与包括合成反应的链终止法不同,需要对原 DNA 进行化学降解。其基本原理是: 首先对待测 DNA 末端进行放射性标记,再通过 5 组(也可以是 4 组)相互独立的化学反应分别得到部分降解产物,其中每一组反应特异性地针对某一种或某一类碱基进行切割。因此,产生 5 组(或 4 组)不同长度的放射性标记的 DNA 片段,每组中的每个片段都有放射性标记的共同起点,但长度取决于该组反应针对的碱基在原样品 DNA 分子上的位置。此后各组反应物通过聚丙烯酰胺凝胶电泳进行分离,通过放射自显影检测末端标记的分子,并直接读取待测 DNA 片段的核苷酸序列。测序原理如图 2 - 3 所示。

(二) 基因组深度测序技术

深度测序(deep sequencing)技术从历史发展来讲堪称测序技术的一个里程碑,深度测序技术属于一类循环阵列合成测序的技术群。深度测序技术的组成一般包括模板准备、成像序列组装和比对等。深度测序可以对数百万个 DNA 分子同时进行测序,这种技术可以对一个物种的基因组和转录组等样品进行细致全貌的测序分析,因此,深度测序也被称为高通量

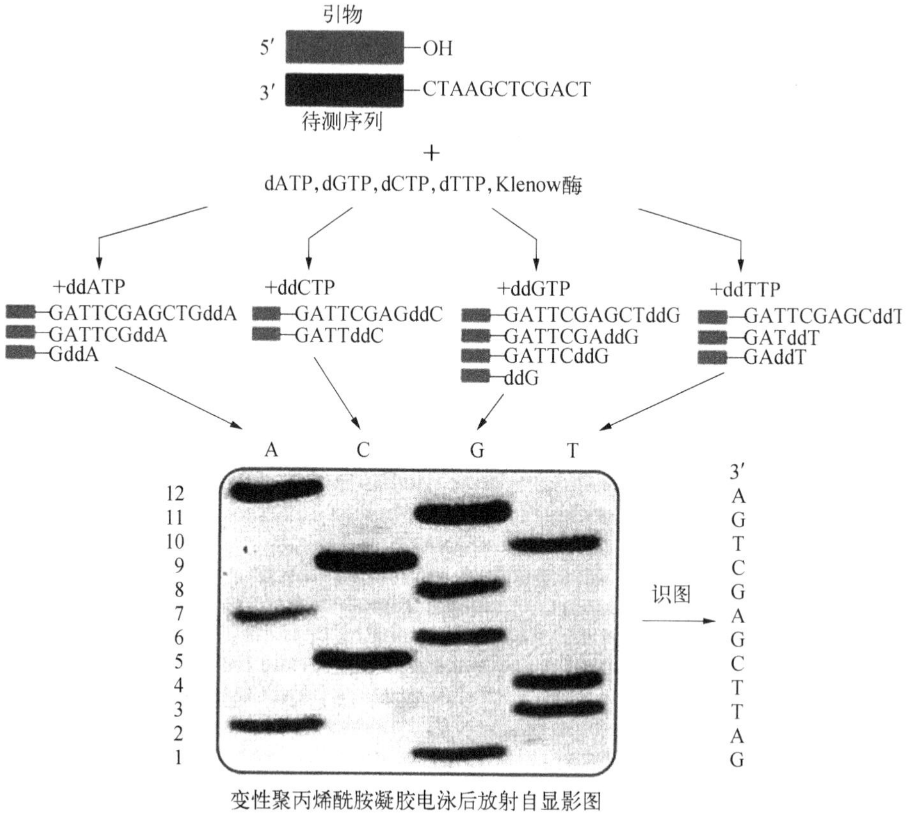

图 2-2 双脱氧末端终止法测序原理(杨生生修改自 Weaver, 2012)

测序(high throughput sequencing)或新一代测序技术(new generation sequencing)。

与传统的 Sanger 测序技术相比,深度测序技术有以下优势: ① 每一次测试都可以读取多达 40 万至 400 万条序列信息,读取长度的差别根据测序平台的特点可以从 25 bp(SOLiD 平台)至 400 bp(Roche 454 平台)不等,且不同的测序平台在每一次测试中可以读取多达数千至上百亿的碱基数;② 微阵列配置带来的大规模并行化测序,大幅度提高了测序效率;③ 不再需要电泳分离过程、细菌转染和质粒制备等分子手段过程,从而极大地降低了测序各环节的成本,节省了人财物力,如 Solexa 的测序成本降为传统旧测序方法的 1%;④ 高通量测序的适用范围不受物种限制,比较广泛,不需要提前分析模式物种的基因组序列,测序过程也不需要探针,深度测序可以直接进行生物全基因组的研究。深度测序技术在操作细节、技术扩展、测序原理等方方面面都进行了大量的升级,对生命科学领域来说,带来了革命性的变化。

1. 前沿的高通量测序技术

目前常用的高通量测序技术主要包括 Illumina Genome Analyzer、HiSeq 2000、Roche(罗氏) GS FLX Titanium System、AB SOLiD system 和单分子测序技术。

(1) Illumina Genome Analyzer 和 HiSeq 2000

IIllumina 公司的新一代测序仪(包括 Genome Analyzer 测序仪及其升级版 HiSeq 2000 测

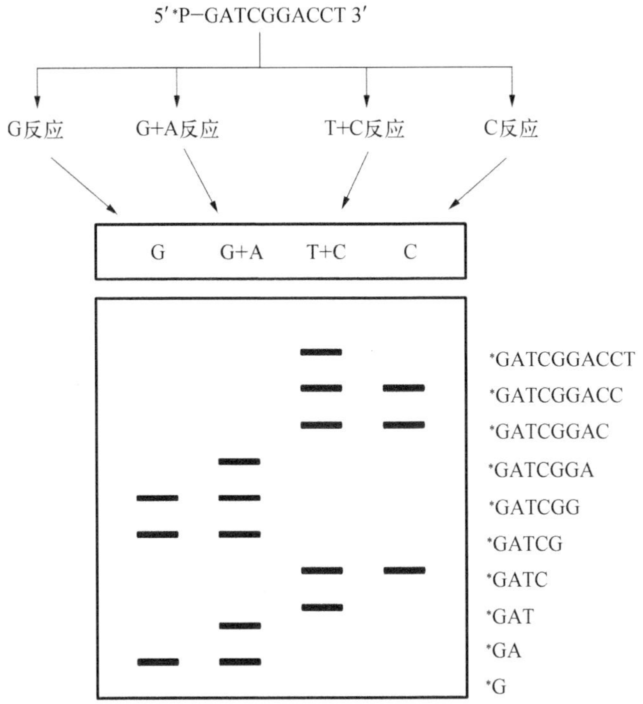

图2－3 化学裂解法测序原理(杨生生依原理制作)

序仪)其原理是基于单分子簇的边合成边测序技术(sequencing by synthesis, SBS)以及特有的可逆终止化学反应,可以在很短的时间内收集大量的测序数据。该测序技术的过程是:首先基因组DNA的随机打断片段吸附到光学透明的专用玻璃表面上,之后DNA片段经过延伸以及桥式扩增过程,形成数以亿计的簇,这样的每个簇都具有数千份相同模板的单分子簇;然后,使用可逆终止并可移除的四色荧光染料,对这些模板进行边合成边测序。这种新方法不仅确保了高精确度,而且保证了真实的单碱基连续测序,对于同聚物和重复序列的测序难题,该技术也是非常好的解决方案。

测序特点:① 通量高:目前一台机器在14天内最高可产高达出360 G的测序数据;② 准确率高:准确率超过98.5%,同时也克服了多聚重复序列的读取问题;③ 测序成本低:测序成本甚至不到传统Sanger测序技术成本的1%;④ 基于技术的发展,DNA序列的读取长度也在不断增加,目前的技术来说,单条序列读长可达到150 bp;⑤ 可以进行双端(pair-end, PE)双向测序。PE文库插入片段大小范围比较广,可由150 bp至10 kb,测序过程正确选择插入片段的长度对于含有大量高重复序列的基因组来说更加有利,这个特点进一步扩展了该技术的应用范围。

(2) Roche GS FLX Titanium System

罗氏公司的Genome Sequencer FLX System (GS FLX)系统是基于焦磷酸测序法的超高通量基因组测序系统。此测序系统曾被*Nature*杂志以里程碑事件进行了报道,可以说是新一代测序技术的先河。最新的Roche GS FLX测序仪采用的测序平板"Pico Titer Plate"(PTP),含有多达160万的光纤孔,每个光纤孔中含有一个乳化扩增(Emulsion PCR)过的

DNA 单拷贝磁珠,同时含有化学发光反应相关的各种酶和底物。测序过程中 4 种碱基依照 T、A、C、G 的顺序依次循环进入 PTP 板。如果与模板配对正确,就释放一个焦磷酸分子,该分子参与化学发光反应发出光信号,高灵敏度 CCD 捕获到光信号,就可以确定待测模板的碱基序列。

测序特点: ① 速度快: 每个测序反应耗时仅为 10 h,并且可以获得多达 4 亿至 6 亿个碱基对,与传统的 Sanger 测序方法相比,速度快 100 倍;② 读取长度长: 单条序列的读取长度平均可达到 450 bp;③ 测序通量高: 每个测序反应可以得到超过 100 万个序列读长;④ 测序准确度高: 在读取长度超过 400 bp 时,单一读长的准确性也可以保证超过 99% ;⑤ 可以进行 PE 双向测序研究。

(3) ABI SOLiD system

ABI 公司研发了新一代高通量基因测序分析系统 AB SOLiD sequencer。该系统的基础是采用四色荧光标记的寡核苷酸进行不间断的连接反应,可以对单拷贝的 DNA 片段进行高通量的大规模并行测序,并且可以根据双碱基编码的原理进行测序数据的比对。建库过程采用微反应板以及乳液 PCR 或者微珠进行富集。测序过程涉及多轮测序反应和每轮多次连接反应,而且测序过程对每个碱基进行 2 遍判读,增加了序列读取准确性,使测序结果原始碱基准确度超过 99.94% ,如果判读在 15 × 覆盖率时,准确度更可达到 99.999% 。

测序特点: ① 插入片段灵活化: 可制备插入片段范围 600 bp ~ 10 kb 的 Mate-paired 文库测序;② 测序通量高: 每台 SOLiD TM 4 system 测序仪在两周内可以获得 100 G 的测序数据;③ 采用 Primer reset 方式,不仅保证了较低的噪声,而且对于失败的 Round 又可以重新测序;④ 测序时采用稳定性和准确性高的连接反应,克服了多聚核苷酸序列读取困难的难题;⑤ 每个 DNA 碱基判读 2 次,不仅增加了读取序列的准确性,而且可以进行鉴别单核苷酸多态性(single nucleotide polymorphism, SNP)。

(4) 单分子测序技术

随着 Illumina、Roche 454、SOLiD 等测序平台的建立,基因组学的研究有了重大的突破。Helicos Biosciences 公司的 HeliScope 测序平台是最早在市场上出现的单分子测序仪。之后基于第 3 代单分子测序技术的 PacBio SMRT、Oxford Nanopore 和 VisiGen 也相继研发出来。

Helicos Biosciences 的 HeliScope 之所以能够较为准确地记录单分子合成时释放的非常低强度的荧光信号,是因为其主要采用一项全内反射显微镜技术(total internal reflection microscopy, TIRM)。Helicos 单分子测序仪基于合成测序的理论,将数以百万碱基的单链分子的样本 DNA 片段吸附在该仪器专有的没有背景荧光的专用玻璃表面,通过一定顺序分别加入 4 种荧光标记的核苷酸和 DNA 聚合酶到单分子阵列中,核苷酸会结合到特异性接收位点上,被激光激发释放出荧光,成像系统以 15 毫秒速度快速扫描全部阵列,检测特异性结合到 DNA 片段上的碱基,以此确定碱基序列。在一个过程后,结合的核苷酸会被移除,同时再加入其他的标记核苷酸进行循环反应,检测是否产生荧光。但与第二代测序技术相比,HeliScope 虽然实现了单分子 DNA 合成信号的检测和记录,但由于其检测能力较弱,极易发生缺失的检测错误,并且对同核苷酸重复序列检测的敏感性不佳,所以仍无法彻底取代已经非常成熟的第二代测序技术。

Pacific Biosciences 公司研发了一项名为单分子实时技术(single molecule real time,

SMRT)的全新测序技术,推出了 PacBio 测序平台。SMRT 技术的核心思想是通过零级波导(zero mode waveguide, ZMW)的纳米结构来实时检测 DNA 的合成,可以通过光学方法直接记录单个聚合酶在不受干扰的情况下的连续合成。该技术不仅融合了天然 DNA 复制高效准确的特点,同时可以在不影响聚合酶活性的前提下实时观测 DNA 合成。由于聚合酶的平均反应速度可达 1 bp/s 以上,因而其测序速度比 Sanger 测序快了几万倍。

操作简单和周期短是单分子测序技术的突出特点,目前,利用第 2 代测序技术完成一个细菌基因组测序大概需要 15 天的时间,而如果采用单分子测序技术可以在几小时内完成测序并获得有效数据。采用单分子测序技术省略了 PCR 过程,因此可以避免 PCR 扩增带来的误差。单分子测序技术中包含的 RNA 直接测序技术可以针对细胞中的 RNA 池直接进行读取,省略了互补 DNA 的合成过程,缩短研发周期的同时也大大提高了测序准确率。

这种以 Pacbio 技术为代表的模拟天然 DNA 复制过程的第三代单分子测序技术的发展使得许多极富挑战性的基因组学研究成为可能。

韩国极地研究所的研究人员开始利用二代深度测序的技术对一株从南极乔治王子岛分离获得的 Streptomyces 菌株的基因组(7.6 Mb)进行测序,但由于其 GC 含量高达 71%,无法获得完整的基因组信息。PacBio 测序技术具有单分子分辨率,不引入 PCR 过程,没有 GC 偏向性,研究人员利用该技术获得了高准确度的 CCS 数据和平均 1.5 kb 的长片段进行基因组组装,大大降低了基因组组装的难度,而且缺口也大为减小,使得他们首次获得了该细菌的完整基因组信息。

挪威 Oslo 大学生态和进化合成中心(CEES)的科研人员用 PacBio 测序技术完成了北冰洋鳕鱼基因组的拼接工作。中国科学院海洋研究所杨红生和相建海团队突破了刺参复杂基因组测序和组装技术瓶颈,采用 PacBio 测序技术获得 132 Gb 高质量 DNA 序列数据,覆盖全基因组 160 倍,在国际上首次成功完成了野生刺参的基因组组装,目前获得的框架图总长度达到 765 Mb 的基因组图谱。

2. 深度测序技术在海洋生物活性物质开发中的应用

随着深度测序技术的不断发展,深度测序技术在海洋生物资源的研究和开发中获得了重要的应用。深度测序可以使海洋生物研究者省略文库构建这一过程,从而避免了在克隆过程中可能引入的误差。获得数据以后,通过生物信息学分析,与参比基因组(reference genome)做对照分析处理,深度测序技术就可以省时省力地完成基因组重测序工作。因此,利用深度测序技术研究海洋生物的全基因组信息,从中挖掘重要的新颖功能相关的基因,将极大地推进海洋生物活性物质开发利用的工作。海洋生物组学技术包含基因组学、转录组学、蛋白质组学和代谢组学,在海洋生物活性物质挖掘和海洋生态系统研究中得到越来越广泛的应用。

(1) 海洋生物基因组学研究

全面地了解目标生物的基因结构和功能就需要进行全基因组测序的组学研究。分析了解一个物种的分子进化、基因组成和基因调控等过程就需要对此物种重要的活性相关基因进行挖掘。随着新一代测序技术的迅速发展,越来越多的生物全基因组序列被测序并公开。从数据库中数据分析,目前已完成全基因组测序的海洋模式生物包括玻璃海鞘(*Ciona intestinalis*)、紫海胆(*Strongylocentrotus purpuratus*)、星状海葵(*Nematostella vectensis*)、文昌鱼

(*Florida amphioxus*)、淡水枝角水蚤(*Daphnia pulex*)、大堡礁海绵(*Amphimedon queenslandica*)和鹿角珊瑚(*Acropora digitifera*)等。

深度测序技术的飞速发展,为海洋模式生物的全基因组从头(*de novo*)测序奠定了基础。全基因组从头测序不依赖任何已有的序列数据,而是直接对某个物种的基因组从头进行测序,然后利用计算机辅助生物信息学分析方法对序列进行拼接和组装,从而获得该物种的全基因组序列图谱,从中可以分析之前未检测到的编码功能蛋白和生物活性物质的相关基因序列。例如,大西洋鳕鱼(Atlantic cod)的全基因组已经通过 Roche 454 进行了测序,通过数据分析发现了大西洋鳕鱼基因组含有生活在北极海洋的动物生存所需的活性蛋白编码基因(抗冻糖蛋白 AFGP 的序列);同样的南极有孔虫(*Astammina rara*)微核的全基因组也采用 Roche 454 完成了测序,通过数据分析揭示了特殊的基因结构和调控过程,补充和扩大了有孔虫基因库,大大有助于科研人员理解分析有孔虫和其他原生生物之间的关系。

深海微生物蕴含的基因资源相当珍稀,有些微生物可以表达产生耐高温、耐低温、耐高压、耐高盐等特殊特性的蛋白质,研究者可运用分子手段对这些特殊基因进行克隆重组表达,同时可以研究压力、温度和盐度等环境因素对基因表达和蛋白质功能的影响机理。宏基因组学(metagenomics)可以分析给定生物群落的全部基因数据,从而规避了分别鉴别物种的困难,非常适合于海洋环境微生物群落的研究工作。早期时候,采用了传统的 Sanger 测序技术对海洋生物马尾海藻属(*Sum*)的宏基因组进行了研究,由于测序方法通量低、成本高等原因,限制了实验开展的深度和广度。通过新一代测序技术对其进行重新测序,科研人员获得了更加完整的宏基因组测序数据,对组学研究工作的开展奠定了基础。因此,新一代测序技术的应用不仅有利于人们更加深入研究海洋微生物的基因功能,从中挖掘新颖重要的相关基因,也使大量样本的宏基因组序列被测定和公开,极大地促进了基因组学的研究工作。

在对海洋生物样本的宏基因组测序研究中,发现了一种全新基因型的蓝藻物种,该蓝藻只专注于固氮,研究者通过研究发现其产生的活性物质参与了光合作用的过程。微生物群体的宏基因组测序只能够重构环境中高丰度的微生物基因组,而不能对其中的单一生物进行研究。研究者利用单细胞测序技术获得了 2 个无法培养的重要海洋微生物的高质量全基因组信息,通过此数据能够详细分析其基因组内容、代谢物质的变化及其与特殊环境下生物地理学相关研究内容。

国际上利用宏基因组学技术筛选生物活性物质,采用的是功能驱动筛选和序列驱动筛选两种途径。在海洋生态环境领域,研究者从海绵和海藻共生微生物宏基因组中获得了 3 个具有抗菌活性的蛋白质。研究者对深海热液口硫化物样本宏基因组文库进行了抗菌、抗乙肝病毒、抗肿瘤(细胞毒)活性蛋白的筛选,结果从中筛选到具有细胞毒性的 2 个混合克隆子。

(2) 海洋生物转录组学研究

转录组学(transcriptomics)是一门在 RNA 水平上研究细胞基因转录整体情况及转录调控规律的学科。目前,研究者将深度测序技术应用于转录组分析,并开发出 RNA 测序技术(RNA - Seq),该技术可以在全基因组范围内检测基因表达,进行差异基因筛选分析和从头转录组研究,对于新基因的发现和新分子标记的开发十分有效。RNA 测序技术具有通量高、可重复性高、检测范围宽、定量准等特点,促使很多海洋生物研究者采用该技术对部分海洋生物进行转录组分析。目前,已经利用 Roche 454 高通量测序技术相继测定了紫贻贝(*Mytilus gallopro-vincialis*)、椭圆鸭嘴蛤(*Laternula elliptica*)、东泥织纹螺(*Ilyanassa obsoleta*)、蛤仔(*Ruditapes philippinarum*)、海扇贝(*Patinopecten yessoensis*)和巨蛎(*Crassostrea gigas*)等多种海洋无脊椎动物的转录组序列。

南极磷虾(*Euphausia superba*)的转录组已经完成测序,通过对其数据的深入分析发现,南极磷虾含有大量的细胞分子伴侣系统和主要的抗氧化蛋白,包括 HSP 70、HSP 90 等"应激蛋白"、铁蛋白和谷胱甘肽 *S*-转移酶(GST)在南极磷虾体内的表达量都很高。究其在南极磷虾转录组中的过表达的原因,可能是这些蛋白质可以增强南极磷虾对寒冷环境的适应性,减少了蛋白质折叠效应带来的系列问题,同时可以增加对活性氧损伤的易感性。

对海洋中的总合草苔虫(*Buguta neritina*)生物现象的分析,利用了 Roche 454 焦磷酸测序技术平台,并且采用转录组和蛋白质组联合分析研究的方法,鉴定了草苔虫的 882 种蛋白质。这些结果将为后续的幼虫生物学分子机制研究以及防污活性研究提供重要的基因及蛋白质信息。对 *Bolocera tuediae* 和 *Hormathia digitata* 成体水螅阶段的转录组序列进行检测分析发现了一个可能具有阻断钠、钾电压门控通道活性的多肽毒素蛋白。通过测序技术,研究者建立了金黄色石斑鱼的标准化数据库,其中含有大量编码蛋白的转录本,可能包含了超过 75% 的有活性转录基因,这些数据都是将来研究相关生物功能基因组学和基因组测序计划有价值的参考数据。

(3) 海洋生物蛋白质组学研究

蛋白质组学注重细胞的全部蛋白质水平,主要是从蛋白质整体活动的角度来研究生命的活动规律。蛋白质组学通过蛋白质丰度和修饰模式两个方面的总体研究,来阐明生物体适应环境和生物挑战的机制。从这个角度讲,蛋白质组是最能代表活性功能分子表型的。随着蛋白质分离技术、质谱法鉴定蛋白质及大规模基因组和转录组测序技术的不断发展进步,蛋白质组学技术的应用也越来越简单和高效。

通过高通量技术对 3 株海洋蓝藻进行大规模的蛋白质组学分析,数据显示细胞内标记的蛋白质表达存在差异。通过运用高通量蛋白质组学技术对玫瑰杆菌属(*Roseobacter*)海洋细菌 *Ruegeria pomeroyi* 的结构和功能进行了分析和注释,确定了 2 006 条多肽,其中发现了 34 条新多肽是以前的研究中所遗漏的未注明阅读框编码的,这些新多肽可能与细菌毒素的活化和输出等功能相关。目前,已经进入后基因组时代,分析整个亚蛋白质组功能之间的相关性已经可以基于高通量技术来实现。通过分析海洋甲藻 *Lingulodinium polyedra* 昼夜节律系统的蛋白质组,成功鉴定了此物种与昼夜节律表达相关的蛋白质,同时也发现了涉及此代谢途径中的新颖时序控制蛋白。

四、DNA 重组技术

DNA 重组技术(recombinant DNA technology)作为分子生物学的一项重要技术已经非常成熟。利用 DNA 重组技术对 DNA 分子进行剪切和重新连接,构成重组 DNA 分子,然后把它导入宿主细胞,进而扩增相关 DNA 片段,表达相关基因的产物,是进行基因功能研究的基本方法。克隆(clone)是指由一个细胞经过无性繁殖以后形成的子代群体。构建 DNA 重组体并导入宿主细胞建立无性繁殖体系,即 DNA 的分子克隆(molecular cloning)过程。因此,重组 DNA 技术又称为分子克隆技术或基因工程技术。随着越来越多功能独特、活性显著的海洋生物功能基因被不断地发掘,DNA 重组技术在这些功能基因的功能研究和开发利用方面也起到越来越重要的作用。一方面,利用以 DNA 重组技术为基础的转基因、基因干扰、基因敲除等技术研究海洋生物功能基因,探究海洋生命的奥秘,挖掘具有独特活性、具有潜在药用价值的功能蛋白质和多肽。另一方面,利用基因工程技术实现重要的活性蛋白质生产制备的产业化。

(一) 载体

载体是基因工程技术的核心,没有合适的载体,外源基因很难进入受体细胞中,即使能够进入,一般也不能进行复制和表达。有了合适的载体,通过体外 DNA 重组方式,可以把基因与载体相连,转移到适当的受体细胞中,进行无性繁殖,从而获得大量的基因片段或相应的蛋白质产物。因此,基因工程操作是离不开载体的。细菌的质粒、酵母的质粒、噬菌体、病毒 DNA 的衍生物等,经过改造都可以成为载体。

1. 质粒

质粒是染色体外能够独立复制、稳定遗传的一种环状双链 DNA 分子。质粒 DNA 分子可以持续稳定地处于染色体外的游离状态,但在特定条件下又会可逆地整合到寄主染色体上,随着染色体的复制而复制,并通过细胞分裂传递到子代。质粒是目前基因工程中使用最为广泛的载体。质粒的长度一般为 10^6~10^8 bp,小型质粒的长度一般为 1.5~15 kb。质粒常含抗生素抗性基因,经过人工改造后的质粒是重组 DNA 技术中常用的载体。

理想质粒载体必须具备相应的条件: ① 质粒拷贝数较高。质粒拷贝数是指生长在标准的培养基条件下,每个细菌细胞中所含有的质粒 DNA 分子的数目。根据宿主细胞所含的拷贝数多少,可将质粒分成两种不同的复制型: 严紧型和松弛型。低拷贝数的质粒,每个宿主细胞中仅含有 1~3 个的拷贝,称这类质粒为“严紧型”复制控制的质粒(stringent plasmid);高拷贝数的质粒,每个宿主细胞中可高达 10~60 个拷贝,这类质粒被称为“松弛型”复制控制的质粒(relaxed plasmid)。② 分子质量较小。一般来说低分子质量的质粒通常拷贝数较高,克隆时所预期的基因表达产物的数量较大,分子质量低的质粒限制酶的切点相应减少,有可能找到合适的单一限制酶切点,便于制作酶切图谱。分子质量低的质粒的外源 DNA 容量较大,且转化效率与质粒大小成反比,质粒小容易转化,当质粒大于15 kb时,将成为转化效率的制约因素。另外,小分子质量质粒在进行遗传工程操作时容易掌握,容易分离,不易断裂。一般来说小分子质量的质粒其拷贝数往往较高,这不仅有利于质粒 DNA 的制备,同时还会使细胞中克隆基因的剂量增加。③ 带有可供选择的标记。常采用的标记是对某种抗生素的抗性,如氨苄青霉素抗性(amp^r)、卡那霉素抗性(kan^r)、四环素抗性(tet^r)等,而且希望各抗性基因内有若干单一的限制酶切点。在克隆时通过单一酶切点插入外源基因,使该抗性基因失活、宿主菌变为对该抗生素敏感的菌株,这样极易检查到克隆是否成功。另外可利用 β-半乳糖苷酶筛选系统作为筛选标记。④ 带有尽可能多的单一限制性酶切位点。单一的限制性酶切位点可供外源 DNA 定点插入;较多不同的单一限制酶酶切位点可有选择地供带有不同末端的外源基因插入。目前常用载体上的多克隆位点(multiple cloning site, MCS)即具有该功能。⑤ 具有复制起始点。复制起始点(origin, *ori*)是质粒自我增殖所必不可少的基本条件,也是决定质粒拷贝数的重要元件,可使繁殖后的细胞维持一定数量的质粒拷贝数。

2. 噬菌体

噬菌体载体主要由 λ 和 ΦC31 衍生,此外还有 M13 噬菌体和黏粒(cosmid)等。

采用突变、缺失等手段消除野生型 λ 噬菌体 DNA 上过多的酶切位点及非必要区,并在非必要区插入外源基因(如 *lacZ* 基因),改变噬菌斑的颜色、浊度等,以利筛选。目前常用的 λ 衍生物载体有插入型载体和置换型载体。

黏粒又称为柯斯质粒,它是一种特殊的用基因工程技术组建的大肠杆菌质粒,含有 λ 噬菌体的 *cos* 位点和整个 pBR322 的 DNA 顺序,经感染进入细菌细胞以后,像质粒那样在细胞中复制。可容纳 35~45 kb 外源 DNA,有抗性标记及多种单一限制性酶切位点,可以体外包装成噬菌体颗粒,以感染方式进入宿主细菌,避开了大质粒转化困难的缺点,在宿主体内则以质粒那样复制。常用的黏粒有 PJ88、PAC79、C2XB、C2RB、NuA－3、koS1 等。

M13 是一种细线状的单链 DNA 噬菌体,在分子生物学研究中主要用于 DNA 的碱基序列分析。M13 DNA 中有 507 个核苷酸(3 948~6 005)属非必要区,称 IS,在该区插入酶切位点或 *lacZ* 基因部分,可构建成 M13 运载体,常用 M13 运载体为 M13mp 系列。单链及双链均可转化受体,DNA 大小无包装界限,外源 DNA 容量为 M13 DNA 的 6~7 倍,其缺点是插入片段不稳定,传代次数多了会丢失,经宿主菌释出含外源 DNA 的单链 M13 噬菌体,可直接用于 DNA 序列分析。

3. 酵母质粒

常用的酵母表达载体多为穿梭质粒载体,它们可在大肠杆菌中进行筛选和扩增。应用最广泛的酵母载体是由 pBR322 衍生而来的,它含有可保证其在大肠杆菌中具有高拷贝数的复制起始点(*ori*)及 amp^r、tet^r等抗生素筛选标记。

根据载体在酵母中的复制形式、用途及表达外源基因的方式,酵母表达载体可分为整合型质粒(yeast integrating plasmid, YIp)、复制型质粒(yeast replicating plasmid, YRp)、着丝粒质粒(yeast centromeric plasmid, YCp)和附加体质粒(yeast episomal plasmid, YEp)。此外,还有用于克隆 DNA 大片段的酵母人工染色体(yeast artificial chromosome, YAC)。

4. 哺乳动物细胞表达质粒

哺乳动物细胞表达载体主要有质粒载体和病毒载体两类。

质粒载体常用的有 pcDNA3.1 系列、pTRE 应答质粒与 pTet－off(或 pTet－on)调节质粒系统、pSI、pCMV、pBudCE4.1 等。它们的不同之处在于转录元件、选择性标记和表位标签等的不同。

病毒载体的种类主要有反转录病毒(pLHCX、pLNCX2、pBABE、pMCs、pMXs、pMYs 等)、腺病毒(adenovirus)、腺相关病毒(pAdeno－X)。此外还有牛痘病毒和杆状病毒等。

(二) 基因工程常用的工具酶

DNA 体外重组主要涉及两种关键的工具酶,一种是用于切割 DNA 的限制性内切核酸酶,另一种是用于连接 DNA 的连接酶。

1. 限制性内切核酸酶

限制性内切核酸酶(restriction endonuclease, RE)是指能够识别和切割双链 DNA 内部特定核苷酸序列的一类核酸酶,简称内切酶。根据限制性内切核酸酶识别位点序列特性可将其分为Ⅰ、Ⅱ、Ⅲ,其中Ⅰ型和Ⅲ型内切酶识别位点不一,Ⅱ型内切酶一般识别 4~6 个具有回文结构的核苷酸序列且具有位点识别特异性。因此,Ⅱ型内切酶是 DNA 体外重组最常用的限制性内切核酸酶。

不同的限制性内切核酸酶识别和切割位点一般是不一样的,在位点序列中心位置切割可以使两条 DNA 链的切割末端对齐,但若在位点序列偏心位置切割就会引起两条 DNA 链的切割末端不齐。依据切割位点的差异,将限制性内切核酸酶分为平端酶和黏端酶。

2. DNA 连接酶

DNA 连接酶(DNA ligase)能将 DNA 双链上相邻的5′-磷酸基和3′-羟基之间形成3′,5′-磷酸二酯键,从而封闭 DNA 链上的缺口或连接两个 DNA 片段。T_4 DNA 连接酶是在 T_4噬菌体中发现的能在 DNA－DNA、DNA－RNA 和 RNA－RNA 之间发挥连接作用的酶蛋白。

T_4 DNA 连接酶是 ATP 依赖的 DNA 连接酶,在 ATP 和 Mg^{2+} 存在的情况下能催化 DNA 双链上相邻的5′-磷酸基和3′-羟基形成3′,5′-磷酸二酯键,因而用于 DNA 的体外连接重组。

(三) DNA 重组技术

所谓的 DNA 重组技术是指在体外将目的基因与载体的 DNA 片段重新组合成杂合的 DNA 分子,即 DNA 的重新组合。这种重新组合的 DNA 叫做重组体,因为是由两种不同来源的 DNA 组合而成,所以又称异源嵌合 DNA。

对于一个完整的 DNA 重组过程应包括:目的基因的获得,基因载体和工具酶的选择,目的基因和载体的连接,将重组 DNA 分子转移到适当的受体细胞,筛选出获得重组 DNA 分子的受体细胞,外源基因的表达。经典的 DNA 重组方法是连接克隆方法,此外,如位点特异性重组克隆法、同源重组克隆法等基于重组的克隆方法也逐渐被应用到 DNA 重组技术中,使得基因克隆过程更加简便,高效。

1. 经典酶切-连接克隆法

经典连接克隆方法产生于20世纪70年代初,是最早应用的基因克隆方法,它要求首先需从细胞或组织中分离并获得含有目的基因的 DNA 片段,然后利用能识别特异 DNA 序列的限制性内切核酸酶切断 DNA 双链,产生两个单链黏性末端(sticky end)或平末端(blunt end)。如果与被插入的载体 DNA 具有相同的黏性末端,那么在适宜的条件下,具有黏性末端的两种片段可经碱基间的氢键互补配对,形成双链 DNA 分子,然后在 DNA 连接酶的作用下形成磷酸二酯键,连接成重组 DNA 分子;而具有平末端的两种片段也可经 DNA 连接酶的作用而组成重组 DNA 分子,然后再利用重组子转化技术使该分子在宿主细胞中复制,产生多个完全相同的拷贝。这种传统的酶切-连接经典克隆法主要依赖于限制性内切核酸酶和 DNA 连接酶的作用,是比较通用且常规的方法,一直沿用至今。

2. PCR 产物的 T－A 克隆

T－A 克隆(T－A cloning)方法是指把 PCR 片段与一个具有3′-T 突出的载体 DNA 连接

起来的方法。PCR 反应中所适用的一般聚合酶具有末端转移酶的活性，但无 3′→5′的外切酶的校准活性，通常会在 PCR 产物的 3′端加上一个脱氧腺苷酸(A)，而且这种特性与模板无关。选择经特殊处理而在 3′末端拥有一个脱氧胸苷酸(T)突出末端的线性化 DNA 片段作为载体，与 PCR 产物的 3′-A 的尾巴互补，可连接形成重组子。这种在带有 3′-T 突出端的商品化载体就称为 T 载体。常用的商品化 T 载体有 TakaRa 公司的 pMD18-T、Promega 公司的 pGEM-T 等。

3. 基于重组的克隆方法

上述经典连接克隆法在实际的实验过程中会显得较为繁琐，比较费时，同时合适酶切位点的选择也成为大片段操作和大规模基因克隆无法回避的问题。为克服传统克隆方法的缺陷，基于位点特异性重组和同源重组的克隆方法也先后被开发出来并被研究者使用。

位点特异性重组(site specific recombination)广泛发生在噬菌体整合到宿主染色体上的过程中。噬菌体编码一种位点特异性整合酶(integrase, Int)，能特异性的识别自身的 *attP* 位点和宿主染色体 *attB* 位点，通过整合宿主因子(integration host factor, IHF)介导两位点的切割和链交换，将噬菌体基因组整合进宿主染色体。对位点特异性重组酶的体外研究发现，该类酶催化的重组反应不仅专一性高，而且快速高效。

同源重组(homologous recombination)是生物界普遍存在的生理现象，是自然界最基本的 DNA 重组方式，指发生在同源序列间的重组。它通过重组酶介导的链的断裂和再连接，在两个 DNA 分子同源序列间进行单链或双链片段的交换。

近年来，研究人员利用这一原理，使用纯化的重组酶，在优化的反应条件下，实现了目的基因与载体的重组。且在重组完成之后，不会在载体上留下任何不必要的序列。例如，Clontech 公司推出的 In-Fusion PCR Cloning Kit 和 GenScript 公司推出的 CloneEZ PCR Cloning Kit 都是运用拥有各自专利的重组酶对线性 DNA 末端有 15 个碱基同源序列的多个目的片段进行的重组结合。

两者原理基本相同，下面以 In-Fusion 方法为例做介绍(图 2-4)。① 首先，通过内切

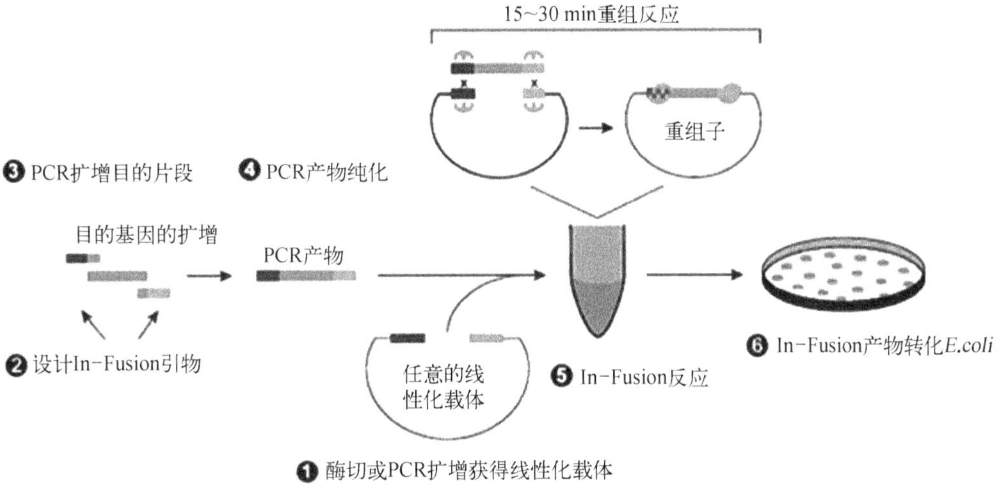

图 2-4　In-Fusion PCR 克隆技术的基本原理(改自 Clontech 公司产品说明)

酶酶切或反向 PCR 扩增制备线性化载体。② 设计并合成与线性化载体末端至少有 15 个碱基同源序列的基因特异引物(In - Fusion 引物)。③ 利用该对引物扩增目的基因。④ PCR 产物纯化。⑤ 将这种两端带有载体末端同源序列的 PCR 产物和线性化克隆载体按一定比例混合后,在重组酶的催化下进行反应。⑥ 将反应产物转化宿主菌。整个反应通常只需要 5~20 ng 的线性 DNA 即可进行,而且不论片段大小都有较高的重组效率,转化后也很少会有非线性的载体背景出现。

(四) 重组子的导入和鉴定

体外重组生成的重组子必须导入合适的宿主细胞中才能进行复制、扩增和表达。宿主细胞包括以大肠杆菌为代表的原核细胞和包含哺乳类动物细胞、酵母和昆虫细胞的真核细胞。对不同的宿主细胞应采取不同的方法导入 DNA,但都以获得尽可能多的转化宿主细菌或细胞为前提。

当一个基因重组的连接反应混合物去转化或感染受体菌后,可以产生千千万万个转化菌,因此,必须从宿主细胞中筛选出含有阳性重组 DNA 的细胞,并鉴定重组 DNA 的正确性。

1. 重组子的导入

将重组的 DNA 分子引入细菌(原核细胞),使其在细菌体内扩增及表达的过程称为转化作用(transformation),最常用的细菌是大肠杆菌。细菌在生长过程中,只有某一阶段的细菌才能成为转化的接受体,这一生理状态称为感受态(competent)。常用的转化方法有 $CaCl_2$ 法、电穿孔、PEG 介导的原生质体转化法等。

将噬菌体、病毒或以它们为载体构建的 DNA 重组体导入真核细胞的过程称为转染(transfection)。常用的有物理方法(电穿孔法、显微注射技术)、化学方法(磷酸钙共沉淀法、DEAE -葡聚糖转染法、脂质体介导法、乙酸锂转化法等),以及病毒感染法。

2. 重组子的筛选与鉴定

通过转化、转染等过程,得到了这种重组子 DNA 产物的受体菌,可以产生千千万万个转化菌。因此,我们需要采用特殊的方法,将众多的克隆区分开来,并鉴定出可能含有阳性重组 DNA 目的基因的细胞,并鉴定重组 DNA 的正确性。不同的克隆载体及相应的宿主系统,其重组子的筛选、鉴定方法不尽相同,现分述如下。

(1) 根据载体的抗药性标志筛选

这是一种主要的筛选含有重组 DNA 宿主细胞的方法。大多数的载体都带有抗生素的抗药基因,常见的有抗氨苄青霉素基因、抗四环素基因、抗卡那霉素基因等。当带有完整抗药性基因的载体转化无抗药性细胞后,凡转入载体的细胞都获得了抗药性,能在含有相应药物的琼脂平板上生长成菌落,而未被转化的宿主细胞不能生长。但是,这种只带有一种抗药基因的载体组成的重组 DNA,在琼脂平板上生长成菌落是不能被区分是否是真正含有重组 DNA 的抑或是空载体,需要进一步的鉴定。

(2) β -半乳糖苷酶系统

许多载体(如 pUC、pGEM 系列载体等)都带有一个来自大肠杆菌 DNA 的短序列,其中含有编码 β -半乳糖苷酶(β - galatosidase)基因(*lacZ* 基因)的调控序列和 N 端 146 个氨基酸的编码序列,在编码序列中插入了一个多克隆位点,但不破坏阅读框架,不影响功能。当这种载体转入的宿主细胞是含有β-半乳糖苷酶C端编码序列时，此酶的N端肽链和C端肽链可以互补（称为α互补），产生具有酶活性的蛋白质（β-半乳糖苷酶），从而使宿主细菌在含有IPTG（异丙基-β-*D*-硫代半乳糖苷）/X-gal（5-溴-4-氯-3-吲哚-β-*D*-半乳糖苷）的培养基上呈蓝色，IPTG是β-半乳糖苷酶产生的诱导剂，X-gal是发色底物。

当pUC18质粒的多克隆位点有外源DNA片段插入时，破坏此酶的N端阅读框架，产生无α互补功能的N端片段，因此带有外源DNA片段的细菌在含有IPTG/X-gal的培养基上呈白色。如果没有外源DNA插入多克隆位点，则不破坏β-半乳糖苷酶的氨基端氨基酸序列的阅读框，产生的菌落呈蓝色。

（3）限制性内切核酸酶图谱进行分析

当初步确定是带有外源性DNA片段的重组体菌落时，则挑取少量菌落进行小量培养。然后进行快速抽提得到重组DNA，用限制性内切核酸酶进行酶切，凝胶电泳分析是否有外源DNA的插入。

（4）核酸分子杂交方法进行鉴定

核酸分子杂交是核酸分析的重要方法，也是早期鉴定重组DNA的最通用方法。该方法的基本原理是：具有一定同源性的两条核酸单链在一定条件下（适宜的温度及离子强度等），可按碱基互补配对原则退火形成双链，此杂交过程是高度特异性的。杂交的双方是待测的核酸序列和用于检测的已知核酸片段（称为探针）。将待测核酸变性后，用一定的方法将其固定在硝酸纤维膜（或尼龙膜）上，用经标记示踪的特异核酸探针与之杂交，该探针只能与互补的特异核酸牢固结合，而其他的非特异结合将被洗去。最后，示踪标记将指示待测核酸中能与探针互补的特异DNA片段所在的位置。

（5）PCR扩增方法进行鉴定

根据已知插入的外源性DNA片段的序列，设计出相应的引物；也可根据一些载体克隆位点两翼存在的固有序列，如pGEM载体系列中双侧是SP6及T7启动子的序列，通过与SP6、T7启动子互补的通用引物对，以小量抽提得到的重组DNA为模板，直接进行PCR扩增，通过PCR产物的电泳分析可以确定是否有目的DNA的插入。利用PCR的方法除了迅速扩增特异的外源性DNA片段外，还可以利用其产物进行DNA序列的直接测序。该方法目前已得到广泛的应用。

（6）DNA序列分析鉴定

DNA序列分析是最后确定分离的DNA是否是特异的外源性插入DNA的唯一方法，也是最确定的方法。现在DNA序列分析已实现自动化，是一个快速、简便和实用的方法。

综上介绍的是几种基因重组体筛选及最后如何确证所克隆基因序列正确性的方法。在应用时要根据具体情况选择适当的方法，本着先粗后精的原则，对重组体进行逐步的分析。

（杨生生）

第二节 海洋生物基因组技术

海洋生物形形色色、千奇百怪。海胆虽然行动缓慢，没有头、眼睛和耳朵，但是这种棘皮生物具有高效的感受器，可探知外界的信号。此外它的自我防御能力很强，体内的免疫系统不逊色于人类的免疫系统。海中明星海葵生活在海岸线上，面对日益严重的环境污染，海葵发展了一套应对污染机制，可比其他的陆地生物、海洋生物或是淡水生物更能忍耐来自环境的压力。这些对海洋生物的了解就是通过比对破译的基因组信息得来的，由此可以推测海洋生物的某些生物学功能。

一、基因功能解析技术

海洋覆盖了整个地球表面的71%，蕴含了大量迥异于陆生环境的生物物种。以海洋微生物为例，它们的次级代谢产物往往具有独特、新颖的化学结构和生物活性，是化学多样性和药物筛选分子的宝库。从生物合成途径来看，这些海洋微生物中蕴含着许多未知的生物合成途径、独特的基因功能和酶学机理，以及不同于陆地微生物次级代谢产物的生物合成机制。现代分子生物学、微生物遗传学、基因组学、生物信息学等学科的长足发展使得海洋微生物基因功能解析以及次级代谢产物生物合成解析进步神速，将使我们能更好地认识和利用海洋生物中蕴含的基因资源和化合物资源。

按照功能，基因可细分为结构基因、操纵基因和调控基因。下面将分别介绍三类基因的功能解析技术，之后通过几个海洋生物基因功能解析实例来具体阐述这些解析技术的应用。

（一）结构基因功能解析

结构基因是指编码蛋白质或非调控 RNA 的基因。本部分内容仅讨论蛋白质功能解析（不包括非调控 RNA）。蛋白质的功能解析技术主要包括：① 基因突变与功能回复；② 基因产物（蛋白质）的体外（*in vitro*）功能鉴定；③ 生物信息学功能预测；④ 蛋白质三维结构解析等。

1. 基因突变与功能回复

人类对蛋白质功能的早期认识来源于对自然突变体的差异性表型和特定突变蛋白质之间的功能关联性分析。分子生物学与生物化学的进步使得对目标结构基因的遗传操作成为可能。这些基因操作包括：① 定点突变（site-directed mutagenesis）；② 基因截短（gene truncation）；③ 基因敲除（gene knockout）；④ 基因替换（gene replacement）；⑤ 基因失活（gene inactivation）；⑥ 基因嵌合（gene chimeragenesis）；⑦ 基因洗牌（gene shuffling）等。通过定向或随机的基因突变，使其编码的蛋白质功能发生缺失或改变，从而获得相应的功能信息。为了确认蛋白质功能，往往需要进行原始基因回补（gene complementation）实验，以获得预期的功能回复。

（1）定点突变

通过聚合酶链反应等方法向目的基因片段中引入特定变化，包括碱基的添加、删除、替换等，进而造成编码蛋白的移码、截短、氨基酸替换等变化。定点突变能迅速、高效地改变目标蛋白的性状与功能，同时还能获得对蛋白质功能的机理性认识。

（2）基因截短

通过部分基因序列移除或在基因内部引入终止密码子（stop codon）等方法，使目标基因仅能表达产生非全长蛋白质序列，从而引起蛋白质功能的完全缺失或部分缺失。基因截短除了能够帮助解析蛋白质功能，还能获得蛋白质内部不同结构域（structural domain）的功能信息。

(3) 基因敲除

基因功能解析的最常用手段之一,又分为有痕敲除(mark knockout)和无痕敲除(no trace knockout)。该技术针对某个序列已知但功能不明的基因序列,通过 DNA 同源重组(DNA homologous recombination)引起的序列双交换(double-crossover)进行标记基因(通常为抗性基因或营养缺陷回补基因)替代或无痕敲除,使目标基因功能丧失作用,从而推测出编码蛋白的生物学功能。

(4) 基因替换

基因有痕敲除可看作是基因替换的一种,但在某些情况下有可能需将目的基因替换为异源、但具有类似序列的基因,以研究近源蛋白质的微小功能差异。

(5) 基因失活

从广义上说,基因定点突变、截短、敲除和替换都可以造成基因失活,但除此之外,通过在目的基因内部插入一段序列以破坏其编码蛋白质的完整性也可造成基因产物的活性丧失,即为狭义的基因失活。例如,由 DNA 同源重组引起的序列单交换(single-crossover)即可导致基因失活。

(6) 基因嵌合

通过融合 PCR(fusion PCR)技术,将不同来源基因片段重组产生新的嵌合序列,其编码的嵌合蛋白有可能获得全新的功能,从创造新功能的角度来解析基因功能。

(7) 基因洗牌

利用限制性内切核酸酶或 DNA 酶将近源基因小片段化,产生的 50~100 个碱基的小片段通过无引物 PCR 延伸反应随机重组为新的基因序列。相对于基因嵌合,重组程度更高,产生新功能的可能性也更高。

2. 基因产物(蛋白质)的体外功能鉴定

现代分子生物学的发展极大推动了蛋白质的功能解析,但在分子生物学诞生之前,人类已经开始了对蛋白质功能的研究。这些研究主要依赖于蛋白质纯化技术和体外功能鉴定技术。

首先,从研究对象生物体、组织或器官的匀浆液中利用盐沉降、有机沉降、等电点沉淀、密度梯度离心、凝胶过滤、电泳、离子交换层析、疏水作用层析、亲和层析或高效液相层析等多种分离纯化方法获得大量纯化且保持活性的蛋白质;然后,在体外通过模拟体内(*in vivo*)环境(温度、pH、离子强度、底物或配体浓度、辅因子供应等)对假定的功能(如酶促反应,配体-受体、蛋白质-蛋白质或蛋白质-核酸相互作用等)进行验证;最后,对纯化蛋白的最适温度、最适 pH、稳定性以及动力学参数等进行详细表征,全面解析其功能。

进入分子生物学时代后,由于能够对编码基因进行特定的改造和修饰,利用简单高效的亲和层析对带有各种纯化标签的重组蛋白质进行纯化逐渐成为主流技术。常用的纯化标签包括组氨酸标签(His-tag)、麦芽糖结合蛋白标签(MBP-tag)、几丁质结合蛋白标签(CBP-tag)、纤维素结合域标签(CBM-tag)、谷胱甘肽 *S* 转移酶标签(GST-tag)、eXact 标签等。

3. 生物信息学功能预测

蛋白质一级序列决定其二级、三级与更高级结构。因此,通过蛋白质一级序列分析预测其三维立体结构及功能在理论上是可行的。伴随着现代 DNA 高通量测序技术的飞速发展以及基因、基因组序列信息的爆炸性增长，通过与功能已知蛋白质的序列比对(sequence alignment)，往往可以对目的蛋白功能进行快速预测。基于生物信息学的常用蛋白质功能预测软件或线上工具包括：BLAST、Jones - UCL、I - TASSER、GOstruct、Argot2、ConFunc、PANNZER、Tian Lab、FASS、ESG、dcGO、Naive、Softberry 等。虽然这些方法能够为指导实验提供有益信息，但预测的准确性仍有待提升。

4. 蛋白质三维结构解析

为了准确深入地理解蛋白质功能，获得高分辨率的蛋白质三维立体结构是最佳方法。目前蛋白质三维结构解析的主要方法包括：① X 射线晶体衍射(X - ray crystallography)：利用电子对 X 射线的散射作用可准确获得具有分子规则排列蛋白质晶体中电子密度的分布情况，再通过数学方法计算分析获知各原子的准确位置信息，即晶体结构；② 核磁共振(nuclear magnetic resonance, NMR)：基于原子尺度的量子磁物理性质，测量获得分子内各核的化学环境、核间耦合关系、空间构象等信息。在蛋白质中，利用 2D - NMR 连续测量 $^{13}C—^{1}H$、$^{15}N—^{1}H$ 等键的相互关联来确定不同原子之间的距离和相对方位，通过计算机处理后形成蛋白质的动态三维结构图；③ 冷冻电子显微镜技术(cryo-electron microscopy, cryo-EM)：利用高分辨率电子显微镜对快速冷冻固定的蛋白质样品进行电子成像，电镜图像中直接包含目标蛋白质的轮廓、形貌及相位信息。

目前，通过 X 射线晶体衍射技术和大分子核磁共振技术确定的蛋白质结构分别占 85% 和 15% 左右。两相比较，X 射线晶体结构的分辨率更高，但必须获得高质量蛋白质单晶，且反映的是静态结构信息；核磁共振反映的是蛋白质在溶液中的动态结构，可获得分子动力学方面的信息，但分辨率相对较低，且只能用于解析小型或中型蛋白质的结构。冷冻电镜技术受制于分辨率限制，主要作为 X 射线晶体衍射的辅助手段来解析难以结晶的膜蛋白或大分子复合体。

另外，可获得蛋白质部分结构信息的技术还有圆二色谱(circular dichroism, CD)和激光拉曼光谱(laser Raman spectroscopy)等。

(二) 操纵基因功能解析

操纵基因是指结构基因编码区之前的 DNA 区段，本身不能转录成 mRNA，但可结合阻遏物或活化物来控制一个邻近基因或基因群的表达，如乳糖操纵子、色氨酸操纵子等。因其不编码蛋白质，操纵基因的功能解析不同于结构基因，主要方法为足迹法(foot-printing method)，即利用操纵基因结合区段因结合蛋白而免受核酸酶的酶切作用，对被保护 DNA 片段进行分离与序列测定来鉴定操纵基因。另外，也可通过生物信息学预测及 DNA -阻遏/活化蛋白复合体的晶体结构解析来确定操纵基因的功能。

(三) 调节基因功能解析

调节基因是调控结构基因转录乃至蛋白质合成的基因，控制操纵基因的阻遏物或活化物即通过与调节基因的蛋白质产物相互作用来行使功能。

调控基因功能解析的经典方法称为电泳迁移率实验。调控基因编码的蛋白质可与目标

DNA 或 RNA 特异性结合,而在非变性的聚丙烯凝胶电泳上,DNA -复合物或 RNA -复合物比非结合的核酸探针移动得更慢。利用迁移率的差异,即可分离获得与特定 DNA 或 RNA 序列结合的调控基因产物,获知目标调控基因的功能。

根据下游可调控基因的层次和数量,调控基因可分为全局性调控基因和特异性调控基因。针对全局性调控因子,例如,大肠杆菌(*Escherichia coli*)的 *arcA*、变铅青链霉菌(*Streptomyces lividan*)的 *asfR2*、酿酒酵母(*Saccharomyces cerevisiae*)的 *abf1*、曲霉(*Aspergillus* spp)的 *laeA*、海洋解脂耶氏酵母(Yarrowia lipolytica)的 *znc1* 等,其全面的功能解析十分复杂。目前较为常用的方法包括转录组芯片(transcriptome microarray chip)、比较转录组学(comparative transcriptome)等。通过系统分析调控基因突变株与野生株的转录组差异,获取全局性调控基因下游的基因网络信息,但具体功能确认仍依赖于 EMSA 等传统方法。

(四)海洋生物基因功能解析实例

以下列举 3 个实例来介绍上述方法和技术在海洋生物基因功能解析方面的应用。

1. 海绵天然产物 Polytheonamides 生物合成基因的功能解析

隋氏地壳海绵(*Theonella swinhoei*)是一种富含共生微生物(microbial symbionts)的海洋低等动物,能够产生结构多样的化学防御分子,具有多种生物活性。Polytheonamide A 是其中一种结构异常复杂、细胞毒性极高的一种天然多肽毒素。

2012 年,Jörn Piel 等根据 Polytheonamide A 氨基酸序列设计简并引物,通过 PCR 扩增得到序列完全吻合的 DNA 序列,基本确认了该分子为核糖体来源。进一步对宏基因组测序和基因挖掘证实其生物合成基因簇(*poy*)来源于海绵的共生细菌。

由于 *poy* 生物合成基因的宿主属于未培养微生物,酶的体外功能鉴定几乎成为唯一选择。通过密码子优化和基因共表达技术,在大肠杆菌中成功获得了 PoyA、PoyB、PoyC、PoyD、PoyE、PoyF 的可溶性蛋白。其中 PoyA 与 PoyD 共表达取得了良好的效果,体外实验证实 PoyD 可将 polytheonamide A 含有的绝大多数氨基酸从 *L* 构型转化为 *D* 构型;PoyF 可催化 PoyA 前体肽中苏氨酸的脱水反应;PoyB 和 PoyC 有可能联合催化四步连续的甲基化反应,形成独特的新丁基(*t*-butyl)官能团;PoyE 与 PoyA 的共表达发现 PoyE 负责催化前体肽中天冬酰胺残基的 *N* -甲基化。形成 polytheonamide A 所需的另外两类反应——*C* -甲基化和羟化反应目前尚未找到相应的催化蛋白质。

2. 海洋真菌生物碱 Dotoamide A 生物合成途径中 D - A 酶的探寻

海洋真菌 *Aspergillus* sp. MF297 -2 产生的抗肿瘤活性天然产物(-)-Notoamide A 属于双环[2.2.2]重氮辛烷吲哚类生物碱。Notoamide A 化学结构骨架中的双环[2.2.2]重氮辛烷单元的生物合成机制一直成谜。为了解释这一现象,科学家们提出了 D - A 酶(Diels Alderase)假说:对于含有哌嗪环(piperazine)和异戊二烯衍生基团的中间产物,由于碳-碳键的可旋转性,在 D - A 酶不同构象的底物结合口袋中,异戊二烯衍生基团的末端双键可能被置于哌嗪环平面的不同侧面,经由分子内 Diels Alder(intramolecular Diels Alder, IMDA)反应产生立体构象完全相反的分子。为了寻获这种 D - A 酶,Sherman D 实验室对四种含有双环[2.2.2]重氮辛烷结构单元生物碱(paraherquamide、malbrancheamide、(+)-,(-)- notoamide A)的产生菌进行全基因组测序,从中挖掘出四种生物碱的生物合成基因簇。通过将基因簇差异与化学结构差异进行关联，结合已有的体外功能解析，最终将候选 D－A 酶锁定为 NotD 氧化还原酶或 NotH P450 单加氧酶。

3. 海洋解脂耶氏酵母全局性调控基因 *snf1* 的功能解析

在产油微生物海洋解脂耶氏酵母中，油脂的合成与积累是由缺氮条件诱导的。2013 年，Hong SP 等对海洋解脂耶氏酵母中 *snf1* 基因在从生长阶段到产油阶段转变这一过程中的调控作用进行了较为深入的解析。*snf1* 基因敲除使脂肪酸累积提升了 2.6 倍；在 omega－3 脂肪酸二十碳五烯酸（eicosapentaenoic acid，EPA）工程菌株中，*snf1* 的敲除则使 EPA 产量提升了 52%。

利用定量反转录 PCR（quantitative reverse transcription－PCR，qRT－PCR）和转录组芯片技术，一系列在野生型和 *snf1* 敲除株之间存在显著转录水平差异的基因被鉴定出来，其中许多基因与油脂代谢密切相关，说明 *snf1* 基因是一个涉及油脂合成与积累的全局性调控因子，其调控的主要下游基因产物包括 GPD1、ACL1、ACL2、ACS2、FAS1、FAS2 等。

二、基因改造技术

基因改造技术是生物技术的一个重要组成部分，通过基因改造可以定向改良海洋生物的某些遗传特性。

（一）基因改造概念

基因改造技术是指通过生物技术把携带有生物遗传信息的脱氧核糖核酸（DNA）从生物中分离出来，进行重组，重组后的基因得以在受体内起作用，以干预或改造生物体遗传特性。海洋生物学家通过改变 DNA 分子，可以人工设计海洋生物性状，使不同海洋生物的遗传特性得到实现。

（二）基因改造的步骤

基因改造分四个步骤：取得符合人们要求的 DNA 片段，这种 DNA 片段被称为“目的基因”；构建基因的表达载体；将目的基因导入受体细胞；目的基因的检测与鉴定。

（三）基因改造的应用

基因改造技术的应用前景十分广阔，它广泛应用于海水养殖业中，包括育种、养殖新技术和病害防治等。在欧洲的尤里卡计划中，就有支持挪威和西班牙开发改善牡蛎营养和遗传的新技术。目前，世界各国海洋生物技术的研究又有新的发展。

1. 水产养殖

在水产养殖中，提高养殖对象生长速度和抗逆性，一直是科学家追求的目标。我国朱作言在世界上率先开展了水产动物的转基因工作，近 20 年来鱼类转生长激素基因的研究取得了长足进步，可望率先准入市场。生活在寒带的鱼可以产生一种奇妙的抗冻蛋白，加拿大的丘才良等将这种自然抗冻基因分离出来并通过转基因的方法转到海洋生物体，从而提高寒冷环境下生物的生长率和存活率。日本海洋生物学家应用精原干细胞异体移植技术，成功实现异种“借腹生子”,令亚洲大马哈鱼生出了“原籍”美洲的虹鳟鱼,利用这种技术可能使某些濒临灭绝的鱼类继续繁衍下去。

2. 海洋生物疾病的诊断与防治

科学家们正在发展基因探针或免疫化学试剂开展对海洋生物疾病的诊断;创建鱼和贝的细胞培养体系来支持对疾病的分子基础研究;运用 DNA 重组技术开发疫苗;运用分子探针来评估环境体系对生物体的影响,研究生物体和环境之间相互关系。又如美国为了控制对虾病害,大规模建立健康对虾养殖系统,实施病毒性疾病监控,培育高度健康、优质、无特定病毒病原的虾苗。近年来,我国科学家在海产动物病原致病力和疾病流行的分子基础、宿主免疫体系及其对病原侵染的应答机理和免疫防治的技术原理、有效途径等方面研究取得了国际瞩目的研究成果。

3. 海洋药物的发现与开发

生物有机化学和生物合成学从陆地上植物和微生物中发现的真正的新化合物数量日益减少,而海洋天然产物化学家们揭示几乎所有海洋生物都具有广泛的独特分子结构。药物学家、生理学家和生化学家已经证明海洋生物独特结构的各种分子构成了整个生命体系的基本框架,这意味着海洋生物在医药和化学工业新产品开发领域具有广阔的前景。不同物种的海洋生物会产生一些化合物,来保护自身不被捕食、不被感染或有利于生存竞争。确定这些化合物产生的代谢途径和查明控制生产过程的环境或生理激发机制,可以帮助人们开发规模生产这些化合物的技术。运用计算机可以构建和改造来源于海洋生物的某些分子,通过基因技术就可以大量开发生产许多稀有药物。军事医学科学院的研究人员广泛收集了我国西沙群岛、海南三亚等地活体芋螺,并选取高毒性的芋螺品种,进行了芋螺毒素的基因克隆、毒素分离、合成、活性筛选及结构测定、通过对线组芋螺毒素基因分析、多肽合成及筛选,获得了一种含 25 个氨基酸残基、三对二硫键的新芋螺毒素,该毒素具有强烈的镇痛活性及很高的用药安全性,试验表明镇痛效果优于美国产品,且毒副作用小,并有望成为我国具有知识产权的一类镇痛新药。

4. 海洋功能基因的发现

宏基因组可以分析给定生物群落的全部基因,而避开一一鉴别物种的困难,特别适合于海洋环境微生物群落的研究。深海微生物具有相当稀有、珍贵的基因,它们可表达产生如耐高温、耐高压特性的蛋白质,人们运用分子生物学方法克隆耐高温、耐高压的基因并研究压力和温度的调控在基因中的表达机制。牡蛎生活在环境高度多变的潮间带,其环境温度、盐度在不同潮位、季节变化非常大,而牡蛎一般附着在浅海物体和礁石上,不能够通过主动移动来逃避不利环境的影响,所以必须有一套遗传机制使其对温度、盐度、重金属和海区常见病原等具有很强的抵抗力。研究人员结合基因组和转录组信息,发现一系列与牡蛎强抗逆能力相关的基因发生了明显扩增,比如热激蛋白 HSP70 基因的数目高达 88 个,接近海葵等其他各类代表物种均值的 5 倍,这很可能是牡蛎能够在潮间带高达 49℃ 甚至更高的温度下仍能维持细胞内稳态平衡,从而保持生存的主要原因。凋亡抑制蛋白基因(inhibitors of apoptosis proteins, IAP)的数目为 48 个,接近海葵等其他各类物种均值的 9 倍,这表明牡蛎可能具有复杂的抗凋亡系统,从而使其能够在离水、露空等复杂多变的环境下长期生存。

三、生物合成解析技术

生物合成解析技术主要包括：① 基因组深度测序技术；② 基因组文库技术；③ 基因敲除与回补；④ 生物合成酶的体外功能鉴定；⑤ 生物合成途径的异源表达与重建。

（一）基因组深度测序技术

深度测序技术的飞速发展，为海洋模式生物的全基因组从头（*de novo*）测序奠定了基础（详见本章第一节）。目前已完成了领鞭虫、海绵、海葵、丝盘虫、海蠕虫、青贝、海胆、海鞘、文昌鱼和七鳃鳗等海洋动物的全基因组测序，其他海洋大国也相继针对鹿角珊瑚、小须鲸、非洲腔棘鱼、姥鲨等不同海洋生物开展了基因组学研究，目前已完成了绿海龟、剑尾鱼、蓝鳍金枪鱼、虹鳟鱼、红鳍东方鲀、黑斑鲀、青鳉鱼、大西洋鳕鱼、三棘刺鱼等经济动物基因组测序。最近，深圳华大基因研究院石琼等对 4 种代表性的弹涂鱼（mudskippers）进行了基因组测序，由此阐明了两栖鱼类适应陆地生活环境的分子机制。

（二）基因组文库技术

基因组文库，是一种生物体全部染色体 DNA 被随机切割成适当大小的片段后插入到克隆载体内，包含该生物遗传信息的总和的基因文库。对于有些真核生物来说，全部染色体序列非常大，因此对于这些生物通常首先进行染色体分离，获得不同的染色体，再针对不同染色体分别独立构建基因文库，每一部分称为该生物的部分基因组文库。构建的基因组文库不仅要求包含此生物体全部遗传信息，而且每个克隆要包含尽可能长的基因组 DNA 片段。因此，基因组文库所用的克隆载体的容量通常是有一定要求的，λ 噬菌体是早期最常用的文库载体，后来又发展了黏粒（cosmid）、福斯质粒（fosmid）等载体，随着技术的进步又构建出酵母人工染色体（yeast artificial chromosome，YAC）、细菌人工染色体（bacterial artificial chromosome，BAC）等常用的载体。

1. 基因组文库的构建

构建某种生物的基因组文库，通常先提取得到该生物体比较纯的染色体 DNA，将染色体 DNA 进行部分酶切（或者随机打断）成长度合适的随机片段，之后将基因组片段与适当的基因组文库载体重组，通过转染或转化宿主细胞，经过培养得到大量含有不同 DNA 片段的重组子群体，这些重组子整体就构成了该生物体的基因组文库。

2. 基因组文库的分类

按插入片段的长度分类，小于 100 kb 的称为小片段基因组文库（Cosmid、Fosmid 等），100 kb 及其以上的称为大片段基因组文库（BAC、YAC 等）。按载体种类大致可分为噬菌体系列，如早期的 λ 噬菌体、Cosmid、P1 噬菌体和 Fosmid 等；人工染色体系列，如 YAC、BAC 等，以及在此基础上构建的多元载体 BI－BAC 和 TAC 等。

（三）基因敲除与回补

基因敲除始于 20 世纪 80 年代末，是分子生物学领域的一种基本的操作技术。基因敲除的基本过程如下：首先在外源构建与待敲除基因两侧具有同源序列及筛选标记抗性基因（或其他筛选标记，如营养缺陷型或色素基因等）的 DNA 片段（或辅助质粒），然后利用分子生物学方法，将具有同源臂及筛选标记的片段导入宿主菌株。在宿主菌株内，两侧同源臂会发生同源重组，用筛选标记将待敲除基因替换掉，这样就达到基因敲除的目的。

基因敲除是功能基因组时代的一种重要分子生物学技术，基因敲除通过丧失某基因或使其基因功能屏蔽来推测该基因的生物学功能。一般来说基因敲除后要进行基因回补实验，通过基因回补后的表型恢复或基因功能恢复来进一步验证该基因的功能。

（四）生物合成酶的体外功能鉴定

在生物体不同生理状态下，可以筛选鉴定出某些特殊的生物合成基因，之后的研究工作针对基因产物（酶或蛋白质）在生物体内的生物学功能展开。酶的蛋白质结构使得酶分子能够发挥其特定生物学功能，以及决定其分子调控机制是怎样进行的。传统生物合成酶的功能研究习惯将待研究的酶进行体外表达和纯化，并通过体外酶反应分析其生物学活性。但在某些情况下，一种酶的功能并非单独发挥作用的，往往是通过与其他分子（辅因子或其他蛋白质）的特异相互作用而共同实现的。近年来，酶功能解析技术和方法已经得到迅速的发展，大量文章都涉及酶功能的具体研究和深入解析。

在长期酶功能研究的历史过程中，人们习惯于首先将待研究的蛋白质对象进行纯化，进而对其结构特征和生物学活性（如酶的催化活性）进行体外分析。酶的获得可以通过基因工程的手段，得到一定量的蛋白质有利于研究者对蛋白质结构和功能进行分析。要获得目的蛋白首先要获取目的基因，获取目的基因的途径可以从生物中直接提取或人工合成。从生物中直接提取则是要以基因组为模板进行 PCR 扩增（对于原核生物）或构建 cDNA 文库（对于真核生物）后进行扩增。

1. 酶的表达与纯化

原核表达系统是表达系统中研究最早也是应用最广泛的系统。原核表达系统比较完善，操作流程简单快速，而且成本低、产量高，对获得体原核来源的以及不需要翻译后修饰的真核蛋白来说都是首选，而对于其他来源的蛋白质也是首先尝试的表达系统。原核表达系统常用的宿主菌有大肠杆菌、枯草芽孢杆菌等，其中革兰氏阴性的大肠杆菌能够广谱表达异源蛋白；革兰氏阳性的枯草芽孢杆菌更适宜在其周质空间分泌表达重组蛋白。

真核蛋白在大肠杆菌中不表达或表达量非常低甚至经常出现截短蛋白的现象，有些不能表达的真核重组蛋白，即使在优化的宿主和优化的载体上可以表达，表达量也不会很理想，对于这种情况，如果需要大规模生产，最好尝试酵母和霉菌等适合表达真核蛋白的表达系统。

2. 酶的体外反应

酶具高度的底物特异性（substrate specificity），所谓特异性是指一种酶能对一种化合物或一类化合物起催化作用，而不能对别的物质发生催化反应。酶的体外活性检测，关键在于选择合适的反应体系、反应条件以及根据酶的特性加入必需的辅因子及底物。

(五) 生物合成途径的异源表达与重建

天然产物在自然界中分布非常广泛,但是大多数天然产物在原始宿主中的含量极其低,因此要从原始宿主中分离获得大量的目标化合物并不是行之有效的方法。而且,许多重要的天然产物来源于珍稀且生长缓慢的物种,从中直接提取不切实际。此外,许多好的天然产物由于其化学结构非常复杂,甚至富含手性中心等结构,利用化学合成的方法实现大量生产十分困难,种种原因严重影响了此类天然产物的深入开发和应用。在原始宿主中采用分子生物学手段及代谢工程技术对其合成途径进行改造,改变代谢流可提高目标天然产物的产量,但由于存在原始宿主操作困难等原因该方法也存在许多缺陷。因此,将这些天然产物的生物合成途径在其他模式菌株中异源表达与重建,是一种获得大量目标天然产物的有效策略。

1. 天然产物异源合成宿主的选择

(1) 大肠杆菌

大肠杆菌作为异源宿主,具有明显的优势: ① 生长速率快;② 安全稳定性高;③ 遗传背景研究透彻;④ 遗传操作简单快捷;⑤ 大多数的生物学实验都有大肠杆菌的操作平台,故实验方法成熟可靠,试剂和仪器齐全,在实验操作方面比其他宿主更有优势。

与真核宿主相比,大肠杆菌缺乏转录后修饰系统,缺乏内质网及辅助的 P450 还原酶体系,这使得大肠杆菌不能表达有活性的植物来源细胞色素 P450 单加氧酶。而且,与真核生物相比,大肠杆菌对密码子的使用偏好性也存在很大不同。从某种程度上来讲,这些问题都使得大肠杆菌在异源合成中的应用上受到了限制。

(2) 枯草芽孢杆菌

枯草芽孢杆菌对基因密码子的使用没有特殊的偏好性,由于这个特性,它可以更好地表达真核生物蛋白。枯草芽孢杆菌菌体内合成的蛋白质可以直接分泌到胞外,这对于蛋白质的下游加工以及外源蛋白的纯化回收都十分有利。枯草芽孢杆菌与大肠杆菌一样,已经发展了一套成熟可靠的分子生物学手段来进行遗传操作改造。枯草芽孢杆菌的生长速度比较快,对于研究周期和产物合成周期的缩短都十分有利。

枯草芽孢杆菌也是一种重要的天然产物异源合成宿主。枯草芽孢杆菌本身就能能发酵产生一些聚酮类、非核糖体多肽类和萜类化合物,这说明枯草芽孢杆菌含有某些天然产物关键前体的代谢网络,这为异源合成相应天然产物提供了基础。

(3) 酵母

酵母属于比较低等单细胞真核生物,它不仅具有原核生物繁殖快、易培养、便于基因工程操作等优点,而且又具有真核生物蛋白所需要的蛋白质加工、翻译后修饰等功能,与大肠杆菌相比,对于植物细胞色素 P450 单加氧酶等蛋白质的功能性表达就显得更加适合,因而酵母作为天然产物的异源合成宿主有非常大的优势。

酿酒酵母(*Saccharomyces cerevisiae*)、毕赤酵母(*Pichia pastoris*)是异源合成最主要的酵母宿主。最早发展起来的真核表达系统就是酿酒酵母,目前酿酒酵母的全基因组测序已经完成,遗传背景比较清晰。酿酒酵母的遗传操作也已经系统化、标准化。但是,常规的酿酒酵母表达系统也存在一些问题,如发酵密度不高、蛋白质分泌能力较差、糖基化修饰过度等。

这些问题可能会引起副反应,因此酿酒酵母近年来已逐渐被新的酵母宿主(如毕赤酵母)所取代。

值得一提的是,近年来海洋来源的海洋解脂耶氏酵母也正在逐渐发展成为一种新的异源表达宿主。

(4) 其他异源宿主

除了以上几种宿主外,链霉菌也是异源合成的常用宿主之一。链霉菌能产生包括抗细菌、抗真菌类抗生素以及范围广泛的生物活性化合物,如免疫抑制剂、抗癌剂等。链霉菌具有很多天然产物的前体代谢途径,从这个角度来说,链霉菌作为天然产物异源合成的宿主十分有利。链霉菌作为异源宿主也存在一些问题,如生长慢、生活史复杂、遗传操作相对困难。

除链霉菌外,目前用于天然产物异源合成的宿主还包括其他一些微生物。如细菌宿主,包括假单孢菌、纤维堆囊菌、黄色黏球菌等,真菌宿主有黑曲霉、构巢曲霉菌等。

2. 在异源宿主中合成目标天然产物具有诸多优势

异源宿主,尤其是模式生物对营养要求简单,生长速度快,经验丰富,容易进行大规模培养;遗传背景清楚,遗传操作简便可行;容易实现工业规模的放大与控制,其优化与放大过程也有成熟的模式可供参考等。

天然产物的异源生物合成最近几年发展迅速,取得了许多可喜成果。在未来的一段时间内,异源生物合成的研究也将不断发展推进,主要集中在以下几个方面:天然产物生物合成途径的发现与阐述,调控因子的发现与机理研究,异源宿主系统的深化研究和不断优化,异源合成系统的有效重新装配与优化(包括外源途径基因和启动子的有效组合),多功能异源合成宿主的构建与研究,生产条件的优化和下游处理技术方法的研究,等等。从长远来看,异源生物合成天然产物的前景十分看好,相信不久的将来有望成为大规模生产有价值天然产物的主流方式。

(六) 海洋共生体生物合成途径解析实例

近年来,大量具有药用价值的天然产物不断从海洋动植物中陆续发现,进一步研究发现其中的许多化合物是由海洋动植物共生微生物负责合成的,说明海洋共生生物对海洋活性产物具有重要的意义,可能是未来海洋活性分子生物合成的研究热点。

1. Onnamide 和 Pederin 生物合成基因

海绵是目前发现活性物质最多的海洋多细胞动物,涵盖了丰富的古细菌、细菌、蓝细菌、真菌等多个类群的共生微生物。Onnamide、mycalamide、theopederin 等都是具有强烈抗肿瘤活性的聚酮类化合物,它们都是分离自海绵。根据结构推测这些化合物均由典型的微生物聚酮合酶(polyketide synthase, PKS)/非核糖体肽合成酶(nonribosomal peptide synthetase, NRPS)杂合基因簇合成。

Theonella swinhoei 海绵宏基因组文库的研究报道显示,从包含 60 000 个克隆的庞大文库中通过 PCR 筛选获得了 1 个包含 onnamide 生物合成基因簇的阳性克隆,这是首例报道的海绵共生菌的抗生素生物合成基因簇。

通过序列分析比对,onnamide 的生物合成基因簇 *onn* 和 Pederin 生物合成基因簇 *ped* 中 7 个基因的蛋白质同源性高达 64%~81%。*PedI* 和 *PedF* 与 *OnnB* 和 *OnnI* 是两个基因簇中的主要聚酮合酶基因，他们不仅在基因排列上惊人地相互对应，而且推理可见与可能合成的抗肿瘤活性化合物的分子结构也能够完全对应上。

通过序列分析发现这两类基因簇中的聚酮合酶类型均为 *trans* - AT，即 PKS 酶系的模块中缺乏酰基转移酶(acyltransferase, AT)结构域。此外，通过构建系统发育树和对这两例基因簇的 PKS 序列精细分析还显示，不仅可以把细菌的 I 型 PKS 分为 *trans* - AT 和 *cis* - AT 两大类，而且还可以根据各种 PKS 的亲缘关系来特异性寻找哪些 PKS 基因簇与活性天然产物具有相关性。

2. Bryostatins 生物合成基因簇

Bryostatins 是一类带有 3 个吡喃环的 25 元大环内酯天然化合物，具有抑制多种肿瘤细胞生长的良好生物活性，它从苔藓虫 *Bugula neritina* 中分离得到，bryostatins 的抗肿瘤活性研究已进入临床前期。最近的研究结果表明，bryostatins 化合物其实是由 *B. neritina* 的共生细菌 *Endobugula sertula* 产生。研究者通过锚定酮基合酶(ketosynthase, KS)结构域保守区的引物作为探针，对构建的两个不同地域苔藓虫的富含“*E. sertula*”菌基因组的总 DNA 文库进行筛选，获得了 bryostatins 生物合成基因簇 *byr* 的全长，其长度大概为 80 kb。

bry 基因簇由两部分组成：其中 6 kb 编码 4 个其他附属功能蛋白的基因，剩余 71 kb 编码 5 个聚酮合酶的 PKS 基因。根据序列分析推测，*bryA* 包含的 PKS 模块可能是负责 bryostatins 生物合成的起始模块；而 *bryB* 和 *bryC* 分别包含 4 个 PKS 模块负责碳链的延伸；最后是分别含有 2 个 PKS 模块及硫酯酶的 *bryD* 和 *bryX*，推测是负责完成最后的链延伸和碳链的释放；而 4 个其他功能的蛋白质可能是进行后修饰。*bry* 基因簇中 PKS 基因的显著特点是含有 3 个 2.3 ~ 3.5 kb 的大段重复区以及所有 PKS 模块都不含有完整的酰基转移酶(acyltransferase, AT)结构域。目前的研究显示，大段的重复序列在 PKS 基因中存在的现象非常稀有。

3. Curacin A 生物合成基因簇

Curacin A 是由海洋微生物通过 PKS/NRPS 杂合途径合成的次级代谢产物。Curacin A 结构包括一个环丙烷基团、一个噻唑啉、一个顺式烯基以及末端的碳-碳双键结构。Curacin A 的抗增殖活性和细胞毒性都较强。Curacin A 的基因簇包含了 *curA* ~ *curN* 14 个开放阅读框(ORFs)，长度约为 63 kb。

Curacin A 的生物合成具有很多独特的特点：① CurA 中的起始模块负责将丙酰辅酶 A 转为乙酰基，从而起始 Curacin A 的生物合成，其中含有罕见的负责脱羧和乙酰化双功能结构域 GNAT，而不是像其他起始模块中常见的“典型的”AT 结构域；② 负责环丙烷基的合成的机制十分罕见与新奇。与之相关的是最开始的两个延伸模块 CurA(KS - AT - Hal - ACPI - Ⅲ)和 CurB - E(ACP - Ⅳ - KS - HCS - ECH1)。包括 8 个功能域：1 个卤化酶结构域(Hal)、一个 3 -羟- 3 -甲基戊二酰(3 - hydroxy - 3 - methylglutaryl, HMG)结构域、一个脱水酶(ECH1)结构域、一个烯醇还原酶(ER)结构域和 4 个 ACP 结构域。这些功能域共同作用，并最终将环丙烷基连在乙酰- ACP 上；③ CurF 的 PKS - NRPS 杂合模块在乙酰环丙烷基形成后将半胱氨酸嵌入到化合物中，之后再在 Cy 结构域的作用下进一步催化将其环化成噻唑啉；④ 之后下游的 PKS 模块 CurG - N 对碳链进行 7 次丙二酰辅酶 A 的延伸，延伸过程中涉及的 MT、DH、ER 等不同的修饰酶也同时对产物进行修饰，而最终形成 curacin A；⑤ 化合物中末端双键的形成是非常少见的,它是由一个磺酸根转移酶实现的,在CurM链终止模块的硫酯酶(thioesterase, TE)结构域前,磺酸根转移酶负责催化末端的磺化-水解-脱羧反应形成末端双键。

四、生物合成改造技术

利用海洋生物合成改造技术的最新原理和技术手段开发海洋生物的天然产物、活性物质和化合物,对海洋生物资源可持续利用以及实现海洋产业可持续发展具有重大的意义。海洋生物合成改造技术与传统的生物合成改造技术之间既存在共性,也存在个性,主要包括以下几个方面:① 前体或中间体工程;② 基因敲除与过表达;③ 组合生物合成技术;④ 生物合成途径的从头设计。

(一) 前体或中间体工程

前体物质是代谢途径终产物的基础,对终产物生物合成至关重要,在一定条件下,前体物质不仅可以控制菌体合成次级代谢产物的方向,而且可以提高终产物的产量。次级代谢产物大多数都来源于初级代谢产物的中间化合物,所以这些中间化合物就可以作为次级代谢产物的前体,按分类主要分为糖类、氨基酸、一碳化合物、脂肪酸、柠檬酸循环(也称三羧酸循环,TCA循环)中间体等。

1. 糖类

糖类定义为多羟基酮或多羟基醛及其缩聚物和衍生物的总称。糖类是微生物的主要碳源,也是大多数微生物能源来源的主要物质。糖类经过代谢分解,生成小分子的糖和其他的中间化合物。对微生物来说,几乎所有可作为前体的化合物都是由糖类的代谢产生的。

2. 氨基酸

氨基酸可以分为两大类,芳香族氨基酸和非芳香族氨基酸。很多抗生素(氯氨苯醇、利福霉素、新生霉素、放线菌素等)芳环部分都是来源于芳香族氨基酸。在培养基中添加这些抗生素合成的前体芳香族氨基酸,可对抗生素的合成有很大的促进作用。对于非芳香族氨基酸,则可通过直接作为诱导物或通过氨基酸代谢来影响和改进菌株产生次级代谢产物的质量和产量。

3. 一碳化合物

一碳单位在体内参与的代谢很广,与氨基酸代谢、嘌呤和嘧啶的生物合成以及*S*-腺苷甲硫氨酸的生物合成都息息相关,一碳单位是各种化合物甲基基团的来源。*S*-腺苷甲硫氨酸是美伐他汀和洛伐他汀的前体,洛伐他汀九酮体母环上的甲基也是来源于*S*-腺苷甲硫氨酸。

4. 脂肪酸

短链脂肪酸是脂肪酸中最直接、最常用的前体。乙酸盐、丙酸盐和丁酸盐等物质是形成聚酮类化合物前体的重要来源。脂肪酸根据分子结构中碳链的长度分为短、中、长链脂肪酸。长链的脂肪酸可以通过分解代谢,逐步降解成为短链脂肪酸,最终到乙酸单位而参与到聚酮类的生物合成过程。

5. 柠檬酸循环中间体

柠檬酸循环的中间体是微生物体内碳代谢循环最重要的组成。红霉素生物合成过程中,2 -甲基丙二酰辅酶 A 是非常重要的前体,在发酵过程中提高菌体体内 2 -甲基丙二酰辅酶 A 的浓度,可以使红霉素的发酵产量大大提高。

(二) 基因敲除与过表达

基因敲除与基因过表达是生物合成改造技术中最基本也是最重要的研究技术手段。微生物代谢途径的改造大部分都涉及基因敲除和/或基因过表达。

1. 基因敲除

基因敲除主要是利用微生物同源重组的机制,使体外改造的某个(或某些)功能基因与受体细胞染色体上的目标功能基因之间发生同源交换,从而达到使目标基因缺失或失活的目的。目前,基因敲除的策略主要有以下几种。

(1) 采用线性双链 DNA 的 Red/ET 重组系统

Red 重组系统原属于 λ 噬菌体的重组系统,最关键的两个元件是基因 *exo* 和 *bet*。*exo* 基因的产物 Exo 蛋白(也称为 Redα 蛋白)的功能是将 DNA 片段的 5′端切开。*bet* 基因编码的 β 蛋白具有链侵入功能。同源重组的过程是这样的:带有同源序列的体外 DNA 片段转入胞内后首先在 Exo 蛋白的作用下形成单链突出末端,之后 β 蛋白作用下形成环形结构并结合到 DNA 片段的 3′突出末端,实现对 DNA 片段的保护作用,DNA 片段中的同源臂与胞内遗传物质(或基因组)进行同源交换。与传统的大肠杆菌同源重组系统相比,Redα 蛋白的功能类似于 RecBCD,而 Redβ 蛋白的功能类似于 RecA。因此,Red 重组系统是不依赖于 RecA 蛋白而完成同源重组的系统。

ET 重组系统类似于 Red 重组系统,这个系统的两种辅助蛋白是 RecE 和 RecT。其中 RecE 和 RecT 蛋白的作用机制分别与 Redα 和 Redβ 蛋白相似,因此 ET 重组系统经常和 Red 重组系统一起被称为 Red/ET 重组系统。

(2) 环状质粒载体介导的同源单交换和双交换敲除策略

使用环状质粒载体进行基因敲除的首要条件是要选择宿主细胞的自杀质粒载体来构建目标基因的同源重组序列。

同源单交换是指在基因敲除过程中,质粒和基因组之间只发生一次同源重组。对于同源单交换,回复突变是一个一直存在的问题。对于某些菌来说,单交换比较稳定,回复突变的概率仅为 10^{-5}~10^{-4}/代。而对于某些菌菌(如链霉菌)来说,单交换非常不稳定,没有抗生素筛选压力下,回复突变的概率非常高。

同源双交换是目前比较流行的基因敲除手段,双交换敲除是通过两次单交换来实现的,又分为缺失突变和插入突变两种类型。如果基因敲除后,目标基因缺失了编码区中的某一段,这样的敲除称为缺失突变;如果敲除后使基因组上的目标基因内部插入了额外的一个基因(通常是抗性基因),这样的敲除称为插入突变。

(3) 采用转座酶介导的转座重组

采用基因转座子可以对目标生物进行随机的基因敲除,构建目标生物基因敲除库,利用高通量分子手段对目标突变库进行筛选,获得所需要的表型,这也是反向代谢工程的研究热点之一。在提高番茄红素产量的研究中，就是转座子构建基因敲除库，并通过筛选分析，成功鉴定了提高番茄红素产量所必须敲除的 3 个负调控基因；研究者还将筛选到的这 3 个基因与理论预测的与番茄红素息息相关的 4 个基因进行不同组合突变重组，获得了 64 株敲除不同基因的突变株。其中，与原始菌株相比，最佳的突变株的番茄红素的产量提高了 9 倍之多。

(4) RNA 干扰(RNAi)引起的基因敲除

RNAi 的反应过程也可以用于基因敲除，近年来，越来越多的基因敲除采用了 RNAi 这种更为简便的方法。RNA 干扰(RNA interference, RNAi)的现象是 1998 年首次发现的，RNA 干扰是转录后水平的基因沉默机制。利用 RNAi 可以调节基因的表达，进而调控细胞的各种高级生命活动，是真核生物中普遍存在的抵抗病毒入侵、抑制转座子活动、调控基因表达的监控机制。

2. 基因过表达

基因过表达是借助表达载体在细胞内进行目的基因(内源或外源)的表达，从而达到研究基因功能，或提高某个/些酶的表达量，以达到改变代谢途径的作用。基因过表达是分子生物学领域对基因功能进行研究和改变代谢流的一种有力的方法和手段，在基因功能研究中受到越来越多的关注。随着基因工程技术的发展，用于基因过表达的主要方法包括：① 提高基因的拷贝数；② 使用更强的启动子等。

(1) 提高基因拷贝数

拷贝数是指在基因组中该基因完整阅读框重复存在的数量。通常情况下，基因拷贝数与基因的表达量会遵循剂量效应，即随着拷贝数的增加，蛋白表达量会逐渐提高，但是基因拷贝数和蛋白质表达量没有直接线性关系。

在微生物的遗传操作中，进行基因克隆和表达的基本工具是质粒。提高基因拷贝数通常的方法是借助于过表达质粒。过表达质粒分为游离型质粒和整合型质粒。游离型质粒能够在细胞内复制，不依赖宿主自身的遗传物质而独立存在；整合型质粒是通过将自己插入到宿主细胞染色体(或其他遗传物质)中来进行复制。

(2) 启动子工程

转录水平是基因表达调控的关键步骤，启动子在转录水平调控中起着至关重要的作用。启动子对基因表达的强度和时机起到决定性作用，是基因表达的必需元件。通过启动子工程改造，可以有效地提高宿主菌基因的表达水平，从而改变宿主菌的代谢流，实现对菌体生长发育以及代谢调控的目的。启动子也是构建各种表达系统、实现异源基因表达的基础元件，启动子工程对于控制异源基因的表达量和改变体内代谢通路的研究具有重要的意义。

(三) 组合生物合成技术

统计表明，筛选得到的活性天然产物中只有不超过 6% 的可以不加修饰直接成药，而其他大部分天然产物药物都是由天然产物经过结构修饰衍生而来。1985 年，Hopwood 教授首次报道用遗传工程的手段合成“非天然”的天然产物异氧杂萘满醅醌(isochromane quinone)，开辟了组合生物合成的先例。近年来，组合生物合成技术得到了越来越多的发展，为天然产物的获取及结构改造提供了新的思路和方法。

组合生物合成技术是通过遗传操作手段来改造微生物原有的生物合成途径,从而产生“非天然”的新结构次级代谢产物,同时辅以体外酶学等手段对代谢产物作进一步修饰,增加次级代谢产物结构多样性。组合生物合成以微生物为“细胞工厂”,通过对天然产物代谢途径的遗传改造来获得新型复杂化合物。

近年来,随着越来越多的海洋天然产物生物合成基因簇的克隆和生物合成途径的阐明,使得这些宝贵的基因资源纳入到组合生物合成的基因资源库中,展现了应用前景广泛的组合生物合成技术,对具有药用价值的海洋创新药物的开发十分有利。

1. 聚酮类(Polyketides)组合生物合成

聚酮类化合物是由简单脂肪酸在聚酮合酶(polyketide synthase, PKS)催化下逐渐延长碳链,合成过程类似长链脂肪酸的合成途径,而生成的一类还有碳链醇酮的化合物。负责催化合成聚酮化合物中碳链骨架的 PKS 模块的功能域与碳链每个单位有着理论上的对应关系。因此,对于聚酮化合物中骨架结构的改进(如更改链长度、环体系等)就比较容易操作,可以通过组合生物合成方法改变相应的 PKS 模块功能域来改变碳链骨架结构。此外,利用其他异源功能域并不影响聚酮体链的环化和 PKS 的后修饰,这样可以对聚酮化合物进行多样性变化,从而产生人工设计的理想聚酮化合物结构。

(1) PKS 的分类

目前所发现的 PKS 可以归为三类。

1) Ⅰ型 PKS: Ⅰ型 PKS 也称为模块式 PKS,是由若干个多功能模块组成,每一个功能模块上分别携带有专一的催化结构域。Ⅰ型 PKS 的机理已经十分清楚,主要由酮基合酶(ketosynthase, KS)、酰基转移酶(acyltransferase, AT)、酰基载体蛋白(acyl-carrier protein, ACP)、脱水酶(dehydratase, DH)、烯醇还原酶(enoyl reductase, ER)、酮基还原酶(ketoreductase, KR)和链长决定因子(chain length factor, CLF)等功能域(结构域)组成。碳链延伸反应的“最小 PKS 模块”是由 KS、AT、ACP 三个部分组成的,由 AT 选择一个乙酸或丙酸延伸单元,连接到链上,然后经过 KS 催化缩合,ACP 的作用是铆钉聚酮链以便于接受从 AT 来的延伸单元。

2) Ⅱ型 PKS: Ⅱ型 PKS 也称为迭代式或芳香式 PKS。Ⅱ型 PKS 是由多酶复合体构成的迭代体系(至少包含 KS 和 ACP 两个模块),其中的结构域可以重复使用,可以用来多次催化生成酚聚酮结构。芳香族的化合物主要是由此类 PKS 催化合成,如蒽环类及四环类化合物等。大部分 PKS Ⅱ型基因都是由 3 个功能模块(即 KS/AT、ACP 和 CLF)组成,它们编码最小单位的 PKS 。在芳香族化合物的生物合成过程中,这些功能模块可以被重复使用。Ⅱ型 PKS 中,还有 KR、芳香化酶(aromatase)、环化酶(cyclase)等修饰酶的参与。

3) Ⅲ型 PKS: Ⅲ型 PKS 属于查耳酮(chalcone)合成酶,与Ⅱ型 PKS 类似也含有重复使用功能域,即同源双亚基蛋白。Ⅲ型 PKS 与前两类 PKS 有着截然不同的特点,Ⅲ型 PKS 不依赖于 ACP,并不像前Ⅰ型 PKS 或Ⅱ型 PKS 那样通过 ACP 铆钉碳链,而是直接作用于酰基辅酶 A 活化的碳链化合物。

(2) PKS 的组合生物合成

PKS 的组合生物合成改造主要包括: ① PKS 模块或功能域的减少;② PKS 模块或功能域的增加;③ PKS 模块或功能域的替换;④ 后 PKS 修饰酶的改造等。

1）PKS 模块或功能域的减少：运用组合生物合成方法对 PKS 进行改造，删除其某个功能模块结构域，如果改造的 PKS 不影响下游酶的催化作用时，则人工改造减短后的 PKS 仍然可以经过催化形成人工设计的聚酮化合物或其结构类似物。红霉素 PKS 原有的 6 个模块，如果将其合成模块减少至 1 个、2 个、3 个或者 5 个，结果相应减短后的 PKS 催化合成了二酮、三酮、四酮和六酮化合物，但并不影响后续酶对其的识别和催化。这说明红霉素 PKS 中的 TE 具有比较广泛的底物适应性，因此通过直接改变 PKS 碳链延长功能域的多少可以间接调整聚酮化合物的长度和结构。

2）PKS 模块或功能域的增加：PKS 模块或功能域的增加首次实现是人工改造设计的红霉素和雷帕霉素的 PKS。在雷帕霉素的改造中，首先可克隆出雷帕霉素 PKS 中的模块 2 和模块 5，然后将这两个模块分别插入到 DEBS1 – TE 的模块 1 和模块 2 之间，这样新的 ePKS 就会催化得到在相应位置多出一个结构单位的四酮化合物；同样的，将合成雷帕霉素的 PKS 中这两个模块分别引入到红霉素的 PKS 的模块 1 和模块 2 之间，新合成的杂合 PKS 可以催化得到在红霉素结构上多一个结构单位的十六元环的红霉素聚酮化合物衍生物。

3）PKS 模块或功能域的替换：红霉素 DEBS1 的 N 端有一个称为荷载域（loading domain，LD）的结构，包括 AT 域和 ACP 域。不同的底物需要与之相对应的 LD 进行铆钉，所以，用异源或人工合成的 LD 模块替换原 PKS 中的 LD 模块可以修改 LD 模块识别的起始底物，从而获得新的聚酮化合物。研究者构建了用阿维菌素的 LD 替换红霉素的 LD 的糖多孢红霉菌（*Saccharopilyspora erythraea*）突变体菌株，对发酵液分析显示，突变菌株产生了以异丁酸和 2 –甲基丁酸（均为阿维菌素生物合成起始单位）为起始物的红霉素衍生物，并且，通过不同前体的添加，可以合成 C – 13 位为异丙基、2 –丁基等红霉素 A、B 和 D 等组分的新衍生物。同样的，将合成红霉素 PKS 模块 1 中 AT 结构域用合成雷帕霉素 PKS 模块 2 中 AT 结构域替换，产生的新化合物在 C – 2 位缺少一个甲基，这些都与理论相吻合。

4）后 PKS 修饰酶的改造：通过改造 PKS 后修饰酶可以人工创造天然活性产物的衍生物，对 PKS 后修饰酶的改造研究也是开发新型活性产物的有效手段。氯新生霉素（chlorobiocin）和新生霉素（novobiocin）的结构很相似，主要区别在于糖基化取代得不同。研究者在氯新生霉素的生产菌株中引入甲基化基因，对氯新生霉素结构中的氯原子，进行甲基化；对新生霉素生产菌株引入卤化基因，对新生霉素结构进行卤化，用氯原子取代甲基。这两种改造分别得到了两种新的活性化合物。

2. 非核糖体聚肽类的组合生物合成

非核糖体聚肽类是由非核糖体肽链合成酶（nonribosomal peptide synthetases，NRPS）催化生成的。NRPS 由多个模块构成的，这些模块由结构域构成，按特定的顺序排列。氨基酸单体的引入都是由特定的模块负责，每一类特殊的催化反应也是由特定的结构域负责。NRPSs 的模块数量一般为 3 ~ 15 个，高的也可能达到 50 个。一个完整的非核糖体聚肽类反应由 4 个主要的结构域构成：首先是腺苷酰化（adenylation，A）结构域，活氨基酸单体被其选择进而转化成腺苷酸的活性形式；接着是硫醇化（thiolation，T）结构域或肽酰载体蛋白（peptide carrier protein，PCP）结构域，这个功能域的作用是将腺苷酸活性形式与酶接合；第三个是缩合（condensation，C）结构域，肽键是由这个功能域催化形成并连到之后的模块上；最后是硫酯酶结构域（TE），这个结构域一般只出现在最后模块中，负责最后一步多肽的释放。

青霉素生物合成的模块的研究中，将决定底物特异性的腺苷化功能域（底物是半胱氨酸）替换负责抗生素枯草菌脂肽（surfactin）化合物生物合成的模块中的功能域（底物是亮氨酸），以此构建的突变菌株发酵液中则生成相应位置半胱氨酸取代亮氨酸的化合物类似物。在大量统计和分析的基础上，总结出了 A 功能域氨基酸残基与特意底物的对应关系，通过实验也证实了定点突变改变这 A 功能域中相应氨基酸就可以改变功能域的对底物的选择性。例如，通过定点突变改变 A 模块功能域的氨基酸，使其底物选择性由原来的天冬氨酸转变为天冬酰胺，构建的突变株的发酵液中则检测到相应位置氨基酸改变的类似化合物。

（四）生物合成途径的从头设计

很多临床抗生素都是来源于海洋微生物，海洋微生物（真菌、放线菌、藻类）种类繁多，能够产生多种多样结构新颖、不同生物活性的次级代谢产物。但是很多好的活性产物的天然产量极低，而且存在来源稀少、提取困难等因素，目前主要还是通过传统的全合成或半合成的方法获得。生物合成途径的从头设计为这些化合物的合成提供了一种新的思路，在充分理解代谢产物生物合成的基础上，通过合成途径从头设计（*de novo* design），将相关的合成基因进行异源表达和重组构建并利用发酵工程进行大规模制备，将可能是一个解决药品供应的方法。

1. 生物合成途径从头设计的内容

生物合成途径的从头设计的基础是充分了解已知天然产物的结构及其生物合成基因簇各个酶的功能。然后，通过分子生物学手段对天然生物元件进行标准化、模块化定义，并通过一定的策略实现对其人工设计、合成和逐级组装，并在自身、同源或异源宿主中重新合成所需要的天然产物。

（1）从头设计产生新酶

对一些天然酶无法催化的重要化学反应可以采用从头设计新酶的策略。从头设计产生新酶是通过人工设计催化位点和蛋白质骨架的方法构建合成能够催化目标化合物的酶。

华盛顿大学的 David Baker 研究组在从头设计新酶这一领域取得了许多重要的进展。从头设计新酶的一般步骤是：第一步是充分认识和理解目标反应中涉及的反应底物、反应产物以及中间产物的结构特点；第二步是以一般化学原理为基础，并采用多学科（包括量子力学计算等）相结合的方法设计可能催化反应的酶的功能基团活性位点的组成（氢键供体和受体、阳离子和阴离子、芳香环等）；第三步是设计一个口袋式蛋白质氨基酸序列，使活性位点位于口袋的特殊位置上，从而实现对目标化合物的催化。第三个步骤的实现是最关键的步骤，通常来说有两种策略：第一种方法是完全从头人工设计蛋白质氨基酸序列，根据序列特征构建蛋白质的高级结构，并通过实验进行了验证；第二种方法是通过已有的蛋白质，根据其催化状态的结构特点，以其为骨架，进行活性位点的改造。

（2）优化催化元件的功能

在人工代谢途径的改造上，运用已有的催化元件常常不能满足人们对特殊途径的需要。例如，真核的酶类不能很好地在原核宿主中表达，或者在不同的环境下酶反应往往伴随着副反应的发生。热稳定性差，不耐酸碱，活力低等缺点在酶反应中也非常常见。对于类似的问题，可以采用对目的催化元件进行功能优化的策略，如酶的模块组装、密码子优化、定向进化等手段。

构建人工设计的合成途径通常需要将一系列来自不同生物来源的催化元件组装起来。因为不同物种对密码子具有偏好性，因此，异源的酶在选定的宿主中常常遇到不能正常表达的现象。通过一些密码子分析工具，优化基因的密码子，在一定程度上可以解决表达水平上的密码子偏好性问题。

(3) 合理设计合成途径

催化途径人工设计的第一步是获取相关催化元件的信息，许多催化元件的相关信息可以通过一些综合性蛋白质和代谢数据库查询得到。针对代谢途径设计，有一些专门的数据库。如 BNICE(Biochemical Network Integrated Computational Explorer)，这个数据库可以查询不同化合物之间是否可能存在相互关联的代谢途径。生物催化/生物降解数据库(UM-BBD)是由明尼苏达大学开发的，它可以利用一系列广义的反应规则逐步设计代谢途径，外源物质的降解途径的设计特别适用。

此外，还有其他一些方法也可以用于评价代谢途径是否可行。例如，DESHARKY 方法就是通过对代谢流的物质进行定量化，并考虑代谢负担对代谢途径的影响。

2. 生物合成途径从头设计的研究策略

传统的天然药物生产大多数都是通过微生物大规模工业发酵获得的，也有一些天然药物是通过动植物培养后，对其进行生化提取获得的。但是，许多高活性的天然产物的原始生产菌株生长缓慢、在工业化规模下难以培养，或者存在提取困难、产量不高的原因，这些都对其开发应用价值造成了很大的限制。生物合成途径的从头设计就可以很好地解决这些问题，是天然产物药物开发利用的一种新模式。生物合成途径的从头设计是以充分认识天然产物生物合成机理为基础，通过合理设计人工途径，并结合各种分子手段，实现在模式宿主中的重新构建天然产物的生物合成途径，从而实现目标化合物在新宿主中的高效生产。新设计的生物合成途径理论上能够克服原有生物合成途径在原始宿主中存在的各种问题，从而使天然产物的获得变得更加方便。

生物合成途径从头设计主要有以下几种策略。

(1) 在模式菌株中异源表达目标天然产物的生物合成基因簇

将目标天然产物的生物合成途径克隆出来，通过分子手段导入模式宿主中进行异源表达，是合成生物学研究中最直接的一种策略。常用的异源模式宿主是大肠杆菌和酵母。目前，大肠杆菌异源合成天然产物的研究非常多，如聚酮类、非核糖体肽类、萜类化合物等天然产物都成功地在大肠杆菌中获得异源合成。但是由于大肠杆菌的一些特点，使得一些蛋白质(尤其是真核蛋白)表达受到限制，这在之前的篇幅中也做过介绍。与大肠杆菌相比，酵母作为天然产物的异源表达宿主就表现出其独特的优势，酵母作为表达系统的研究也已经比较完善。此外，链霉菌也是天然产物生物合成基因簇异源表达的理想宿主之一。

(2) 对已有的天然产物的生物合成途径进行优化改造

目前一些天然化合物的生物合成途径已经得到全面细致的解析，这些研究都为生物合成途径从头设计的研究奠定了坚实的基础。之前的篇幅已经提到利用组合生物学对聚酮类和非核糖体肽类化合物的研究，其中涉及简单的模块或结构域的插入、删除、替换等研究工作。而基于生物合成途径从头设计的思想可以对模块 DNA 序列进行重新设计，实现不同模块之间任意、高效的组装，从而实现途径的多样化，更好地筛选优良性状产物。此外，糖基化、甲基化、羟基化等后修饰反应也可以通过合成途径的优化而使反应顺利进行，降低或避免由于反应的不彻底而造成不需要组分的出现。

（3）设计、人工合成目标化学物的生物合成基因簇进行异源表达

根据已知的元件、模块、基因及基因簇的功能信息、根据目的化合物的结构特点，利用合成生物学手段进行设计并从头合成、构建新的生物合成途径，并将人工设计的生物合成途径引入目标宿主中，实现目标化合物的高效表达，是生物合成途径从头合成在天然产物药物方面未来的发展方向，也是终极目标。2010 年，研究者们通过人工设计生物合成途径，成功地在大肠杆菌中合成了紫杉醇的前体紫杉二烯，并经过各个酶的优化，使紫杉二烯在发酵液中的产量达到 1 g/L，比原始产量提高了 15 000 倍。

（五）海洋生物活性天然产物生物合成途径改造实例

海洋微生物在多个方面（如物种、遗传基因、代谢途径以及次级代谢产物的化学结构等）都具有高度的多样性，特别是一些海洋微生物具有资源可持续利用、生长周期短、代谢易于调控和可通过大规模发酵实现工业化生产等优点。海洋微生物（特别是海洋放线菌、海洋真菌、动植物及共生微生物）已是目前以及未来很长一段时期内新的生理活性物质的重要来源。近年来，从海洋微生物资源中发掘新的生物活性天然产物的报道层出不穷，海洋生物资源的开发利用逐渐成为生物领域的一个重要发展趋势，是世界范围内的热门研究领域。

1. Salinosporamide A 生物合成途径的改造

Salinosporamide A 源自海洋固有放线菌 *Salinispora tropica* 菌株。它是由 PKS/NRPS 杂合途径共同合成的活性天然产物，其合成基因簇中具有负责化合物合成的典型的 PKS 和 NRPS 合成酶，另外，还有 3 个后修饰关键基因 *salL*、*salD* 和 *salX*。SalL 是一个比较新颖的卤化酶，这个卤化酶与普通的黄素腺嘌呤二核苷酸（FAD）依赖型卤化酶有所不同，对它结构和功能的研究揭示了这种酶可以利用 *S*－腺苷酰－*L*－甲硫氨酸（SAM）作为辅因子的新颖卤化机制。SalL 催化 SAM 形成 5′－氯－脱氧腺苷（5′－Cl－DA），与此同时，也能形成 5′－Br－DA 和 5′－I－DA，但 SalL 不能形成氟代的 5′－F－DA。

研究者通过分子生物学手段构建了 *salL* 基因灭活的突变株 Δ*salL*，该突变株产生的 salinosporamide A 不含有氯元素。研究发现，在此突变株的发酵液中分别添加 NaBr、NaI 或者 5′－F－DA 的单一组分，该突变株就可以生产溴代、碘代或氟代的 salinosporamides 衍生物。SalD 属于 P450 酶系，是一个羟化酶，它的功能是在化合物 5′位引入氧原子形成羟基。Δ*salD* 突变株丧失了 5′位羟化的能力，产生的 salinosporamide 同系物缺失 5′位的羟基。SalX 的功能是负责环己烯基的合成，由于环己烯是 salinosporamide 分子的必需结构，所以Δ *SalX* 突变株丧失了产生 salinosporamide A 及其他同系物的能力，而产生不含有环己烯的新化合物。向 *salX* 突变株中发酵过程中加入不同的氨基酸，可以获得一系列的 5′位不同取代基的 salinospommide 衍生物。

2. Patellamide A 生物合成基因簇在 *E. coli* 中的异源表达

对海鞘进行分离纯化时，发现了一具有独特化学结构和强生物活性的天然产物，后来命

名为 Patellamide。Patellamide 的特征是含有假对称环状二聚体结构，而且亚结构中都有“噻唑-非极性氨基酸-噁唑啉-非极性氨基酸”的排列方式。Patellamide 是与海鞘共生的蓝藻的代谢产物，是由核糖体编码产生的肽类抗生素，除了具有中度细胞毒性外，还具有多药反转活性。

Lissoclinumpatella 海鞘的共生蓝藻 *Prochlorondidemni* 基因组已经测序，从中也找到了与 patellamide A 合成相关的基因簇。它的生物合成基因簇由 7 个基因组成，分别命名为 *patA*～*patG*，总长度为 11 kb。*PatE* 负责合成 patellamide 的前体肽，编码 71 个氨基酸，其中 37 个氨基酸是前导序列，有 16 个氨基酸直接参与 patellamide A 肽序列的编码，剩余的 18 个氨基酸与 patellamide 的环化相关。通过构建 fosmid 质粒文库，并利用探针对文库筛选，成功克隆了 patellamide 生物合成基因簇。之后，通过分子生物学手段成功将这个基因簇克隆到大肠杆菌异源表达载体。并在大肠杆菌工程菌株的发酵液中检测到了 20 μg/L 的 patellamide A。

3. Maremycins 核心结构生物合成途径异源组装

Maremycins 是一种新型哌嗪二酮类生物碱，其源自海洋链霉菌 *Streptomyces* sp. B9173 的次级代谢产物，它对淋巴癌细胞有抑制作用。Maremycins 各个组分的化学结构存在新颖的结构基团，这些新颖结构的存在表明生物合成基因簇中含有特殊的化学修饰酶。

Streptomyces sp. B9173 的全基因组测序已经完成，全长大概 8.8 Mb。Maremycins 生物合成基因簇包含 20 个开放阅读框，总长度为 30 kb，其中含有 5 个 PKS 基因、4 个 NRPS 基因以及 11 个后修饰基因和 1 个调控基因。通过对 maremycins 生物合成相关基因进行敲除研究，筛选获得了新的 maremycin F 的硫非氧化组分 maremycin G。研究发现 *marF* 属于氧甲基转移酶基因，负责 maremycins 组分吲哚 1 位的甲基化；MarG 属于氨基转移酶；MarI 属于甲基转移酶；MarG、MarI 和未知蛋白 MarH3 个酶共同作用，精确地控制色氨酸的立体选择性碳甲基化形成(2*S*,3*S*)-β-甲基色氨酸与(2*S*,3*R*)-β-甲基色氨酸。研究者将 maremycins 生物合成相关的 7 个基因 *marF*、*marG*、*marI*、*marJ*、*marM*、*marO*、*marQ* 克隆到大肠杆菌异源表达载体上，发酵检测到 maremycins 哌嗪二酮环核心结构的异源合成。

Maremycins 生物合成基因簇的深入研究以及 maremycins 异源表达系统的建立，不仅对理解海洋特殊生境来源的哌嗪二酮类化合物的生物合成十分有利，而且对于通过合成生物学等技术手段去创造活性更高，结构更新颖的哌嗪二酮类衍生物的研究也奠定了坚实的基础。

五、DNA 条形码

21 世纪的今天，人类社会仍面临着一系列人口、资源、环境、粮食和能源等问题，其中生物多样性丧失及与其紧密关联的生物基因库的快速缩小乃至消失的严峻现实备受各国政府、学界和民众的关注。据保守估计，地球上已知的生物数量达 150 多万，而即便是生物分类学专家也仅能认识千种左右。此外，传统的生物分类学研究已经成为落后学科，熟悉系统知识的分类学家亦越来越少。因此 DNA 条形码(DNA barcode)技术有望发挥重要作用。

（一）DNA 条形码的概念

DNA 条形码是一种新型的生物学技术，旨在通过较短的 DNA 序列，在物种水平上对现存生物类群和未知生物材料进行识别和鉴定，为了解和探索生物物种提供了新理念。DNA 条形码的研究方法与传统的分子系统学研究有一定的相似性，但前者更具快速、自动以及通用等特性，可以在缺乏分类学专家参与的时候，也能提供物种识别功能，并可结合传统形态学进行深入的生物学研究。然而，当前 DNA 条形码也面临一些问题，主要涉及标准统一、信息核实、数据共享、学科融合、跨国合作等方面。生物 DNA 条形码的出现和兴起，为经典学科如分类学、系统学和群落学等的发展提供了机遇。国际生命条形码联盟（Consoaium for the Barcode of Life, CBOL, http://www.barcodeoflife.org/）是全球生物 DNA 条形码研究的协调机构，在欧美、亚太等主要生物多样性研究地区设有节点或分支。

（二）DNA 条形码的分类

生物 DNA 条形码的发展历程已跨越十年之久，下面主要从动物、植物、微生物及藻类等方面的生物 DNA 条形码作简要介绍。

1. 动物 DNA 条形码

2003 年，加拿大科学家 Paul Hebe 等发表了第一批有关生物 DNA 条形码的研究结果，并首先提出使用线粒体基因细胞色素 c 氧化酶基因片段 *COI* 作为动物的 DNA 条形码。此后的一系列研究表明，*COI* 条形码片段应用于动物时有良好的鉴别作用，如鸟类、鱼类、昆虫、哺乳类、两栖类、兽类、浮游和海洋小型底栖动物等。该片段不仅可在物种水平上对绝大多数动物类群进行鉴定，还能较准确地区分近缘类群，并快速地构建不同分类阶段类群的系统发育关系。因此 *COI* 已被公认为动物 DNA 标准条形码片段而得到广泛应用。

2. 植物 DNA 条形码

2005 年前后，DNA 条形码概念被引入植物学研究。由于植物的线粒体基因组进化速率慢、遗传分化小，因此 *COI* 不适用于植物。研究者对各种 DNA 条形码片段进行了广泛筛选，涉及的候选片段主要有分布在叶绿体基因编码区（*rbcL*、*matK*、*trnL*、*accD*、*rpoC1*、*rpoB*、*ndhJ* 等）和间隔区（*trnH－psbA*、*trnK－rps16*、*rp136－rps8*、*atpB－rbcL*、*ycf6－psbM*、*trnV－atpE*、*trnC－ycf61 psbM－trnD*、*trnL－F*、*psbK－psbI1*、*atpF－atpH* 等）。但学者对 DNA 条形码在植物分类上的应用意见不一致，有学者认为抛弃传统的分类学标准，将 DNA 条形码单独用于物种鉴定，在部分近缘类群中难以达到有效分辨，而庞大的数据库的维护，需要高额经费，并且在项目申请时，与传统分类学形成激烈竞争。但经过多方协调，国际生命条形码联盟植物工作组（CBOL Plant Working Group）于 2009 年初步确定并推荐使用的 DNA 条形码片段是叶绿体基因片段的 *rbcL* 和 *matK*。此外，在实际应用当中，叶绿体基因间隔区 *trnH－psbA* 及核基因 *ITS* 也受到较多的关注。通过汇集已有物种的 DNA 条形码序列（如 *rbcL*、*matK*、*ITS－trnH－psbA* 等），就可以根据要求进行快速的物种鉴定，构建特定生物类群或群落的系统发育关系，以及解释和预测生物多样性格局。

3. 微生物 DNA 条形码

微生物 DNA 条形码研究虽然整体上滞后于动物、植物，但也在标准序列选择、数据管理和分析、物种分化水平确定等方面取得了较大进展，在食品原材料监测、成品质量控制等方面发挥着重要作用。目前，在真菌类群上，微生物 DNA 条形码研究进展较快。国际真菌条形码专业委员会（International Subcommission on Fungal Bar. coding）负责组织和协调国际生命条形码（International Barcode of Life）计划中与真菌有关的研究工作。*COI* 基因不适合作为真菌条形码标准片段，主要是因为绝大多数真菌类群中都含有长度和数量不等的内含子，会干扰 PCR 扩增，并因缺少保守区而影响引物的设计，还存在着引物的通用性差和序列比对困难等问题。此外，18S rDNA 和 28S rDNA 的变异率低，也不适合用作大多数真菌类群的物种鉴定。科学家对真菌类群进行了多个基因序列评价，发现 *ITS* 可使真菌物种的分辨率达到 72%，是目前真菌物种分辨率最高的单一 DNA 片段。其主要优势在于片段长度合适（约 500 bp）、引物通用性强、扩增成功率高，便于高通量测序与分析，2011 年在澳大利亚阿德雷德市举办的第四届国际生命条形码大会上，*ITS* 正式被推荐为真菌的首选 DNA 条形码，这对推动真菌 DNA 条形码研究与应用具有里程碑意义。原生生物（Protist）类群也是微生物 DNA 条形码研究的重点对象。研究者建议采用两阶段研究方法：先将 18S rDNA 片段应用于较大的分类尺度上，后将 *COI* 应用于较小分类尺度上，从而达到识别和鉴定已知类群，以及探索未知真核微生物多样性的目标。通过多年努力，DNA 条形码工作者已建立了一整套较完善的研究体系，发展出一系列成熟的分析方法。生物 DNA 条形码已进入新的发展阶段。今后可能将朝向多学科、大尺度、跨区域融合，主要的任务将转向在更多的实践应用基础上进行理论提升。

4. 藻类 DNA 条形码

藻类 DNA 条形码可为藻类的快速鉴定提供一个经济有效的标准化模式，具有快速识别已知物种、加快发现新种以及提高分类学信息质量等特点，为生物多样性研究提供了便捷有效的途径。由于简单的外部形态和内部生理结构上的趋同性以及高度的表型可塑性，某些藻类成为传统分类法难以区分和鉴定的物种，这使得 DNA 条形码在藻类中的开发和应用受到关注。

用于藻类 DNA 条形码研究的 DNA 片段如下：单一 DNA 片段有线粒体基因 *COI*、*COX2* -*COX3*、叶绿体基因 *rbcL*、rbcSp、质体基因 *UPA*、细胞色素 b、核糖体基因 18S rDNA、28S rDNA 和 *ITS* rDNA 等，组合片段有 5.8S + *ITS2* 和 *coxl* + *ITS* + *rbcSp* 等。

COI 基因序列长度为 650 bp，优点为引物通用性高、进化速度快，在硅藻、甲藻、褐藻和红藻中都应用过，种间变异在 0.3%~19.8%。*cox2* ~ *cox3* 片段主要是应用于红藻的研究中，种间变异在 13.7%~25.0%。*rbcL* 在红藻和硅藻中都有研究，长度约 1 400 bp，种间变异在 0.22%~12.60%。*UPA* 片段是叶绿体 23S rRNA 基因的 V 结构域，长度约 370 bp，主要用于红藻的研究。该片段通用性高，鉴别能力强。*ITS* rDNA 也是用得比较多的一个基因片段，在硅藻、褐藻、甲藻和红藻的研究中都有应用。

（三）DNA 条形码功能

1. 储备数据

通过使用通用、标准的条形码片段，获得海量 DNA 序列信息，构建 DNA 条形码资源文库（Barcode of Life Database. http://www.Boldsy.stems.org/），以供日后搜索和查询。生物物种 DNA 序列信息库还可与其他生物多样性数据库(如 GenBank 等)联网共享资源。

2. 鉴别物种

单个条形码片段或者组合片段的 DNA 分子信息,可以通过 BLAST 搜索运算(Basic Local Alignment Search Tool,一种在线搜索技术)或者其他方法在 GenBank(http://blast.ncbi.nlm.nih.gov/Blast.cgi)数据库中进行物种识别,记录最大匹配率,将待鉴别的生物类群鉴定到相应的科、属乃至物种水平,从而达到快速鉴定物种的目的,同时还能纠正一些原先被错误鉴定的材料。在不远的将来,当生物 DNA 条形码文库和查询平台建立后,还可将完整的信息整合到类似手机的便携装置,人们即便是在野外也能便捷地获取物种的详细信息。

3. 构建系统发育关系

通过 DNA 条形码测序方法获得的物种序列,经过一定的编辑加工,运用相应的方法,可在生物类群和群落等水平上进行快速的系统发育构建。构建不同生物类群和群落层次上与 DNA 条形码系统发育关系,对于现代分类学、进化生物学、群落生态学和生物功能性状研究的格局探讨和过程解释作用巨大。与传统分子系统学方法相比,它具有过程快捷、使用方便、可比性强等明显优势。

4. 检验检疫

随着 DNA 条形码技术的不断完善,它还能用于海关等机构入侵物种的检验检疫。检验检疫生命条形码(Quarantine Barcode of Life,http://www.qbol.org/en/qbol.htm)受第七届欧盟框架规划项目的资助,收集存在于植物样品中受管制的生物有机体,采集标本,获取 DNA 序列信息,构建网络数据库系统。

(四) 一些重要的海洋生物 DNA 条形码研究组织

珊瑚礁生命条形码(Coral Reef Barcode of Life):以澳大利亚东北部的大堡礁周边海域的鱼类和珊瑚礁为对象,构建条形码文库,通过厘清物种分界线和揭示隐形分类群,协助相关的分类研究。

鱼类生命条形码行动(Fish Barcode of Life Campaign, http://www.fishbol.org/):收集 30 000 种以上生存于世界范围内各大海洋、淡水流域中鱼的条形码,每个物种至少 5 个标本。

海洋生命条形码(Marine Barcode of Life, http://www.marinebarcoding.org/):获取至少 50 000 条海洋物种条形码记录,开展国际研究与合作。

极地生命条形码(Polar Barcode of Life):协调正在进行的南极和北极海洋、淡水和陆地生态系统生物编目项目。

海绵条形码计划(Sponge Barcoding Project, http://www. Spongebarcoding.org/):首个针对双胚层动物类群的全球性研究计划,涵盖海绵动物门全部的分类单元。

(李盛英　杜　磊　蔡在龙)

第三节　基因表达技术

基因表达技术是基因工程的核心技术,人们已建立了多种原核及真核生物基因表达系统。不同的表达系统各有特点,有它们的优势,也有它们的不足。另外,由于人们对不同系统的研究深度不一样,因此,它们的成熟程度和应用范围也很不一样,需要根据具体情况选择不同表达系统。本节除了简要介绍常规通用性基因表达系统外,还重点对与海洋相关的原核蓝藻与真核微藻表达技术进行介绍。

一、基因表达系统

相对于陆地源生物,从环境独特,种类丰富的海洋生物中分离出的生物活性功能蛋白和次级代谢产物,如肽类、抗生素类、大环内酯类、萜类、生物碱、聚醚类化合物、脂类、多糖类,具有结构功能新颖的独特优势,因而受到学术界和工业界的广泛关注。

从野生生物中分离获得的生物活性成分(功能蛋白和次级代谢产物)产量一般较低。从海洋生物或海洋环境中提取基因组或宏基因组(metagenome),鉴定与活性成分对应的基因(基因簇),通过直接克隆,或基于酵母的同源重组组装基因簇,或建立基因文库的策略,在易于遗传操作的宿主中表达这些功能基因或基因簇,为提高海洋生物活性物质产量提供了技术平台。海洋基因表达技术的关键在于高效表达系统的建立。研究策略可分为将海洋功能基因(基因簇)转入陆生微生物、动物或植物中进行表达;将陆生功能基因(基因簇)转入海洋生物中表达;将海洋或陆生功能基因(基因簇)转入人工养殖的海水生物(如藻类)中进行表达,在高产功能蛋白的同时,综合高值化利用海洋表达宿主(从宿主细胞中提炼出有用产物)。

海洋基因重组表达的主要目的是将海洋功能基因或次级代谢产物合成酶系基因簇转入合适的表达系统,产生人们所需要的蛋白质与其他生物活性物质。基因表达是指结构基因在调控序列(如启动子)的作用下转录成mRNA,经加工后在核糖体的协助下翻译出相应的基因产物——蛋白质(酶),再在宿主细胞环境中经翻译后修饰而显示出相应生物学功能的蛋白质或酶系。对于以蛋白质为目的产物来说,翻译并修饰出的活性蛋白质即为目标活性产物。对于小分子活性产物(如抗生素)来说,表达出的活性酶系将催化一系列生化反应,最终形成活性目标小分子产物。从基因到功能产物的整个转录、转录后加工、翻译及翻译后加工过程即是基因表达的过程,其实施的关键在于高效表达系统的建立。

基因表达系统是指外源(或本源)目的基因与表达载体重组后,导入合适的宿主受体细胞,通过目的基因在宿主中高效表达产生目的基因蛋白或产物。基因表达系统由基因表达载体和宿主受体细胞构成。目前已构建出了多种基因表达系统,包括原核生物表达系统和真核生物表达系统。原核生物基因表达系统主要有大肠杆菌表达系统、芽孢杆菌表达系统、假单胞菌表达系统、链霉菌表达系统、乳酸杆菌表达系统、蓝藻表达系统等。真核生物基因表达系统主要有酵母表达系统、丝状真菌表达系统(黑曲霉、米曲霉、木霉、构巢曲霉)、真核微藻表达系统(莱茵衣藻、硅藻等)、植物细胞表达系统、昆虫细胞表达系统、哺乳动物细胞表达系统等。常用表达系统的一些突出特点比较见表2-1。图2-5列举了几种典型的表达系统宿主。不同的表达系统具有各自的优缺点。应根据目的基因来源与表达目的不同,灵活选择合适的表达系统。

表 2-1 几种常用表达系统的比较

系统	分子系统				操作系统			
	糖基化	基因大小	对剪切力敏感性	重组产物产量	生产时间	培养成本	放大成本	储存成本
细菌	无	未知	中	中	短	中	高	低(-20℃)
酵母	不正确	未知	中	高	中	中	高	低(-20℃)
昆虫	正确,但依赖于产物	有限	高	中到高	长	高	高	高(液氮)
哺乳动物细胞	正确	有限	高	中到高	长	高	高	高(液氮)
植物细胞	正确(核中表达)	无限制	不适用	高	长	低	很低	低(室温)
单细胞微藻	正确(核中表达)	无限制	低	低	短	很低	低	低(室温)

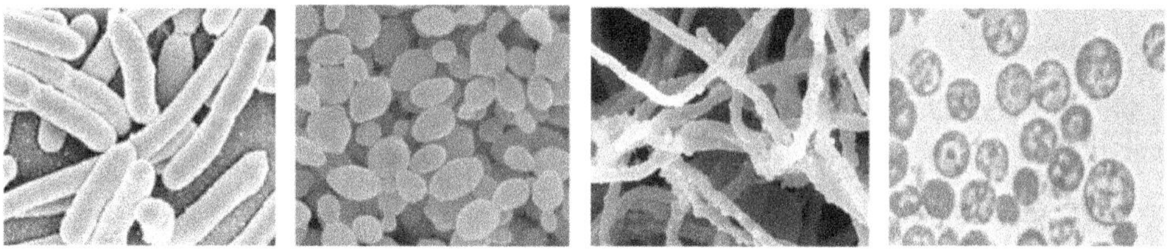
大肠杆菌 酵母 丝状真菌 微藻

图 2-5 几种典型的表达系统宿主(阎金勇 制作)

(一) 原核生物基因表达系统

原核生物基因表达系统具有如下特点:原核生物大多数为单细胞异养,生长速率快,容易培养;基因组结构相对简单,便于基因遗传操作;生理代谢途径与基因表达调控机制比较清晰,可通过代谢发酵控制大量表达基因产物;多数原核生物细胞内含有质粒,为构建相应的表达载体提供了丰富的元件。

原核生物基因表达系统也存在某些不足:不具备真核生物的蛋白质修饰加工系统,不易于表达结构复杂的蛋白质。本节首先简要介绍大肠杆菌(*Escherichia coli*)基因表达系统,之后对与海洋相关的原核蓝藻表达系统作详细介绍。

1. 大肠杆菌表达系统

大肠杆菌是一种典型的革兰氏阴性模式细菌,其遗传背景清楚,生长速率快,培养简易、遗传操作简单、成本低廉,易于进行工业化规模生产。与其他表达系统相比,大肠杆菌表达系统具有以下优越性:已具备翔实的大肠杆菌基础生物学、遗传学以及分子生物学、基因表达调控机制等方面的背景知识与技术;已被发展成为一系列安全的基因工程实验体系,拥有多种类型的宿主菌株和载体;一些真核来源的基因,如胰岛素基因和抑制生长素基因等,都已在大肠杆菌体系中实现了高效表达。

大肠杆菌基因表达系统可分为 DNA 复制及重组载体的选择，外源目的基因的转录，蛋白质的翻译三个系统。常见的大肠杆菌表达系统有 Lac 和 Tac 表达系统、P_L和 P_R表达系统与 T7 表达系统。Lac 和 Tac 表达系统，是以 lac 操纵子调控机制为基础设计和构建的表达系统。P_L和 P_R表达系统，是以 λ 噬菌体早期转录启动子 P_L和 P_R构建的。T7 表达系统，是利用大肠杆菌 T7 噬菌体转录系统元件构建的表达系统，具有高效的表达能力，应用范围极广。

大肠杆菌表达系统与技术虽然较成熟，但仍有一些值得深入研究的热点问题。① 外源基因在大肠杆菌表达容易形成包涵体，采用融合蛋白等策略提高目的蛋白的可溶性是大肠杆菌表达的一大热点。② 大肠杆菌质粒表达系统虽然能获得较高的拷贝数，但需要选择压力来维持其稳定性，其传代稳定性不及染色体整合型表达，因此外源蛋白的染色体整合型表达也是值得深入研究的系统。③ 在构建大肠杆菌基因工程菌或细胞工厂时，往往需要表达多个基因或整条代谢途径，因此多基因共表达及调控成为关键表达技术。④ 寻找或优化信号肽序列，提高外源蛋白的分泌效率，是大肠杆菌分泌表达面临的挑战性课题。

2. 原核蓝藻表达系统

存在于海水或淡水环境中的蓝藻（cyanobacteria）又称为蓝细菌，是一类光合自养型原核藻类，仅需利用日光、水和一些无机物就能够合成生物质与目标产物，尤其是生物燃料和生物化学品。蓝藻结构简单，适应性强，生长快，比植物及真核藻类细胞更易遗传操作，并且多数不含毒蛋白，可作为优良的基因工程表达系统。与大肠杆菌相比，蓝藻表达产物不形成包涵体，容易纯化；不含毒素；培养基为廉价且不易污染的无机盐。由于上述诸多优点，蓝藻有可能成为继大肠杆菌和酵母之后的新一代表达宿主。随着 1996 年聚胞藻 PCC6803 基因组序列测定，蓝藻基因工程取得了迅速发展。一些蓝藻已经形成了稳定的遗传转化体系，并有多种外源基因在蓝藻中成功表达。海洋聚球藻（*Synechococcus* sp. PCC7002）是一种适应性广、生长速率快（代时为 4 h）的光合自养型单细胞微生物。已经测序的基因组与天然摄取外源 DNA 能力使该蓝藻成为理想的基因工程与代谢工程宿主，在制备重组药物、治理环境污染、农药生产等方面的应用开发越来越广泛。

（1）蓝藻表达系统基因操作元件

启动子是蓝藻基因表达重要元件之一。蓝藻中用于外源基因表达的启动子包括组成型或诱导型的天然启动子和外源启动子。*Synechococcus elongatus* sp. PCC7942、*Synechocystis* sp. PCC6803、*Synechococcus* sp. PCC7002、*Anabaena* sp. PCC7120 的天然启动子大多来源于参与光合作用基因的启动子，如参与二氧化碳固定的基因启动子（*PrbcL*、*Pcmp*、*Psbt*）、参与光合系统Ⅰ(PSI)基因启动子（*PpsaA*、*PpsaD*）、参与光合系统Ⅱ(PSII)基因启动子（*PpsbA1*、*PpsbA2*）、参与光合作用的藻青蛋白基因启动子（*Pcpc*）。镍离子诱导型启动子 *PprsB* 控制噬菌体裂解基因在 *Synechocystis* sp. PCC6803 中成功表达。大肠杆菌杂合启动子 *Ptac*/*Ptrc* 成功应用于 *Synechococcus* 与 *Synechococcus* 中表达外源基因。表 2－2～表 2－4 分别列举了蓝藻表达系统中金属离子诱导型启动子、主要营养素型启动子与代谢物诱导型启动子表达基因的一些例子。

表 2-2　金属离子诱导型启动子

启动子	来　源	诱导物/浓度	表达宿主	表达基因	定量范围	表达测定
ArsB	*Synechocystis* sp. PCC6803	$rAsO_2^-$/720 mmol/L	*Synechocystis* sp. PCC6803	*arsB*	100 倍	RT-PCR
ZiaA	*Synechocystis* sp. PCC6803	ICd^{2+}/2 μmol/L	*Synechocystis* sp. PCC6803	*ziaA*	10 倍	RT-PCR
coat	*Synechocystis* sp. PCC6803	Co^{2+}/1 μmol/L	*Synechocystis* sp. PCC6803	*coaT*	10 倍	RT-PCR
petE	*Synechocystis* sp. PCC6803	Cu^{2+}/0.5 μmol/L	*Synechocystis* sp. PCC6803	*Pseudomonas syringaeefe* 基因	5 倍	28 nL 乙烯/mL·h
nrsB	*Synechocystis* sp. PCC6803	Ni^{2+}/0.5 μmol/L	*Synechocystis* sp. PCC6803	*nrsB*	1 000 倍	RT-PCR
ziaA	*Synechocystis* sp. PCC6803	Zn^{2+}/5 μmol/L	*Synechocystis* sp. PCC6803	*ziaA*	40 倍	RT-PCR
Smt	*Synechococcus elongatus* PCC7002	Zn^{2+}/2 μmol/L	*Synechocystis* sp. PCC6803	*Pseudomonas syringae efe* 基因	2 倍	2 nL 乙烯/mL·h

表 2-3　主要营养素型启动子

启动子	来　源	诱导物/抑制物与浓度	表达宿主	表达基因	定量范围	表达测定
psbA1	*Anabaena* sp. PCC7120	Inducer 光 30 μE/(m^2·s)	*Anabaena* sp. PCC7120	*hetR* from *E. coli*		17% 异形细胞发生率
nirA	*Synechococcus elongatus* PCC7942	Inducer/Repressor NO_3^-/NH_4^+ 17.6 mmol/L/17.6 mmol/L	*Synechocystis* sp. PCC6803	*Arabidopsis thaliana* 羟苯丙酮酸二加氧酶	25 倍	250 ng 微生物/E 细胞干重
nirA	*Synechococcus elongatus* PCC7942	Inducer/Repressor NO_3^-/NH_4^+ 15.0 mmol/L/3.75 mmol/L	*Synechococcus elongatus* PCC7942	*cmpABCD*	5 倍	260 nmol HCO_3^- mg/Chl

表 2-4　代谢物诱导型启动子

启动子	来　源	诱导物与浓度	表达宿主	表达基因	定量范围	表达测定
tetR	*E. coli*	aTc/10^3 ng/mL	*Synechocystis* sp. ATCC27184	*eYFP*	290 倍	>10 000 相对荧光强度
A1lacO-1	*E. coli*	IPTG/1 mmol/L	*Synechocystis* sp. PCC6803	*Pseudomonas syringaeefe* 基因	8 倍	170 nL 乙烯/mL·h
trc10	*E. coli*	IPTG/2 mmol/L	*Synechocystis* sp. PCC6803	*GFPmut3B*	1.6 倍	101 相对荧光强度

氯霉素素、红霉素、庆大霉素、卡那霉素、新霉素、壮观霉素、链霉素常用于筛选蓝藻转化子。氨苄青霉素筛选时间较长且自身不稳定，不是理想的蓝藻转化子筛选标记。光敏感型利福霉素、四环素不适用于光照条件下的蓝藻筛选。筛选标记的恢复利用可以就同一筛选标记在同一宿主中进行多轮筛选。而且，筛选出阳性转化子后，抗性基因的消除可以避免由

抗性基因释放带来的潜在环境危害。蓝藻中常用正负筛选方法达到筛选标记恢复或抗性基因消除的目的。即通过构建抗性筛选标记与 SacB 基因的串联载体来实现。通过同源重组交换,利用抗性标记进行第一次正筛选;之后用 SacB 标记实现负筛选。SacB 基因编码分泌型蔗糖果聚糖酶(levansucrase),该酶能催化蔗糖水解成葡萄糖和果糖,并且能催化果糖聚合生成高分子质量的果聚糖,从而对细胞产生毒性致死作用,即含有 SacB 基因的转化子在含有蔗糖的固体平板上无法生长。SacB 基因赋予细胞的蔗糖敏感特性作为一种阴性筛选克隆的标记,在蓝藻遗传操作中有着广泛的应用。具体筛选步骤见图 2-6。

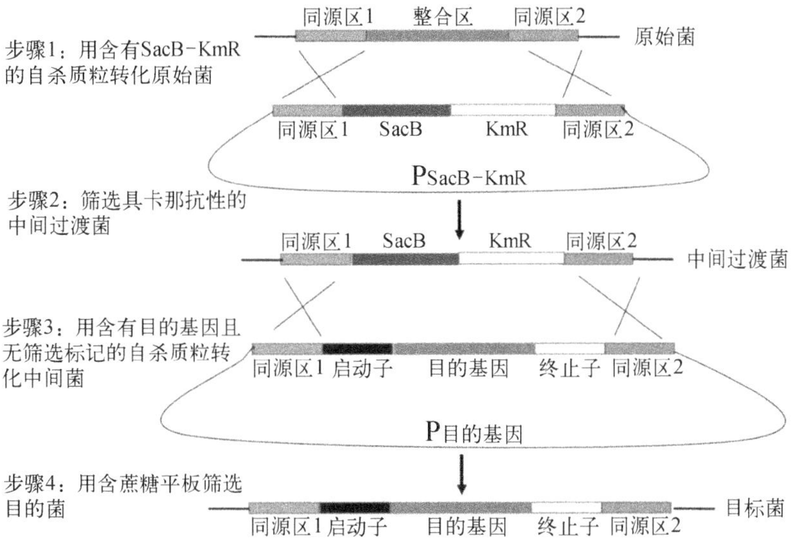

图 2-6 基于 SacB-抗性基因的正负筛选步骤(阎金勇 画)

(2) 蓝藻表达系统的遗传操作与转化方法

蓝藻的转化包括自然转化、接合、电穿孔等方法。自然转化是将待转化 DNA 与对数生长期的蓝细菌混合,之后涂布抗性平板进行筛选。自然转化更多的是发生双交换重组整合于基因组,因而能稳定传代。但自然转化的方法局限性较大,不适合自主复制质粒的转化,也不适合单交换整合。接合转化与电穿孔转化方法弥补了自然转化的不足。表 2-5 总结了几种用于基因工程、代谢工程与合成生物学的模式蓝藻的特征。

表 2-5 几种用于遗传操作的模式蓝藻的特征

蓝 藻 株	基因操作方法	理想生长温度/℃	代时/h	代谢	是否为模式基因组	备 注
Synechocystis sp. PCC6803	接合,自然转化,突变 Tn5 介导的转座,融合 PCR	30	6~12	混养,自养	是	大量系统生物学数据可用
Synechococcus longates PCC7942	接合,自然转化,突变 Tn5 介导的转座	38	12~24	自养	否	研究生物钟的模式种
Synechococcus sp. PCC7002	接合,自然转化	38	3.5	混养,自养	是	已知生长最快的藻种
Anabaena variabilis PCC7120	接合,自然转化	30	>24	混养,自养	否	固氮,丝状

蓝藻表达系统不仅用于表达单个重组蛋白,也常用于多酶促反应代谢途径的表达。多种多基因 DNA 组装策略为蓝藻表达代谢途径提供了便捷条件。传统的策略是基于质粒的体外组装,即首先将组装好的多基因质粒转化大肠杆菌进行扩增复制,然后提取质粒转化蓝藻宿主(图2-7A)。最近开发出了基于融合 PCR 技术的体外同步组装与转化方法(图2-7B)。更令人振奋的是,类似于酵母体内同源重组的组装策略也可能适用于蓝藻系统(图2-7C)。

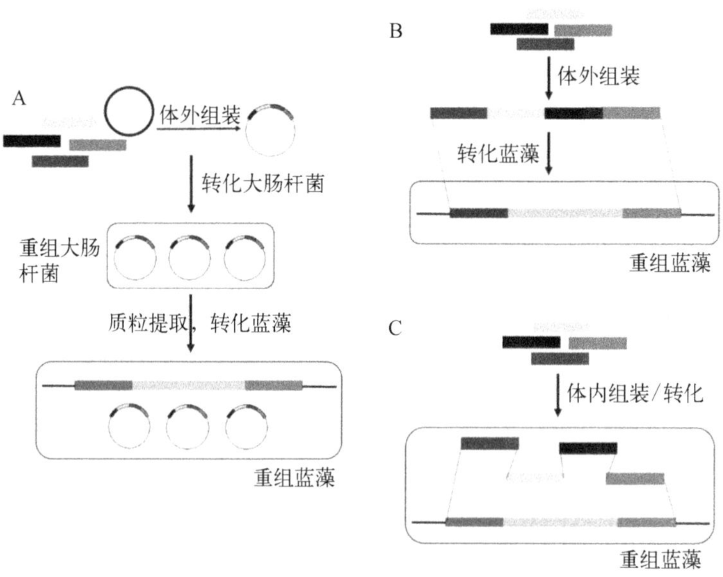

图2-7 适用于蓝藻的几种 DNA 组装策略(阎金勇 画)

(3)构建蓝藻工程菌的方法

传统的蓝藻工程菌构建是利用同源双交换在蓝藻染色体的选定位置插入自杀质粒,自杀质粒上携带目的基因与选择标记(图2-8A)。构建蓝藻工程菌时,有时为了避免选择标记的影响,需要移除选择标记,即无痕基因操作。可采用正负筛选(图2-8B)或 FLP/FRT 重组酶(图2-9A)介导的无痕策略进行构建。正负筛选上文已作了详细介绍。FLP/FRT 重组酶策略在大肠杆菌中有广泛应用,运用重组酶系统移除选择标记后会在基因组上留下一个疤痕。还有一种借助质粒转入目的基因的蓝藻工程菌构建方法(图2-9B)。

(二)真核生物基因表达系统

目前成熟的表达系统包括细菌表达系统、酵母表达系统、哺乳动物细胞表达系统、昆虫细胞表达系统、植物细胞表达系统。细菌和酵母是使用最广泛的重组蛋白表达系统。但细菌表达系统不具备转录与翻译后修饰能力,如糖基化、磷酸化、二硫键形成等。真核表达系统则具备这些修饰能力。本文就酵母(包括海洋解脂耶氏酵母)表达系统以及与海洋相关的真核微藻表达系统作一介绍。

1. 酵母表达系统

酵母(yeast)是一类以芽殖或裂殖进行无性繁殖的单细胞真核生物,是外源基因理想的真核生物基因表达系统。酵母菌的基因表达调控的机制比较清楚,遗传操作相对简便;具有

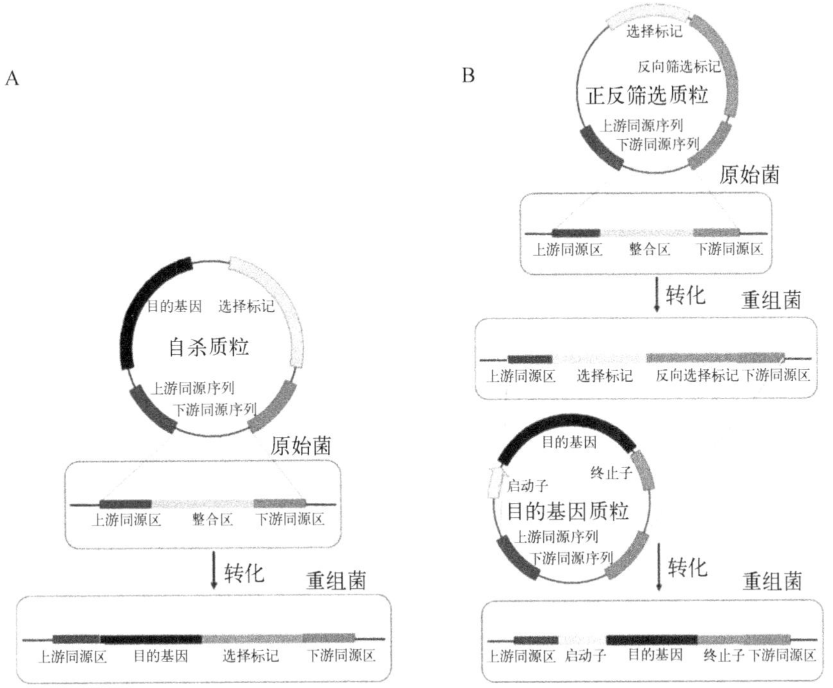

图 2-8 自杀质粒(A)与正反筛选质粒(B)介导的蓝藻工程菌构建方法(阎金勇 画)

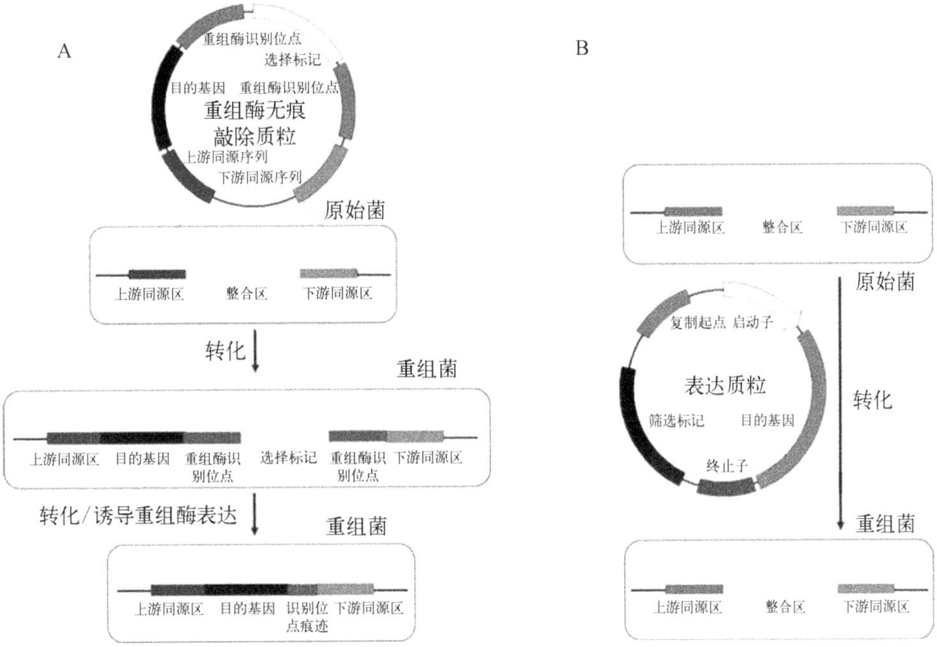

图 2-9 FLP/FRT 重组酶(A)与表达质粒(B)介导的蓝藻工程菌构建方法(阎金勇 画)

原核生物所不具备的蛋白质翻译后加工和修饰系统；可将外源基因表达产物分泌到培养基中；对人体和环境安全，不含毒素；可进行大规模发酵，工艺简单而成熟，成本低廉。酵母基因表达系统主要包括酿酒酵母、巴斯德毕赤酵母、解脂耶氏酵母、乳酸克努维酵母、多型汉森酵母等。

酿酒酵母是最早应用于外源基因克隆和表达的酵母菌。目前已表达了诸如人胰岛素、乙型肝炎疫苗、人粒细胞集落刺激因子等多种外源基因。其缺点是在发酵过程中会产生乙醇，对酵母的生长代谢与外源基因的表达产生潜在影响。此外，酿酒酵母在蛋白质的加工过程中会发生过度糖基化作用，其分泌表达能力也有待提高。

巴斯德毕赤酵母是一种甲醇营养型酵母，受甲醇诱导的 *AOX1* 启动子可驱动外源基因的高效表达。Invitrogen 公司已开发出多种毕赤酵母宿主（如 GS115、X33、KM71 等菌株）与表达载体（如 pPIC9K、pPICZα 系列等）。已有多种外源蛋白在毕赤酵母中得到高效表达，包括人肿瘤坏死因子、乙型肝炎表面抗原、人表皮生长因子、链激酶等。毕赤酵母的糖基化程度比酿酒酵母低，但分泌外源蛋白的能力比酿酒酵母强，但其遗传背景了解相对酿酒酵母少，且发酵周期也较长。

乳酸克鲁维酵母的遗传背景比较清楚，质粒载体可在该酵母中稳定传代，不易丢失。该酵母可表达分泌型和非分泌型重组异源蛋白，其表达水平和效果高于酿酒酵母。在分泌表达过程中，利于形成正确的蛋白质构象，因而利用其表达高等哺乳动物蛋白具有一定的优越性。目前已有多种外源蛋白在该酵母系统中得到表达，如人白细胞介素-1 和 β-牛凝乳酶等。

广泛存在于食品、海水、海洋鱼类等海洋环境中的非常规性酵母——解脂耶氏酵母是一种优良的脂肪酶及单细胞蛋白生产菌。该酵母具有以下特点：被美国食品药品管理局认定是安全菌株（generally regarded as safe, GRAS），在食品、医药、饲料工业上具有广泛的应用前景；能合成大量的胞内蛋白质，油脂，并且能够分泌蛋白酶（酸性蛋白酶和碱性蛋白酶）、脂肪酶、磷酸酶等；碳源利用谱广，可利用脂肪酸、脂肪烃、脂类、乙醇、废弃油脂、粗甘油等广泛而廉价基质为碳源，进行高密度发酵；基因组已经测序，遗传操作相对成熟。

解脂耶氏酵母具有其他表达系统无法比拟的优势：表达宿主在高产蛋白或活性产物的同时，还可以利用高密度菌体生产单细胞蛋白；解脂耶氏酵母利用多种廉价疏水性底物的能力远强于毕赤酵母，因此可利用廉价基质，特别是高 COD 和 BOD 工农业加工废液进行高密度发酵，降低发酵生产成本，实现资源与环境的双重优化；不同于毕赤酵母，无需易爆诱导剂甲醇，且避免了抗性基因的引入，降低生产安全和使用安全隐患；可构建解脂耶氏酵母自主复制型质粒和整合型质粒，获得多拷贝基因剂量；不同于酿酒酵母，解脂耶氏酵母具有多种调控启动子，且重组蛋白分泌效率高，可高密度发酵，不存在过度糖基化现象。

2. 真核微藻表达系统

微藻由于含有高含量的蛋白质与维生素，目前主要用于人类与动物的营养添加剂。同时微藻也是天然产物的重要生产菌。最成功的例子是利用雨生红球藻（*haematococcus pluvialis*）生产虾青素，利用杜氏藻（*Dunaliella*）生产 β 胡萝卜素，利用隐甲藻（*Crypthecodinium*）生产二十二碳六烯酸(DHA)。虾青素是一种具有超强的抗氧化性的类胡萝卜素,具有抑制肿瘤发生、增强免疫功能等多方面的生理作用,在食品、医药、化妆品及养殖行业有广泛应用。另外产油微藻也是油脂的重要来源,可用作生物燃料与化学品的原料。

目前成熟的表达系统中,细菌表达系统不具备转录与翻译后修饰能力,如糖基化、磷酸化、二硫键形成等。酵母表达系统具备这些修饰能力,但常存在过糖基化修饰现象,不适用于人与动物的治疗性蛋白的重组表达。一些治疗性蛋白虽然在哺乳动物、昆虫、植物细胞中得以成功表达,但也存在各自的不足。如哺乳动物细胞存在营养成分复杂、低溶氧、病原菌污染、对剪切力敏感等缺点。昆虫细胞同样面临营养成分复杂的问题,同时对于杆状病毒感染的昆虫表达系统,存在内源性蛋白酶降解重组目的蛋白的风险。植物细胞生长速率慢,转基因易造成基因环境污染,而且植物细胞表达的蛋白多糖存在过敏反应。单细胞光合型绿藻仅需廉价的盐培养基、二氧化碳、光即可生长,是最常用的重组蛋白生产藻类,而且大多绿藻是安全生物。

尽管转基因微藻还处于发展阶段,但它集简单廉价的生长要求、转录与翻译后修饰能力、快速生长、甚至高密度发酵等诸多优势于一体,是亟待开发的新型表达系统。哺乳动物细胞、植物细胞与微藻生产每克重组抗体的经济成本约为150美元、0.05美元、0.002美元。因此开发微藻的药用蛋白表达系统具有诱人的经济前景。如图2-10所示,利用微藻表达系统表达目的产物的同时,综合高值化利用微藻自身所产的有用代谢物及微藻生物量,实现微藻生物炼制,代表微藻资源开发利用一个极具生长力的发展方向。

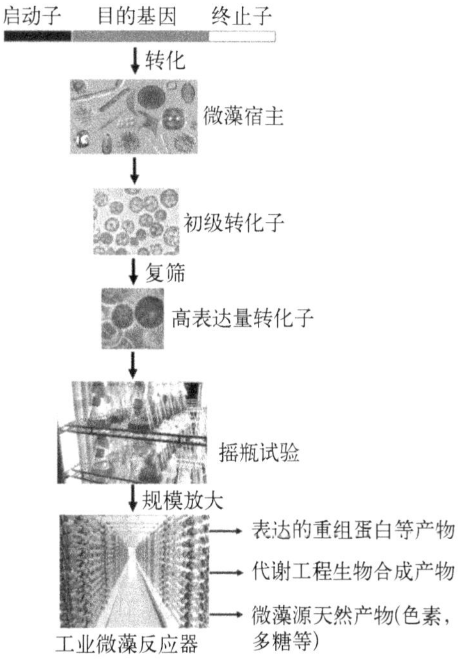

图2-10 微藻表达系统生产目的产物与微藻生物炼制集成(阎金勇 制作)

(1) 微藻转化与基因元件

微藻表达重组蛋白依赖于高效稳定的转化方法。目前已有多种微藻建立了转化体系,大多数是核转化。表2-6总结了一些常见微藻的转化方法。基因枪法最常用的微藻转化方法。依赖高速度的金属颗粒(金、钨),可将外源基因导入微藻细胞,因此不受微藻细胞类型的限制。电穿孔可介导原生质体、裸露细胞、薄壁细胞、细胞壁缺陷型微藻的转化。对于细胞壁缺陷型微藻的电穿孔转化,需要玻璃珠与聚乙二醇(PEG);而对于没有细胞壁的原生质体,仅需PEG。另外,与植物细胞转化类似,农杆菌感染也可介导微藻的转化。

微藻转化的筛选标记分为显性筛选与隐性筛选。隐性筛选标记只能与营养缺陷型宿主一起使用,如基于硝酸盐还原酶基因 *nit* 的隐性筛选。更常用的是抗生素等显性筛选。如 *aadA* 基因赋予衣藻壮观霉素与链霉素抗性。微藻表达系统中常用的启动子见表2-7。

表 2-6 常见微藻的转化方法

微藻种属	转化方法	转化场所	微藻种属	转化方法	转化场所
绿藻			硅藻		
C. reinhardtii	基因枪	核	*Cyclotella cryptica*	基因枪	核
	电穿孔	核	*Navicula saprophila*	基因枪	核
	玻璃珠	核	*Phaeodactylum tricornutum*	基因枪	核
	农杆菌介导	核	*Thalassiosira weissXogii*	基因枪	核
	基因枪	叶绿体	*Cylindrotheca fusiformis*	基因枪	核
	基因枪	线粒体	红藻		
Dunaliella salina	电穿孔	核	*Cyanidioschyzon merolae*	基因枪	核
Chlorella ellipsoidea	聚乙二醇	核	*Cyanidioschyzon merolae*	电穿孔	叶绿体
Chlorella sorokiniana	基因枪	核	Chlorarachniophytes		
Chlorella vulgaris	电穿孔	核	*Lotharella amoebiformis*	基因枪	核
Haematococcus pluvialis	基因枪	核	Euglenoids		
Volvox carteri	基因枪	核	*Euglena gracilis*	基因枪	叶绿体

表 2-7 微藻中常见驱动外源基因表达的启动子

启动子	来 源	应 用 宿 主
RbcS2	*Chlamydomonas*	*Chlamydomonas*
Fcp	*Phaeodactylum tricornutum*, *Thalassiosira pseudonana*	*P. tricornutum*, *Chaetoceros* sp.
Hsp70	*Chlamydomonas*	*Chlamydomonas*
35S	菜花镶嵌病毒	*Chlamydomonas*, *Amphidinium*, 与 *Symbiodinium*
Nos	*Agrobacterium tumefaciens*	*Chlamydomonas*, *Amphidinium*, 与 *Symbiodinium*
NR	*Thalassiosira pseudonana*	*Chaetoceros* sp.
PsaD	*Chlamydomonas*	*Chlamydomonas*

（2）微藻表达系统的机遇与挑战

单细胞真核微藻像原核蓝藻一样，不仅生长速率快，易于培养；也具有与植物细胞类似的转录与翻译后修饰能力，因此可发展成为新一代重组蛋白表达系统。微藻表达系统的瓶颈是蛋白质产率较低。真核微藻转基因可在细胞核与叶绿体中进行，但较之核表达，叶绿体表达系统是更优越的生物反应器。目前真核微藻建立遗传转化系统的报道集中在绿藻（Chlorophyta）、硅藻（Diatom）、沟鞭藻（Dinoflagellata）等，但广泛用于遗传操作的种类仅局限于衣藻（*Chlamydomonas*）、三角褐指藻（*P. tricornutum*）等有限的几种。建立其他一些具有应用前景藻种的遗传转化系统，开发微藻生物反应器，表达和生产有经济价值的蛋白质和代谢产物，是微藻资源利用与开发面临的重大课题。

微拟球藻（*Nannochloropsis*）是具有生物柴油原料开发潜力的藻种，建立稳定有效的遗传操作方法是实现大规模生产油脂的前提。基于海洋富油微拟球藻本源 β-*tublin* 基因启动子和三角褐指藻（*Phaeodactylum tricornutm fcpA*）终止子，科研人员成功构建了转化载体，实现了细菌 *sh ble* 抗性选择基因的功能表达。将该转化载体以电穿孔的方法转化海洋富油微拟球藻（*Nannochloropsis gaditana*），转化子可在博莱霉素（zeocin）抗性培养基上生长。外源基因以随机整合的方式将一个或多个拷贝插入到宿主核基因组中，转化子在抗性培养基中可稳定传代。

二、功能基因的重组表达实例

海洋微生物是指分离于海洋环境，更适合在海水配制的培养基中生长的一类特殊微生物。海洋微生物在饲料、食品、医药工业，尤其是在海洋养殖、疾病生物防治与活性物质的表达生产方面的应用日益受到重视。本节实例介绍微藻表达重组蛋白，海洋源功能基因转入陆生大肠杆菌和毕赤酵母，以及海洋源功能基因转入海洋来源解脂耶氏酵母中的重组表达。最后对海洋微生物工业酶的现状与发展趋势作一简要概述。

1. 微藻表达药用重组蛋白

目前市场上还没有利用微藻生产重组蛋白的成功例子，但其工业化生产治疗蛋白的步伐越来越快。目前已有20余种重要的治疗蛋白在微藻中得以成功表达，主要集中于莱茵衣藻（*Chlamydomonas reinhardtii*）。衣藻属于单细胞绿藻，其稳定简易的核、叶绿体、线粒体转化方法，快速的阳性转化子产生时间，自养与异养的培养模式以及各种可用的分子操作工具，使其成为重组蛋白表达的首选藻种。重组蛋白的表达水平可达可溶蛋白（TSP）的0.16%~5%。重组蛋白在衣藻叶绿体中的表达水平一般高于其在核中表达的水平，且不同于核转化的随机性，叶绿体转化可进行同源定点整合。

衣藻叶绿体环境可以形成二硫键，但不能进行糖基化修饰，但这并不影响人类单克隆抗体等治疗性蛋白的表达。如HSV8 - lsc，HSV8 - scFv，lgGI（83K7C）等抗体都在衣藻中实现了2%~3%（占可溶蛋白）可溶功能性表达，接近商业化生产水平。手足口病毒（FMDV）VP1与霍乱毒素B亚单位（CTB）融合疫苗（CTBVP1）在莱茵衣藻叶绿体中实现了3%（占可溶蛋白）可溶功能性表达。表2 -8列举了一些在微藻中重组表达的活性蛋白，这些足以证明微藻可作为功能性蛋白的生产宿主。

表2 -8 微藻表达药用相关蛋白

重组蛋白	微藻表达宿主及场所	表达水平
HSV8 - lsc，HSV8 - scFv	莱茵衣藻叶绿体	0.5% TSP（可溶蛋白）
（FMDV）VP1	莱茵衣藻叶绿体	3% TSP
TRAIL	莱茵衣藻叶绿体	0.43%~0.67% TSP
hGAD65	莱茵衣藻叶绿体	0.25%~0.3% TSP
CTB	莱茵衣藻叶绿体	0.7% TSP
PA83	莱茵衣藻叶绿体	100 μg纯蛋白/g干藻重
HMGB1	莱茵衣藻叶绿体	2.5% TSP
M - SAA	莱茵衣藻叶绿体	5% TSP
HBsAg	杜氏盐藻核	0.16%~0.31% TSP
fGH	小球藻核	420 μg蛋白/L培养液

2. 单环刺螠硫醌氧化还原酶在大肠杆菌中的异源表达

硫化物是一种广泛分布的有毒物质，其生物降解与转化在自然界物质循环中起着重要作用。单环刺螠是一种生活在潮间带下区及潮下带中的底栖生物，其硫醌氧化还原酶（SQR）在硫化物代谢过程中发挥关键作用。为了获得具有活性的重组单环刺螠SQR，将其基因的开放阅读框 cDNA 克隆到原核表达载体 pET28a 中，转化大肠杆菌 BL21(DE3)构建基因工程菌，进行重组蛋白的诱导表达。经 IPTG 诱导后该重组蛋白主要以包涵体形式存在。采用稀释复性的方法对重组蛋白进行复性，用 8 mol/L 的尿素溶解包涵体后，通过 His - tag 亲和层析纯化获得具有生物活性的单环刺螠 SQR。

3. 海洋酵母脂肪酶在毕赤酵母中的异源表达

研究人员对 Bohaisea 9145 海洋解脂耶氏酵母碱性脂肪酶进行了基因克隆、功能性异源表达和重组酶酶学性质表征。从来源于渤海海泥的适冷性海洋酵母菌株 *Yarrowia lipolytica* Bohai Sea - 9145 中克隆出 1 116 bp 长度的低温碱性脂肪酶(LipYp)基因 *lipYp*，将此脂肪酶基因克隆到毕赤酵母分泌型表达载体 pPIC9K 上，转化毕赤酵母宿主 GS115，通过平板筛选及 PCR 验证，筛选和鉴定了重组子，构建了异源表达基因工程菌。以对硝基苯基月桂酸酯为底物测定脂肪酶活力，工程菌摇瓶发酵上清液中重组脂肪酶活力达到 1 956 U/mL。该重组酶最适温度为 35℃，最适 pH 为 8.5，在 pH 7.0 ~ 10.5 以及 45℃以下均表现出良好稳定性。该重组脂肪酶具有 C10 ~ C12 的中长链底物偏好性。并有低温催化活力高、碱性条件下性能稳定等优点，在日化、纺织及食品加工等领域具有潜在应用价值。

4. 高蛋白海洋解脂耶氏酵母遗传改良以及重组抗菌肽的功能性表达

研究人员对海洋解脂耶氏酵母的单细胞蛋白及其作为宿主功能性表达重组抗菌肽进行了研究。从海鱼肠道中分离出一株高蛋白海洋解脂耶氏酵母菌(*Yarrowia lipolytica*)，是一种优质的潜在单细胞蛋白资源。为了证明该菌株经过表面展示重组表达后，是否仍然能作为单细胞蛋白资源使用。将增强型绿色荧光蛋白(EGFP)功能性展示在 *Y. lipolytica* 尿嘧啶缺陷型宿主的细胞表面。对 *Y. lipolytica* 野生菌株、其尿嘧啶缺陷型菌株和 EGFP 表面展示重组菌株进行对比分析，发现三者粗蛋白含量、细胞生物量、氨基酸组成未发生明显变化。表明该海洋酵母菌株经过表面展示遗传改造后仍可作为单细胞蛋白使用。

构建 *Y. lipolytica* 基因工程菌，分泌表达栉孔扇贝(*Chlamys farreri*)抗菌肽。工程菌的发酵上清液中表达出大量活性重组抗菌肽，对哈维氏弧菌、鳗弧菌和副溶血弧菌都表现出抗菌活性。重组抗菌肽的 *Y. lipolytica* 菌株仍能作为单细胞蛋白使用。在此基础上，在 *Y. lipolytica* 中共表达了栉孔扇贝抗菌肽和菊粉酶基因。获得的重组产物对哈维氏弧菌、鳗弧菌、副溶血弧菌具有抑菌活性。同时，重组产物表现出菊粉酶活性。

5. 海洋微生物在工业酶方面的应用概述

种类丰富的海洋酵母可以产生纤维素酶、碱性与酸性蛋白酶、淀粉酶、脂肪酶、酯酶、植酸酶、菊粉酶等。一些酶在异源宿主菌中实现了重组表达。如来源于海洋酵母 *P. guilliermondii* 菌株的菊粉酶基因已在毕赤酵母 *Pichia pastoris* X33 中进行了分泌型表达。2 L 发酵罐优化培养 120 h，获得了 286.8 U/mL 的重组菊粉酶活性。海洋藻类和海洋动物产生的壳多糖、琼脂、卡拉胶等多糖经酶解后。可产生具有更高应用价值与经济价值的低聚糖。一些海洋细菌产生的几丁质酶、海藻酸裂解酶、琼脂水解酶、卡拉胶酶基因已被克隆并进行了相关酶学性质表征研究。由于生产这些酶的海洋细菌往往是海洋藻类和海洋动物的病原菌，在生物安全性海洋酵母中重组表达这些海洋来源的水解酶，用来水解几丁质、琼脂和卡拉胶生产高附加值的生物活性低聚糖，是未来的发展趋势。

三、次级代谢产物的异源表达实例

海洋生物次级代谢产物所具有的新颖化学结构,必然蕴含着新颖的生物合成途径、酶学机理和不同于陆生生物次级代谢产物的生物合成机制。大多数海洋生物次级代谢产物存在产量低、组分杂、放大难、获取周期长、难以获得纯培养等缺点,难以满足人们对新型先导化合物的需求,限制了其开发及应用。随着生物技术的高速发展,人们已能自如地应用基因工程技术,通过异源表达手段来克隆次级代谢产物合成基因、鉴定相关基因功能、研究次级代谢调控机制并加以改造和完善,实现目的产物的异源表达。完整次级代谢产物的基因簇的异源高效表达,可克服天然宿主表达水平低、遗传操作困难、不容易规模培养等缺点,能够为海洋生物次级代谢产物的研究扫清障碍。随着基因组学以及生物信息学的快速发展,沉默状态次级代谢产物基因簇以及不可培养微生物次级代谢产物基因簇被不断发现,异源表达技术能够有效地实现沉默基因的激活或宏基因组次级代谢产物基因簇的表达,为挖掘新型次级代谢产物提供丰富的来源。

异源宿主的选择是异源生物合成次级代谢产物的关键。异源宿主一般应具有生长快速、发酵技术简单成熟、遗传背景清晰、遗传操作工具完善等优点。目前常用的异源表达系统有大肠杆菌(*E. coli*)、酿酒酵母(*S. cerevisiae*)、变铅青链霉菌(*S. lividans*)、天蓝色链霉菌(*Streptomyces coelicolor*)、弗氏链霉菌(*S. fradie*)、委内瑞拉链霉菌(*S. venezuelae*)等。海洋来源的异源表达宿主主要有原核蓝藻、真核微藻以及海洋解脂耶氏酵母。但目前为止这些宿主细胞多用来表达功能性蛋白或者初级代谢产物,如脂肪酸类或类胡萝卜素类。下文通过大量实例简要介绍异源表达技术在研究次级代谢产物生物合成途径过程中的应用。

1. 海洋链霉菌次级代谢产物肠球菌素 enterocin 的异源表达

海洋链霉菌 *Streptomyces maritimus* BD-26T 分离自夏威夷 Wailupe 海滩公园,该菌株能够大量产生肠球菌素类化合物 enterocin,该类化合物为Ⅱ型 PKS 产物,其生物合成基因簇代表了首个从海洋放线菌中克隆到的次级代谢产物生物合成基因簇。研究人员通过构建 *S. maritimus* 的柯斯质粒文库,以苯甲酸合成基因为探针成功筛选得到含有合成肠球菌素类次级代谢产物 PKS 合成基因簇的柯斯质粒 pJP15F11,生物信息学分析表明 enterocin 的生物合成基因簇 *enc* 共包含了 20 个开放阅读框。借助接合转移技术将 enterocin 的生物合成基因簇重组到异源宿主陆生链霉菌 *S. lividans* K4-114 染色体。重组菌株 *S. lividans* K4-114/pJP15F11 代谢产物中成功分离得到目标产物肠球菌素 enterocin。

2. 海洋链霉菌聚酮和非核糖体肽杂合次级代谢产物斑鸠霉素的异源表达

Polycyclic tetramate macrolactam (PTM)类次级代谢产物结构骨架新颖,含有一个大环内酰胺结构以及一个特殊的双环或者三连环结构。从生物合成角度分析,该类结构是由一个特殊的 PKS/NRPS 杂合基因簇负责合成,属于聚酮和非核糖体肽杂合抗生素,其特殊之处在于,PTM 结构中的 2 条具有不同还原度的聚酮链是仅由 1 条 PKS 负责合成。这种重复利用同一条 PKS 基因合成两条不同聚酮链的 PKS 合成机制在细菌中为首次发现。目前已有大量 PTM 类次级代谢产物从不同的宿主中发现和报道。

科研人员从珠江三角洲海洋底泥的链霉菌 *Streptomyces* sp. ZJ306 次级代谢产物中分离

得到斑鸠霉素结构。借助特异性简并引物，利用 PCR 技术从该菌株的柯斯质粒文库中筛选获得完整目的产物生物合成基因簇 *ika*，包含 24 个开放阅读框，大小约为 37 kb。仅 3 个阅读框 *ikaABC* 与已报道的 PTM 类生物合成基因具有较高的相似性。借助异源表达宿主 *S. lividans* TK64，对 *ikaABC* 及 *ikaABC* 与基因簇中不同的开放阅读框组合进行异源表达研究，证实 *ikaABC* 3 个基因能够成功完成斑鸠霉素的体外组装。

3. 海洋底泥链霉菌聚酮类次级代谢产物 marinopyrroles 的异源表达

Marinopyrroles 是由分离自海洋底泥的链霉菌 *Streptomyces* sp. CNQ－418 产生的含有双吡咯环结构的次级代谢产物，具有抗耐甲氧西林金黄色葡萄球菌(MRSA)的生物学活性。从生物合成角度分析，该类化合物属于聚酮化合物。研究人员利用高效简并引物从 *Streptomyces* sp. CNQ－418 柯斯质粒文库中筛选得到 2 个阳性克隆，基因序列分析表明，marinopyrroles 的生物合成基因簇 *mpy* 大小为 36 kb，含有 20 个开放阅读框。借助于异源表达宿主天蓝色链霉菌 *S. coelicolor* M512 成功将 *mpy* 生物合成基因簇与 marinopyrroles 关联，确定了 marinopyrroles 的生物合成基因簇边界，阐明了其生物合成途径。

4. 海洋链霉菌生物碱类次级代谢产物 chlorizidine A 的异源表达

生物碱类次级代谢产物 chlorizidine A 分离自海洋链霉菌 *Streptomyces* sp. CNH－287，其结构含有的 5H－吡咯并[2,1－α]异吲哚－5－酮环单元在次级代谢产物中极为罕见。研究人员通过构建菌株基因组 DNA fosmid 文库并成功筛选到一个含有目的基因簇阳性克隆。基因测序和生物信息学分析发现，该基因簇含有 26 个开放阅读框，大小为 42.4 kb，包含 PKS 合成基因、脂肪酸合成基因及其他修饰性基因，如卤化酶及氧化酶。*S. coelicolor* M512 的异源表达证实，该基因簇中含有的 26 个基因负责 chlorizidine A 的生物合成。

5. 海洋底泥链霉菌杂合萜类次级代谢产物 merochlorins 的异源表达

Merochlorins 类化合物具有较好的抗 MRSA 活性，该类化合物由海洋底泥链霉菌 *Streptomyces* sp. CNH－189 产生，结构新颖罕见。研究人员经过基因组测序获得合成该类化合物候选基因簇，大小约为 57.6 kb，包含结构基因、抗性基因、转运基因以及调节基因等 41 个开放阅读框；借助链霉菌接合转移技术将该候选基因簇重组到天蓝色链霉菌 *S. coelicolor* M1154 染色体，成功实现 merochlorins 的异源表达。

6. 苔藓虫共生的细菌次级代谢产物苔藓抑素 bryostatins 的异源表达

苔藓抑素 bryostatins 为大环内酯类化合物，首先分离自海洋苔藓虫 *Bugula neritina*。迄今已发现了 20 多种 bryostatins 类化合物，共同特征是其结构中含有一个大环的 bryopyran 骨架，主要区别是在 C7 和 C20 处由不同的酰氧基取代，对多株肿瘤细胞系具有良好的细胞毒活性。研究认为 bryostatin－1 的抗肿瘤作用主要与蛋白激酶 C(PKC)相关，是一类强的 PKC 激动剂，在纳摩尔级浓度下就可以激活 PKC 的亚型。它能与其他多种化疗药物共同治疗多种癌症，同时还具有调解免疫系统、诱导细胞分化、辐射防护等作用，目前已进入临床Ⅱ/Ⅲ期研究。

后续研究发现苔藓抑素 bryostatins 真正的产生宿主是与苔藓虫共生的细菌(*E. sertula*)，该细菌的纯培养难以获得。科研人员构建了两个不同地域苔藓虫的富含 *E. sertula* 菌基因组的总 DNA 文库，以聚酮合酶结构域保守区设计探针，进行文库筛选，最终获得了全长约为 80 kb 的 bryostatins 生物合成基因簇，并借助于大肠杆菌表达系统，成功完成

bryostatins 的生物合成途径的组装。聚酮合酶基因 *bryA*、*bryB* 和 *bryC* 为Ⅰ型 PKS 基因，负责合成 bryopyran 环状聚酮结构；离散的酰基转移酶基因 *BryP*，β－酮合酶基因 *BryQ*，羟基甲基戊二酰辅酶 A 合酶（3－hydroxy－3－methylglutaryl（HMG）－CoA）基因 *bryR* 和甲基转移酶基因 *bryS* 负责合成 β－分支结构；BryD 和 BryX 分别含有 2 个 PKS 模块及硫酯酶，负责完成链延伸的最后步骤和链的环化释放过程；C7 和 C20 位被进一步后修饰，最终形成了 20 多种 bryostatins 系列衍生物。

7. 海鞘共生菌核糖体肽类次级代谢产物 patellamides 的异源表达

核糖体肽类化合物首先由核糖体合成前导肽，然后经过一系列翻译后修饰过程形成成熟的次级代谢产物。Patellamides 是一个典型的由核糖体肽途径合成的环肽，该化合物首先分离自海鞘，后被证明由其共生菌株 *Prochloron* sp. 产生，具有中等细胞毒性，能对抗多种耐药菌。通过 patellamides 的产生菌 *Prochloron didemni* 基因组测序和生物信息学分析发现，该类核糖体肽的生物合成基因簇约为 11 kb，包含 *patA*～*patG* 7 个开放阅读框。研究工作者通过构建该菌株的 fosmid 文库，成功从 576 个克隆中筛选获得 3 个含有目的基因簇的阳性克隆，借助大肠杆菌异源表达系统成功实现了 patellamides 的异源表达，同时精确的阐明了其生物合成途径。

在 *patA*～*patG* 7 个开放阅读框中，PatE 是 patellamides 的前导肽，含有负责编码 patellamide A 所需的 8 个氨基酸序列（ITVCISVC）和 patellamide C 所需的 8 个氨基酸序列（VTACITFC）；异环化酶 PatD 能够催化肽链在 Cys、Ser、Thr 残基发生环化，形成相应的五元噻唑啉环和恶唑啉环；蛋白酶 PatG 则负责催化肽链 N 端和 C 端的断裂；蛋白酶 PatA 可能催化后续的环化形成成熟的 patellamide A 和 C。研究人员同时发现，在采集自 49 个不同来源的海鞘共生菌的 DNA 中获得了 29 种不同的前导肽基因 *patE*，这些不同种类的 *patE* 基因促成了 patellamides 的多样性。

8. 宏基因组目标次级代谢产物 bisucaberin 及 desferrioxamines 的异源表达

深海是一种高盐高压的极端环境，深海底泥中含有大量未被开发和认识的微生物资源，而这些微生物在常规条件下难以获得纯培养，因而海洋生物宏基因组中包含的次级代谢产物生物合成基因是研究人员关注的热点和重点。研究人员对吐噶喇列岛深海底泥构建宏基因组文库，该文库中含有超过 60 000 个克隆，每个克隆中含有插入片段的平均长度约为 35 kb。通过筛选及亚克隆文库构建成功获得含有 4 个开放阅读框的完整生物合成基因簇，大小约为 55 kb。该基因簇在异源宿主 *E. coli* 中成功表达，获得了一种噬铁素 bisucaberin，能够通过抑制 DNA 的合成而抑制肿瘤细胞的生长，是一种有前景的抗肿瘤药物前体。从其结构上来分析，bisucaberin 是一个由 *N*－羟－*N*－琥珀酰尸胺结构头尾相连组成的二聚体。

研究人员还将该噬铁素 bisucaberin 生物合成基因簇的 *mbfA*－*mbsC* 与来自陆生细菌 *Erwinia amylovora* 的基因 *dfoC* 融合并在异源宿主 *E. coli* 进行表达。该融合基因在 *E. coli* 成功表达，获得 4 个大环四聚体噬铁素 desferrioxamines。

9. 非核糖体肽类次级代谢产物鞘丝藻毒素的异源表达

鞘丝藻毒素是由分离自夏威夷海域的蓝藻 *Moorea producta* 产生的一类非核糖体肽类化合物，其生物合成基因簇为 11.3 kb，包含了 4 个开放阅读框，分别编码非核糖体肽合酶（LtxA）、P450 单加氧酶（LtxB）、芳香异戊烯转移酶（LtxC）和氧化还原蛋白（LtxD）。LtxA 包含了2个非核糖体肽合酶模块,分别由A、NM(*N*-甲基转移酶)、PCP结构域和C、A、PCP、Red结构域构成。在第一个模块中A结构域作用下,识别并加载前体*L*-缬氨酸至PCP结构域,NM结构域负责*L*-缬氨酸氨基的甲基化;第二个模块的A结构域负责识别加载*L*-色氨酸,在C结构域的作用下同*L*-*N*-甲基-缬氨酸缩合形成了酰胺键;随后在负责还原裂解的Red结构域作用下从PCP结构域上解离释放;单加氧酶P450 LtxB进一步催化氧化成环,而芳香异戊烯转移酶LtxC则催化加入香叶基焦磷酸(geranylpyrophosphate),形成鞘丝藻毒素A。氧化还原蛋白LtxD对鞘丝藻毒素A进行后修饰形成衍生物鞘丝藻毒素B和C。

研究人员尝试借助*S. coelicolor*对该次级代谢产物的生物合成基因簇进行异源表达。虽然*ltxA*在异源宿主*S. coelicolor* M512中表达失败,但单加氧酶P450 LtxB和芳香异戊烯转移酶LtxC在*S. coelicolor* M512分别实现了功能性表达。

10. 海洋蓝藻次级代谢产物灭螺剂barbamide的异源表达

分离自海洋底栖生物的海洋蓝藻*Moorea producens*能够产生多种具有不同生物活性和结构多样性的次级代谢产物,包括具有细胞毒活性的curacin A和新型灭螺剂barbamide。通过测定蓝藻*M. producens* 3 L的基因组序列,成功获得了barbamide的生物合成基因簇*bar*。该基因簇大小约26 kb,包含12个开放阅读框*barA*~*barK*。从生物合成角度分析,该次级代谢产物为PKS/NRPS杂合产物。研究人员首先将barbamide的生物合成基因簇*bar*重组到大肠杆菌-链霉菌穿梭载体pDHS702,利用接合转移技术将*bar*基因簇整合到陆生委内瑞拉链霉菌*S. venezuelae* DHS 2001染色体,在链霉菌自身启动子*pikAI*的控制下进行*bar*的异源表达,并成功获得barbamide的结构类似物。

(阎金勇　张　伟)

主要参考文献

陈菲菲,王勇,王以光,赫卫清.2011.海洋微生物来源的天然产物开发研究进展.应用与环境生物学报,17(2):287-294.

陈俊升,景兰,邵雷.2009.组合生物合成技术在药物研发中的应用.药学进展,33(8):337-343.

段月娇,薛超友,卢文玉.2012.异源表达聚酮类化合物前体的研究进展.中国生物工程杂志,32(11):107-114.

黄惠娟,乔建军.2007.聚酮类抗生素组合生物合成.细胞生物学杂志,29:692-696.

李忠磊,王跃军,盛军,等.2012. Bohaisea-9145海洋耶氏酵母碱性脂肪酶基因的克隆、异源表达和重组酶酶学性质.海洋与湖沼,43:230-236.

马静,葛熙,昌增益.2007.蛋白质功能研究:历史,现状和将来.生命科学,19(3):1004-0374.

马玉彬,谭志,张志峰.2010.单环刺螠硫醌氧化还原酶的表达、纯化和复性.中国海洋大学学报,40:81-86.

孙柏欣,刘长远,陈彦,等.2008.基因表达系统研究进展.现代农业科技,2:1007-5739.

王芳.2011.高蛋白海洋解脂耶罗维亚酵母遗传改良以及表达重组抗菌肽的研究.青岛:中国海洋大学博士学位论文.

王美玲,吴茜茜,蔡敬民.2013.基因组文库的研究进展.生物学杂志,30(4):71-74.

王兴春,杨致荣,王敏,等.2012.高通量测序技术及其应用.中国生物工程杂志,32(1):109-114.

王岩,虞沂,赵群飞,等.2008.天然产物的生物合成和组合生物合成研究进展.国外医药抗生素分册,29(6):275-282.

肖吉,张光涛,朱义广,张长生.2012.海洋微生物次级代谢产物生物合成的研究进展.中国抗生素杂,37(4):1001-8689.

谢承佳,何冰芳,李霜.2007.基因敲除技术及其在微生物代谢工程方面的应用.生物加工过程,5(3):10-14.

许静,徐俊.2008.海洋共附生微生物天然产物生物合成基因研究进展.微生物学报,48(7):975-979.

余桂兰,胡晗华,李秀波,孔任秋.2014.海洋富油微拟球藻*Nannochloropsis gaditana* CCAP849/5的转化及外源基因整合方式.热带海洋学报,2:72-77.

袁干军,洪葵,林海鹏.2010.海洋放线菌次级代谢产物中大环内酯化合物的研究进展.中国海洋药物杂志,29(2):

55 -59.

Antosch J, Schaefers F, Gulder TA. 2014. Heterologous reconstitution of ikarugamycin biosynthesis in *E. coli*. Angewandte Chemie, 53: 3011.

Berla BM, Saha R, Immethun CM, et al. 2013. Synthetic biology of cyanobacteria: unique challenges and opportunities. Frontiers in microbiology, 4: 246.

Chen R. 2012. Bacterial expression systems for recombinant protein production: *E. coli* and beyond. Biotechnol Adv, 30: 1102.

Chi ZM, Chi Z, Zhang T, et al. 2009. Production,characterization and gene cloning of the extracellular enzymes from the marine-derived yeasts and their potential applications. Biotechnol Adv, 27: 236.

Gong YM, Hu HH, Gao Y, et al. 2011. Microalgae as platforms for production of recombinant proteins and valuable compounds: progress and prospects. J Ind Microbiol Biotechnol, 38: 1879.

Lou L, Qian G, Xie Y, et al. 2011. Biosynthesis of HSAF, a tetramic acid-containing macrolactam from Lysobacter enzymogenes. J Am Chem Soc, 133: 643.

Mattanovich D, Branduardi P, Dato L, et al. 2012. Recombinant protein production in yeasts. Methods Mol Biol. 824:329.

Mayer AM, Glaser KB, Cuevas C, et al. 2010. The odyssey of marine pharmaceuticals: a current pipeline perspective. Trends in Pharmacological Sciences, 31: 255.

Molinski TF, Dalisay DS, Lievens SL, Saludes JP. 2009. Drug development from marine natural products. Nature Reviews. Drug Discovery, 8: 69.

Su X, Schmitz G, Zhang M, et al. 2012. Heterologous gene expression in filamentous fungi. Adv Appl Microbiol, 81: 1.

Weaver RF. 2012. Molecular biology (5th). New York: McGraw-Hill.

Yamanaka K, Ryan KS, Gulder TA, et al. 2012. Flavoenzyme-catalyzed atropo-selective N, C-bipyrrole homocoupling in marinopyrrole biosynthesis. J Am Chem Soc, 134: 12434.

Zhang G, Zhang W, Zhang Q, et al. 2014. Mechanistic insights into polycycle formation by reductive cyclization in ikarugamycin biosynthesis. Angewandte Chemie, 53: 4840.

Zhang T, Gong F, Chi Z, et al. 2009. Cloning and characterization of the inulinase gene from a marine yeast *Pichia guilliermondii* and its expression in *Pichia pastoris*. Antonie van Leeuwenhoek, 95: 13.

第三章

海洋蛋白质工程技术

K. M. Ulmer 于 1983 年在 *Science* 上发表了题为“Protein Engineering”的专论，正式提出了“蛋白质工程”的概念：从 DNA 水平改变蛋白质的编码序列，定做新的蛋白质。这标志着一项由蛋白质化学、结构生物学、计算机辅助设计、分子生物学、基因工程等多学科交叉互补的边缘应用技术进入了新时代——第二代基因工程，即狭义的蛋白质工程。现在，将 10 多年前提出的代谢工程（可调控的生物合成或降解工程）称为第三代基因工程，将近年来提出的染色体工程称为第四代基因工程，这些与经典的基因工程一起，都属广义的蛋白质工程范畴。

蛋白质是生命活动的执行者，是构成各种生物的主要材料之一。每一种蛋白质有自己独特的氨基酸顺序（一级结构），从而具有不同的空间结构和功能。大多数蛋白质可作为营养源，但有些又是致病分子，也有些可用作治疗药物。海洋生物来源的蛋白质也遵循这一生命的最基本原则，但由于所处海洋环境的特殊性，海洋生物来源的蛋白质往往具有更独特的结构和执行特殊的功能。

各种生物合成的天然蛋白质在应用时往往不尽如人意，需要进行改造，而改变蛋白质的关键氨基酸就能改变蛋白质的性质。这是由于：一方面蛋白质空间结构是一些氨基酸残基在水分子驱动下形成疏水内核折叠而成的，改变其中的某些氨基酸就改变了蛋白质空间内部结构；另一方面蛋白质表面的不同氨基酸残基解离程度是不同的，导致各种蛋白质有自己独特的解离状态，而改变其中关键的氨基酸就能改变蛋白质所带电荷特性。这一改造蛋白质的过程，就是蛋白质工程。可见，蛋白质工程就是从已有蛋白质出发，通过物理、化学、分子生物学等技术，改造蛋白质或设计合成具有特定功能的新蛋白质，对蛋白质进行合理利用的过程。

蛋白质工程研究内容主要有几个方面：① 根据需要合成具有特定氨基酸序列和空间结构的蛋白质；② 确定蛋白质空间结构与生物学功能之间的关系；③ 大规模、高效生产目的蛋白质。因此，蛋白质工程是以已知蛋白质分子的结构及结构与生物功能关系的详细信息为基础，通过设计、构建，对现有蛋白质加以定向改造，或从头设计全新的蛋白质分子，最终生产出符合设计的新型蛋白质。而海洋生物蛋白质的特殊结构与功能的蛋白质，为蛋白质工程改造蛋白质提供了改造与设计可借鉴的模板。所以通过蛋白质工程技术得到的蛋白质，不同于自然界中的蛋白质，是针对天然蛋白质存在的缺点，或借鉴特殊结构与功能的蛋白质，如海洋生物来源的蛋白质，进行了新的设计和改造，使其获得更好或新的特性，设计合成具有特定生物学功能的全新的蛋白质，这也是蛋白质工程最根本、最重要的目标。

通过蛋白质工程可有效地改变蛋白质活性，提高稳定性，制造双功能甚至多功能的融合蛋白质(fusion protein)，亦可用于研究蛋白质潜在的性能，还可提高蛋白质的应用价值，如在制药和生物医学领域，用相对便宜的植物蛋白质、海洋生物蛋白质来替代昂贵的动物蛋白质。

第一节 蛋白质工程技术路线

蛋白质工程是综合蛋白质空间结构、结构与功能关系的详细信息，按照需要，有目的地改变蛋白质分子中氨基酸残基或结构域，定向地改造蛋白质的性质。实现的手段有从简单的物理、化学法，到复杂的调控生物合成、随机肽库、定位突变与基因重组等多种分子生物学方法。

从方法学来说，蛋白质工程改造分子可以分为完全不同的两条途径：一是对天然蛋白质进行化学改造，即通过肽链的"切割"、"剪接"和侧基的"化学修饰"等，改变其理化性质及生物活性；二是利用分子生物学技术改造编码蛋白质的 DNA 或 RNA，使其表达的蛋白质化学结构更为合理。

一、蛋白质化学修饰

从蛋白质分子角度可分：蛋白质主链修饰和侧链修饰。蛋白质主链修饰指通过主链的"切割"、"剪接"来改变结构和功能；后者又可分为侧链功能基团修饰和用某些双功能试剂使分子间或分子内发生共价交联反应。从修饰剂角度可分：小分子修饰和大分子修饰。从修饰反应性质主要分为酰化反应、烷基化反应、氧化还原反应、芳香环取代反应等类型。这里主要讨论蛋白质侧链修饰的相关内容。

(一) 修饰反应类型

1. 酰化反应

一些酰化修饰剂如乙酰咪唑、二异丙基磷酰氟、酸苷磺酰氯等在特定条件下与蛋白质分子侧链基团(氨基、羟基、巯基和酚基等)发生酰化反应。

2. 烷基化反应

烷基化试剂常常带有活泼的卤素原子，由于卤素原子的电负性，使烷基带有部分正电荷，很容易导致蛋白质分子的亲核基团(如氨基、羟基、巯基等)发生烷基化。这类修饰剂常见的有 2,4 -二硝基氟苯、碘代乙酸、碘代乙酰胺等。

3. 氧化还原反应

氧化性试剂能将蛋白质侧链基团氧化。如 H_2O_2，*N* -溴代琥珀酰亚胺等具有很强的氧化性，往往容易使肽链断裂。因此，在修饰过程中要控制好条件。光敏剂的光氧化是一种比较温和的氧化作用；还有四硫酸钠或连四硫酸钾是一种温和的氧化剂，在化学修饰中常用来作为—SH 的可逆保护剂。易受氧化作用的酶侧链基团有巯基、硫醚基、吲哚基、咪唑基和酚基等。

还原性试剂主要作用于二硫键,包括 2 -巯基乙醇、巯基乙酸和二硫苏糖醇等。

4. 芳香环取代反应

蛋白质氨基酸残基的酚羟基的 3 位和 5 位上很容易发生亲电取代的碘化和硝基化反应。如四硝基甲烷可以作用于酪氨酸的酚羟基,形成 3 -硝基酪氨酸的衍生物。这种产物有特殊的光谱,可用于直接的定量测定。

(二) 蛋白质侧链基团的化学修饰

1. 巯基和二硫键的化学修饰

巯基是蛋白质分子中重要的活性基团,具有很强的亲核性,是一个最容易反应的侧链基团。因此人们最先研究它的特异性修饰试剂并研究了巯基在酶催化过程中作用。

烷化剂是一种重要的巯基修饰剂,如碘乙酸和碘乙酰胺,修饰产物稳定,易于分析。在蛋白质分析和测序前,常用来使巯基羧甲基化,以防止半胱氨降解。目前已开发出基于碘乙酸的荧光试剂。

N -乙基马来酰亚胺(NEM)是一种反应专一性很强的巯基修饰剂,反应产物在 300 nm 处有最大吸收。反应式如图 3 -1 示意。

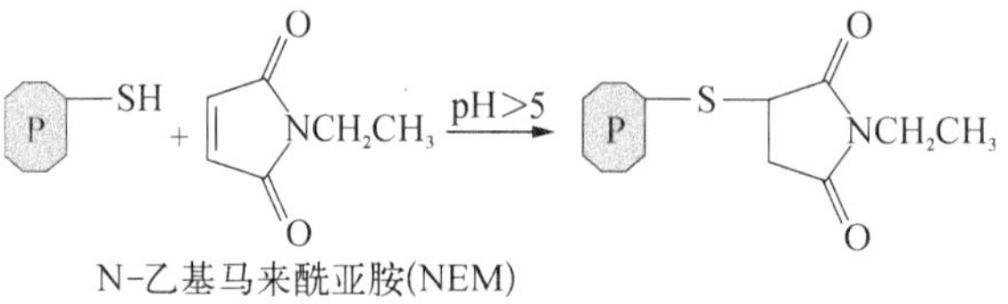

图 3 -1　NEM 修饰蛋白质侧链的巯基

有机汞试剂如对氯汞苯甲酸对巯基专一性最强,修饰产物在 250 nm 处有最大吸收。反应式如图 3 -2 示意。

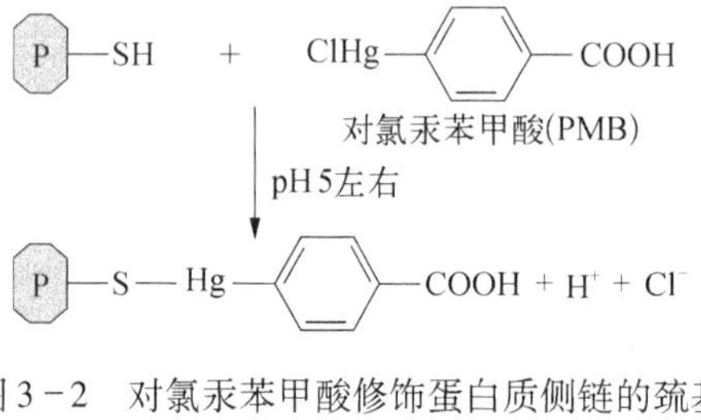

图 3 -2　对氯汞苯甲酸修饰蛋白质侧链的巯基

5,5′-二硫代-双(2 -硝基苯甲酸)(DTNB,又称 Ellman 试剂),是目前最常用的巯基修饰剂,它与巯基反应生成二硫键,使蛋白质分子上标记 1 个 2 -硝基- 5 -硫苯甲酸(TNB),同时释放一个 TNB 阴离子,该阴离子在 412 nm 处有很强吸收。Ellman 试剂可用于研究巯基改变程度和巯基所处微环境。反应式如图 3 -3 示意。

二硫键由于其在蛋白质分子序列分析中及在酶分子折叠研究中的重要地位,因此二硫键化学修饰、二硫键数目的测定以及二硫键位置的确定成为非常重要的问题。同巯基基团

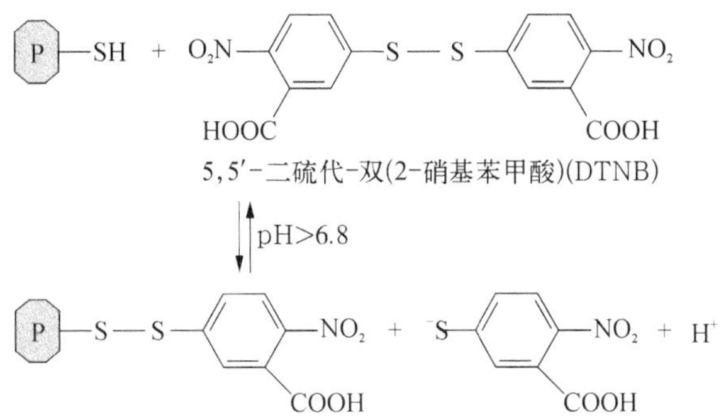

图 3-3 DTNB 修饰蛋白质侧链的巯基

类似,二硫键通常是通过还原的方式进行修饰。这些方法通常与某些巯基修饰方法相结合以阻止再氧化成二硫键。常用还原剂有巯基乙醇、二硫苏糖醇(DTT)和它的差向异构体二硫赤鲜糖(DTE)。前者还原反应的平衡常数接近于1,所以必须使用大大过量的巯基乙醇。后两者一定程度上缓解了过量的还原剂使用问题。二硫键经还原处理后,被还原为巯基易被氧化回去,因而需要经过羧甲酸处理,以防止重新氧化成二硫键。

2. 羟基的化学修饰

酚羟基修饰剂除了可修饰酪氨酸的酚羟基外,也可修饰苏氨酸和丝氨酸的羟基,但是修饰条件比修饰酚羟基严格些。生成的产物比修饰酚羟基修饰形成的产物更稳定。

四硝基甲烷(TNM)在温和条件下专一性地硝基化酪氨酸酚基,生成可电离的发色基团3-硝基酪氨酸,可用于氨基酸分析。反应式如图3-4示意。

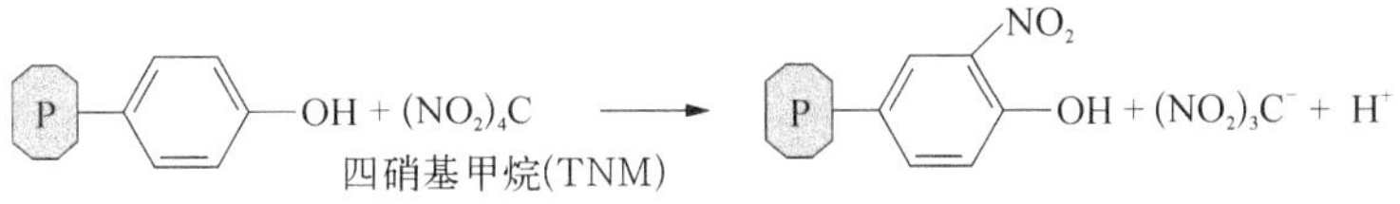

图 3-4 TNM 修饰蛋白质的酪氨酸酚基

苏氨酸和丝氨酸残基的专一性化学修饰剂相对比较少。二异丙基氟磷酸酯(DFP)对丝氨酸残基有高度反应性。苯甲基磺酰氟(PMSF)与丝氨酸残基作用,在硒化氢存在下,能将活性丝氨酸转变为硒代半胱氨酸,从而把丝氨酸蛋白酶变成了谷胱甘肽过氧化物酶。反应式如图3-5示意。

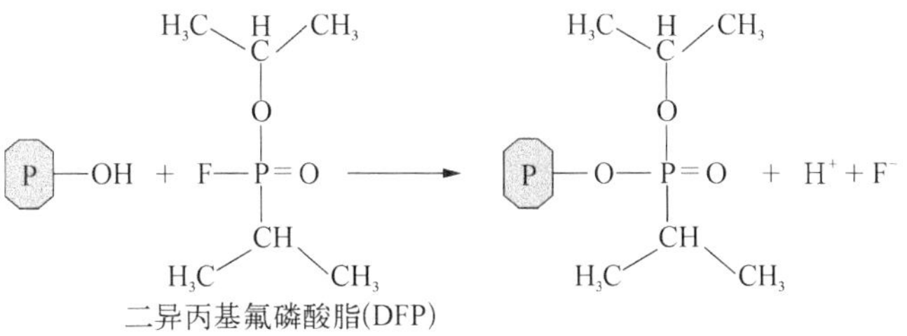

图 3-5 DFP 修饰蛋白质的丝氨酸羟基

3. 氨基的化学修饰

蛋白质中的氨基包括肽链N端的氨基和肽链侧链中的赖氨酸残基的ε-氨基。

N端氨基修饰常用于蛋白质序列分析，常用的修饰剂有2,4-二硝基氟苯(DNFB，又称Sanger试剂)、丹磺酰氯(DNS)、苯异硫氰酸酯(PITC)。反应式如图3-6示意。

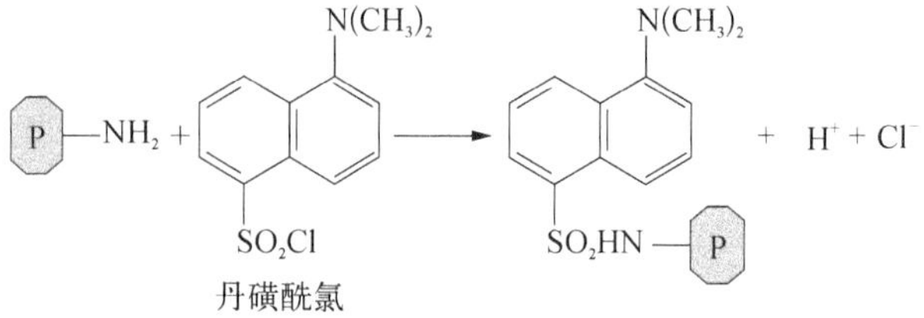

图3-6 赖氨酸残基的ε-氨基的DNS修饰

非质子化的赖氨酸的ε-氨基是蛋白质分子中亲核反应活性很高的基团，ε-氨基的pKa值一般为10，由于微环境的影响，蛋白质分子中也可能存在低的pKa值的赖氨酸残基，这些残基具有更强的可反应性。如在草酰乙酸脱羧酶中就存在一个pKa值为5.6的可反应赖氨酸残基。氨基的烷基化修饰是赖氨酸修饰的一种重要方式。修饰剂包括卤代乙酸、芳基卤、芳香族磺酸。在硼氢化钠等氢供体存在下酶蛋白的氨基能与醛或酮发生还原烷基化反应，三硝基苯磺酸(TNBS)是非常有效的氨基修饰剂，其与赖氨酸残基反应在420 nm和367 nm能够产生特定的光吸收。反应式如图3-7示意。

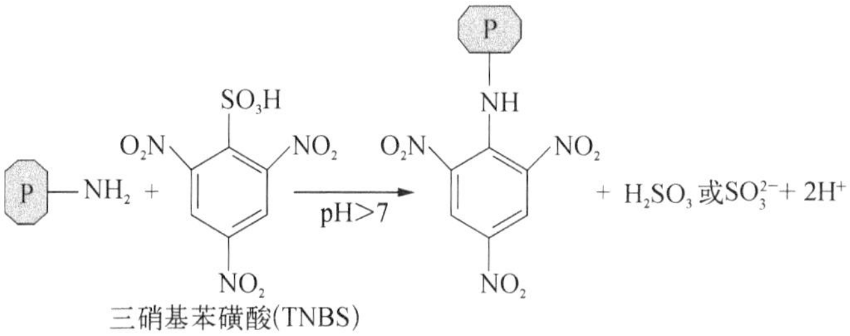

图3-7 赖氨酸残基的ε-氨基的TNBS修饰

氰酸盐使氨基甲氨酰化，形成非常稳定的衍生物，该法优点是氰酸根离子小，容易接近要修饰的基团。

磷酸吡哆醛(PLP)是一种非常专一的赖氨酸修饰剂，它与赖氨酸残基反应，形成希夫式碱后用硼氢化钠还原，还原的PLP衍生物在325 nm处有最大吸收，可用于蛋白质定量。

4. 羧基的化学修饰

由于羧基在水溶液中的化学性质，导致蛋白质分子中谷氨酸和天冬氨酸的修饰方法很有限，产物一般是酯类或酰胺类。如水溶性的碳二亚胺类在温和条件下特定修饰蛋白质分子的羧基基团，为目前应用最普遍的标准方法。反应式如图3-8示意。还有硼氟化三甲锌盐可与羧基反应生成甲酯。

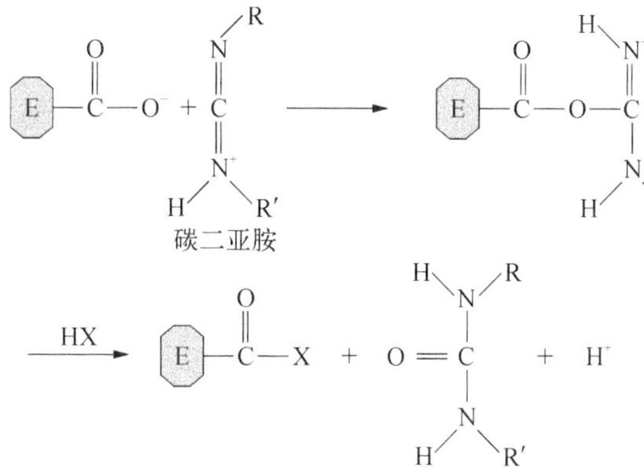

注：R、R′为烷基，HX为卤素、一级或二级胺

图 3－8 碳二亚胺类化合物修饰蛋白质分子的羧基基团

5. 咪唑基的化学修饰

由于组氨酸残基常位于酶活性中心，因此有大量的关于组氨酸残基修饰的研究报道。焦碳酸二乙酯(DEPC)是最常用的修饰试剂，在中性的情况下表现出比较好的专一性，与组氨酸残基上的 1 个氮羧乙酰化，产物在 240 nm 处有最大吸收。其他还有碘代乙酸修饰和碘化反应。反应式如图 3－9 示意。

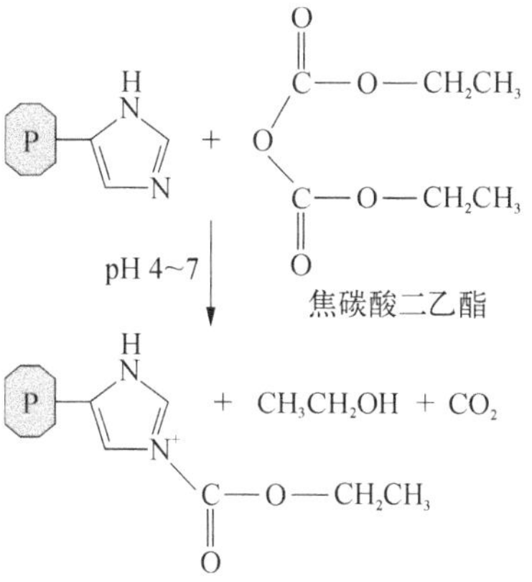

图 3－9 DEPC 修饰蛋白质的组氨酸残基

6. 胍基的化学修饰

精氨酸残基含有一个强碱性的胍基，在结合带有阴离子的底物的酶的活性中心中起着重要作用。但是，由于精氨酸残基的强碱性，因而与大多数试剂很难发生反应，反应所需的高 pH 也会导致酶结构的破坏。具有两个临位羰基化合物，如丁二酮、1,2－环己二酮和苯乙二醛，在中性或弱碱性的条件下与精氨酸反应。其中前二者与精氨酸残基化合物可以与硼酸结合而稳定下来。上述反应要在黑暗中进行，因为丁二酮可以作为光敏剂破坏其他氨基酸残基。反应式如图 3－10 示意。

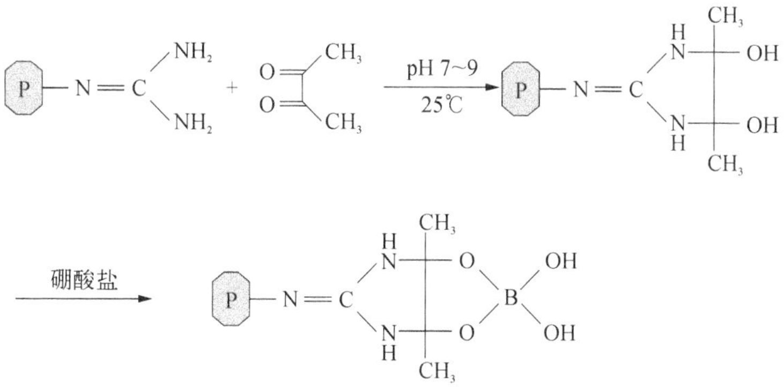

图 3－10 丁二酮修饰蛋白质的胍基

（三）大分子修饰作用

用大分子对酶分子表面进行修饰后在临床应用中显示出很多优良特性：如提高稳定性，延长体内的半衰期，降低抗原性，改善体内的分布和代谢等。这些大分子修饰剂包括聚乙二醇（PEG）、聚乙烯吡咯烷酮（PVP）、聚丙烯酸（PAA）、聚氨基酸、葡聚糖、环糊精、羧甲基纤维素、多聚唾液酸、肝素，以及肽类和蛋白质类等。修饰方法主要有：溴化氰法、高碘酸氮化法、戊二醛法、叠氮法、琥珀酸法和三氯均嗪法等。

聚乙二醇具有既能溶解于水，又可以溶于绝大多数有机溶剂，同时没有抗原性和毒性，生物相容性好等特点，因而应用最广。下面以 PEG 为例介绍修饰方法。

1. 三氯均嗪法

三氯均嗪上的氮原子很活泼，容易产生亲核取代反应。用三氯均嗪活化 PEG 后，可以与蛋白质的氨基反应。反应式如图 3－11 示意。

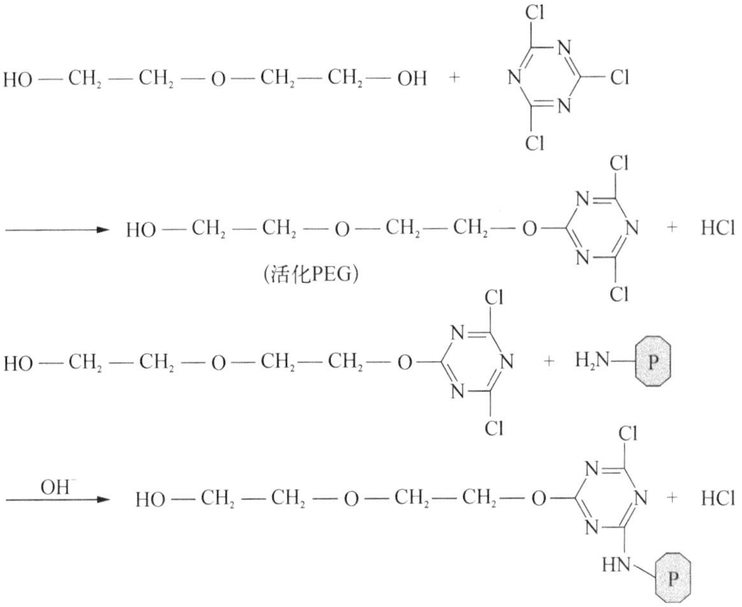

图 3－11　三氯均嗪活化 PEG 后修饰蛋白质的氨基

2. 叠氮法

此法将 PEG 链端的羟基转化为叠氮基，然后与蛋白质反应，整个过程分为四步，反应过程如图 3－12 示意。

① PEG 甲氧甲酰甲酯制备。PEG 与氯醋酸酐反应生成 PEG 甲氧甲酰甲酯，然后用减压蒸馏法除去过量的试剂。

② PEG 酰肼制备。PEG 甲氧甲酰甲酯与肼反应生成相应的酰肼化合物，用减压蒸馏法得到产物。

③ PEG 羧甲基叠氮化合物制备。PEG 酰肼经亚硝酸作用后生成活化 PEG。

④ 活化 PEG 与蛋白质交联。

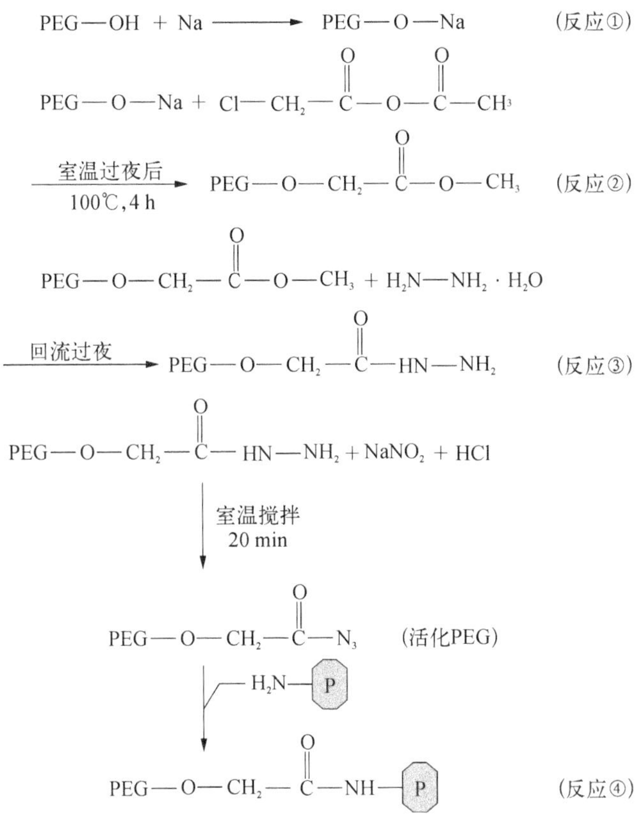

图 3-12 叠氮法活化 PEG 后修饰蛋白质的氨基

3. 琥珀酸酐法

常用二溴代琥珀酸酐作为 PEG 的活化剂。活化反应在温和的碱性条件下进行，经减压浓缩得到活化 PEG，活化 PEG 与蛋白质分子上的氨基产生交联反应。反应过程如图 3-13 示意。

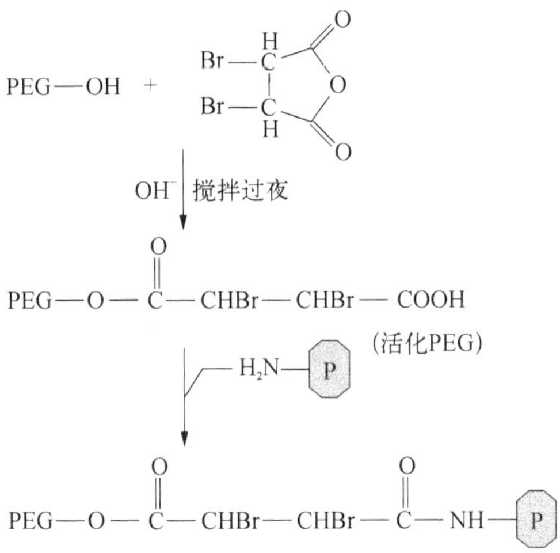

图 3-13 二溴代琥珀酸酐活化 PEG 修饰蛋白质的氨基

4. 重氮法

重氮化反应主要将修饰剂上有关基团转变为重氮基团,然后在弱碱性条件下与酶分子上酚基、咪唑基等反应,生成修饰酶。如对-硝基苄基化合物法,即以对-硝基苄基氯作为PEG活化剂。

5. 交联反应

用双功能基团试剂如戊二醛、PEG、羰二亚胺等将酶蛋白(或与其他大分子如蛋白质、肽类等)之间、亚基之间或分子内不同肽链部分间进行共价交联,可使酶分子活性结构加固,并可提高其稳定性,增加了酶在非水溶性中的使用价值。

(1) 戊二醛法

此法利用戊二醛双功能基团的活泼性,使蛋白质之间的氨基产生交联反应,生成修饰蛋白。Quiocho 和 Richards 最先使用戊二醛进行酶交联的研究,C1air 和 Navia 首次证实了利用交联酶晶体(cross linked enzyme crystal, CLEC)技术提高了嗜热菌蛋白酶的生物活性,增加了其热稳定性。枯草芽孢杆菌蛋白酶经预处理,冻干形成交联酶晶体,在有机溶剂和水溶液中的稳定性大大增加,活力可提高13倍。

(2) 碳二亚胺法

蛋白质经以碳二亚胺作为交联剂的修饰反应如图3-14所示。

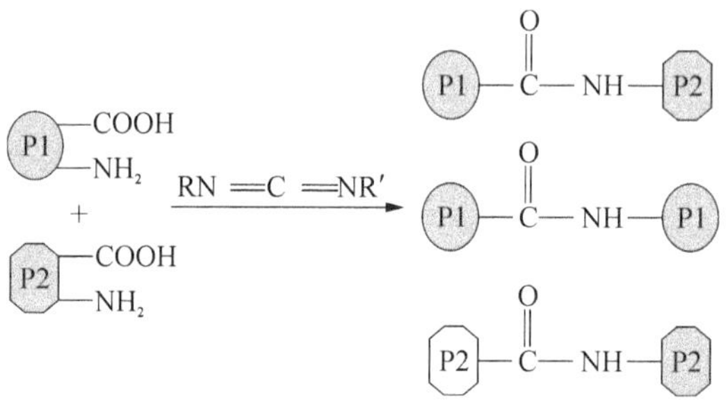

图3-14　碳二亚胺交联蛋白质

(3) 活性酯法

上述两种修饰方法的专一性不太强,可以生成分子间、分子内以及不同分子间的交联,这直接影响了修饰酶的收率。活性酯法是根据多肽合成原理发展起来的,主要特点是反应条件温和,避免了活泼的双功能交联剂直接与蛋白质接触所产生的蛋白质失活,减少了副反应的产生。如用活性酯法以清蛋白与尿激酶的交联为例,在不用底物保护蛋白质活性部位的条件下,酶活回收率仍高达90%以上,结合率高达80%以上。具体过程如图3-15所示。

① 清蛋白琥珀酰化。这步反应通过清蛋白(蛋白质1)和琥珀酸酐作用后,使清蛋白分子表面的氨基琥珀酰化。这既提供了大量的活性酯反应必需基团——羧基,又防止了活性酯反应时清蛋白产生自身交联。

② 活性酯形成反应。琥珀酰化清蛋白在碳二亚胺作用下与对硝基苯酚形成活性酯,除去小分子活泼交联剂后,将得到的大分子清蛋白活性酯与蛋白质(蛋白质2)进行交联。

③ 交联反应。由于清蛋白活性酯的反应活泼性,使蛋白质与清蛋白形成了良好的交联,同时小分子交联剂作为酶与清蛋白之间的"手臂"防止了清蛋白形成对蛋白质活性的空间障碍,得到了保持蛋白活性的高回收率。

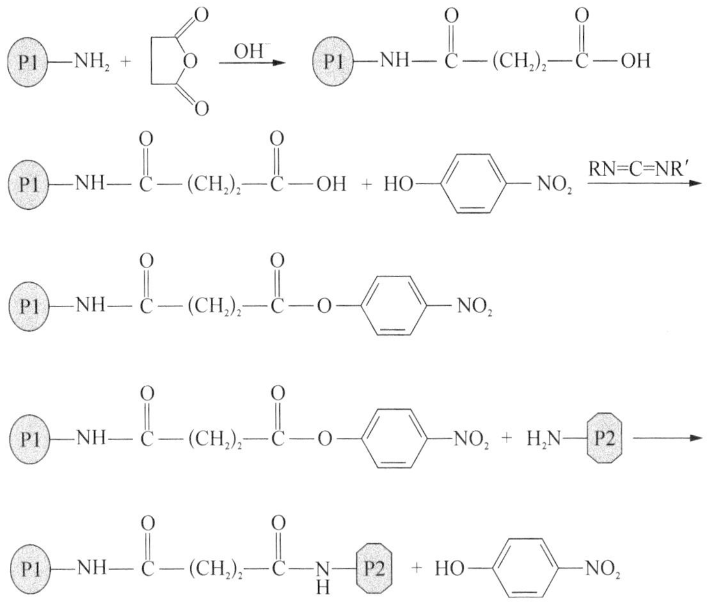

图 3-15 活性酯交联蛋白质

（四）修饰蛋白质的性质变化

修饰蛋白质性质变化主要有：热稳定性、体内半衰期和抗原性等变化。

1. 稳定性

交联后的蛋白质形成相对固定的分子构象，也就是蛋白质的天然构象产生了“刚性”，不易伸展打开，并同时减小蛋白质分子内部基团的热振动，从而增强了蛋白质的热稳定性。如丝氨酸蛋白酶类可以通过修饰酶由常温酶变为嗜热酶，其最适温度从45℃提高到76℃，而其解链温度也升高22℃，天然酶与修饰酶的热稳定性对比见表3-1。

表 3-1 天然酶和修饰酶的热稳定性对比

酶	修饰酶	天然酶		修饰酶	
		温度/时间	残留酶活/%	温度/时间	残留酶活/%
腺苷脱氨酶	右旋糖酐	37℃/100 min	80	37℃/100 min	100
α-淀粉酶	右旋糖酐	65℃/2.5 min	50	65℃/63 min	50
尿酸酶	清蛋白	37℃/48 h	50	37℃/48 h	95
尿激酶	清蛋白	60℃/5 h	25	60℃/5 h	85
糜蛋白酶	肝素	37℃/6 h	0	60℃/24 h	80
天门冬酰胺酶	聚乳糖	60℃/10 min	19	60℃/10 min	63
葡萄糖氧化酶	聚乙烯酸	50℃/4 h	53	50℃/4 h	77
糜蛋白酶	PVP	75℃/117 h	61	75℃/117 h	100

许多蛋白质经过化学修饰后，由于增强了抗蛋白水解酶、抗抑制剂和对热稳定性的提高，体内半衰期延长了（表3-2），这对药用酶的疗效具有很重要的意义。

表 3-2 天然酶和修饰酶的体内半衰期对比

酶	修饰剂	半衰期/时间	
		天然酶	修饰酶
羧肽酶 C	右旋糖酐	3.5 h	17 h
精氨酸酶	右旋糖酐	1.4 h	12 h
谷氨酰胺酶-天冬酰胺酶	糖肽	1 h	8.2 h
L-天冬酰胺酶	聚丙氨酸	3 h	21 h
尿酸酶	清蛋白	4 h	20 h
α-葡萄糖苷酶	清蛋白	10 min	3 h
氨基己糖苷酶 A	PVP	5 min	35 min
精氨酸酶	PEG	1 h	12 h
L-天冬酰胺酶	PEG	2 h	24 h

2. 抗原性

一些修饰剂在消除蛋白质抗原性上有明显作用,如 PEG 和人血清清蛋白(表 3-3)。通过蛋白质化学修饰,有些组成抗原决定簇的基团与修饰剂形成了共价键,这样就可能破坏了蛋白质分子上抗原决定簇的结构,使蛋白质的抗原性降低乃至消除。同时,大分子修饰剂也同样能"遮盖"抗原决定簇和阻碍抗原-抗体产生结合反应。

表 3-3 修饰酶的抗原性变化

酶	修饰酶	抗原性	酶	修饰酶	抗原性
胰蛋白酶	PEG	消除	尿酸酶	清蛋白	消除
过氧化氢酶	PEG	消除	核糖核酸酶	聚-DL-丙氨酸	降低
精氨酸酶	PEG	消除	胰蛋白酶	聚-DL-丙氨酸	降低
L-天冬酰胺酶	清蛋白	消除	*L*-天冬酰胺酶	聚-DL-丙氨酸	降低
超氧化歧化酶	清蛋白	消除			

3. 最适 pH

有些蛋白质经修饰后,最适 pH 发生变化(表 3-4)。如猪肝尿酸酶的最适 pH 为 10.5,在 pH 7.4 的生理环境时仅剩 5%~10% 的酶活,但用清蛋白修饰后,最适 pH 范围扩大,在 pH 7.4时仍保留有 60% 的酶活。这有利于酶在体内发挥作用。这一现象认为是修饰尿酸酶的微环境更稳定的缘故,当酶在 pH 为 7.4 时,酶活性部位仍能处于相对偏碱的环境内行使催化功能,或者是修饰酶被"固定"于一个更活泼的状态,并且当基质 pH 下降时,酶仍能保持这种活泼状态。

表 3-4 天然酶和修饰酶的最适 pH 对比

酶	修饰剂	最适 pH	
		天然酶	修饰酶
猪肝尿酸酶	清蛋白	10.5	7.4~8.5
猪肝尿酸酶	PEG	8.2	9.0
糜蛋白酶	肝素	8.0	9.0
吲哚-3-链烷羟化酶	聚丙烯酸	3.5	5.0~5.5

4. 酶动力学性质

大多数酶经过修饰后，最大反应速度 V_m 没有变化，但有些酶经修饰后，米氏常数 K_m 会增加（表3－5）。这可能是交联于酶上的大分子修饰剂所产生的空间阻碍影响了底物对酶的接近和结合。

表3－5 天然酶和修饰酶的 K_m 对比

酶	修饰剂	K_m	
		天然酶	修饰酶
苯丙氨酸解氨酶	PEG	6×10^{-5}	1.2×10^{-4}
猪肝尿酸酶	PEG	2×10^{-5}	7×10^{-5}
L－天冬酰胺酶	清蛋白	4×10^{-5}	6.5×10^{-5}
尿酸酶	清蛋白	3.5×10^{-5}	8×10^{-5}
腺苷脱氨酶	右旋糖酐	3×10^{-5}	7×10^{-5}
猪肝尿酸氧化酶	PEG	2×10^{-5}	6.9×10^{-5}
精氨酸酶	PEG	6×10^{-3}	1.2×10^{-2}
胰蛋白酶	右旋糖酐		不变
L－天冬酰胺酶	聚丙氨酸		不变

5. 体内组织分布

一些蛋白质经修饰后，在体内的组织分布发生改变，能在血液中被靶器官选择性地吸收，这对药酶临床疗效具有重要意义。

如用 α－葡萄糖苷酶治疗糖原贮积于肝细胞的二级溶酶体的病症——Pmepes 病。因为肝细胞上具有特异性的清蛋白受体，因此利用清蛋白修饰此酶，能有利于肝细胞对酶的摄入，使更多的酶到达靶器官发挥作用。

辣根过氧化酶用聚赖氨酸修饰后，细胞的摄入量增加，这种穿透细胞的能力增强被认为可能是聚赖氨酸增加了酶分子上的正电荷，因为当聚赖氨酸上氨基被酰化后，修饰酶就不表现出细胞穿透力增强的现象。

（五）蛋白质化学修饰的应用

1. 在蛋白质结构与功能研究中的应用

（1）研究蛋白质的空间结构

蛋白质分子中氨基酸侧链反应性与它周围环境密切相关，用荧光性质的修饰剂修饰后，通过荧光光谱的研究，可以了解溶液状态下的蛋白质分子构象，电蛋白质分子的解离-缔合现象。

确定氨基酸在蛋白质分子中所存在的状态，通常情况下蛋白质分子表面基团能与修饰剂反应，而不能与修饰剂反应的基团一般是埋在分子内。

通过双功能试剂交联方法可以测定蛋白质分子中特定基团之间的距离。

制备重原子的蛋白质分子衍生物有利于蛋白质晶体结构分析。

（2）确定氨基酸残基的功能

确定某些氨基酸残基是否为蛋白质活性中心的必需基团，可用化学修饰与底物保护相结合方法。如在丙酮酸激酶催化精氨酸残基的修饰反应过程中，伴随着精氨酸残基的修饰，酶分子可逆地失活，以及底物保护作用说明酶分子与底物分子磷酸烯醇式丙酮酸结合的磷酸化位点具有一个必需的精氨酸残基。还有可以分析酶变构部位必需氨基酸残基以及协同相互作用所必需的残基。

(3) 测定蛋白质分子中某些氨基酸的数量

虽然氨基酸分析法也可以测定蛋白质分子中氨基酸的数量,但是如果只需测定某一种氨基酸的数量时,就可以用快速、灵敏的定量化学修饰方法。如用三硝基苯磺酸测定氨基;用对氯汞苯甲酸测定巯基等。

2. 化学修饰在医药和生物技术中的应用

通过化学修饰提高蛋白质的稳定性、解除抗原性和改变蛋白质酶学性质(如酶的最适pH,最适温度,K_m值,催化活性和专一性等),扩大了蛋白质的应用范围。愈来愈多的酶制剂用于疾病的诊断、治疗和预防;食品发酵和化工产品生产;环境保护和监测;基因工程等。

二、分子生物学改造蛋白质

蛋白质工程的分子生物学改造蛋白质的过程如图 3-16 所示。首先通过生物信息学,收集所研究蛋白质的结构和功能信息,分析结构与功能关系。然后对其功能相关的结构进行研究和预测,并完成分子设计。再通过基因工程改造得到新蛋白质,并进行结构与功能的验证,根据实验验证结果进一步修正设计。往往要经过几次这样的循环才能获得成功。一般可概括为如下 5 个阶段。

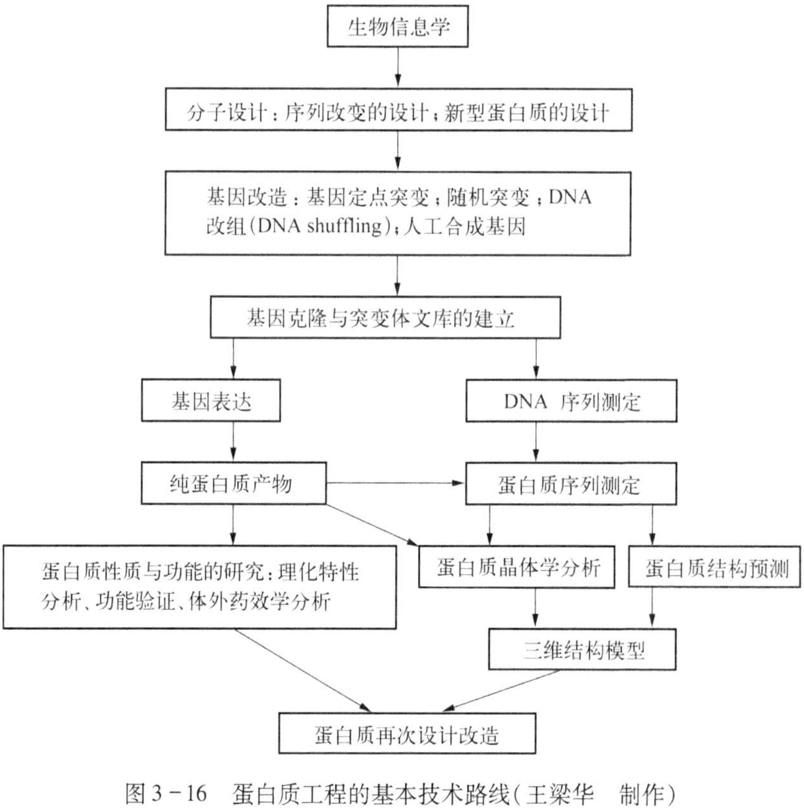

图 3-16 蛋白质工程的基本技术路线(王梁华 制作)

1）收集待研究目标蛋白质一级结构、空间结构、功能结构域及与相关蛋白质的进化等相关数据，为蛋白质分子设计提供依据和蓝本。随着生物信息学的发展，现可以充分利用互联网上海量的免费数据库资源。

2）详细分析所研究的蛋白质结构模型，掌握其立体结构中与生物活性、稳定性等密切相关的关键部位。这可以通过研究该蛋白质的晶体结构，或可根据类似物的结构建模或其他预测方法研究。

3）进行蛋白质分子设计，分为三类：① 小范围改造，就是对已知结构的蛋白质进行少数几个残基的替换、部分片段的缺失；② 较大程度的改造，可以根据需求对来源于不同蛋白质的结构域进行拼接组装，或在蛋白质分子中进行大范围肽段替换、结构域替换，获得集成相应功能的候选分子；③ 蛋白质从头设计，即从蛋白质分子一级结构出发，设计制造自然界中不存在的全新蛋白，使之具有特定的空间结构和预期的生物学功能。这种设计方式需要扎实的理论基础，通过在分子设计与试验验证之间交互进行完成设计循环。

4）完成了前期的信息收集整理和分子设计等理论工作，就回到实验研究中，利用各种DNA突变技术和基因工程操作技术，根据设计，对原始DNA编码序列进行改造，并完成克隆表达，得到可以进一步进行结构与活性研究的产物。

5）通过实验手段验证设计的分子是否符合要求，并对设计的分子进行结构与功能的评价，收集相关结构信息反馈回分子设计中，对原设计进行修正。用于验证分子设计是否成功的实验应该是简便、灵敏，具备量化标准，这需要对所研究蛋白质的生物学功能有详细的了解才能做到。

蛋白质工程中恰当地选择设计策略和正确地选择蛋白质改造的技术方法都至关重要。蛋白质生物化学和结构分子生物学的发展，大量揭示了蛋白质分子一级结构与空间结构的关系、精细的空间结构与复杂的生物学功能之间的关系、结构与性质的关系，为蛋白质工程提供了理论基础和蓝本；另外计算机辅助设计相关的应用软件的开发，多种算法的演进发展，可以对蛋白质结构进行模拟预测，更直观的进行合理的设计，为蛋白质工程提供良好的设计平台；分子生物学理论基础和分子克隆技术的飞速发展，提高了分子设计的效率和成功率；随着行之有效的高通量筛选技术和重组改造技术的不断出现以及生物信息学的飞速发展，蛋白质工程的研究趋于多样化和高效率。

（一）蛋白质结构分析

在蛋白质合理化设计策略中，蛋白质分子设计是蛋白质工程的重要一环。所谓蛋白质分子设计就是根据已知蛋白质的空间结构以及结构与功能之间的关系提出定位突变的方案，以达到有目的的定向改造现有的蛋白质的目的。如果蛋白质的空间结构还未测定，那还涉及空间结构的预测。

蛋白质分子具有复杂的空间结构，随着X射线晶体衍射技术（X－ray）、核磁共振技术（NMR）、原子力显微镜等的发展，获得了越来越多的蛋白质空间结构，掌握了更多蛋白质一级结构信息与空间结构信息的对应关系，对于蛋白质活性位点和与之相关的相互作用的理解也日益深入。如通过X衍射，已解析了包括抗冻蛋白、各种特殊功能酶等上百种海洋来源的特殊结构蛋白质结构，并解析了结构与功能的关系。同时，随着来源于蛋白质化学领域的相关结构功能信息的不断积累,蛋白质一级结构、空间结构、功能结构域、热力学、进化亲缘关系等相关数据库迅速地建立与发展起来。加之生物信息学领域与蛋白质分子的计算机辅助设计相关的计算方法的改进,使得蛋白质分子设计愈加合理化、准确化,给蛋白质分子的合理化改造提供了更可行的指导。现在可以通过对蛋白质序列信息进行同源性比较、空间结构比较、进化与保守性分析等生物信息学的方法预测未知蛋白质的结构与功能,为蛋白质的合理化设计提供依据和蓝本。

(二)蛋白质结构预测与设计

蛋白质的生物学功能不仅与其一级结构有关,而且与其空间结构有关,即蛋白质三维结构很大程度上决定了蛋白质的功能。因此,如何获得蛋白质的结构并对其基序分析研究是现代分子生物学的重要课题。从蛋白质的氨基酸顺序来预测三级结构,或者预测定位点突变后新蛋白质的空间结构是分子生物学中的更重大基础理论问题,也是蛋白质工程中所迫切需要解决的问题。

DNA 序列测定技术的发展使得蛋白质一级结构的测定相对来说已比较容易,而蛋白质空间结构的测定都要花费许多时间。截至 2014 年 11 月,主要应用 X - ray 和 NMR 法等已测定了超过 100 000 种蛋白质及其复合物的结构(http://www.rcsb.org/pdb/statistics/holdings.do)(表 3 - 6)。其中,各种实验方法解析的海洋相关的生物大分子的结构还不到 500 个,大部分是各种功能酶,占其中的约一半。与已从不同物种基因组数据获得的海量蛋白质序列相比,还有很大的差距,大大地影响了人们对蛋白质结构和功能关系的研究。因此发展一种不依赖实验而又有一定准确性的理论蛋白质结构预测方法显得格外重要,近年来在这个方面取得了很多重要的成果。蛋白质三级结构预测的主要流程如图 3 - 17 所示。

表 3 - 6 实验测得的生物大分子结构(截至 2014 年 12 月)

实验方法	蛋白质	核 酸	蛋白质复合物	其 他	合 计
X 衍射	87 187	1 596	4 733	4	**93 520**
核磁共振	9 409	1 103	221	7	**10 740**
电镜	603	67	197	0	**867**
混合方法	67	3	2	1	**73**
其他	160	4	6	13	**183**
合计	97 426	2 773	5 159	25	**105 383**

根据对天然蛋白质结构与功能分析建立起来的数据库里的数据,可以预测一定氨基酸序列肽链空间结构和生物学功能;反之也可以根据特定的生物学功能,设计蛋白质的氨基酸序列和空间结构。通过基因重组等实验可以直接考察分析结构与功能之间的关系;也可以通过分子动力学、分子热力学等,根据能量最低、同一位置不能同时存在两个原子等基本原则分析计算蛋白质分子的空间结构和生物学功能。虽然这方面的工作尚在起步阶段,但可预见将来能建立一套完整的理论来解释结构与功能之间的关系,用以设计、预测蛋白质的结构和功能。

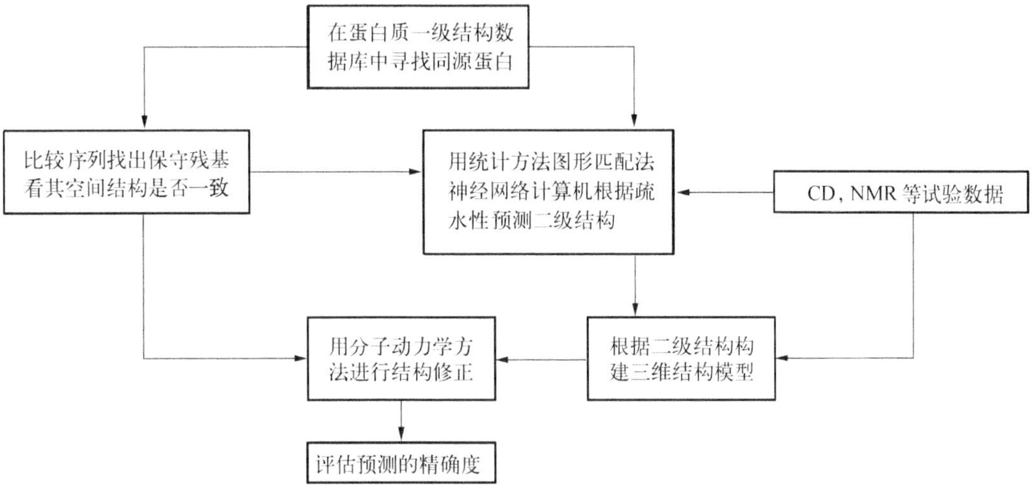

图 3－17 蛋白质三级结构预测的主要流程(王梁华 制作)

蛋白质结构的理论预测方法都是建立在氨基酸的一级结构决定高级结构的理论基础上,大致分为以下 3 类。

1. 比较建模法

比较建模法(comparative modeling method)是基于知识的蛋白质结构预测方法,又称为同源结构预测,是根据大量已知的蛋白质三维结构来预测序列已知而结构未知的蛋白质结构。

若待建模蛋白质的序列与模板序列经比对(alignment)后的序列一致性(sequence identity)在 40% 以上(也有证据表明,如在特定位置出现特定氨基酸,则 20% 以上序列相似性的结构可能属于同一(超)家族,即同源蛋白),可以用同源蛋白模型构建的方法预测其三维结构。因为它们可能是由同一种蛋白质分化而来,它们具有相似的空间结构,执行相关(相同或相近或相反)的功能。因此,若知道了同源蛋白家族中某些蛋白质的结构,就可以预测其他一些序列已知而结构未知的同源蛋白的结构,可以用同源模型构建的方法预测未知蛋白质的三维结构。

同源蛋白质模型构建(模建或称建模)的步骤如下。

1) 目标蛋白序列在数据库中的匹配。应用 FASTA 或 BLAST 搜索软件,在 PIR、SWISSPROT 或 GENEBANK 等序列库中,按序列同源性挑选出一些同源性比较高的序列。

2) 根据模板结构构建目标蛋白结构模型。一旦在一级结构数据库中找到了同源蛋白质或一致性序列,就可以进一步在蛋白质空间结构数据库中去寻找,看是否已知该同源蛋白质的空间结构。

目前国际上蛋白质空间结构数据库主要有布鲁开文实验室的蛋白质数据库(Brookhaven Protein Data Bank, PDB),以及剑桥的晶体数据库(Cambridge Crystal Database, CCD)。通用的计算机图形软件 Homology、QUANTA/CHARM、HYDRO(Harvard York Drawing Program)、COMPOSER、CONSENSUS、MODELLER 和 Collar extension 等分析,开展用于目标蛋白结构模型的构建。

3）对模建结构基序优化和评估。利用计算机图像系统进行结构显示和残基替换，以热力学的能量极小化方法及分子动力学方法进行结构修正。

上述方法亦可用于预测定位突变后新的蛋白质的空间结构，包括预测新的二硫键或氢键、盐键形成的可能性。

4）无同源蛋白质的模建。如果无同源蛋白质的空间结构可供参考，这时需要借助以下两种方法。

① 结合实验数据。通过作二维或多维核磁共振波谱分析，可以测得一组核欧豪斯效应增强因子（NOE）的值，由于 NOE 和两原子间距离的负六次方成正比。根据 NOE 的大小可以得到一个蛋白质分子中几十对甚至上百对质子间距离的信息，根据这些信息，可以用距离几何的方法得到蛋白质分子的空间结构模型。再用加约束的分子动力学模拟的方法加以修正。在用分子动力学方法进行结构修正时在势函数中加上距离约束项。

② 利用蛋白质空间结构数据库中已知分子所提供的信息进行统计分析。早期的方法是基于单个氨基酸残基的性质进行二级结构预测，这种预测的准确度不超过 60%，这是因为这一类预测没有考虑环境的因素，进一步的发展是用图形匹配的方法把短的氨基酸序列和蛋白质的二级结构相连。

一旦根据上述方法得到一个可能的蛋白质的三级结构模型，那么分子动力学乃是结构修正的重要工具。用这种方法预测三级结构的最大困难是在环（loop）区。

2. 反向折叠法

反向折叠法是近年发展的新方法。它可以应用到没有同源序列的高级结构的预测中，且不需要预测二级结构，而是直接预测三级结构，从而绕过现阶段二级结构预测准确性不超过 65% 的限度，是一种有潜力的预测方法。

反向折叠法的原理是把未知蛋白质的序列和已知的结构进行匹配，找出一种或几种匹配最好的结构作为未知蛋白质的预测结构。它的实现过程是总结出已知的独立的蛋白质结构模式作为未知结构进行匹配的模板，然后用经过对现有的数据库的学习总结出的可以区分正误结构的平均势函数（mean force field）作为判别标准来选择出最佳的匹配方式。这种方法的局限性在于它假设蛋白质折叠类型是有限的，所以只有未知蛋白质和已知蛋白质结构相像的时候，才有可能预测出未知的蛋白质结构。如未知蛋白质结构是现在还未知的结构类型时，这种方法将不能被应用。

3. 从头预测法

从理论上说，从头预测法是最为理想的蛋白质结构预测方法。它要求方法本身可以只根据蛋白质的氨基酸序列来预测蛋白质的二级结构和高级结构，但现在还不能完全达到这个要求。从头预测可以细分如下。

（1）二级结构预测

首先从一级结构预测出二级结构，然后再把二级结构堆积成三维结构。由于目前对二级结构中氨基酸的中远程相互作用不完全清楚，因此预测准确率一般在 65% 以下。如果具有多种蛋白质同源序列的三维结构，在多重序列匹配比较的情况下，预测的准确性可以达到 88% 以上。

目前已有共识，在一个蛋白质序列中总有约 40% 序列的预测可以有很好的可信度，其预测的准确性都在 80% 以上。这些区域都是一些二级结构序列比较保守的部分。这些结果给如何将现有二级结构预测结果应用到三维结构预测提供了有益的启示。

(2) 超二级结构预测

实际上是局域的空间结构预测,主要应用人工神经网络方法和向量投影方法,从蛋白质序列出发,直接预测蛋白质的超二级结构,观察此段氨基酸序列是否能形成某一种模式的超二级结构。其中人工神经网络方法预测的准确率在 75%~82%,向量投影方法预测的准确率达到 85% 以上。

(3) 结构类型(structure class)预测

该方法是预测未知结构蛋白质属于何种类型,如全 α 类蛋白质(主要由 α 螺旋组成)、全 β 类蛋白质(主要由 β 折叠组成)、α/β 类蛋白质(由 α 螺旋和 β 折叠交替排列)或α + β 类蛋白质(由分开的 α 螺旋和 β 折叠组成,其中 β 折叠一般为平行结构)。结构类型预测除能了解蛋白质结构大概的折叠情况外,对二级结构的预测也有帮助。方法主要有光谱数据预测、神经网络预测和 Mahalanobis 距离预测等,后者的准确率较前两者为高,可达 94.7%。

(4) 三维结构预测

是蛋白质结构预测的最终目标。主要有两个方面: ① 根据二级结构、结构类型和折叠类型预测的结果,结合结构间的立体化学性质、亲疏水性质、氢键以及静电相互作用,把可信度较高的二级结构进一步组装,搭建出最后的蛋白质结构。由于该方法主要依赖于前面的预测结果,所以受到的限制很多。② 不依赖二级结构预测的结果,直接预测三维结构。主要方法是有效收集构象空间,区分天然结构和错误结构。

(三) 分子生物学创造和改造蛋白质技术

通过上述的蛋白质的分子设计是蛋白质工程的一个重要方面,而实现这些设计,并验证设计的合理性主要是通过突变、重组和功能筛选技术等获得改造的蛋白质分子。

另一方面,蛋白质分子在自然条件下已经进化了千百万年,但仍然蕴藏着巨大的改造潜力。这是原因: ① 天然蛋白质在生物体内的环境与其实际应用环境不同;② 生物体内各种分子之间协调进化时,是作为一个整体去适应环境的,而不是表现为某个分子的活性和稳定性的不断提高,当某个蛋白质活性和稳定性达到整个体系的生存需要时,即失去了进化的压力,这为体外定向进化(*in vitro* mo1ecular directed evo1ution)留下了很大的进化空间;③ 某些待进化的性质不是其在生物体内涉及的,如对蛋白质药物改造消除其副作用等。

1. 定点突变

蛋白质中的氨基酸是由基因中的三联密码决定的,只要改变其中的 1 个或 2 个就可以改变氨基酸的种类。通常是改变某个位置的氨基酸,以研究蛋白质的结构、稳定性或催化特性。蛋白质工程的早期采用理性化的分子设计,最早设计成功的方法是产生于 20 世纪 80 年代的定点突变技术(site-directed mutagenesis),目前常用的定点突变方法主要有: 寡核苷酸引物介导的定点突变、PCR 介导的定点突变及盒式突变。

2. 体外定向进化

蛋白质分子定向进化是从一个或多个已存在的亲本出发,经过基因突变和重组,构建一个人工突变库,通过筛选最终获得预期的具有某些特性的进化分子。以酶为例其基本实验路线是：在待进化酶基因的 PCR 扩增反应中，利用 *Taq* DNA 聚合酶不具有 3′→5′校对功能，并控制突变库的大小使其与特定的筛选容量相适合，选择适当条件以较低的比率向目的基因中随机引入突变，进行正向突变间的随机组合以构建突变库，凭借定向的选择（或筛选）方法，选出所需性质的优化蛋白质，从而排除其他突变体（图 3－18）。简言之，定向进化 = 随机突变 + 正向重组 + 选择（或筛选）。与自然进化不同，前者是人为引发的，后者相当于环境作用于突变后的分子群，相当于通过选择某一方向的进化而排除其他方向突变的作用。

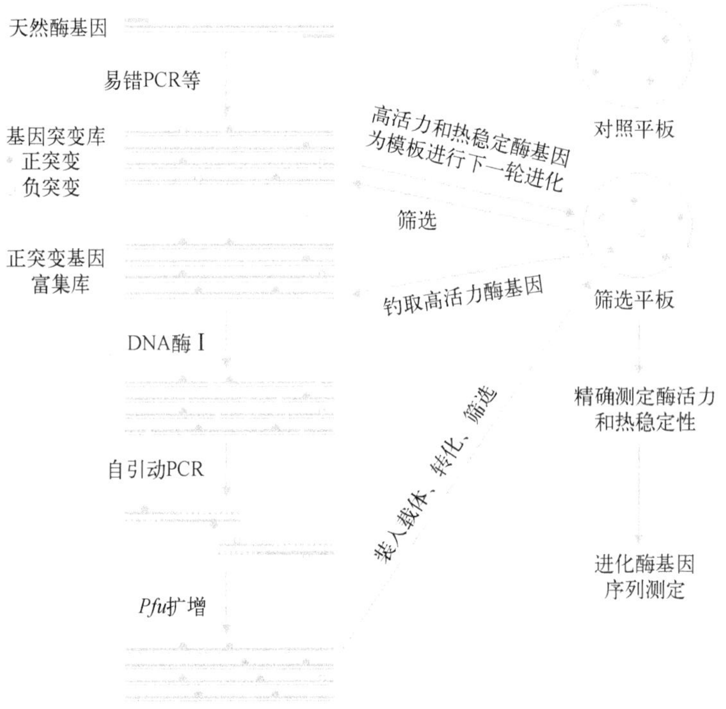

图 3－18　蛋白质定向进化的基本过程（罗贵民，2002）

（1）易错 PCR（Error-prone PCR）

易错 PCR（error prone PCR）是一种完全随机化的诱变技术，利用了 *Taq* DNA 聚合酶缺乏修复功能的特性，并设置容易引起出错的 PCR 反应条件，这样在扩增目的基因的同时引入碱基错配，导致目的基因随机突变。然而，经一次 PCR 突变的基因很难获得满意的结果，由此发展出连续易错 PCR（sequential error prone PCR）方法。将第一次 PCR 扩增得到的有用突变基因作为下一次 PCR 扩增的模板，连续反复地进行 PCR 介导的随机诱变，使每一次获得的突变累积起来，产生重要的有益突变。研究显示，在高突变串的文库中有益突变的筛出较多，而且获得的超级功能突变体筛出也较多。在该方法中，可遗传的变化只发生在单一分子内部，属于无性进化（asexual evolution），优点是简便易行，但是这种方法得到的突变文库规模有限，有益突变少，后续筛选工作费力、耗时，只适用于较小的基因片段（＜800 bp）。

（2）DNA 改组（DNA shuffling）

DNA 改组产生于 1994 年，如今这项突变重组技术已经广泛应用于蛋白质工程对蛋白质分子的改造中，并且衍生出一系列改进的突变技术，开创了蛋白质分子人为进化的时代。

DNA 改组也是一项基于 PCR 的诱变技术，又叫有性 PCR（sexual PCR）、分子育种（molecular breeding）。其基本过程如图 3－19 所示：从正突变基因库中分离出来的 DNA 片段用脱氧核糖核酸酶Ⅰ（DNase Ⅰ）随机切割，得到的随机片段经过不加引物的多次 PCR 循环，在 PCR 循环过程中，随机片段之间互为模板和引物进行扩增，直至获得全长的基因，这导致来自不同基因的片段之间的重组。通过这种方法产生的多样性文库，可以有效积累有益突变，排除有害突变和中性突变，同时也可实现目的蛋白质多种特性的共进化。它优于连续易错 PCR 等无性进化策略。

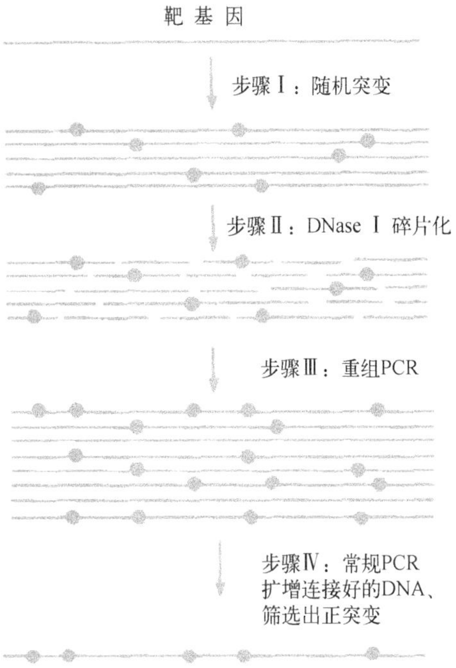

图 3－19 DNA 改组介导的随机突变（周亚凤，2002）

自 DNA 改组技术出现以来，又有许多研究人员对其加以改进，发展出多种适用于不同条件的相关技术，如外显子改组（exon shuffling）、家族 DNA 改组（family DNA shuffling）、暂时模板随机嵌合体（random chimeragenesis on transient template，RACHITT）文库、交错延伸（staggered extension process，StEP）、酵母同源重组加强的家族 DNA 改组、单链 DNA 的家族 DNA 改组等，这些手段丰富了分子进化工程的研究手段，同时也为重组蛋白类药物的改造提供了多种可供选择的方法。

1）体外随机引发重组（random priming *in vitro* recombination，RPR）。是由寡核苷酸片段介导随机突变的重组突变方法。这种方法以单链 DNA 为模板，配合一套随机序列引物，先产生大量互补于模板不同位点的短 DNA 片段，由于碱基的错配和错误引发，这些短 DNA 片段中也会有少量的点突变。在随后的 PCR 反应中，它们互为引物进行扩增，伴随组合，再组装成完整的基因长度。可通过反复进行上述过程，直到获得满意的重组体。此法具有优于传统 DNA 改组的特点：PPR 利用单链 DNA 为模板，故可 10～20 倍地降低亲本 DNA 量；合成的随机引物具有同样长度，无顺序倾向性；随机引发的 DNA 合成不受 DNA 模板长度的限制。

2）递增截短杂合酶技术（incremental truncation for the creation hybrid enzyme，ITCHY）：就是将两个基因按两种顺序融合起来，然后进行递增的截短，再环化组装，得到每个分子一次重组的杂合体，但是用于连接的片段大小随机因而产生的杂合体分子大小不一，重组发生于与结构无关的完全随机部位，使得产生的杂合体中只有很小的部分有意义，所以这种方法适用于一小部分基因之间的重组，并且需要很好的筛选系统。α－硫代寡聚脱氧核苷酸－递增截短杂合酶技术（incremental truncation for the creation hybrid enzymes with α－phosphothioate deoxynucleotide triphosphates，THIO－ITCHY）是通过对 ITCHY 技术的改进而来，利用 dNTP 的类似物，使 ITCHY 的操作过程更有效和简便，基本的特点与 ITCHY 一致。

3）不依赖于序列同源的蛋白质重组（sequence homology independent protein recombinant，SHIPREC）。这是另一种达到类似目的、优于 ITCHY 的重组方法。为了从两个远源基因的杂交中得到尽量多的功能杂合体,重组位点应该在相似的结构部位。如果这些部位缺乏序列同源性,则用序列的长度来控制两个基因之间的重组发生于结构相关区域,这就是SHIPREC方法。将两个待杂合基因连接在一起,然后用DNase Ⅰ酶切,将长度和两个父本基因一致的片段分离出来,发生交叉的部位在两个基因中处于相似的位置,可以认为是结构保守区域。这些杂合分子所构建成的重组文库进行体外筛选。这种方法是对传统DNA改组方法的补充,将成为对低同源性甚至完全不同源的蛋白质的体外杂合进化的有力工具。

最近又出现了把DNA改组和ITCHY结合起来使用的SCRATCHY技术。这项技术就是对于两个基因发生单交换而构建的人工基因家族进行家族DNA改组。前面介绍过的ITCHY在此处被用来构建产生"人工基因家族"。经过功能筛选的杂合子被用来作为家族DNA改组的初始基因。这种方法把依赖序列同源的DNA改组方法引入对非同源基因的重组改造中,使异源分子发生多重交换,在体外极大地加快了分子进化的速度,为重组蛋白的改造又添新工具。

以上介绍了当前蛋白质工程领域出现的基因改造方法,它们的原理各异,操作有简有繁,但都是目前在一些蛋白质改造中行之有效的方法。人们在这一领域的研究还在不断进行之中。期望的良好的基因突变重组方法应该有这样的优点:操作简便,适用的基因片段大小广泛,产生的重组突变率高并且有益突变出现比率高。当然不同的重组方法适用于不同的待改造基因。

(3)蛋白质融合

将编码不同蛋白质基因的片段组合在一起,经基因克隆和表达,产生出新的融合蛋白质。这种方法可以将不同蛋白质的特性集中在一种蛋白质上,显著地改变原蛋白质的特性。许多所谓的"嵌合抗体"和最初的"人源化抗体"等,就是采用的这种方法。

(四)蛋白质分子的展示及筛选技术

利用各种重组方法得到的是包含有益突变体的群体,如何快捷有效地从中筛选得到目标蛋白,还需行之有效的筛选系统。目前建立的筛选系统中,常见的有噬菌体表面展示技术、酵母展示技术、大肠杆菌展示技术、细胞表面展示技术、体外的核糖体表面展示技术等一系列筛选平台。

(五)蛋白质体外合成技术

20世纪60年代,生物学家采用大肠杆菌无细胞系统破解了生物蛋白质合成的遗传密码。到了80年代中期,通过在无细胞体系中连续流加能量和底物,从而大大延长了反应时间和提高了蛋白质的合成产量。此后,无细胞蛋白质合成系统成了生物工程领域中的研究前沿和热点之一,发展了多种原核和真核无细胞蛋白质合成系统,最常用的有原核的大肠杆菌无细胞系统、真核的麦胚抽提物和兔网织红细胞裂解物系统,以及较少使用的酵母细胞抽提物、嗜热性细菌抽提物、鼠L-细胞系统(胎肝细胞)等。

1. 体外表达的简单过程与优势

无细胞表达(也称体外翻译)是通过聚合酶体外转录PCR产物,可以很简单高产地获得足量的mRNA,甚至戴上真核mRNA特有的"帽子";加入特定的细胞裂解物,利用其中的核糖体、合成酶、tRNA、翻译起始、延伸、终止因子、氨基酸等蛋白质合成的必需元件,在适合的温度下就可以实现体外合成蛋白质。避免了细胞表达的很多干扰。

体外表达不需要花时间转化或转染细胞,不需要筛选重组克隆,也不需要培养细胞,只需几个小时就可以得到产物,大大节约了时间和精力,在快速鉴别基因产物上就格外有优势。此外,体外表达还可以避免过量表达对细胞的毒性,或者形成不溶的包涵体,以及表达产物在细胞内的降解,因而可以表达一些对细胞具有毒性的或不稳定、容易被降解的蛋白质,减少了蛋白质变性复性的困扰。另外,体外表达还可以在体系内添加特殊的修饰氨基酸或标记氨基酸,非常灵活,因而在蛋白质折叠和蛋白质功能研究上都有重要应用。

由于体外表达的优势,研究者们不断努力探索,如今已经有不少体外表达体系可以达到每毫升每小时反应体系数百毫克的水平,媲美于普通的哺乳动物表达系统,可满足一般研究需要。

过去,传统的蛋白质研究注重研究单一蛋白质。今天,蛋白质组学注重研究参与特定生理或病理状态的所有的蛋白质种类及其与周围环境(分子)的关系。蛋白质组学相关研究工具通常都是高通量、高度自动化的系统,速度快,配合相应分析软件和数据库,研究者可以在最短的时间内处理最多的数据。体外表达最大的优势就是快与灵活,由于突破了细胞的限制,整个实验可以设计为自动化操作,甚至在不远的将来有可能进行高通量快速筛选,可以说,体外表达是从高通量基因组研究迈向蛋白质组研究的相当关键的一步。从 PCR 到体外表达再到蛋白纯化都可以高通量进行。

2. 体外翻译的系统与操作

(1) 原核系统

原核系统主要利用大肠杆菌的提取物进行表达。近年来对大肠杆菌蛋白质合成机制有十分详细的认识,包括整个合成组分及反应的结构、遗传学、代谢和调节都了解得十分清楚。这使得大肠杆菌的体外表达也随之不断得到改进。理论上任何遗传信息都可以在大肠杆菌体外表达体系中被翻译成多肽。根据现有的数据,利用大肠杆菌体系进行体外表达,某些蛋白质每小时每个反应(50 μL)产物量可高达数百微克,在优化的批量系统中蛋白质最终的产量达 1 mg/mL 也是可能达到的,这一产率还可以通过连续反应器进一步得到提高。

(2) 真核系统

1) 兔网织红细胞:兔网织红细胞是最早的体外表达体系之一。网织红细胞由原始红细胞(晚幼红细胞)分化而来,在体内主要是负责合成大量血红蛋白(90%以上)及球蛋白。这种未成熟的红细胞本身不带细胞核,但却保留了这种高效翻译各种核酸信息的能力。网织红细胞体系体外合成外源蛋白质的效率接近完整网织红细胞自身合成内源蛋白质的效率;此外,网织红细胞体系内源的核酸酶很少,有助于长链 RNA 的稳定(包括有帽子或没帽子结构的 mRNA),因而可以合成较大的蛋白质。

由于真核细胞中转录和翻译发生在细胞的不同细胞器,反应条件略有差别,如果以 DNA 片段或质粒为起始材料的转录翻译偶联反应,可能存在条件优化的问题,因此目前的产品通常有分步和偶联两种选择,蛋白质表达量比 *E. coli* 小。相比其他来源,兔网织红细胞来源有限且成本高,某种程度上限制了其大规模高通量的应用。虽然是真核体外表达系统,兔网织红细胞对 mRNA 是否有帽子结构要求不太严格,能识别真核、原核的核糖体结合位点,可能由于没有细胞空间内细胞器间的协作，翻译后加工和糖基化等过程依然不能完成。不过，兔网织红细胞是最有希望取得这方面成果的体系，而且 Promega 公司在这方面也有一些有益的尝试。网织红细胞体系是最有希望做到微粒体糖基化的体系。

2）麦芽提取物：麦芽提取物是不同于兔网织红细胞裂解物的另外一个无细胞体外合成体系（表达真核体系）。麦芽来源丰富，比兔血经济，一直是兔血之外的第二之选。由于麦芽提取物内源的 mRNA 很少，这个系统可用于各种病毒、酵母、高等植物乃至哺乳动物蛋白质的合成。

麦芽提取物受到重视而且大力发展的重要原因在于补充反应体系的损耗和去除副产物抑制后，这个体系可延长反应时间，使反应时间可以长达一周甚至两周时间，从而达到比较高的产量[1 mg/(mL · 24 h)]。麦芽提取物属于真核体外表达系统，对 mRNA 的帽子结构和核糖体结合位点要求不高，质粒或 PCR 产物都能应用。一般认为其对真核基因的表达应该会比原核更好，得到的产物可溶性也更高。

体外表达由于是在无细胞的条件下进行的，缺少蛋白质翻译后加工所需要的细胞器和空间结构，其致命的弱点就是：即使是真核体外表达系统，目前依然无法对蛋白质进行糖基化和其他天然蛋白质必需的高级修饰。如果对体系进行改进，加入微粒体（microsome）理论上可以完成修饰作用。

第二节　海洋蛋白质工程研究的技术与方法

广义蛋白质工程，实际上是广泛的蛋白质优质生产和高效利用的方法学研究。包括蛋白质的分离纯化技术，化学修饰或酶修饰等改性，固定化，蛋白质结构和功能的分析、设计和预测，通过基因重组或其他手段改造或创造蛋白质，以及蛋白质分子识别和蛋白质光电特性利用工程等。

一、海洋蛋白质的分离鉴定

人类食用的海鲜包括各种各样的海洋鱼类、甲壳类、软体动物、藻类、海藻和海洋微生物等。不同海鲜的营养价值取决于它们的化学成分，其中的蛋白质起着至关重要的作用。最近，海洋蛋白质和生物活性肽（bioactive peptides，BAPs）获得了大量关注，据报道具有抗氧化、抗高血压、抗增殖、抗凝剂、钙结合、抑制肥胖和抗糖尿病的治疗活性。从海洋中提取的酶用作生物催化剂，能在不同 pH 条件下，温和地制造一系列的鱼产品，如鱼肉酱、鱼酱和鱼蛋白水解物；以及提取某些生物活性物质，如从海产品废弃物中提取甲壳素和壳聚糖、胶原蛋白和色素等。从极地鱼类中提取的抗冻蛋白，由于能使冷冻过程冰晶最小化，已经成功地用于冷冻乳制品和肉类产业的保鲜。来自海洋鱼类和藻类的明胶被确认为是一种哺乳动物明胶的安全的天然替代品，而且抗氧化能力更强，已经用于食品加工。另外，已从多种海洋动物，如蟹、牡蛎和虾等中分离出大量抗菌肽。

分离、提取与鉴定这些活性物质，用于保健、制药、食品添加等具有重大的价值。这里仅简述一些具有独特的活性的海洋蛋白质和肽的提取方法。

（一）抗氧化海洋活性蛋白质和肽

对食物来说，抗氧化剂是指能延迟或阻止自动氧化过程的物质。在人体内，抗氧化剂被认为能通过清除自由基，如过氧化氢、过氧化物和脂质过氧化氢等，有助于降低各种疾病的风险，包括心血管疾病、癌症、神经衰弱、糖尿病和一系列退化性疾病等。表3-2列出了一些代表性的海洋来源抗氧化活性肽的来源、序列、制备方法和活性。

抗氧化活性分析可分为体外和体内的方法。蛋白水解或肽的抗氧化活性通常通过体外实验确定后，体内还需确认抗氧化活性肽能在特定组织、细胞发挥功能。

表3-7 海洋来源的抗氧化肽

来源	氨基酸序列	制备	活性
阿拉斯加鳕鱼皮明胶	Gly-Glu-Hyp-Gly-Pro-Hyp-Gly-Pro-Hyp-Gly-Pro-Hyp-Gly-Pro-Hyp-Gly	酶解（碱性蛋白酶，链霉蛋白酶E，胶原酶）	抑制脂质过氧化
	Gly-Pro-Hyp-Gly-Pro-Hyp-Gly-Pro-Hyp-Gly-Pro-Hyp-Gly		增强暴露于过氧化物细胞活力
美洲大赤鱿皮明胶	Phe-Asp-Ser-Gly-Pro-Ala-Gly-Val-Leu	胰酶酶解	清除自由基
	Asn-Gly-Pro-Leu-Gln-Ala-Gly-Gln-Pro-Gly-Glu-Arg		增强暴露于过氧化物细胞活力
美洲大赤鱿被摸明胶	Gly-Pro-Leu-Gly-Leu-Leu-Gly-Phe-Leu-Gly-Pro-Leu-Gly-Leu-Ser	碱性蛋白酶	清除自由基 增强三价铁还原
叫姑鱼皮明胶	His-Gly-Pro-Leu-Gly-Pro-Leu	胰酶酶解	清除自由基 抑制脂质过氧化 提高肝脏抗氧化酶表达
金枪鱼骨	Val-Lys-Ala-Gly-Phe-Ala-Trp-Thr-Ala-Asn-Gln-Gln-Leu-Ser	胃蛋白酶酶解	抑制脂质过氧化

许多不同的商业酶（如胃蛋白酶、胶原酶、从芽孢杆菌分离的蛋白酶，胰蛋白酶和木瓜蛋白酶等）和酶的混合物（如牛胰腺的蛋白酶），都可用来水解不同的海洋动物肌肉、分离肌肉蛋白质和海洋的副产品。然后用截流分子10 kDa、5 kDa、3 kDa、1 kDa量超滤膜，检测各组分自由基清除、硫代巴比妥酸活性物质、金属络合、羟基自由基清除或超氧化物自由基清除等抗氧化活性。活性组分经离子交换色谱、凝胶过滤和高效液相色谱分离纯化，抗氧化活性最强的峰用质谱测序，确定活性肽序列。

抗菌、抗高血压（表3-8）、免疫调节、钙结合、抗凝等其他生物活性肽分离纯化的策略与之类似，并以相应的活性鉴定方法确定活性肽的功能。

表3-8 海洋来源的血管紧张素-I转换酶抑制多肽

来源	酶	序列	IC50/（μmol/L）
阿拉斯加鳕鱼	碱性蛋白酶+链霉蛋白酶+胶原酶	LGP	0.72
裙带菜	蛋白酶	IW	1.50
海鲷	蛋白酶	VIY	7.50

续表

来　源	酶	序列	IC50/(μmol/L)
阿拉斯加狭鳕	胃蛋白酶	FGASTRGA	14.7
虾	蛋白酶	IFVPAF	3.4
鲣鱼	蛋白质	IKW	0.4
文蛤	复合蛋白酶	YN	51.00
大马哈鱼肌肉	碱性蛋白酶 + 木瓜蛋白酶	IW	1.20
轮虫	碱性蛋白酶	DDTGHDFEDTGEAM	9.64
海参	菠萝蛋白酶 + 碱性蛋白酶 + 蛋白酶	MEGAQEAQGD	15.90
微藻	胃蛋白酶	VECYGPNRPQF	29.60
金枪鱼	胃蛋白酶	GDLGKTTTVSNWSPPKYKDTP	11.28

（二）抗冻蛋白(AFP)

抗冻蛋白(antifreeze proteins, AFP)按来源不同分为动物、植物和微生物的抗冻蛋白，如防止生活在冰水混合区域的鱼冻结。抗冻蛋白通过抑制冰晶生长，非依数性(noncolligatively)地降低水溶液的冰点，但对熔点的影响很小，从而防止细胞冻融时损伤循环。抗冻蛋白是由肝脏合成，分泌聚集到鱼的表皮，构筑起抗冻的第一道防御冰。海洋来源的抗冻蛋白分为抗冻糖蛋白(AFGP)和非糖蛋白两个组，非糖蛋白进一步分为Ⅰ~Ⅳ型。而AFGP是一组最早从南极 Notothenioids 鱼类血清中分离出来的含有至少八个结构相关的蛋白质——都含大量(Ala - Ala - Thr)n 重复单位，1 个二糖连接在其中的 Thr 上。如表 3 -9 所列。

表 3 -9　鱼不同抗冻蛋白比较

类型	鱼　种　类	分子质量/kDa	分　子　特　征
Ⅰ	比目鱼，角杜父鱼，短角杜父鱼，美洲拟鲽	3.3~4.5	线性单链，富含 Ala，两性 α -螺旋
Ⅱ	美绒杜父鱼，亚洲胡瓜鱼、大西洋鲱鱼	11~24	富含半胱氨酸(形成 5 对二硫键)的球状蛋白
Ⅲ	大洋鳕鱼，大西洋江鳕	6.0~6.5	全 β 片层的球蛋白
Ⅳ	角杜父鱼	12	富含 Glu 和 Gln 的四 α -螺旋束
AFGP	鳕鱼，南极鱼	2.6~3.3	连接着二糖的(Ala - Ala - Thr)n

生活在寒冷地区鱼类血液或它们的上皮组织/皮肤，是抗冻蛋白最好的来源。液氮冻存的血液或皮肤碾成粉末，在碱性溶液(0.1 μmol/L NH_4HCO_3)中均质化，离心后取上清分离冻干。碱性溶液(0.1 μmol/L NH_4HCO_3)溶解冻干后的上清液，RP - HPLC 分离收集各组分，进一步用指型冷凝管法纯化活性抗冻蛋白。

（三）凝集素(lectin)

从 1970 年首次报道从海洋生物中分离出凝集素以来，已从海洋大型藻类、双壳类(表 3 -10 列出了部分软体动物来源的凝集素)、海洋动物等中分离到了大量凝集素。这些凝集素具有特异的细胞毒、抗病毒、镇痛、抗菌、促分裂、抗炎等活性。如红藻凝集素存在三种类型：不和单糖结合、也不需二价阳离子、仅与糖蛋白结合的低分子质量凝集素；结合单糖、但不需二价阳离子的小分子凝集素；能结合单糖、需二价阳离子、分子质量大于 64 kDa 的凝集素。

提取红藻 *Hypnea musciformis* 凝集素可以通过 20 mmol/L 磷酸缓冲盐溶液(PBS)匀浆,离心,上清 70% 饱和硫酸铵沉淀,复溶透析后,经过黏蛋白亲和层析,DEAE 离子交换和 RP－HPLC,可获得 9.3 kDa 多肽,能凝集红细胞。类似的,可从蓝绿藻念珠藻属 *Nostoc ellipsosporum* 中分离到甘露糖凝集素,具有与 HIV 的 gp120 高亲和性,是潜在的抗艾滋病病毒的分子。

表 3－10 软体动物来源的凝集素的生物学特性

来源生物	凝集素	结合特异性	生物学活性
菲律宾蛤仔 (*R. philippinarum*)	MCL	*N*－乙酰半乳糖,PSM	结合派琴虫(Perkinsus)
	MCL－4	*N*－乙酰半乳糖,PSM	调理和抑菌
	MCL－Gal	半乳糖,N－乙酰半乳糖	派琴虫感染时被诱导,凝集弧菌
	MCL－3	*N*－乙酰半乳糖,BSM	派琴虫、弧菌感染时表达上调
	Mc－sialec	唾液酸	派琴虫、弧菌感染时表达上调
太平洋牡蛎 (*C. gigas*)	牡蛎素(Gigalin)H	唾液酸	凝集弧菌
	牡蛎素 E		凝集弧菌
	CgClec－1		
	CgGal β	半乳糖	不被细菌感染诱导
海湾扇贝 (*A. irradians*)	AiLec		感染时被诱导
	AiCTL－6		细菌感染时被诱导
栉孔扇贝 (*C. ferrari*)	Cflec－1		凝集金黄色葡萄球菌,抑制大肠杆菌生长
	Cflec－2	甘露糖	
	Cflec－3	甘露糖	感染时血细胞表达被诱导
紫贻贝 (*M. edulis*)	凝集素(Agglutinin)	黏液素	调理素
	MeML		捕食和食物分拣
平滑鲍螺 (*H. laevigata*)	Perlucin		可能促进 $CaCO_3$ 晶体成核和生长
	Perlustrin		

二、蛋白质改性

蛋白质的功能特性是指那些对人们所期望产品(如食品)的特征产生影响的物理化学性质。它对于产品(如食品)成分在制造、加工及保藏中的物理性质起着重要作用。

蛋白质中含有大量各种各样的反应性基团,这种高度功能化的基团使蛋白质有别于其他生物大分子,人们能够针对各种特殊应用的不同要求对蛋白质的性质加以调整。通过改变蛋白质分子的大小、形状、氨基酸组成和序列、电荷分布和净电荷、表面疏水性、空间结构,就可实现蛋白质分子的柔性和刚性的变化。

(一) 蛋白质改性的目的

1. 改变原有蛋白质的基本属性

(1) 改变蛋白质的配体专一性

以改变凝集素与糖结合专一性为例。通过比较凝集素的糖结合位点的氨基酸残基或肽段的异同,然后运用定点突变或肽段取代的方法可以改变凝集素的糖基结合专一性。例如,海洋动物凝集素家族中的糖基识别域中有一些残基是非常保守的。在对甘露糖专一的糖基识别域中几乎都有天冬氨酸脯氨酸谷氨酰胺(DPQ)三个氨基酸残基序列,而在对半乳糖专一的糖基识别域中却有天冬酰胺脯氨酸谷氨酸(NPE)三个氨基酸残基序列。利用基因工程的方法将甘露糖专一的糖基识别域中 DPQ 替换成 NPE,则糖基识别域的糖结合专一性就变成了对半乳糖的特异结合。另一个例子是植物凝集素的改变。已知各种海洋藻类来源的凝集素的一级结构有高度的同源性,尤其是三段和糖结合有关的肽段。这三个肽段中,有两段与糖结合有关,而另一个肽段则与糖结合专一性有关。在不同的凝集素中,与结合专一性有关的肽段却不尽相同。

(2)改造蛋白酶抑制剂的亲和力和专一性

设计专一的蛋白酶抑制剂蛋白具有重要的临床价值,但这些蛋白酶保守的结构,往往是某一蛋白质家族的共同特征,参与了机体中很多重要的生理和病理过程设计专一的抑制剂非常困难。因此,往往直接利用天然的抑制蛋白。已知在一些蛋白酶抑制蛋白家族中,存在有 Kunitz 结构域,约有 60 个氨基酸残基,有 3 对二硫键,有高度保守的结构,但是序列同源性较低,仅 33%。一个 Kunitz 结构域通过 1 014 个氨基酸残基识别一种或多种蛋白酶,这些残基中的大多数位于结合环中(1 119 位氨基酸残基),其中几个残基决定了底物结合位点,而其他亚结合部位决定了 Kunitz 结构域对不同酶的专一性。如果突变结合环中亚结合部位的氨基酸残基,就可以得到具有特异的 Kunitz 结构域的抑制剂。

(3)改造肽链的结构

人们可以通过改变氨基酸残基来改变肽链的结构,进一步改变蛋白质的功能。这个方面非常成功的例子就是仅改变序列中的一半残基,一个 β 结构被转化成 α 结构,改变蛋白质的折叠模式,获得了新功能。

2. 增加蛋白质稳定性

蛋白质改良的主要目的是增加蛋白质的稳定性,使蛋白质能在更广泛的范围内使用。对于一个工业蛋白质,特别是工业用酶来说,首先要求它必须有足够的稳定性,其稳定性包括热稳定性、抗蛋白酶稳定性、抗氧化稳定性、在有机溶剂中的稳定性等。而其稳定性又受多种因素的影响,如氨基酸序列、三维结构及辅助因子等。

3. 提高酶的活性

酶活性的高低直接影响海产品加工的效率和生产成本。对于酶的活性中心及调控部位来说,一般只由少数的几个关键氨基酸残基在空间排列而成,酶活性会因为这些残基中的一个或几个的改变而发生很大的变化。因此,通过一些特定氨基酸残基的突变,可以提高突变体酶的活性。

4. 增强酶的选择性

酶的选择性是酶的重要特性之一。通过对酶结构及催化机制的分析发现,酶与底物结合一般都有一个特异性结合位点,该位点连接的氨基酸种类及所带电荷不同,其对底物的专一性也不同。一般通过突变改变底物结合位点的电荷、疏水性、空间结构来改变酶对底物的选择性。

5. 改变酶的表面特性

很多重要的工业用酶都只作用于底物的表面。例如,纤维素酶和木聚糖酶都有一个协助酶与底物结合的连接区，脂肪酶只有在油水界面上才能发挥作用。因此，阐明促使酶和底物相互作用的驱动力就显得尤为重要。

6. 保持原有功能缩短肽链

在大多数蛋白质中，只有很少部分的残基是直接参与和配体或受体的结合的，蛋白质分子的其余部分为分子功能部位提供在三维结构中的正确位置。可以通过一定的方法，删除对功能和结构并不是必需的氨基酸残基，以保持原有功能。缩短肽链，可能更有利于蛋白质的生产。

（二）蛋白质改性的途径与方法

1. 蛋白质改性的途径

要提高蛋白质的某些特性，可采用以下措施：缩短蛋白质中环形的长度，降低容易变化的氨基酸残基（如半胱氨酸、天冬酰胺和谷氨酰胺）的数量；增加表面的静电作用和加大螺旋的偶极矩；增大阳离子与芳香环之间的相互作用；增加芳香氨基酸残基间的叠合，增加蛋白质内部的疏水相互作用；增加亚基间的寡聚化；增大表面与金属的结合能力等。

2. 蛋白质改性的方法

目前常用的蛋白质改性技术有物理改性、化学改性、酶法改性和基因工程改性等。通过适当的改性技术，可以获得较好功能特性和营养特性的蛋白质，拓宽蛋白质在食品工业中的应用范围。

（1）物理改性

所谓蛋白质物理改性是指利用机械处理、热、挤压、冷冻、电、磁等物理作用形式，改变蛋白质的高级结构和分子间的聚集方式。一般不涉及蛋白质的一级结构。如蒸煮、搅打等均属于物理改性技术。它具有费用低，无毒副作用，作用时间短及对产品营养性能影响较小等优点。

物理改性主要用于蛋白质的增溶和凝胶。蛋白质粉末或浓缩物彻底干磨后会产生小粒子和大表面的粉末，与未研磨的试样相比，水吸收、蛋白质的溶解度、脂肪吸收和起泡性质都得到了改进，在乳化的均质过程中，蛋白质悬浊液受到强烈剪切力使蛋白质聚集体（胶束）碎裂成亚基团，从而提高蛋白质的乳化能力。挤压处理时蛋白质在高温高压下受定向力的作用而导致定向排列压力的释放，水分的瞬时蒸发，形成具有耐嚼性和良好口感的纤维状蛋白质。将蛋白质溶液以一定速率冷却，会产生垂直于冷却表面的冰晶，使蛋白质定向排列在冰晶空隙中而被浓缩。移去水分可得到结构完整的蛋白质。

质构化（texturization）也是一种物理改性，是将蛋白质经水等溶剂溶胀、膨化后在一定温度下进行食品加工，使蛋白质的密度降低，吸水率和保水性提高。

（2）化学改性

化学改性是用化学方法（化学试剂）使蛋白质分子中氨基酸残基的侧链基团或多肽链发生断裂、聚合或引入新的基团，导致蛋白质分子空间结构、蛋白质的理化性质和功能性发生改变。例如，在蛋白质分子中引入带负电荷基团、亲水基团、亲油基团、巯基等，可生产出多种具有特殊功能特性的蛋白质产品。

蛋白质的化学改性方法包括酰化、去酰胺、磷酸化、糖基化（即美拉德反应）、共价交联、水解及氧化等。蛋白质的化学改性主要是对其多肽中的一些氨基(—NH_2)、羟基(—OH)、巯基(—SH)及羧基(—COOH)进行改性,其实质是通过改变蛋白质的结构、静电荷、疏水基团,从而改善其各项功能特性,包括溶解度、表面性质、吸水性、凝胶性及热稳定性等。

利用蛋白质的侧链基团的改性方法见表 3-11,化学改性后蛋白质的功能特性见表 3-12。国外报道中大豆蛋白质改性最多,美国、日本已经利用化学改性技术生产出各种功能特性的大豆蛋白质,可作化学改性的大豆蛋白质原料有豆粉或豆柏(全脂和脱脂)、浓缩大豆蛋白、分离大豆蛋白、组织大豆蛋白制品(喷丝、挤压纺丝、挤压制品、压缩制品)、大豆蛋白提取物(豆乳)和大豆乳清蛋白。海洋藻类蛋白质改性,也已生产出各种功能特性的蛋白质,用于食品和纺织。

表 3-11 利用蛋白质的侧链基团的改性方法

侧链基团(氨基酸残基)	方法或试剂
—NH_2(Lys)	酰胺化,还原性烷基化作用(醛 + $NaBH_4$)酰化,交联
酰胺(Asn, Gln)	水解(磺酸,十二烷基硫酸盐,SDS)
羧基(Asp, Glu)	酰化,氨基形成(水溶性碳化二亚胺 + 亲核试剂)
咪唑基(His)	焦碳酸二乙酯,氧化作用,烷基化
吲哚基(Trp)	氧化作用,烷基化,N-溴丁二酰亚胺
苯酚基(Tyr)	酰化作用,亲电子取代,交联作用
巯基	烷基,羧甲基化(碘乙酸,碘乙酰胺)氧化作用
甲硫基	氧化(H_2O_2),烷基化
二硫键	氧化,还原
羟基	酸化($POCl_3$)

注: 胍基通常不参与化学改性,因为其低于 pH 10 已质子化,质子化后蛋白质可降低美拉德反应。

表 3-12 化学改性后蛋白质的功能特性

反应(试剂)	功能性质改变
碱处理(pH > 10)[NaOH, $Ca(OH)_2$, $Ba(OH)_2$]	① 增加分散性、溶解度、起泡性;② 增加耐聚集状态(受热等);③ 增加弹性、组织化,形成更好纤维
酸处理(HCl, H_2SO_4)	① 增强鲜味;② 增加起泡性
酰化作用(乙酸酐,琥珀酸酐)	① 改进在酸性食品中可溶性;② 提高溶解度;③ 降低黏度;④ 减少对 Ca^{2+} 耐受性;⑤ 较高耐聚集状态;⑥ 乳液稳定性提高(乙酸酰化);⑦ 提高泡沫稳定性(琥珀酰化);⑧ 降低黏性
氧化作用(碱性-过氧化氢,氯气,过酸盐)还原作用(亚硫酸盐及有关盐)	① 减少在水里分散黏度;② 提高在盐溶液里黏度;③ 增加耐聚集状态

1) 酸调改性: 蛋白质在水溶液中是两性离子,在其等电点,蛋白质分子本身具有最低的自由电荷,分子自身容易相互聚集,并从水溶液中沉淀出来,其水合度也达到最低。利用这一特点,用各种酸改性蛋白质,研究制得的塑料样片在吸水性能上的变化。调节 pH 的酸包括盐酸、硫酸、醋酸、丙酸、磷酸和柠檬酸等。

2) 酰化作用改性: 酰化改性主要是通过使用酰化剂,最为常见酰化剂为琥珀酸酐和乙酸酐。酰化的原理是蛋白质分子的亲核基团(如氨基或羟基)与酸酐的亲电子基团(如羰基）相互反应，从而引入了酸亲水基团，然后在催化剂作用下又引入长碳链亲油基因，使得蛋白成为具有双极性基团的高分子表面活性剂的过程。酰化后蛋白质分子表面负电荷增多，多肽链伸展及空间结构发生较大改变，导致分子柔韧性提高，从而增强蛋白质溶解性、持水性及持油性，改善乳化性及起泡性。

3）去酰胺改性：在食品蛋白质许多化学改性方法中，去酰胺改性较为突出，因为诸多海洋、植物来源蛋白质含有大量酰胺基团。一般认为蛋白质中的脱酰胺应通过羧基中的 O 和 H 直接发生质子化作用，导致 NH 释放，即将蛋白质中天冬酰胺和谷氨酰胺脱去酰胺基生成天冬氨酸和谷氨酸。通过去除此类蛋白质酰胺基团，便可获得良好溶解性、乳化性及发泡性。蛋白质化学去酰胺作用可通过以下两种机制进行：① 酸或碱催化下水解；② β-转变机制（β-shift mechanism）。前者研究较多，后者通过产生不稳定琥珀酰亚胺中间物，立即被水解从而产生一个“异肽”（isopeptide）。以下就前一种机制改性蛋白质作一叙述。

脱酰胺作用可通过化学方法（酸或碱作用）进行的。酸碱去酰胺改性是在比较温和条件下进行的。在酸性条件下，去酰胺反应是直接水解蛋白质酰胺键中氨，脱氨形成羧酸进行的。但酸法去酰胺由于温度高，不仅在酸的催化下肽键水解控制不好，蛋白质也有部分变性。也有报道说，这种温和酸改性，提高溶解度部分归功于肽键水解和高的加热温度。用碱催化去酰胺改性仅台湾有报道，这种方法虽速度快，但使蛋白质中氨基酸发生消旋作用，使必需氨基酸 *L*-对映体减少和消化率降低，并产生赖丙氨酸，毒理研究表明它对小鼠肾有毒害作用，因此研究甚少。

4）糖基化作用改性：蛋白质一般对热、水解作用很不稳定，但与碳水化合物或生物多聚物的交联（糖基化作用）能变得稳定，也能被赋予一些新的特性。美拉德反应就是一个糖残基与蛋白质反应的糖酰化的简单例子。将碳水化合物以共价键与蛋白质分子上氨基（主要为 Lys 的ε-氨基）或羧基相结合化学反应（包括美拉德反应），称之为蛋白质糖基化作用。这种方法，也被广泛用来提高蛋白质功能特性。一般来说，合成糖基化蛋白在较低离子强度或天然蛋白等电点处仍表现出较高溶解性；同时，糖基化也提高蛋白质热稳定性，且随着糖基化程度提高，糖基化蛋白质功能特性也随之提高。Naoto shimato 等研究发现，精蛋白-半乳甘露聚糖具有良好的乳化特性，其乳化活性是精蛋白的 6 倍，乳化稳定性是它的 10 倍。精蛋白-半乳甘露聚糖可以作为功能性食品的乳化剂及杀菌剂。由此可见，美拉德共价键合成蛋白质-多糖复物既保留蛋白质表面活性，且还具有多糖亲水性能，因而作为“绿色”乳化剂和稳定剂有着广泛应用前景。

5）磷酸化作用改性：蛋白质的磷酸化是有选择地利用蛋白质侧链的活性基团。是无机磷酸与蛋白质上特定的氧原子（Ser、Thr、Tyr 的—OH）或氮原子（Lys 的氨基、Arg 的胍基末端 N）作用形成 C－O－Pi 或 C－N－Pi 的酯化反应（后者对酸不稳定，在 pH≤7 环境下发生水解，而前者稳定），使之变成（Ser、Thr）Tyr－PO_3^{2-}，从而引进大量磷酸根基团。磷酸化位置取决于化学反应的 pH。蛋白质的磷酸化改性可通过化学方法或酶法予以实现。常用的磷酸化试剂有化学磷酸化试剂如磷酰氯（$POCl_3$）磷酸、三聚磷酸钠（STP），和蛋白激酶如依赖于 cAMP 激活的蛋白激酶（cAMPdPK）、酪氨酸激酶（CK）。

磷酸化改性后蛋白质中，由于引进大量磷酸根基团，从而增加蛋白质体系电负性，提高蛋白质分子之间静电斥力，使之在食品体系中更易分散，相互排斥，因而提高溶解度，聚集稳定性，降低等电点，而且其净电荷只有在相当低环境中才会被中和，故可有效拓宽在食品中应用范围。磷酸化改性蛋白质由于负电荷引入，大大降低乳状液表面张力，使之更易形成乳状液滴，同时也增加液滴之间斥力，从而更易分散，因此改性蛋白质乳化能力及乳化稳定性都有较大改善。

6) 其他化学改性方法：除以上所述几种化学改性方法外，还有填充改性、氧化改性等。如用蛋白质填充聚磷酸盐复合材料，可以改变材料的强度、硬度和耐水性。

(3) 酶法改性

酶改性的方式有很多种，酶法改性通常是蛋白酶的有限水解，改性的程度与酶量、底物浓度、水解时间等因素密切相关。通过蛋白酶催化的蛋白质水解作用能提高蛋白质的溶解度，这主要是由于形成了较少的，弱亲水的和较易溶剂化的多肽单位。同化学改性和物理改性相比，酶法改性具有以下几个方面的优点：① 酶解过程十分温和，不会破坏蛋白质原有的功能性质；② 最终水解产物经平衡后，含盐极少且最终产品的功能性质可通过选择特定的酶和反应因素加以控制；③ 蛋白水解物易被人体消化吸收且具有特殊的生理功能。

酶法改性主要有共价交联。人为地将交联键引入食品中，可以改善蛋白质的功能特性。通过一定化学试剂或催化剂，使蛋白质分子内或分子间产生交联反应(cross-linking)，从而起到改善蛋白质功能特性目的。转谷氨酰胺酶(TGase)、过氧化物酶(POD)、多酚氧化酶(PPO)和脂肪氧化酶(LO)等都能使蛋白质发生交联作用。TGase 是一种专对蛋白质谷氨酰胺残基的交联催化酶，催化亲核反应，如赖氨酰残基的ε-氨基，谷氨酰胺残基的氨基。TGase 已被用于β-乳球蛋白、酪蛋白、大豆球蛋白、小麦麦谷蛋白的交联作用，以及不同食品蛋白间，如肌球蛋白、大豆蛋白、酪蛋白或谷蛋白间的交联作用。POD 和 PPO 已被用于改善蛋白质的功能特性。有许多双重功能试剂，可以使蛋白质发生解交联作用。食品加工时，有时蛋白质交联是作为不期望出现的副反应发生的。

其他一些酶法改性，如酶法糖基化，酶法磷酸化，酶法脱酰胺以及蛋白酶改性等，都是现阶段应用较多的酶法改性。酶法改性具有反应速度快、特异性强、反应条件温和等诸多优点。在适当反应条件下，酶催化反应速度可以达到非酶催化反应的 10^8~ 10^{11} 倍，这可以大大降低能耗，提高反应效率，因而对生产者具更大的吸引力。

(4) 基因工程改性

基因工程法是通过重组蛋白质的合成基因，从而改变蛋白质功能特性。但由于该技术周期长、见效慢，目前大多处于实验室阶段，商品化的酶以诺维信公司为代表。

三、海洋活性多肽的分离鉴定

生物活性肽(bioactive peptides)是对生物体的生命活动有益或具有生理作用的肽类化合物，是蛋白质中 20 种天然氨基酸以不同组成和排列方式构成的从二肽到复杂的线形、环形结构的不同肽类的总称，是源于蛋白质的具有多种生物活性的化合物。这些生物活性肽以非活性状态存在于蛋白质的长链中，当用适当的蛋白酶水解时，其活性被释放出来。目前，大量的研究结果表明，生物活性肽具有多种生物学功能，如抗病毒、抗癌、抗血栓、抗高血压、免疫调节、激素作用、抑菌、降胆固醇等作用。

从动、植物和微生物、海洋生物等中分离的生物活性肽已达几万种，但生物活性肽尚没有较为一致的分类方法。生物活性肽按照来源可分为外源性生物活性肽和内源性生物活性肽；按照功能可分为生理活性肽和食品感官肽；按取材来分可分为海洋活性肽和陆地活性肽。

外源性生物活性肽是指非机体产生的，以肽的形式被吸收后具有生物活性的肽类物质，一般直接或间接来源于动物及食物蛋白质。例如，动物乳汁（尤其是初乳）可提供多种生物活性肽，包括乳源性表皮生长因子（EGF）、转化生长因子（TGF）等。内源性生物活性肽是指生物体自身的组织或器官产生的对其本身有生理调节作用的肽类物质，主要包括体内一些重要的内分泌腺分泌的肽类激素，如生长激素释放激素（GHRH）、促甲状腺素（TSH）、胸腺分泌的胸腺肽、脾脏中的脾脏活性肽（STF）、胰腺分泌的胰岛素等；由血液或组织中产生的组织激肽，如缓激肽；以及作为神经递质或神经活动调节因子的神经多肽等。

生理活性肽和食品感官肽都是据其生物学功能而得名的肽类。其中，生理活性肽包括免疫调节肽（immunostimulating peptides）、抗高血压肽（antihypertensive peptides）、抗血栓肽（antithrombotic peptides）、抗菌多肽（andmicrobial peptides）、阿片肽（opioid peptides）、阿片拮抗肽（opioid antagonist peptides）、酪蛋白磷酸肽（casein phosphopeptides）等；而食品感官肽又包括苦味肽（polypeptide bitterness）、酸味肽（acidic peptides）、甜味肽（peptides weeteners）、碱性肽（peptide withsaltytaste）、抗氧化肽（antioxidant peptides）和增强风味肽（peptide with flavor enhancement）等肽类。

生物活性肽的来源主要有 3 种途径：① 存在于生物体中的各类天然活性肽；② 消化过程中产生的或体外水解蛋白质产生的；③ 通过化学方法（液相或固相）、酶法、重组 DNA 技术合成。

20 世纪 80 年代末及 90 年代初出现的基因组合肽库和化学组合肽库，给肽类药物及制药业带来了革命性的进展。国外对生物活性肽进行了大量的基础研究，并通过应用研究将多种生物活性肽推向市场，获得了巨大的经济效益。基因工程和蛋白质工程大大推动了生物活性肽的生产和应用。我国对生物活性肽的研究主要集中在天然肽的分离和纯化上。对基因组合肽库和化学组合肽库的构建、筛选及应用才刚刚起步。

（一）海洋生物活性肽

海洋丰富的生物资源为多肽的制备提供了充足的物种资源与蛋白质资源，海洋中的复杂环境造就了比陆地上更多功能差异的氨基酸组成与氨基酸序列，为制备各种生物活性多肽提供了多种选择性。

1. 海洋天然生物活性肽

天然存在的活性肽包括肽类抗生素、激素等生物体的次级代谢产物以及各种组织系统，如骨骼、肌肉、免疫、消化、中枢神经系统中存在的活性肽。随着人们对海洋资源认识水平的提高，以及现代生物技术在海洋药物研究中的应用，RP－HPLC、2D－NMR、TOF－MS、手性色谱（包括 GC、HPLC）等技术的发展，使得对海洋活性肽的研究易于进行。目前研究的海洋活性肽主要包括来源于海鞘、海葵、海绵、芋螺、海星、海兔、海藻、鱼类、贝类等的活性肽以及在海洋生物中广泛分布的生物防御素。

（1）海鞘多肽

海鞘（*Ascidian*）属于脊索动物门，海鞘纲与尾索动物亚门的另外两个纲称为被囊动物，约有 2 000 种，海鞘是被囊动物中种类最丰富、含有重要生物活性物质最多的一类。自 1980 年 Ireland 等从海鞘中发现一个具有抗肿瘤活性的环肽 Ulithiacyclamide 以来，不断有环肽从此类海洋生物中发现。最令人瞩目的是从加利福尼亚海域及加勒比海中群体海鞘 *Trididemnum solidum* 中分离出的 3 种环肽 Didemnin A~C，它们都具有体内和体外抗病毒和抗肿瘤活性，其中 Didemnin B 的活性最强，对乳腺癌、卵巢癌具明显的抑制活性。同时，它还有明显的免疫抑制活性，体内活性较环抱霉素 A 强 1 000 倍，有望成为新型抗肿瘤药。

（2）海葵多肽

海葵（*Anemone*）是另一类富含生物活性物质的海洋生物。文献报道从海洋生物海葵中提取得到的溶细胞性活性肽可分为 3 类：① 存在于 16 种海葵中的鞘磷脂抑制性碱性多肽，平均分子质量在 15 000~21 000 Da。② 从 Metridrum senile 属海葵中分离得到的具胆固醇抑制活性肽，其平均分子质量在 80 000 Da 左右。③ 从 *Aiptasu pallida* 属海葵中分离提取的、活性未知的 Aiptasiolysin A 多肽。

（3）海绵多肽

海绵（*Sponge*）是最低等的多细胞动物，结构较简单，但作为一个特殊生物群体含有极丰富的生物活性物质。富含活性多肽的海绵包括离海绵目、外射海绵目、石海绵目、软海绵目、硬海绵目。Jaspamide 是从斐济和几内亚海域离海绵目 *Jaspis* 属海绵中分离得到的环肽。实验证明该肽具有杀伤线虫活性和细胞毒活性，其结构的全合成已经完成。Geodiamolides A、B 是从加勒比海离海绵目 *Geodia* sp. 属海绵中分离得到的环肽成分。具有细胞毒活性，利用 NMR 和 X-射线晶体衍射分析已确定其化学结构。Celenamides A~D 是从东太平洋硬海绵目中分离得到的具乙酰化的小肽，体外实验证明具有降低血色素的作用。

（4）芋螺多肽

芋螺（*Conus*）是海洋腹足纲软体动物，其在猎取鱼、海洋蠕虫、软体动物时常分泌一系列毒性物质，称为芋螺毒素（Conotoxin）。经过近 20 年的研究已发现的芋螺毒素有近百种，主要包括 α-芋螺毒素、μ-芋螺毒素、ω-芋螺毒素、δ-芋螺毒素。大多为由 10~30 个氨基酸残基组成的小肽，富含 2 对或 3 对二硫键，是迄今发现的最小核酸编码的动物神经毒素肽，也是二硫键密度最高的小肽。其活性与蛇毒、蝎毒等动物神经毒素相似，可引起动物出现惊厥、颤抖及麻痹等症状。

（5）海星多肽

从烫灼或自主运动的一种海星所分泌的体液中分离纯化到一种自主刺激因子。凝胶电泳分析表明该肽的分子质量为 1 200 Da，HPLC 检测为单峰组分。具有刺激细胞运动并使之产生应激反应的功能。

（6）海兔多肽

从印度海兔（*Dolabella auricularia*）中分离到 10 种细胞毒性环肽 Dollabilatin 1~10。其中 Dollabilatin 10 对 B16 黑色素瘤治疗剂量仅为 1.1 μg/mL，是目前已知活性最强的抗肿瘤化合物之一。

（7）海藻多肽

海藻（Alga）种类繁多，其中含有的生物活性物质也多种多样。从培养的蓝藻中分离出一种具有鱼毒性、抗菌、杀细胞活性的生物活性肽，已具备大规模生产能力。Hormothamin 是从海藻 *Prymnesium patelliferum* 中提取的毒素肽，具有溶细胞、细胞毒和神经毒等活性，其作用机制主要是影响脑垂体细胞静止期的钙离子通道、提高电压敏感性钙离子通道的释放，促进脑内激素如催乳素的分泌增加而产生作用。从海藻 *Lyngbya majuscula* 中分离到一具有细胞毒活性的环肽 majusculamide C，它对 X5536 骨髓瘤细胞的抑制效果达到 35%。

（8）鱼类多肽

鱼类是人们最早食用的海洋生物之一，其体内含有丰富的蛋白质成分，营养价值相当高。但从其中开发具有药用价值的活性物质的研究却较少。曾有报道从铜吻蓝鳃太阳鱼中分离并鉴定出 4 种具缓激肽活性的肽类，对鱼肠组织细胞具有强烈的刺激作用。还有研究从大西洋鳕鱼（*Gadus morhua*）、虹鳟鱼（*Ondorhyridus mykis*）、欧洲鳗鲡（*Anguilla anguilla*）等鱼类的嗜铬细胞组织中提取到一系列的生物活性肽及其类似物，并利用免疫组织化学方法研究其在细胞组织中的作用，发现此类肽与肾上腺素受体具有一定的亲和性，可能具有控制儿茶酚胺类物质释放的作用。

（9）贝类多肽

从海洋贝类的神经元中提取到 2 种神经肽 Pd5 和 Pd6，它们具有促进神经元产生的活性。利用 HPLC 方法纯化并对其氨基酸序列进行了分析。现已完成其结构的全合成。

（10）生物防御素

生物防御素（Defensin）是近年来发现的一组新型抗菌活性肽。它们通常都是由 35～50 个氨基酸残基组成，且分子内富含二硫键。由于其具有牢固的分子骨架、广泛的分布以及生物活性功能，因而对它们的研究已成为当前国际学术界中一个引人关注的研究热点。各类抗菌防御素不但在结构上具有相应的保守序列和相似的紧密空间构型，在功能上也都有相似的共性如抗菌、抗病毒能力和细胞毒性作用等。无论 α－、β－防御素对革兰氏阳性和阴性细菌都具有杀伤作用。相对而言，它们对革兰氏阳性细菌，显示了更强的杀伤能力，而植物防御素被认为是真菌生长的有效抑制剂。许多 α－防御素，如 NPI－2、IINPI－3 等已被验证了对病毒的杀伤作用。各类防御素除具有上述抗菌和抗病毒功效外，对自身细胞似乎也有侵害作用，如已有实验表明多形核细胞可释放某种细胞侵害因子，该因子的产生和作用似乎与多形核细胞胞内防御素的含量成正比关系。此外某些防御素还能杀死肿瘤细胞、淋巴细胞、嗜中性粒细胞和内皮细胞等。其杀伤能力呈现浓度和时间依赖性，通常最适浓度为 25～100 μg/mL，作用 6 h 达到最大效力。

大量的研究资料表明，防御素与其他类型抗菌肽作用机制相似，它们主要是通过在细胞膜上形成通道，引起细胞离子通道性的失衡和胞内物质的泄漏、进而导致细胞活动的异常。防御素在细胞膜上的通道形成过程与膜的磷脂组成成分和所处的温度环境等因素有关。然而，一旦防御素在膜上形成了通道，上述因素便不会对其通道的活动构成本质的影响。生物防御素的抗菌、抗病毒及其杀伤肿瘤细胞的多重功能效应无疑正展示着它们对物种生存、抵御侵害以及提高人的生活质量等实际应用中的显要身价。另一诱人的前景是，这些防御素由于分子小并具有稳定的分子结构等优点，又为当今研制多肽新药提供了理想的分子设计骨架和模板。

2. 海洋酶解生物活性肽

天然存在的活性肽大部分或含量微少，或提取难，不足以大量生产供给所需；化学人工合成又费时费力，成本昂贵；因此，人们更多地把目光投向开发蛋白酶解产物这条途径上来。

（1）牡蛎水解多肽

牡蛎是世界上第一大养殖贝类，同时牡蛎也是我国四大养殖贝类之一。随着近几年牡蛎产量的增加，牡蛎价格呈下降的趋势，这不仅使渔民的积极性下降，也最终导致了牡蛎产量的下降。在美国、日本等国家已有多种牡蛎多肽产品投放市场，研制生产出了胶囊型、片剂型及液体型的功能食品、疗效品，产品形式有单一成分产品、配方产品、添加剂型产品。但是在我国牡蛎功能多肽的研究还是比较落后的，所以牡蛎多肽的开发研究是目前我们急待解决的问题。牡蛎多肽的功能主要有如下几点。

1）降血压功能：通过酶法水解牡蛎，进一步凝胶层析柱分离出不同组分的牡蛎水解多肽，发现相对分子质量较大和较小部分的血管紧张素转换酶（ACE）抑制活性偏低，只有相对分子质量在一定范围内的短肽，对 ACE 具有较好的抑制作用，质量浓度为 0.4 mg/mL 的牡蛎功能短肽对 ACE 抑制率为 51.4%。

2）抗肿瘤作用：从牡蛎体内分离提取出的牡蛎低分子活性多肽能有效改变人肺腺癌细胞的恶性形态与超微结构特征，从而对肺癌细胞具有一定的诱导分化作用。还能有效抑制人胃腺癌 BGC－823 细胞增殖活动，使细胞分裂指数下降。光镜观察显示经处理后的 BGC－823 细胞失去原有的恶性表型。发现经 0.1 mg/mL，从牡蛎水解物中分离出的小分子多肽处理的人肺腺癌 A549 细胞，细胞生长抑制率达 62.2%，细胞分裂指数下降 28.95%，光镜观察显示经牡蛎低分子活性物质处理的细胞形态发生明显的改变。

3）抗氧化作用：利用木瓜蛋白酶和中性蛋白酶对牡蛎进行酶解，并用葡聚糖凝胶柱层析从酶解液中分离得到抗氧化肽组分，抗氧化活性最强的木瓜蛋白酶与中性蛋白酶组合酶解的肽组分在质量浓度为 2.5 mg/mL 时，抗氧化活性分别可达到 83.6% 和 80.8%。

（2）扇贝水解多肽

扇贝多肽（polypeptides from *Chlamy farreri*，PCF）是从海洋生物栉孔扇贝（*Chlamys farreri*）中提取，并经酶工程处理而得到的水溶性多肽。国内外的研究人员对其研究表明，PCF 有多种活性功能。

1）抗辐射作用：研究表明 PCF 可抑制 UVA 诱导的 HaCa T 细胞凋亡，其作用机制与抑制 p38 MAPK 通路和 caspase－3 活性有关。研究还发现 PCF 能显著提高小鼠胸腺淋巴细胞的活性；抑制紫外线辐射所致淋巴细胞的损伤，显著提高细胞浆中氧化物歧化酶（SOD）、谷胱甘肽过氧化物酶（GSH－Px）的活性，降低活性氧（ROS）、丙二醛（MDA）含量，提高细胞抗超氧阴离子能力（A－SAC）及总抗氧化能力（T－AOC）；稳定线粒体的膜电位；表明扇贝多肽对紫外线辐射损伤的小鼠胸腺淋巴细胞具有保护作用。

2）促进骨髓基质细胞的增殖：研究表明 PCF 可明显地促进骨髓基质细胞（BMSCs）的增殖，达到促进神经细胞损伤的修复效果，其主要作用可能是通过调节酪氨酸激酶达到这种效果的。

3）提高免疫力：研究发现 PCF 腹腔注射能够明显提高小鼠 NK 细胞杀伤活性，增强腹腔巨噬细胞吞噬功能($P<0.05$)。PCF 腹腔注射对地塞米松(DEX)所致的免疫低下小鼠的非特异性免疫功能具有明显的保护作用。PCF 可提高机体免疫能力,抑制^{60}Co辐射诱导小鼠胸腺、脾脏组织的损伤,其机理与扇贝多肽提高组织中 T-AOC、SOD、GSH-Px 活性,抑制脂质过氧化有关。

4) 抗神经元细胞凋亡作用:通过扇贝多肽干预大鼠脑缺血后缺血半影区凋亡抑制基因 *Bcl-2* 和凋亡诱导基因 *Bax* 的表达实验,发现扇贝多肽促进 *Bcl-2* 基因的表达,抑制 *Bax* 基因的表达,证实扇贝多肽具有抗氧化作用和对抗局部缺血神经元细胞凋亡有抑制作用。

(3) 其他海洋生物水解多肽

从泥蚶水解物中分离出的泥蚶功能多肽对肿瘤细胞株 A549 和 Ketr-3 细胞的增殖及细胞蛋白质合成具有明显的抑制作用。泥蚶多肽在 100~400 mg/kg 内,对小鼠肿瘤 S180 和 H22 的抑制率分别达到 29.35%~55.43% 和 26.87%~44.12%,明显延长了 EAC 小鼠的生存时间。利用商品酶 Alcalase 对鳕鱼肉、沙丁鱼的废弃物进行水解,得到高品质的鱼蛋白水解物(FPHs),水解产物中含有细胞生长因子、促分泌素(胃泌素和缩胆囊素)等。目前报道的虾类酶解多肽多数为虾类抗菌肽,从养殖的南美白对虾的血细胞和血浆中分离出了几种抗菌活性因子,其中 3 种具有抗真菌和抗细菌的活性。

(二) 生物活性肽研究的前景与展望

在生物活性肽的研究上,虽然目前还有多数生物活性肽的研究仍处于实验阶段,在制备及检测上还没有一套有效的方法,尚需进一步完善,但是随着研究手段和方法的不断提高,特别是随着蛋白质工程和酶工程技术的迅速发展,生物活性肽的研究,特别是免疫活性肽与抗癌活性肽的研究,必将不断深入,将有更多的具有特殊功能的生物活性肽被发现。而随着基因工程技术的发展,利用 DNA 重组等技术,将表达活性肽的基因整合到某些微生物或动物体内,通过生物体直接表达出所需肽类。可大大增加其产量与纯度;或者利用细胞培养技术大批量培养重组细胞用于生产生物活性肽可以提高产量。

在生物活性肽的开发应用领域,随着生物高新技术的进一步发展与完善,必将为生物活性肽的开发和利用带来广阔的前景。日本以活性肽为功能因子已开发了低抗原食品、婴儿食品、运动食品、促钙吸收食品、降压食品、醒酒食品等一系列产品,取得了良好的社会效益和经济效益。我国有大量丰富的蛋白质资源,但资源利用率不高,加工过程产生的大量下脚料及废弃物通常被当作肥料或直接排放掉,不仅造成了资源浪费,也造成了环境污染。利用生物技术进行蛋白质资源的深加工则更显薄弱。怎样科学地选用原料蛋白、酶类及分离精制方法,进一步提高生物活性肽的产品得率都是决定能否将之推向产业化的重要因素,上述问题的深入探讨和合理解决也将使生物活性肽的研究开发具有更广阔的前景。

传统的药物筛选是从自然界的动物、植物、微生物中分离天然的具有特定药理作用的化学物质或结构,然后直接应用或据此作为药物化学的先导化合物,再进一步设计、加工、合成、筛选有效的功能药物。现有的绝大多数药物是通过这种途径发现的。但该法具有很大的盲目性,往往筛选过程周期长,费用昂贵。

近年来,在分子生物学飞速发展的基础上,引入组合策略和模拟进化思想,建立起一种从噬菌体表位随机序列多肽库(phage display random peptide library)中筛选药物先导化合物的新方法。利用基因工程手段将合成的一组一定长度的随机序列寡核苷酸片段克隆到特定表达载体中,使其表达产物以融合蛋白的形式呈现在活的丝状噬菌体表面。由于肽库中包含了该长度多肽的所有可能的氨基酸排列顺序或其中的绝大部分,每一个噬菌体和细胞呈现其中的一种肽段,因而库容量极大,易于筛选和扩增。通过亲和筛选,可以得到具有较高特异性和亲和力的理想的肽段。通过这种方法,可以快速筛选生物活性肽、蛋白质、受体、其他化合物等新型药物或先导化合物。这一方法具有传统的药物筛选无法比拟的优越性。在基础理论研究和实际应用中都有广泛的用途,将对生命科学的多个领域产生深远影响。

四、荧光蛋白质工程

1955 年,Davenport 和 Nicol 发现学名为 *Aequorea victoria* 的水母可以发出绿光,但是并没有找到发光的原因。1961 年,日本科学家下村修(Shimomura)在普林斯顿大学做研究的时候,从华盛顿星期五港水域的维多利亚水母体内提取水母素时,偶然发现一种在紫外线下可以发出强烈绿色的蛋白——绿色荧光蛋白(GFP)。后来发现其他品种的水母也存在类似的荧光蛋白。一些腔肠动物通过体内的荧光素酶氧化荧光素,释放能量激活 GFP,而水母却通过水母蛋白激活 GFP。1974 年,他们纯化到了这个蛋白质,当时称绿色蛋白,后来称绿色荧光蛋白(GFP)。下村修和约翰森还发现了另一种蛋白质,能在阳光下呈绿色、钨丝下呈黄色、紫外线下发强烈绿色的光。从水母中发现两种发光的蛋白质:水母素(aequorin)和 GFP。Morin 和 Hastings 提出水母素和 GFP 之间可以发生能量转移。水母素在钙刺激下发光,其能量可转移到 GFP,刺激 GFP 发光。1985 年,普瑞舍(Prasher)和日裔科学家 Inouye 根据水母素的蛋白质氨基酸序列,得到了水母素的 cDNA;1992 年,普瑞舍又成功克隆了 GFP 的 cDNA,沙尔菲(Chalfle)从普瑞舍那里获得了 GFP 的基因,成功地在大肠杆菌中表达了 GFP 蛋白,GFP 在异源宿主中产生了明亮的绿色荧光。之后,沙尔菲利用线虫 β -微光蛋白的启动子,将 GFP 转入了线虫中,结果线虫在不同部位、不同发育时期都表达了 GFP。

从水母中分离到的 GFP 蛋白全长共 238 个氨基酸,GFP 序列中的 65~67 位氨基酸残基(Ser-Tyr-Gly)自发形成荧光基团,对羟基苯咪唑啉酮。从三维结构上看,GFP 由 11 个自折叠组成桶状结构,在桶状结构中间有一个 α 螺旋,发色基团就位于 α 螺旋上,被外面的桶状结构保护起来,这种保护对发射荧光是十分必要的。蛋白质上任何一个小的缺损都会破坏其结构。缺失实验表明,从第 2 个氨基酸残基一直到第 232 个残基都是 GFP 形成荧光所必需的,许多突变可以影响 GFP 荧光激发与逸出的特征。当发色基团接收到光子的能量时,如果没有桶的保护,激活的水分子会夺取光子的能量。GFP 发光时不需要其他蛋白质的辅助,但是需要氧分子的辅助。当氧分子存在时,66 位的氨基酸残基的 α-β 键脱氢与咪唑啉酮结合,GFP 的发色基团成熟。

(一)绿色荧光蛋白的改进

1995 年,美国华裔钱永健将 GFP65 位的丝氨酸突变为苏氨酸,这个突变显著提高了 GFP 的光谱性质,荧光强度和光稳定性也大大增强。通过对 GFP 的定点或随机突变,试图改变这些残基,克服野生型 GFP 的缺点。突变后的 GFP 激发峰转移至 488 nm,而发射峰仍保持在505 nm,这和常用的FITC(荧光素异硫氰酸盐)滤光片匹配,提高了GFP的应用潜力。而F64L点突变则改善了GFP在37℃的折叠能力,综上就产生了增强型GFP,也就是我们常见的EGFP。目前世界上应用的荧光蛋白,多半是他发明的GFP及RFP变种。他的研究改进了荧光蛋白的强度和发光颜色,阐明了GFP蛋白发光的机制,并且拓宽了GFP应用的范围。因此,2008年的诺贝尔化学奖授予日本科学家下村修、美国科学家沙尔菲和美籍华裔科学家钱永健。

由水母*Aequorea victoria*中发现的野生型绿色荧光蛋白,400 nm和470 nm分别是最大和次大的激发波长,它的发射波长的峰点是在505 nm,在可见光绿光的范围下是较弱的位置。

由海肾(sea pansy)所得的绿色荧光蛋白,仅有在498 nm有一个较高的激发峰点。而GFP需要在氧化状态下产生荧光,强还原剂能使GFP转变为非荧光形式,但一旦重新暴露在空气或氧气中,GFP荧光便立即得到恢复。而一些弱还原剂并不影响GFP荧光。中度氧化剂对GFP荧光影响也不大,如生物材料的固定、脱水剂戊二酸或甲醛等。

美国的Clontech公司开发了一系列活细胞荧光定位观察的载体,具有如下特点:可以直接检测与观察,确定目的蛋白的定位,不依赖于物种,可以在细菌、酵母、果蝇、线虫、斑马鱼、爪蟾、小鼠、人源的多种细胞及许多种植物细胞内表达;半衰期超过24 h,在活细胞内,荧光可以持续24 h以上,在固定的细胞内,荧光在数月后仍可以检测得到。鉴于以上优点,目前国际上许多实验室都是应用Clontech公司开发的产品。其荧光载体携带的荧光蛋白分为两类:一类是前面提到的绿色荧光蛋白,而且就是最早所发现的维多利亚水母(*Aequorea victoria*)体内的那种;另一类是研究人员对野生型的GFP进行了定点突变,得到了3种变异形式,分别称为EGFP、ECFP、EYFP,当受到紫外线或蓝色光照射的时候,可以激发显示出绿色荧光。

HaloTag技术是美国Promega公司专利产品,HaloTag™蛋白是从微生物紫红红球菌(*Rhodococcus rhodochrous*)的脱卤素酶(dehalogenase)突变而来,分子质量约为34 kDa,可以在大肠杆菌表达系统或真核表达系统中与目的蛋白的N端或C端进行融合后表达。HaloTag系统包括两个主要组成部分:第一部分是带有HaloTag的融合蛋白,第二部分是配体。配体包含两种关键成分:一个通用的HaloTag™反应连接部位(一般是卤代烷烃),其作用是启动与HaloTag™蛋白的共价键的形成;另一个是功能报告基团(可以是荧光、生物素等)。HaloTag™可把卤代烷烃[卤代烷烃是指烷烃分子中的一个或多个氢原子被卤素原子(如氟、氯、溴、碘等)取代的有机化合物]中的卤素取代基去除,然后通过置换脱卤素酶活性中心的组氨酸,从而使烷基残基可以有效通过共价键结合于蛋白质上。

HaloTag™配体通常是一些可穿越细胞膜的小分子化合物。目标蛋白和HaloTag™融合表达后,在生理条件下就可以将HaloTag™荧光配体或生物素直接定点标记在融合蛋白的HaloTag™上。

HaloTag是一种分子质量为33 kDa的蛋白标签(Tag),可以高特异性和高亲和力地与几种不同颜色的HaloTag荧光配基或生物素快速形成稳定的共价结合。当利用基因融合技术将目标蛋白和HaloTag融合表达后,在生理条件下就可以将HaloTag荧光配基或生物素直接定点标记在融合蛋白的HaloTag上,这种共价结合特异性高,不可逆,形成快速,生成的复合物稳定性强,甚至在变性条件下也能如此,因此可以利用这个特性进行聚丙烯酰胺凝胶

(PAGE)显色及亲和纯化等。而当融合表达载体转染到活细胞中表达融合蛋白,就可以进行活细胞中的蛋白荧光示踪——追踪某个蛋白质的产生、分布定位,甚至蛋白质的迁移等情况。HaloTag 配基的多样性使得 HaloTag 融合蛋白具有多种功能和较宽的光学检测范围,无需改变基本的遗传结构就可在不同的波长下进行细胞成像或结合新的功能团。

(二) 红色荧光蛋白的改造

一般来说,波长长的光子激发时,对细胞和组织的光毒性小,且自体荧光和动物组织的光吸收都是最小。这些因素意味着红色的荧光基团对比度提高(因为背景降低),且更适合于体内成像。于是,荧光蛋白的改造慢慢向红色偏移。在绿色荧光蛋白改造的同时,另外一些科学家试图在其他生物中寻找新的荧光蛋白,但是成功的例子并不多,俄国科学院生物有机化学研究所 Lukyanov 实验室从印度太平洋生存的一种名为 *Discosoma* 的海生珊珊虫体内发现了红色荧光蛋白(DsRed)。

1. 红色荧光蛋白的来源与光谱的多样性

这种新发现的红色荧光蛋白与 GFP 没有任何同源性,可以在哺乳动物细胞内高表达,编码 227 个氨基酸。其优点显而易见:可与 GFP 系列荧光蛋白共用,且激发和发射波长更长,细胞内成像背景低,因此迅速被关注。短短数年,对红色荧光蛋白的一系列研究,极大地丰富了荧光蛋白的光谱多样性,为细胞内的多色标记提供了更多的荧光标签。迄今,所有的红色荧光蛋白都是从珊珊纲下的类珊珊目或海葵目的不同种中分离进化而来。

最初发现并报道的红色荧光蛋白通常采用 Matz 等的命名原则,即用小写字母表示蛋白质来源的珊珊种类,FP 表示荧光蛋白(fluorescent protein),紧接着的数字表示荧光蛋白的发射波长。例如,drFP583 表示从 *Discosoma* sp. 分离出来的荧光蛋白,最大发射波长为 583 nm。eqFP578 和 eqFP611 表示从 *Entacmaea quadricolor* 分离出来的荧光蛋白,最大发射波长分别为 578 nm 和 611 nm。

从不同的 *Entacmaea quadricolor*(可能来源于不同的变种)中分离出两个红色荧光蛋白,eqFP578 和 eqFP611。eqFP578 的亮度约为 DsRed2 的 1.5 倍,是一个二聚体红色荧光蛋白,其激发和发射波长分别为 552 nm 和 578 nm,成熟时间较快。eqFP611 是一个可以形成弱四聚体的红色荧光蛋白,其成熟过程中形成绿色荧光蛋白的发色团,然后进一步成熟为红色荧光蛋白,半成熟时间约 6 h,快于野生型 DsRed 的成熟速度。eqFP611 的特征波长分别为 559 nm和 611 nm。

eqFP578 和 eqFP611 具有 76% 的序列同源性。eqFP578 的晶体结构尚未被解析,而 eqFP611 的结构类似于 DsRed。对这两个蛋白质进行的一系列分子进化,发展出了远红光(far-red)二聚体或单体的红色荧光蛋白。尤其从 eqFP578 演化而来的两个荧光蛋白 Katushka 和 mKate,由于其极好的荧光亮度和较长的发射波长(635 nm),是组织光学成像的理想探针。

Lukyanov 等从 *Anemonia sulcata* 触角的顶端分离出一个红色荧光蛋白 asFP595,为四聚体形式,激发与发射波长分别为 572 nm 和 595 nm,但荧光量子产率非常低,小于 0.001。当用绿光(约 570 nm)持续激发时,595 nm 的发射光强度迅速增强。当去掉绿光时,红色荧光缓慢地消失。若用蓝光(约 450 nm)照射,其荧光迅速淬灭。当再次用绿光激发时,红色荧光又迅速增强。红色荧光的强度和产生速度和绿色激发光强度正相关,其红色荧光的淬灭速度也与蓝光的强度正相关。因此,这个红色荧光蛋白又称为光开关(photo switch)或可点燃的荧光蛋白(kindling fluorescent protein)。

Gurskaya 等从 *Heteractis crispa* 中分离到一个类似于 GFP 的色蛋白(chromoprotein),命名为 hcCP。hcCP 在 570~580 nm 有最大光吸收,但不能发射荧光。突变体 hcCP(C148S)能发射红色荧光(640 nm),但该突变体和野生型的 hcCP 一样对温度敏感。

Shkrob 等从 Actiniaeqetina 中分离出一个类似于 GFP 的色蛋白,命名为 aeCP597。aeCP597 在 597 nm 处有最大的光吸收,然而不能发生荧光。

Tubbs 等从晶体结构角度分析了 DsRed 红色发色团($Gln^{66}-Tyr^{67}-Gly^{68}$)的荧光形成过程。发色团在成熟过程中先形成一个 GFP 的发色团,进一步氧化形成 DsRed 的发色团。野生型的 DsRed 由 225 个氨基酸组成,最大吸收波长为 558 nm,最大发射波长 583 nm。此蛋白质成熟的速度很慢,它的成熟分为两个阶段:最初的吸收光和发射光的波长为 475 nm 和 499 nm(绿色荧光的特征波长),7 h 后,绿色荧光强度达到最大值后开始减弱,2 d 后,绿色完全消失,红色荧光达到最大荧光强度。野生型 DsRed 的晶体结构与 GFP 相似,由 11 个自折叠组成桶状结构,在桶状结构中间有一个 α 螺旋,发色基团同样在 α 螺旋上,发色时同样需要氧分子。在氧分子存在时,发色团氧化发出绿色荧光,发色团进一步氧化成熟为红色荧光。

荧光蛋白的成熟过程即发色团的形成过程。荧光蛋白表达后发生自体催化,将发色团的 3 个氨基酸环化氧化形成一个 π 共轭体系,进一步氧化增加一个酰基,形成成熟发色团。由于野生型的红色荧光蛋白成熟速度较慢,以及常以四聚体或二聚体形式出现且易于聚合,对细胞或组织具有一定的毒性,影响所标记蛋白质的功能,其应用受到限制。因此,体外分子进化技术便被用来对野生型红色荧光进行改造。

克隆于珊瑚的荧光蛋白具有荧光光谱多样性。既有绿色,也有黄色,且有各类红色。不同野生型的红色荧光蛋白经过一系列体外进化,得到各种不同发射波长的突变体,发射光谱可以覆盖 574~655 nm(图 3-20)。

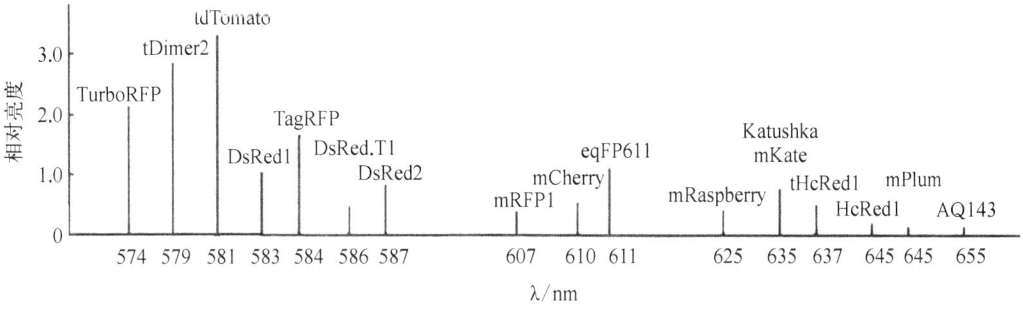

图 3-20　不同红色荧光蛋白的发射波长及其相对亮度示意图(以 DsRed 为 1)
(引自李维平, 2013)

Verkhusha 等认为荧光蛋白光谱多样性源于两个因素:一是发色团与其所处的微环境之间的非共价相互作用的多样性;二是发色团本身的多样性。该分析已经被后来的实验所印证。Shu 等从晶体结构角度,通过比较 DsRed 来源的不同单体荧光蛋白发色团和所处微环境的非共价相互作用,解释了不同突变体发射光谱相异的原因。随着多种红色荧光蛋白的晶体结构解析,发现了多种发色团。例如,drFP583(DsRed)的发色团为 $Gln^{66}-Tyr^{67}-Gly^{68}$,eqFP611 和 asFP595 的发色团为 $Met^{63}-Tyr^{64}-Gly^{65}$,heRed 的发色团为 $Glu^{64}-Tyr^{65}-Gly^{66}$。红色荧光蛋白的光谱多样性提供了多样的红色荧光蛋白选择,以实现不同的标记及成像目的。

2. 红色荧光蛋白的改造

红色荧光蛋白改造的目标包括:缩短成熟时间;消除四聚化,发展单体红色荧光蛋白;改变发射波长,发展远红光荧光蛋白;提高其荧光强度等。

(1)对 asFP595 的改造

将野生型 asFP595 的 143 位氨基酸突变,asFP595(A143S)的突变体的荧光量子产率比野生型的高出 12 倍以上,且当停止绿光照射时,红色荧光的自发消失比野生型慢约 35 倍,约需要 400 s,而用蓝光照射时,红色荧光迅速率灭。asFP595(Al43S)用绿光激发,用蓝光率灭,再用绿光激发,可以循环 30 多次,是个很好的荧光开关。由于其特殊的荧光性质,asFP595 可被用于细胞、细胞器或蛋白质运动的精确追踪。

(2)对 hcCP(Cl48S)的改造

对 hcCP(Cl48S)进行随机突变,筛选到含 A5S 和 P208L 的突变体可以消除温度敏感,在 37℃可以成熟。进一步随机突变筛选,最终得到亮度提高 6 倍,发射波长红移 5 nm 且对温度不敏感的一个远红光红色荧光蛋白 hcRed。与野生型 hcCP 相比,heRed 含有 6 个点突变,其最大激发和发射波长分别为 592 nm 和 645 nm。凝胶过滤分析表明 heRed 以四聚体形态存在。将 hcRed 的 Lys12s 突变为 His12s 后,heRed 以二聚体形式存在,光学性质无变化。Clontech 公司将其商品化,命名为 hcRed1。目前 hcRed1 仍然为二聚体红色荧光蛋白,尚未进一步改造成单体荧光蛋白。Fradkov 等用 4 个氨基酸联接(Arg-Ser-Pro-Gly)将两个单体 hcRed1 连接起来,构建了可以自身二聚化的类单体突变体 tHcRed1。

(3)对 aeCPS97 的改造

对 aeCP597 进行一系列突变后,获得一个可以发射荧光的突变体 AQ14。AQ14 在 595 nm有最大光吸收,最大发射波长为 663 nm,是迄今发现的发射波长最长的远红光红色荧光蛋白。然而 AQ14 对光很敏感,即使在暗室和较高温度下,荧光也会自发消失。对 AQ14 进行随机突变,筛选到了较稳定的突变体 AQ143。AQ143 的荧光不能自发消失,其最大激发和发射波长分别为 595 nm 和 655 nm,然而其亮度较低(荧光量子产率为 0.04,摩尔吸光系数为 90 000 $mol^{-1} \cdot L \cdot cm^{-1}$)。

红色荧光蛋白的发现及不懈的体外分子进化尝试,产生了各种具有不同特点的红色荧光蛋白。这些红色荧光蛋白的广泛应用极大地促进了多个领域的生命科学研究。

(三)荧光蛋白技术的应用

1. 绿色荧光蛋白的应用

绿色荧光蛋白和改造后的绿色荧光蛋白及其突变体具有以下优点:可溶性表达,性质稳定,高温、甲醛固定、酸、碱等因素都不影响荧光;荧光蛋白毒性小,且表达不受物种的局限,在真核、原核细胞中都得到了良好的表达;各荧光蛋白具有不同的光谱,可以同时标记多种蛋白;价格低廉和操作简单。因此,荧光蛋白目前已广泛应用在分子标记、分子相互作用、生物传感器、药物筛选等生物学研究领域。

2. 红色荧光蛋白的应用

作为荧光标签,目前已有的单体红色荧光蛋白所具备的优良特性可以和 GFP 系列荧光蛋白相媲美,用于细胞、亚细胞及病毒颗粒的标记和分子相互作用的研究。而在个体或组织水平荧光标记中,红色荧光蛋白(尤其是远红光红色荧光蛋白)所具有的较长激发和发射波长更成为其特有的优势。此外,红色荧光蛋白还可以和 GFP 系列荧光蛋白共用,进行多色标记,扩展了人们的视野。红色荧光蛋白有较长的特征波长,许多还具有高的量子产率和荧光亮度,有利于个体或组织的荧光标记与成像。例如,用 DsRed2、tdTomoto、mCherry 及 mPlum 标记小鼠体内的多种肿瘤细胞,从个体水平研究肿瘤的生长、肿瘤组织和正常组织间的关系、肿瘤组织周围新血管的形成及肿瘤的转移。将 Katushka 用于爪蟾的整体成像时,甚至可以观察到爪蟾深部的心脏。单体红色荧光蛋白或串联的二聚体红色荧光蛋白广泛应用于在细胞及亚细胞水平成像。

五、蛋白质工程应用的其他实例

蛋白质工程目前还有许多成功的实例,分别介绍如下。

1. 酶分子改造

蛋白质工程可对酶的催化活性、底物专一性、抗氧化性、热变性、碱变性等加以改变。最早的蛋白质工程是 A. R. Fersht 等在 1982~1985 年对酪氨酰-tRNA 合成酶的分子改造工作。他们根据 X 衍射实测该酶与底物结合部位结构,用定点突变技术改变与底物结合的氨基酸残基,并用动力学方法测量所得变体酶的活性,深入探讨了酶与底物的作用机制。L. J. Perry 等 1984 年通过将溶菌酶中 Ile(3)改成 Cys(3),并进一步氧化生成 Cys(3)-Cys(97)二硫键,使酶热稳定性提高,显著改进了这种食品工业用酶的应用价值。1987 年 A. R. Fersht 等通过将枯草芽孢杆菌蛋白酶分子表面的 Asp(99)和 Glu(156)改成 Lys,而导致了活性中心 His(64)质子 p*K*a 从 7 下降到 6,使酶在 pH =6 时的活力提高 10 倍。工业用酶最佳 pH 的改变预示可带来巨大经济效益。2011 年,Hamza A 等报道了通过同源建模,获得了来自海洋弧菌(*Sphingomonas* sp. A1)野生型的海藻酸裂解酶(AlyⅥ)三维结构。理论分析该裂解酶结构与底物亲和力的关系,分子对接计算出结合自由能,并开展定点诱变,分析该酶的活性。结果发现 Asn138、Arg143、Asn217、Lys308,是通过范德瓦力与催化部位关键的 His200、Tyr312 结合。突变体 H200A、K308A、Y312A、Y312F、W165A 活性基本丧失。然而,双突变体 L224V/D226G 催化效率($k_{(cat)}/k_{(m)}$)比野生型酶增加了 2 倍。这是第一个通过分析与底物结合的结构模型,合理设计突变,并实验证实有效提高海藻酸裂解酶催化活性的例子。2012 年,Lemak S 等报道了来源于南极嗜冷海洋细菌油螺旋菌(*Oleispira antarctica*)的 PF00756 酯酶家族的 α/β-水解酶 OLEI01171,他们制备的重组 OLEI01171 在 5~30℃都显示了酯酶活性(分解乙酸萘酯),最适温度为 15~20℃,Cl^-(0.1~1.0 mol/L)或其他阴离子能增强其活性 3~8 倍。与 PF00756 酯酶家族的中温酶结构相比,OLEI01171 结构整体上热稳定性较低。与已获得的分辨率为 1.75 Å 和 2.1 Å 酯酶家族成员的结晶结构相比,OLEI01171 属经典的丝氨酸水解酶,在催化活性部位Ser(148)附近有氯或溴离子结合位点,协调催化水分子的His(257),组成了催化三分子模型。他们的研究结果表明,约束阴离子可能有助于催化水分子的极化,增加乙酰酶中介的水解率。通过丙氨酸突变扫描,确定了酯酶OLEI01171中10个氨基酸残基的是活性的关键。例如,Lys换成Asn(225),没有显著影响OLEI01171的活性或耐热性,但发现35~45℃时还有酶活性。上述各例是通过对关键氨基酸残基的置换与增删进行蛋白工程的一类方法。

2. 提高蛋白质的稳定性

2012年,T. K. Maiti等报道了,将海洋变形菌视紫质(Proteorhodopsin)进行改造,得到了更稳定且功能优化的变形菌视紫质。变形菌视紫质是海洋细菌中找到的光驱动的质子泵。变形菌视紫质分为蓝光吸收(λ_{max}~490 nm)和绿吸收(λ_{max}~525 nm),与胞内疏水区域生色团结和的105位的Gln和Leu分别决定了吸收蓝光还是绿光。他们将105位突变成正电的赖氨酸,结果L105K视紫质显示了红移(λ_{max}~549 nm)。热稳定性的分析表明,突变虽然导致部分结构的不稳定,但比野生型对羟胺反应稳定。在pH 9.0时,闪光光解分析表明,L105K衰变比野生型的慢3倍,质子传输的速度低于野生型6倍。另外,为提高工业上应用广泛的葡萄糖异构酶(glucose isomerase, GI)的热稳定性,对其结构与功能深入研究后确定第138位甘氨酸(Gly138)为改造的目标氨基酸,用双引物法对GI基因进行体外定点诱变,以脯氨酸替代Gly138,在大肠杆菌中高效表达,结果突变型GI比野生型的热半衰期延长一倍;最适反应温度提高了10~12℃;酶比活不变。结构模拟分析可以预测,Pro替代Gly138后,其侧链的吡咯环刚好能够填充Gly138附近的空洞,使蛋白质空间结构更具刚性,从而提高了酶的热稳定性。

3. 融合蛋白质

2014年,L. Balabanova等报道了将海洋贝特菌(*Cobetia marina*)的碱性磷酸酶与日本刺参(*Apostichopus japonicus*)的C-型凝集素(结合甘露糖)编码序列融合表达的研究,结果大肠杆菌表达的可溶性重组嵌合蛋白具有高碱性磷酸酶和特异性凝集素的活性。融合蛋白呈二聚体,分子质量为200 kDa。凝集素活性结构域的A156N/F159K双突变进一步提高了凝集素特异结合活性25±5%。利用融合蛋白的碱性磷酸酶活性和凝集素结合特异糖链,为一些基于特异糖链为生物标志物的恶性疾病的早期检测,如宫颈癌等提供了工具。

4. 蛋白质的从头设计

另一类方法是以某个典型的折叠进行"从头设计"的方法。1988年杜邦公司宣布,成功设计并合成了由4段反平行α螺旋组成为73个氨基残基的新型蛋白质分子。H. Ellerby等设计了凋亡诱导肽CNGRC-$GG_{D型AA}$-(KLAKLAK),此序列中NGR可以与新生血管的内皮细胞特异结合,在此起到靶向弹头的作用,KLAKLAK可形成典型的两亲α螺旋结构,进入细胞后3 μmol/L即可以破坏线粒体膜引起细胞凋亡,在没有导向的情况下要达到300 μmol/L才能杀死真核细胞。Ellerby用NGR为弹头,将KLAKLAK肽特异地导向肿瘤部位的新生血管内皮细胞,通过抑制新生血管的生成而抑制肿瘤的形成,而对其他细胞没有明显毒性。此外Ellerby还用*D*-型氨基酸代替*L*-型氨基酸,防止蛋白质的降解,两个功能部位之间用Gly-G1y做接头,防止两部分空间结构相互影响。实验结果显示此分子可以特异地被激活的内皮细胞内吞,引起凋亡,在小鼠肿瘤模型中,此分子可抑制肿瘤的生长,明显延长治疗组小鼠的存活时间,而对健康小鼠超剂量使用时,没有毒副作用的产生。这些例子说明,在理论依据充分时，基于空间结构信息从头设计蛋白质工程药物的可行性和开发潜力。同时提示，按人们预期要求，通过从头设计折叠成新蛋白的目标已是可望又可及了。

但是，这种人工蛋白质分子设计策略的实施，受到已有认识水平的制约。虽然，后基因组时代的到来和蛋白质组学、生物信息学的飞速发展使得新的先导蛋白质和药物作用靶点被不断发现，但是相应的结构与功能相关的信息需要大量深入的研究才能获得。要在结构与功能信息掌握尚不充分，蛋白质化学基础理论还不完备的情况下，快捷高效地完成对蛋白质分子的人为改造是有困难的。人们可以绕过这种基于现有知识信息的顺式思维理性化设计，选择基于各种功能筛选平台的非理性逆向蛋白质改造策略。首先对目标蛋白进行随机突变、DNA 改组等，得到包含众多突变蛋白的文库，然后从功能入手进行筛选，筛选到所需要的功能蛋白，然后再进行蛋白质基本的结构、序列信息的分析。最近，很多研究人员把两种设计策略结合使用，通过合理化的分子设计为非理性的体外分子进化提供"人造蓝本"，并对非理性筛选出的候选分子进行合理化的分子修正使之进一步符合实际需求；而非理性的体外进化过程可弥补合理性化设计应用中的局限性，并且迅速得到大量有功能的目标分子，通过分析，还可积累合理化分子设计所需的蛋白质结构与功能相关信息。一些可喜的结果表明，将两种设计思路有机地结合起来将为蛋白质工程药物的设计改造开创另一新天地。

第三节 蛋白质组学

人类基因组计划在揭示基因组精细结构的同时，也凸显出基因数量的有限性和基因结构的相对稳定性，这与生命现象的复杂性和多变性之间存在着巨大反差。这种反差促使人们认识到：基因只是遗传信息的载体。要研究生命现象，阐释生命活动的规律，只了解基因组的结构是远远不够的，这也使得人们对于生命活动的直接执行者——蛋白质的重要性有了更深刻的理解。因此，对蛋白质的数量、结构、性质、相互关系和生物学功能进行全面和深入的研究，成为生命科学研究的迫切需要和重要任务。一个以蛋白质组（proteome）为研究重点的生命科学新时代已悄然到来。

蛋白质组学（proteomics）是近十年来生命科学领域发展最快的学科之一。由 Farrel 等于 1975 年建立的双向凝胶电泳技术，实现了数千种蛋白质的同时分离，为蛋白质组研究提供了技术上的可行性。以计算机技术为基础的多种图像分析与大规模数据处理软件的问世，使得科学家们处理复杂的类似"满天星"样的蛋白质电泳图谱并建立相应的数据库得心应手。20 世纪 80 年代后期出现的两种软电离质谱技术——基质辅助激光解吸附飞行时间质谱与电喷雾电离质谱，可精确测定生物大分子的相对分子质量及肽段序列，使得高通量的蛋白质鉴定得以实现。因此，双向凝胶电泳、计算机图像分析与大规模数据处理和生物质谱被称为蛋白质组研究的三大基本技术。近年来，定量蛋白质组技术的发展，为规模化地分析蛋白质的时空变化提供了可能，成为蛋白质组研究的新趋势。

近年提出的宏蛋白质组学，归根到底还是一种蛋白质组学研究，主要包括样品制备、蛋白质分离和多肽鉴定 3 个主要部分。宏蛋白质组学所关注的是天然生境，其样品组成复杂，样品中包含的生物种类数量完全不清楚，或者仅知道部分丰度较高生物组成，缺乏完整的基因组背景。

在第一步样品制备过程中，宏蛋白质组学首先是要解决如何获得所有的蛋白质组分。已有溶出法和原位裂解法等相关报道，溶出法仅适用于胞外蛋白的研究，如果要获得完整的样品蛋白(细胞蛋白＋胞外蛋白)，可以直接对样品进行原位裂解，然后再进行纯化、定量、分析，在活性污泥、水、土壤、生物膜等研究中都应用了这一策略。虽然原位裂解能提供样品中细菌、真菌、原生动物等所产生的全部蛋白质混合物，但这种混合也会造成分类学上的困难。另外，由于干扰物的存在，直接裂解应用到天然环境蛋白质提取中仍存在很大的技术困难。2007 年，Benndord 等报道了一种从土壤中进行蛋白质分离的方法，先通过 0.1 mol/L NaOH 从土壤样品中提取蛋白质、微生物、腐殖酸等，再经过一步酚抽提，将蛋白质和腐殖酸分开，然后进行蛋白质组学研究。

一、蛋白质组学原理与方法

蛋白质组由蛋白质(protein)和基因组(genome)两个词组合而成，意思是基因组表达的蛋白质(proteins expressed by a genome)。广义上讲，蛋白质组是指“一个细胞或一个组织基因组所表达的全部蛋白质”。它是对应于一个基因组的所有蛋白质构成的整体，而不是局限于一个或几个蛋白质。由于同一基因组在不同细胞、不同组织中的表达情况各不相同，即使是同一细胞，在不同的发育阶段、不同的生理条件甚至不同的环境影响下，其蛋白质的存在状态也不尽相同。因此，蛋白质组是一个在空间和时间上动态变化着的整体。蛋白质组学(proteomics)是指应用各种技术手段来研究蛋白质组的一门新兴学科，其目的是从整体的角度分析细胞内动态变化的蛋白质组成成分、表达水平与修饰状态，了解蛋白质之间的相互作用与联系，揭示蛋白质功能与细胞生命活动规律。

(一) 蛋白质组学原理

1. 蛋白质组学的研究策略

蛋白质组学一经出现，就有两种研究策略。一种可称为“竭泽法”，即采用高通量的蛋白质组研究技术分析生物体内尽可能多乃至接近所有的蛋白质，这种观点从大规模、系统性的角度来看待蛋白质组学，也更符合蛋白质组学的本质。但是，由于蛋白质表达随空间和时间不断变化，要分析生物体内所有的蛋白质是一个难以实现的目标。另一种策略可称为“功能法”，即研究不同时期细胞蛋白质组成的变化，如蛋白质在不同环境下的差异表达，以发现有差异的蛋白质种类为主要目标。这种观点更倾向于把蛋白质组学作为研究生命现象的手段和方法。

2. 蛋白质组学的研究内容

早期蛋白质组学的研究范围主要是指蛋白质的表达模式(expression profile)，随着学科的发展，蛋白质组学的研究范围也在不断完善和扩充。蛋白质翻译后修饰研究已成为蛋白质组研究中的重要部分和巨大挑战。蛋白质-蛋白质相互作用的研究也已被纳入蛋白质组学的研究范畴。蛋白质组学的研究试图比较细胞在不同生理或病理条件下蛋白质表达的异同，对相关蛋白质进行分类和鉴定。更重要的是蛋白质组学的研究要分析蛋白质间相互作用和蛋白质的功能。

蛋白质组学的研究内容包括如下。

1）蛋白质鉴定：可以利用一维电泳和二维电泳并结合 Western 等技术，利用蛋白质芯片和抗体芯片及免疫共沉淀等技术对蛋白质进行鉴定研究。

2）翻译后修饰：很多 mRNA 表达产生的蛋白质要经历翻译后修饰如磷酸化、糖基化、酶原激活等。翻译后修饰是蛋白质调节功能的重要方式，因此对蛋白质翻译后修饰的研究对阐明蛋白质的功能具有重要作用。

3）蛋白质功能确定：如分析酶活性和确定酶底物，细胞因子的生物分析/配基-受体结合分析。可以利用基因敲除和反义技术分析基因表达产物——蛋白质的功能。另外对蛋白质表达出来后在细胞内的定位研究也在一定程度上有助于对蛋白质功能的了解。

4）基于蛋白质组学研究的应用：蛋白质组学的研究最终要服务于人类的健康，主要指促进分子医学的发展。如寻找药物的靶分子。很多药物本身就是蛋白质，而很多药物的靶分子也是蛋白质。药物也可以干预蛋白质-蛋白质相互作用。

在基础医学和疾病机理研究中，了解人不同发育、生长期和不同生理、病理条件下及不同细胞类型的基因表达的特点具有特别重要的意义。这些研究可能找到直接与特定生理或病理状态相关的分子，进一步为设计作用于特定靶分子的药物奠定基础。

（二）蛋白质组学研究技术

目前常规采用的蛋白质组学研究技术有 2 条技术路线，一为基于双向电泳-质谱的蛋白质组研究，二为基于多维层析-质谱的蛋白质组研究。每条技术路线均包括蛋白质的分离、检测与分析等步骤。

1. 基于双向电泳-质谱的蛋白质组研究技术

（1）双向凝胶电泳

双向凝胶电泳（two dimension electrophoresis，2－DE）能一次性同时分辨上千种蛋白质。其原理是根据蛋白质的等电点和相对分子质量，将蛋白质混合物在电荷（等电聚焦，IEF）和相对分子质量（SDS－PAGE）两个水平上进行分离（图 3－21）。

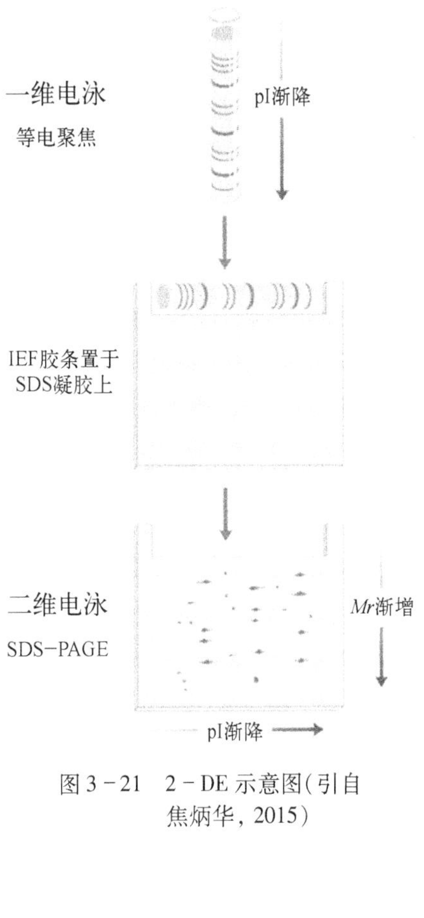

图 3－21　2－DE 示意图（引自焦炳华，2015）

1）IEF：蛋白质是两性电解质，当 pH > pI 时带负电荷，在电场中向正极移动；当 pH < pI 时带正电荷，在电场中向负极移动；当 pH = pI 时净电荷为零，在电场中既不向正极也不向负极移动，此时的 pH 就是该蛋白质的等电点（pI）。各种蛋白质由不同的氨基酸以不同的比例组成，因而有不同的 pI。利用 pI 不同，以 PAGE 为电泳支持物，并在其中加入两性电解质载体（carrier ampholyte），在电场作用下，两性电解质载体在凝胶中移动，形成 pH 梯度，蛋白质在凝胶中迁移至其 pI 的 pH 处，即不再泳动而聚焦成带，这种方法称聚丙烯酰胺等电聚焦电泳（isoelectric focusing－

PAGE, IEF－PAGE)。因此,IEF 是利用蛋白质等电点的不同在大孔凝胶中将蛋白质分离的技术。

2) SDS－PAGE 电泳：在第一向 IEF 的基础上,进行第二向的相对分子质量分离。SDS 是一种阴离子去垢剂,在溶液中,当 SDS 单体浓度大于 1 mmol/L 时,可以与蛋白质定量结合,蛋白质与 SDS 重量比为 1∶1.4,此时蛋白质所带负电荷过量,在电场中的迁移速率主要与蛋白质相对分子质量相关,相对分子质量越小,迁移越快,从而实现将蛋白质根据相对分子质量的不同进行分离。为了让蛋白质充分变性,必须加入尿素和还原剂等,以去除蛋白质的高级结构以及亚基之间的相互作用。

3) 蛋白质检测：2－DE 可以分辨上千个蛋白质点,检测某类蛋白质是否存在时多用 Western blot 方法;显示蛋白质全谱时可以采用考马斯亮蓝 R－250 和银染等方法。

4) 图像分析：由于在 2－DE 上有上千个蛋白质点,通过用肉眼观察来比较几块不同胶之间的差异也是不现实的,需要一套图像分析系统来完成。图像分析系统包括图像扫描仪和图像分析软件。图像分析首先是要通过检测程序设定范围内点的光密度,来确定点的存在。当用于比较蛋白质组时,需要将多块胶进行对比的程序。目前图像分析系统常用的有 Melanie、PDQuest、ImageMaster、Progenesis 等。

(2) 基质辅助激光解吸附飞行时间质谱

质谱分析法(mass spectrometry, MS)是通过测定样品离子的质荷比(m/z)来进行成分和结构分析的分析方法。2－DE 胶内蛋白质点的鉴定常采基质辅助激光解吸附离子化(matrix-assisted laser desorption ionization, MALDI)技术。

1) MALDI 基本原理：MALDI 作为一种离子源,通常用飞行时间(time of flight, TOF)作为质量分析器,所构成的仪器称为基质辅助激光解吸附电离飞行时间质谱(MALDI－TOF－MS)。MALDI 的基本原理是将样品与小分子基质(肉桂酸、芥子酸及其衍生物)混合共结晶,当用不同波长的激光(通常为 337 nm)照射晶体时,基质分子与样品分子同时从靶上解离,而基质分子所吸收能量转移至样品分子,形成带电离子并进入质谱进行分析。样品产生的离子在加速电场的作用下获得相同的动能,经过一个真空无电场飞行管道,较轻的离子速度快,较早到达检测器,较重的离子较晚到达检测器,飞行时间与质荷比$(m/z)^{1/2}$成正比。MALDI 产生的离子多为单电荷离子,质谱图中的谱峰与样品各组分的质量数有一一对应关系,因此 MALDI－TOF－MS 最适合分析蛋白质水解后的肽混合物。MALDI－TOF 的质谱图是多次扫描结果的累加,使这种仪器成为现今灵敏度最高的质谱仪,适合微量样品(fmol～amol)的分析。

2) 肽质量指纹谱鉴定技术：用肽质量指纹谱(peptide mass finger printing, PMF)鉴定蛋白质是目前蛋白质组研究较为常用的鉴定方法。PMF 是蛋白质被识别特异位点的蛋白酶水解后得到的肽片段质量图谱。由于每种蛋白质的氨基酸序列不同,蛋白质被酶水解后,产生的肽片段序列也各不相同,其肽混合物质量数亦具特征性,所以称为指纹谱,用于蛋白质的鉴定。用实验测得的蛋白质酶解肽段质量数在蛋白质数据库中检索,寻找具有相似肽指纹谱的蛋白质。2－DE 胶上的蛋白质被原位酶切或转印到 PVDF 膜上酶切得到肽混合物,经质谱分析得到 PMF,数据库检索鉴定。

3) MALDI TOF－TOF MS 串联质谱技术：MALDI－TOF MS 鉴定蛋白质通常需要匹配 4

个甚至更多的肽段才能实现蛋白质的有效鉴定。但是,如果被鉴定的凝胶点内含有多个蛋白质,或者该凝胶点的丰度低,所产生的有效质谱信号较少时,仅靠肽段的质量数信息无法实现胶内蛋白质的有效鉴定,此时,如果对其中几个肽段能实现序列分析,则同样可以实现胶内蛋白质的准确鉴定。新型串联型 MALDI - TOF - TOF MS 质谱仪可以实现肽段的序列测定。该类质谱仪在离子飞行路径中添加了一个碰撞池,从而可以选择母离子,利用高能量将肽段裂解成为碎片离子,根据碎片离子质量数分布,可以利用软件对肽段序列进行预测。

4) 数据库搜索工具:质谱鉴定所获得的是肽段或碎片离子的质量信息,要从这些信息中鉴定出目标蛋白质序列,需要专用的数据库搜索工具。常用的 PMF 数据搜索工具有 Mascot、Phenyx、ProFound 等,而用于串联质谱数据库搜索的工具有 OMSSA、X! Tandem、Mascot,以及国内科学家自主开发的 Pfind 软件包(http://pfind. ict. ac. cn/)等,上述部分资源可以在网站 ExPASy(http://us. expasy. org/tools/)找到相应链接。

上述基于双向电泳-质谱的蛋白质组研究技术路线如图 3 - 22 所示。

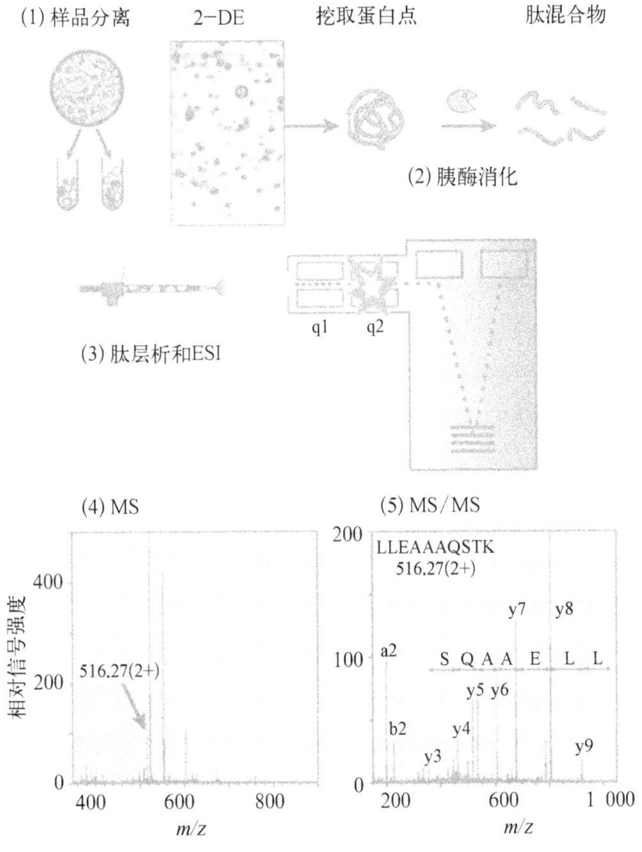

图 3 - 22 基于双向电泳-质谱的蛋白质组研究技术(引自焦炳华, 2015)

2. 基于多维层析-质谱的蛋白质组研究技术

基于多维液相层析与生物质谱相结合的蛋白质组研究技术通常称之为鸟枪法(shot

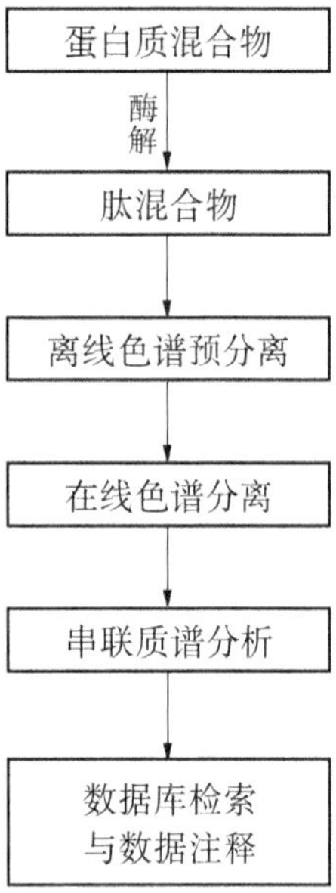

图 3－23 经典的 shot gun 蛋白质组学研究技术流程（引自焦炳华，2015）

gun）策略（图 3－23）。其特点是结合多种互补的蛋白质或肽段分离手段，首选不同的层析技术，实现蛋白质或多肽的高效分离，并与串联质谱技术结合，实现多肽序列的高准确鉴定。

（1）蛋白质样本制备与酶解

用于鸟枪法蛋白质组分析的样本可以是细胞、组织或完整生物体的蛋白质提取液。与凝胶电泳相对应，鸟枪法蛋白质组学研究常采用在溶液中酶切的方法，利用蛋白酶对目标蛋白质混合物进行选择性降解。最常用的蛋白酶为胰蛋白酶，它可以选择性地从 Lys 和 Arg 的羧基端，将蛋白质序列进行剪切，获得肽段混合物。

（2）肽混合物层析分离

一般采用强阳离子交换层析（一维）和纳升反相层析（二维）将肽段进行分离。

一维肽段分离方法最好能与质谱前的二维反相层析在分离能力上形成互补，由于反相层析的分离是基于肽段的疏水性，而基于肽段溶液带电荷数的不同，采用离子交换层析分离，可以达到与反相层析很好的互补效果。目前一维分离常用强阳离子 SCX 交换层析。

反相层析（二维）根据肽段疏水性的不同，实现复杂肽混合物的分离。与常规制备级的反相层析柱（内径 4.6 mm、2.1 mm 等）相比，纳升反相层析（内径 150 μm、75 μm 等）在分析微量肽混合物时具备更多的优势。目前，与质谱连接的纳升级液相层析仪有常压型（nano－HPLC）和超高压型（UPLC），前者使用的反相层析填料粒径为 5 μm 或 3 μm，柱长 15 cm 以内，其系统压力通常不超过 6 000 psi（400 bar），而 UPLC 系统压力可达到 10 000 psi，其适用的反相柱填料粒径达到 1.7 μm 甚至更小，因此可以减小峰宽，提高层析分辨率。

（3）电喷雾串联质谱

电喷雾离子化（electrospray ionization, ESI）的基本原理是利用高电场使质谱进样端的毛细管柱流出的液滴带电。带电液滴在电场中飞向与其所带电荷相反的电势一侧，液滴在飞行过程中，其所含溶剂不断蒸发，表面积缩小，表面电荷密度迅速增加，最终表面电荷间相互排斥导致液滴爆裂为带电的子液滴。这一过程不断重复使最终的液滴非常细小呈喷雾状，这时液滴表面的电场非常强大，使被分析物离子化成为带单电荷或多电荷的离子。

在蛋白质组学研究中，电喷雾离子化源的前端常与纳升液相层析相连，而后端紧接串联质谱系统。所谓串联质谱，是指将 2 种或 2 种以上的质谱分析系统在空间或时间上连接在一起，其中 1 个分析系统负责肽段或其他化合物的质量过滤和选择，而相连的其他分析系统则担任离子的碎裂及检测等工作。多级串联质谱可以将肽段沿主链的不同位置打碎，形成 x、y、z 或 a、b、c 系列离子，与软件解析相结合，可用来进行肽段序列测定。

在蛋白质鉴定中，纳升液相层析常与电喷雾串联质谱仪相连（nanoLC－ESI－MS/MS），其优势是可以实现对复杂肽段混合物的在线分离、柱上富集与同步序列测定。目前，nanoLC－ESI－MS/MS 一次分析可以鉴定的蛋白质数目超过 1 000 个，而结合多维层析分离技术，可以利用鸟枪法一次实验鉴定上万个蛋白质。

二、蛋白质组学在海洋生物研究中的应用

自蛋白质组概念提出以来,已发表相关论文及论著数篇,并于1997年举行了第一届国际性的“蛋白质组学”会议。同年出版了第一部蛋白质组学的专著。目前蛋白质组在医学方面的研究重点在于对人类疾病的发病机制、早期诊断及治疗,对致病微生物的致病机理、耐药性及发现新的抗生素为主。

虽然蛋白质组学在海洋生物的研究中起步较晚,但进展迅速,目前在生理学、生态毒理学、免疫学与分类学等领域已经得到广泛应用。在海洋生物蛋白质学研究领域,以国内厦门大学几个研究组的工作最具代表性。

(一)寻找功能蛋白质

盐度、温度等外界环境刺激对海洋生物会产生明显的生理影响,不同生理阶段的蛋白质表达谱也会发生变化。通过蛋白质组研究可以找到与特定生理反应相关的功能蛋白质。如:海洋盐度与温度变化导致的桡足类(*Eurytemora affinis*)的特定蛋白质的反应,分析了在极端温度与盐度的环境条件下二维凝胶电泳图谱上蛋白质点,发现有些蛋白质出现或缺失,或者是表达量增加或减少,提示这些蛋白质可能参与调节非必需氨基酸的含量或者参与动物对无机离子的反应。

2000年,Shepard等研究了盐度与铜离子浓度对食用贻贝(*Mytilus ellulis*)的血浆蛋白表达的影响,对血浆蛋白质的二维凝胶图谱进行分析后,发现了动物体内一些与调节盐度和铜离子代谢相关的蛋白。盐度变化也会影响细菌的生理状态。弧菌(*Vibrio parahaemolyticus*)是对海洋动物致病力很强的一种细菌,采用蛋白质组学方法分析了不同浓度氯化钠对弧菌外膜蛋白的影响,结果表明,外膜蛋白W、外膜蛋白V、延长因子F和极性鞭毛蛋白在不同盐度下发生明显变化,提示它们与渗透压调节有关,这有助于了解细菌的生理状况和致病机制。

有些生物对光周期比较敏感,通过对处在不同光周期的机体的蛋白质组进行研究,有助于发现调节这个生理过程中的重要蛋白质。2004年,Akimoto等应用蛋白质组学技术对处在不同生理节律的腰鞭毛虫的蛋白质表达谱进行研究,对其中的等电点范围5~8、分子质量22 000~120 000 Da的蛋白质进行分析表明,其中28个蛋白质与光周期有关。硫-氧还原细菌在调节生物地球化学的过程中起着重要作用,利用蛋白质组学技术对“温度对硫-氧还原细菌(*Desulfobacterium autotrophicum*)品系HRM2的影响机理”进行研究后,结果表明这种细菌对低温的适应并不是通过合成特定的调节酶,而主要是通过降低代谢速率来达到的。

(二)检测污染物

污染物对海洋生物会产生重要的影响,2004年,Brenez等利用培养的海豹囊依赖性淋巴细胞检测环境中的有毒物质多氯代二恶英(PCDD)对免疫系统的影响,通过蛋白质组学的方

法鉴定与之相关的一些标志分子，结果鉴定出肌浆蛋白、微管蛋白等细胞骨架蛋白；超氧化物歧化酶、过氧化物酶等酶类；HSP60、HSP70 等应激蛋白；防御素和 65kd 的巨噬细胞蛋白等表达均发生了变化。研究表明，暴露在多氯联苯（PCB）溶液中，不同盐度和铜离子浓度均对食用贻贝肌肉组织中的蛋白质表达产生影响，提示发生变化的蛋白质可能与机体对抗这些外来物质的刺激有关。这些研究为人类了解污染物对生物的影响机理和将来寻找一些污染物的生物标志物奠定了基础。

海水养殖业为人类提供了更多的食品资源，同时也带来了巨大的经济效益。但是近年来由于环境恶化，使得经济水产养殖动物病害发生日益频繁，水产动物免疫增强剂的研究成为一个重要的领域。海带多糖（Laminarin）是在包括鱼类、虾类等水产经济养殖动物中得到广泛研究的一种免疫增强剂，采用二维凝胶电泳和质谱技术研究了免疫刺激物 laminarin 对中国明对虾（*Fenneropenaeus chinensis*）的免疫反应机理，结果表明在免疫反应初期，laminarin 对精氨酸激酶的影响很大，提示其可能与能量代谢具有密切关系。

这些工作的开展对海洋生物的分类学、遗传学、生态学、生理学和免疫学研究奠定了基础。在海洋生物领域，蛋白质组学的研究正在不断深入。

（三）基础研究

在分类学中，可以通过蛋白质组技术找到种属差异的蛋白质。通过鉴定形态学上难以区分的种类蛋白质中多肽序列的氨基酸的差异从而对它们在分子水平上更精确的加以区分，为海洋生物的分类学提供了分子依据。例如，贝类 *Mytilus edulis*（ME），*Mytilus galloprovincialis*（MG）和 *Mytilus trossulus*（MT）在生物分类学中很有争议，它们的蛋白质组数据库中数据也很少，为了找出种属特异性的多肽片段，对不同种类个体斧足抽提物的蛋白质进行二维凝胶电泳，从中随机选择了 6 个表达量较高的蛋白质斑点，通过酶解和 MALDI - TOF - MS 分析后得到了 51 个多肽片段，对它们比较后发现，只有一个斑点的种属差异最小，质谱鉴定表明它为原肌球蛋白。

对这些多肽片段分析后发现，其中两个多肽片段仅在 ME 与 MG 中有，另一个仅在 MT 中存在，采用 ESI - MS 测定了这些多肽片段的氨基酸序列，确定 MT 的原肌球蛋白中的一个苏氨酸被天冬氨酸所取代，这种种属高度特异性的鉴定由对原肌球蛋白斑点的抽提物进行 ESI - MS 分析后得到证实，从而在分子结构上精确验证了其差异，在蛋白质水平上为分类学提供了证据。这个结果也为利用蛋白质组学的方法鉴定蛋白质组数据库不丰富的种类提供了一种思路。蛋白质组学技术在鱼类的分类学中也已经得到应用，2001 年，Pineiro 等采用蛋白质组技术对一种具有高度商业价值海水鱼的种属特异性的肌浆蛋白质的特征和部分序列进行了鉴定。从分子水平阐释了它的特异性。蛋白质组层面上的技术手段无疑对传统研究方法进行了有效的补充。

（四）海洋甲藻蛋白质组学研究：以亚历山大藻为例

亚历山大藻（*Alexandrium*）是一类广泛分布的海洋甲藻，不仅能合成麻痹性贝毒（Paralytic shellfish toxins，PST），引起海洋生物和人类中毒，还是引起有害藻华（harmful algal blooms，HAB）的主要物种，已对近海生态系统、沿海养殖业、人民健康和生命财产安全构成了严重威胁。

针对当前甲藻蛋白质组学研究领域存在的问题,以 *Alexandrium* 为研究对象,引入当前蛋白质组学研究领域最新技术——荧光差异凝胶电泳技术(2D－DIGE),建立了甲藻蛋白质鉴定标准流程,初步构建了甲藻细胞表面蛋白及全细胞蛋白数据库,并运用 2D－DIGE 技术比较研究了 *tamarensis* 复合体系蛋白质组的差异表达和特异性肽指纹谱,定量比较了链状亚历山大藻有毒野生株和无毒变异株蛋白质组的差异表达,探讨了甲藻 PST 的生物合成机制。

1) 建立并完善了甲藻蛋白质组学研究的 2D－DIGE 技术。运用 Cydye 荧光染料标记不同的甲藻蛋白样品,优化了荧光染料标记体系,获得了 10 株亚历山大藻高质量全细胞蛋白荧光图谱,质谱结果表明荧光标记不会干扰后续的蛋白质鉴定,为甲藻比较蛋白质组学和定量蛋白质组学研究提供了方法支撑。

2) 建立了无基因测序的甲藻蛋白质鉴定标准流程。运用基质辅助激光解析电离飞行时间质谱(MALDI－TOF/TOF MS)结合蛋白从头测序(*de novo* sequencing)和同源搜索,建立了严格的甲藻蛋白质多级鉴定方法。首先,采用 MASCOT 方法鉴定目前数据库中存在同源肽段的蛋白质,其次,采用甲藻表达序列标签(Expressed sequence tag, EST)数据库以及 BLASTX 分析来检索同源蛋白,最后,采用自动从头测序和基于同源搜索法的 MS－BLAST 对那些不确定(Borderline)的蛋白进行同源性检索。运用建立的甲藻蛋白质鉴定标准流程,在亚历山大藻中成功地鉴定到 38 个细胞表面蛋白及 216 个代表低、中、高丰度蛋白,初步建立了甲藻细胞表面蛋白及全蛋白数据库。本文所建立的蛋白鉴定方法为甲藻蛋白质组研究提供了强大的工具。

3) 运用 2D－DIGE 技术比较研究了 *tamarensis* 复合体系三种亚历山大藻蛋白质组的差异表达,建立了三种亚历山大藻标准 2D－DIGE 图谱,发现 *A. catenella*、*A. tamarense* 及 *A. fundyense* 的蛋白质表达模式存在明显差异,蛋白质在等电点和相对分子质量上发生了整体偏移,证明它们为三个不同的物种;在此基础上鉴定了高丰度蛋白种间特异性肽段,它们可作为一类特异性生物标志物用于鉴定和甄别现场样品中不同亚历山大藻种类,为今后快速鉴定和识别这三种亚历山大藻奠定了方法学基础。

4) 运用 2D－DIGE 技术结合 MALDI－TOF/TOF MS 及生物信息学分析,定量研究了链状亚历山大藻有毒野生株 ACHK－T 和无毒变异株 ACHK－NT 的蛋白质组差异表达。在 ACHK－NT 中,共有 60 个蛋白质表达发生明显变化,其中 43 个高表达,17 个低表达。鉴定的 47 个蛋白质主要参与细胞中碳代谢、物质转运、氧化胁迫以及毒素合成等。细胞内一些生物学过程的强化或减弱,或对 PST 合成形成竞争性抑制,或因直接参与毒素合成的蛋白表达发生变化导致毒素合成的一些前体被用于其他生物学过程,造成毒素合成途径的上游被抑制或阻断,导致毒素合成被抑制。

(五) 海洋微生物相关的蛋白质组研究

独立营生的海洋细菌面临的是寡营养和高盐环境,还有温和的温度、压力和氧化还原梯度的变化。海洋细菌通过不同的基因表达和复杂的相互作用网络灵活调控它们的代谢性,有效地适应这些生活环境的挑战。通过与报告基因融合可以鉴定这些参与适应环境变化的基因。然而,这种单基因的分析和调控不足以全面提供细菌复杂的适应策略。因此,一项全面分析环境变化时被诱导或抑制表达的所有基因,对理解细菌适应环境而变化的机制是至关重要的。除了转录组分析,应用2D电泳,结合MS已被证明是一个非常好的工具。第一批研究解决海洋细菌的自适应响应的2D电泳胶是对弧菌的分析。可培养的不产孢子的细菌蛋白质组研究发现,养分受限时细菌的适应性反应可以在蛋白质组水平发生变化。比较弧菌整个饥饿过程不同时间点的蛋白质表达谱,发现了饥饿时独特的蛋白质表达顺序。此外,识别一组一般压力和耐饥饿相关的核心蛋白质,比较蛋白质组学方法是必不可少的。已经发现,在氮、磷或碳饥饿时,某些蛋白质的变化是一致的。

这些海洋蛋白质组的初步分析,提供了大量有价值定性和半定量新生理数据性质。2D电泳凝胶的成熟,极大地增强了识别速度。如二维凝胶上,特征性的蛋白质斑点的存在与否,能很好地反映微生物对环境刺激的应答。近年来,生物信息学分析二维凝胶已日趋成熟,已能精确的定量分析蛋白质。这为比较蛋白质组分析的准确性奠定了基础。

1. 微藻蛋白质组

微藻是海洋中最丰富、生长最快的海洋微生物,是海洋的初级生产者。微藻可以生长在海洋表面或200米深度的水下,提示微藻有的生态型,以适应海洋表面富营养、强光照和寡营养、暗光线这两种截然不同环境。目前已测定近百株微藻的全基因组或部分基因组序列,从基因以及蛋白质组学分析这一奇特的生理光适应已成为可能。通过相对和绝对定量标签(iTRAQ)方法,得到了一株适应强光微藻(*P. marinus* strain MED4)暴露于不同强度的光照的蛋白质组,一共鉴定出具有明确功能、理化性质和细胞定位的184个差异蛋白质。比较发现,在强光下,光合作用相关蛋白质表达显著下调,推测可能有助于预防强光损伤。相比之下,一般的压力蛋白质GroEL、HtpG等在强光下强烈上调,提示强光照下保护性反应是必需的。

能自养或完全异养的集胞藻属(*Synechocystis* sp.)的单细胞藻青菌是研究光合作用的良好模型。集胞藻属基因组测序早在1996年就已完成,随后开展的大量蛋白质组研究详细阐述了其代谢的特征。如通过比较自养与异养条件下,集胞藻属可溶性蛋白质组的变化,发现氧化磷酸戊糖途径(OPP)在异养条件下起着至关重要的作用。当该糖降解途径的酶上调时,二氧化碳固定明显减少,即二磷酸核酮糖羧化酶以及二氧化碳固定相关蛋白被下调。进一步的研究集中在高盐、不同酸度和热休克等状态下的差异表达的蛋白质组学分析,以全面阐述集胞藻属的代谢特征。

许多蓝藻能合成结构多样的次生代谢物,为药物开发提供了重要的源泉,这也导致了相关蛋白质组研究越来越多。例如,通过鸟枪蛋白质组学技术(3D LC/MS/MS),鉴定出丝状藻青菌的项圈藻(*Anabaena variabilis*)600个特征蛋白质。另一个丝状藻青菌固氮藻青菌(*Nostoc punctiforme*)的可溶性蛋白质组分析结果表明,光合自养细菌能组成性表达大量参与活性氧反应和DNA损伤修复的蛋白质。这些发现有助于解释蓝藻是如何应对光合作用时所产氧气造成的氧化应激。此外,还发现了蓝藻适应氮限制的一条信号转导途径。

2. 锯缘青蟹对病原菌感染的急性反应功能蛋白质组

锯缘青蟹(*Scylla serrata*),属梭子蟹科的一种大型种类,是传统的名贵海鲜。国内厦门大学彭宣宪课题组对青蟹在各种条件的蛋白质组学开展了深入研究。如:他们分别注射生理盐水、副溶血弧菌、鳗弧菌和嗜水气单胞菌，15 min 后分别提取其肌肉蛋白，通过双向电泳比较各组蛋白质表达的变化，并对差异蛋白进行了基质辅助激光解析离子化飞行时间质谱(MALDI-TOF/MS)分析。通过比较各组肌肉蛋白的双向电泳图谱获得三个差异表达的蛋白，肽质量指纹图谱及其生物信息分析鉴定为 Calexcitin(一种钙结合蛋白)、无翅蛋白片段、速激肽相关肽。Calexcitin，一方面参与调节细胞膜上的离子通道的变化，而离子通道的变化与细胞内能量的产生紧密相关；另一方面参与多种蛋白的合成，共同抵御自身的损伤。锯缘青蟹对病原菌感染应激产生了大量无翅蛋白，作为信号分子，参与调节细胞内基因的转录，改变某些蛋白的表达，抵御自身的损伤。这些结果对研究锯缘青蟹的抗病蛋白及其机理具有重要意义。

3. 软体动物致病弧菌的分泌组学

弧菌(*V. tapetis*)是菲律宾蛤仔棕色环病的病原体，而另一种弧菌(*V. aestuarianus*)与巨大牡蛎的死亡率相关。2014 年，S. Madec 等表征了这两种致病弧菌的分泌组学，以研究病原菌的毒力。他们首先用 SEC-FPLC 分离了两种菌的细胞外蛋白，以对细胞吞噬和粘附的影响分析活性。活性组分 SDS-PAGE 分离后，LC/MC 鉴定。结果从 *V. aestuarianus* 鉴定出 45 个蛋白质，从 *V. tapetis* 鉴定出 87 个蛋白质。生物信息学分析表明，这些蛋白质大多数属于外膜或周质蛋白，包括已经在其他细菌中确定的毒力因子，如孔形成蛋白和黏附素，其他蛋白质属转运体蛋白、鞭毛蛋白等，分别还有 14 和 15 个未知功能蛋白。他们还在 *V. aestuarianus* 鉴定出的 3 个胞外酶，分别是基质金属蛋白酶和假定的脂肪酶和蛋白酶；在 *V. tapetis* 中鉴定出 5 中胞外酶，分别是 2 个不同的内切几丁质酶、1 个蛋白酶、脂肪酶和黏附素。比较两个分泌组可以发现，只有假定的细胞外脂肪酶是一致的，表明两株菌的致病性机制存在差异。

4. 假单胞菌蛋白质组

尽管假单胞菌(*Pseudoalteromonas*)不是海洋中丰度较高的菌，但作为革兰氏阴性的 γ-变形菌门广泛分布于海水和岩石等海洋表面，特别是广泛共生于海洋真核生物，如鱼、软体动物或大型藻类等，而且许多假单胞菌能产生多种生物活性的化合物，表现出如抗菌、溶藻、抗真菌、溶胶和抗病毒等活性。开展假单胞菌的分泌组研究，就能很好地理解这些生物活性化合物的生物合成和生理功能。

已知一株能合成绿色色素的野生型假单胞菌(*P. tunicata*)，会分泌对无脊椎动物幼虫、藻类孢子、硅藻、真菌、鞭毛虫和细菌等具有广泛的抑制活性物质，而不产色素的突变型失去产生物活性物质的功能。基于 *P. tunicata* 基因组草图，可预测出 370 个通过 Sec 或 Tat 途径分泌的蛋白质，约占总蛋白质组的 8.5%。分析早期固定培养的野生型菌上清蛋白质组，发现了其中 30 个预测的分泌蛋白。比较野生型和突变株的Ⅱ型分泌系统，发现大量参与环境信息处理的分泌蛋白的表达差异，如两个推断的 TonB 膜系统的转运蛋白和 ABC 转运体组件的表达在突变型菌显著高于野生型菌，而这些蛋白可能参与了铁的吸收。铁的摄取还需细菌外膜上的铁受体，而突变型菌的铁受体可能是突变的，导致了反馈性的上调表达上述Ⅱ型分泌系统中的铁转运蛋白。已知铁正常代谢是合成色素和生物活性物质的关键，由此解释了为何突变型菌不产色素和不分泌活性物质。

2005 年，Methe 等报道了南极一株来源于南极的假单胞菌(*P. haloplanktis* TAC125)的全基因组序列。在此基础上，这株菌的蛋白质组学全面开展，包括它的细胞质和周质的蛋白质，以阐明冷适应的代谢机制。结果发现，这株能在低于15℃下正常生长的菌有特定的策略来适应环境，如产生大量的蛋白质参与TonB膜转运系统，而TonB外膜蛋白能促进寡营养环境下铁、维生素等的吸收，这些有利营养摄入的TonB受体的高表达，正好解释了为什么*P. haloplanktis*较其他嗜冷菌能旺盛生长。2D凝胶上的一个显著特征是*P. haloplanktis*核糖体蛋白高表达——占细胞质总蛋白的13.3%。提示：尽管低温，其翻译率非常高——可以缩短一半时间。用不同碳源培养的*P. haloplanktis*蛋白质组学研究表明，其能调节利用不同的碳源和碳吸收量相关蛋白的表达。相比其他碳源，*P. haloplanktis*更偏爱苹果酸，是由于其存在碳源利用的双组分系统，其中之一就是能被苹果酸直接诱导表达，如苹果酸摄入调节相关基因的表达。

5. 海水样本的宏蛋白组

宏基因组是通过研究一个生境的全部DNA序列信息，理论上能反映组成该生境的各个生物的基因功能。而蛋白质组分析可以反映出生物是如何生理活动。宏蛋白质组分析可以全面分析一个生境中各种生物是如何参与养分循环过程。正确的样品制备方法和灵敏的电离技术是识别感兴趣的蛋白质混合物与痕量蛋白质先决条件。早在2004年，Staples等就开发了一个基于质谱的在宏蛋白质中搜索和识别海洋细菌光养蛋白质，虽然这些蛋白质仅包含整个蛋白质组相关蛋白的一小部分。

虽然敏感的蛋白质组学技术已能鉴定分析整个微生物群落的各种蛋白质，但环境单细胞的蛋白质组直到今天还不能很好表征。因为宏蛋白质组相比宏基因组，仍然处于起步阶段，所报道的结果有限。这与宏蛋白质组没有相对应的DNA序列，分析时可参考的信息相对有限有关，导致鉴定蛋白质非常困难。建立的土壤、地下水等生境微生物宏蛋白质组，最多的也就鉴定出2 000多种蛋白质。

采集宏蛋白质组研究样品是至关重要的。迅速分离样品，并保持恒定，可以减少不必要的细胞表达变化。而大规模过滤水样是最有效分离和收集海洋微生物的方法。先用孔径为20~30 μm滤膜预过滤，再以孔径0.8 μm或0.1 μm的聚砜-或纤维素-过滤器浓缩。由于一般使用的是高流量泵，微生物细胞紧密固定在表面的过滤器。然后EDTA/EGTA、洗涤剂（如SDS）和酶（溶菌酶和蛋白酶K）等溶液从膜上洗脱微生物。如过滤时采用切向流（流速20 L/min），可避免细胞紧密固定在膜上，则所获得的可溶性细胞要多得多。

6. 海洋共生宏蛋白质组——未培养海洋微生物蛋白质组

应用蛋白质组学分析技术研究未培养细菌仍处于起步阶段，但已证明潜力巨大。蛋白质组学可以全视角观察细胞新陈代谢，而通常的生理生化方法难以获得如此多的信息。不过，缺点还是可参考的细菌基因组较少，或已知信息的蛋白质还不够丰富，还有，任何生境样品获得的宏基因组还是宏蛋白质组，仅代表了整个生态系统的一小部分。海洋共生微生物的研究，细菌先从宿主有效地分离，可降低宿主蛋白质的污染。然而，对不培养细菌蛋白质分析，相比可培养微生物，或多或少缺损了序列的连贯性和效率较低。大部分的海洋微生物和高等生物之间的直接相互作用分为三个类别之一：共生，附生或寄生。有益微生物共生是许多无脊椎动物能在特定栖息地生长繁殖的基础，但大部分共生微生物到目前为止，还不能培养成功。

深海巨型蠕虫(*R. pachyptilar*),由一种内共生的硫化菌提供营养,这些胞内共生菌聚集在特定部位形成营养体,充满了管虫体腔。许多研究试图解释这种现象,尤其是关于细菌感染宿主的方式,又是如何建立一个单一菌的共生体等。直到获得宏基因组序列,以及共生体的蛋白质和膜蛋白的蛋白质组解析,才发现共生体中卡尔文循环产生的二氧化碳关键酶与还原固定二氧化碳的柠檬酸循环中关键酶同时表达。此外,比较分析共生体在富硫化物或缺少硫化物环境中的基因表达,发现共生体能通过下调硫化物氧化相关的二磷酸核酮糖羧化酶和卡尔文循环的关键酶,适应低能耗情况(即缺乏或限制的 H_2S 环境)。相比之下,低硫化物时,柠檬酸循环中的关键酶被上调。这就很好地解释了当能量限制时,共生体通过大力减少昂贵的卡尔文循环来支持柠檬酸循环产生的有限 ATP,以利于共生体生存。

另一个吸引越来越多科学家关注的是海洋共生寡毛纲动物(*O. algarvensis*),因为它至少有四个共生菌。这种蠕虫缺乏消化和排泄系统,胞外内共生体寄居在其表皮。两个共生体,硫化物氧化体和硫化物还原体,维持了内共生硫循环。宏基因组序列和注释,揭示了共生菌不仅给宿主提供养分,也回收利用其产生的废物。基于 2D 胶和直接液-质联用的宏蛋白质组分析也支持这一解释。

与真核生物共生的细菌比较蛋白质组学,如鱿鱼(*Euprymna scolopes*)光器官的研究表明,鱿鱼的共生弧菌(*Vibrio fischeri*)是其光器官。推断鱿鱼这一夜间动物可能通过产生物荧光细菌作为它的反扑食策略。寄居在光器官中的细菌,大大改变了宿主细胞的蛋白质表达,细菌可在 48 小时后使宿主细胞的 84 个蛋白质的表达发生变化。

三、蛋白质组学的研究展望

2001 年的 *Science* 已把蛋白质组学列为六大研究热点之一,其“热度”仅次于干细胞研究,名列第二。蛋白质组学的受关注程度如今已令人刮目相看。

蛋白质组研究中主要应用的技术包括:双相电泳(2-DE)、新型质谱(MS)技术、数据库设置与检索系统等。为了保证分析过程的精确性和重复性,大规模样品处理机器人也被应用。整个研究过程包括:样品处理、蛋白质的分离、蛋白质丰度分析、蛋白质鉴定等步骤。当前,蛋白质组分析虽然以双相电泳和质谱分析为其技术基础,但离不开各种先进的数据分析和图像分析软件及网络技术的支持。蛋白质组学研究不仅是探索生命奥秘的必须工作,也能为人类健康事业带来巨大的利益。不过,蛋白质组学为一种新生领域,目前还处于初期发展阶段,仍有许多困难有待克服。

在基础研究方面,近两年来蛋白质组研究技术已被应用到各种生命科学领域,如细胞生物学、神经生物学等。在研究对象上,覆盖了原核微生物、真核微生物、植物和动物等范围,涉及各种重要的生物学现象,如信号转导、细胞分化、蛋白质折叠等等。在未来的发展中,蛋白质组学的研究领域将更加广泛。

在应用研究方面,蛋白质组学将成为寻找疾病分子标记和药物靶标最有效的方法之一。在对癌症、阿尔茨海默病等人类重大疾病的临床诊断和治疗方面蛋白质组技术也有十分诱人的前景,目前国际上许多大型药物公司正投入大量的人力和物力进行蛋白质组学方面的应用性研究。

在技术发展方面，蛋白质组学的研究方法将出现多种技术并存，各有优势和局限的特点，而难以象基因组研究一样形成比较一致的方法。除了发展新方法外，更强调各种方法间的整合和互补，以适应不同蛋白质的不同特征。另外，蛋白质组学与其他学科的交叉也将日益显著和重要，这种交叉是新技术新方法的活水之源，特别是，蛋白质组学与其他大规模科学如基因组学，生物信息学等领域的交叉，所呈现出的系统生物学(system biology)研究模式，将成为未来生命科学最令人激动的新前沿。

在海洋蛋白质组学研究方面，随着基因组学革命的蓬勃发展，得到的DNA序列使新发现的海洋微生物种类呈指数增加，包括许多未培养的细菌。营养限制或饥饿是海洋细菌面临的最关键的自然环境，因此适应极低营养浓度和非常缓慢的增长率是海洋生物的最重要特征。然而，传统微生物研究策略优先关注的是快速生长的海洋细菌。现在通过蛋白质组学，分析模拟应急和饥饿等特定培养条件下的海洋细菌，可以获得各种细菌的生理生化信息，从而了解细菌是如何调控基因表达以适应恶劣的环境条件。同时应注意，人工实验条件下研究，只能提供海洋细菌适应自然环境策略的很少一部分信息。当前，大规模测序的蓬勃发展，将为海洋多样性和基因功能提供新的起点。未来探索未知功能的蛋白质，除了传统的方法，如克隆表达特定基因，进而分析其活性，细胞生理学还需全面蛋白质组研究。随着功能蛋白质的生理信息海量增加，海洋生态的系统生物学必将逐步建立。

(王梁华　缪明永　焦炳华)

附　蛋白质组学数据分析方法及软件工具

模块	分析方法		代表性方法或软件
序列鉴定	从头测序		Peaks (http://www.bioinfor.com/); PepNovo (http://proteomics.ucsd.edu/Software/PepNovo.html)
	数据库搜索	序列库搜索	Mascot (http://www.matrixscience.com/); SEQUEST (http://fields.scripps.edu/sequest/); X! Tandem (http://www.thegpm.org/tandem/); OMSSA (http://www.omssa.com/)
		图谱库搜索	SpectraST (http://www.peptideatlas.org/spectrast/); X! Hunter (http://www.thegpm.org/hunter/); Bibliospec (http://proteome.gs.washington.edu/software/bibliospec/v1.0/documentation/index.html)
	PSM 水平质控		PeptideProphet (http://tools.proteomecenter.org/); Percolator(http://noble.gs.washington.edu/proj/percolator/); epDistiller (http://www.bprc.ac.cn/PepDistiller/)
	蛋白质组装		ProteinProphet (https://www.systemsbiology.org/proteinprophet); DBParser (http://chemdata.nist.gov/mass-spc/ftp/download/Sara/DBParser3/DBParserMain.html); IDpicker (http://fenchurch.mc.vanderbilt.edu/software.php)
	蛋白质水平质控		ProteinProphet (http://tools.proteomecenter.org/); Mayu (http://proteomics.ethz.ch/muellelu/web/LukasReiter/Mayu/)

续表

模块	分析方法		代表性方法或软件
定量	有标定量		MaxQuant（http://www.maxquant.org/）
	无标定量	基于图谱计数	spectra count; PAI; emPAI（http://empai.iab.keio.ac.jp/）
		基于峰面积	LFQuant（http://sourceforge.net/projects/lfquant/）; MaxQuant（http://www.maxquant.org/）; iBAQ（http://www.maxquant.org/）
蛋白质组数据功能注释和分析方法	蛋白质注释		Gene Ontology Annotation（GOA）（http://www.geneontology.org/）; Swiss-Prot（http://www.ebi.ac.uk/swissprot/）
	蛋白质性质和功能分析		ProPAS（http://bioinfo.hupo.org.cn/tools/ProPAS/propas.htm）; SignalP（http://www.cbs.dtu.dk/services/SignalP/）; TMHMM（http://www.cbs.dtu.dk/services/TMHMM-2.0/）; SMART（http://smart.embl-heidelberg.de/）; TargetP（http://www.cbs.dtu.dk/services/TargetP/）; APSSP（http://imtech.res.in/raghava/apssp/）
	蛋白质的富集分析		DAVID（http://david.abcc.ncifcrf.gov/）; GOfact（http://61.50.138.118/gofact/）; GSEA（http://www.broadinstitute.org/gsea/index.jsp）; IPA（http://www.ingenuity.com/）; Metacore（http://thomsonreuters.com/metacore/）
质谱数据分析的整合软件包			TPP（http://www.proteomecenter.org/software.php）; OpenMS/TOPP（http://open-ms.sourceforge.net/）; COMPASS（http://www.chem.wisc.edu/~coon/software.php）; MaxQuant（http://www.maxquant.org/）; MassChroQ（http://pappso.inra.fr/bioinfo/masschroq/）; GProX（http://gprox.sourceforge.net）

主要参考文献

焦炳华. 2014. 现代生命科学概论（第二版）. 北京：科学出版社.

焦炳华. 2014. 现代生物工程（第二版）. 北京：科学出版社.

李维平. 2013. 蛋白质工程. 北京：科学出版社.

Kim SB. 2012. Labor-effective manipulation of marine and beetle luciferases for bioassays. Protein Eng Des Sel. 25(6): 261-9.

Rocha-Martin J, Harrington C, Dobson AD, O'Gara F. 2014. Emerging strategies and integrated systems microbiology technologies for biodiscovery of marine bioactive compounds. Mar Drugs, 12(6): 3516-59.

St Clair NL, Navia MA. 1992. J Am Chem Soc, 114: 7314-6.

Williams TJ, Cavicchioli R. 2014. Marine metaproteomics: deciphering the microbial metabolic food web. Trends Microbiol, 22(5): 248-60.

第四章

海洋细胞工程技术

目前,全世界已建立的细胞系(株)至少有数千种,其中包括人和动物的正常细胞、肿瘤细胞以及遗传缺陷型细胞等。随后,农业发展和病虫害防治的需要又推动了细胞培养技术在昆虫毒理和病毒学研究方面的应用,使得昆虫和蜘蛛纲壁虱(tick)永生化细胞系建立,以及昆虫细胞专用培养基的开发也相继获得成功。但是与陆生动物相比,水生动物的细胞培养只在鱼类中比较成功。在水生无脊椎动物中,由于无脊椎动物细胞在形态、结构和功能以及营养需求等方面的特殊性,自 20 世纪 70 年代以来,虽然经过了近半个世纪的努力,但仍没有建立起水生无脊椎动物的永生化细胞系,其细胞培养多停留在原代培养和有限细胞系水平上。Rosa 等于 2001 年开展了海绵细胞培养的研究,并成功地获得了原代培养的海绵细胞。

第一节　细胞工程基本技术概述

细胞工程是现代生物技术的核心研究领域。细胞工程是指应用细胞生物学和分子生物学方法,根据人们的意愿定向地改造细胞的遗传表型的综合技术体系。随着细胞生物学、分子生物学、细胞遗传学研究的日益深入及其相关技术的长足发展,细胞工程尤其是动物细胞工程的发展最为迅速,在海洋生物资源开发利用实践中的应用亦越来越显示出其重要性。

作为一种综合性技术体系,动物细胞工程应用的技术领域十分广泛,并不断有新技术新方法的产生。其技术涉及对细胞不同结构层次的改造。包括细胞整体层次如细胞培养、细胞融合等,细胞器层次如核移植、细胞拆合、染色体倍性或组成改变等,以及分子层次如基因操作技术等等。

一、体外培养技术

细胞培养技术是一项基本的生物学技术。体外培养具有细胞培养、组织培养、器官培养三个方面的内涵。细胞培养是指单个细胞或细胞群在体外条件下的培养技术,可以分为原代细胞培养和传代细胞培养。1979 年国际组织培养学会规定,原代细胞经首次传代成功后的细胞,即称之为细胞系(cell line),由原先存在于原代培养物中的细胞世系(lineage of cell)组成。如果不能继续传代或传代次数有限,则称为有限细胞系(finite cell line)。如果可以连续传代,则可称为连续细胞系(continuous cell line),即已建成的细胞系。从一个经过生物学鉴定的细胞系中用单细胞分离培养或通过筛选的方法，由单细胞增殖形成的，具有特殊性质或标志的细胞群，称为细胞株(cell strain)。组织培养是指在无菌、适当温度和一定营养条件下，使离体的生物组织生存和生长并维持其结构和功能的技术。所谓器官培养则是指器官的胚芽(organ rudiments)、整个器官或器官的一部分在体外条件下的生存和生长，并保持器官的立体结构和功能。现代的体外培养技术尚不能长期在体外维持动物组织的结构和机能不变。细胞培养是最为成熟、应用最为广泛的体外培养技术。

二、细胞核移植技术

细胞核移植(nuclear transfer)技术是指将一个双倍体的细胞核与另一个已将其单倍体细胞核除去的卵子(生殖细胞)细胞质重组在一起后，在一定条件下，能像受精卵一样启动发育并形成胚胎、幼体或成体。

细胞核移植的技术路线一般包括选取受体细胞(一般为卵细胞)、获取供体核、重构胚的组建和激活及重组卵的培养和植入母体等几个环节。体细胞核移植技术是 20 世纪生物学突破性成就之一，在理论上具有重要意义，说明高度分化的成体动物细胞核仍具有发育的全能性。

三、基因转导技术

目前已建立起多种动物细胞的转化方法。有效地打破了动物细胞接纳外源 DNA 的进化壁垒。要实现外源基因对受体细胞的有效转化，首先要选择合适的受体细胞，其次要有可靠的转化后筛选方法。

目前常用的转化方法包括理化转化法(电穿孔法、DNA 显微注射法、脂质体包埋法等)、病毒转染法以及工程胚胎干细胞法等。动物的胚胎干细胞是多能性干细胞，能够进行体外增殖，当把它们重新输回胚胎胚泡后仍保留着分化成其他细胞(包括生殖细胞)的能力。胚胎干细胞在体外培养时可承受遗传操作而不影响其分化多效性，外源基因可以通过同源重组方式特异性整合到胚胎干细胞基因组内的一个设定位点上，构成工程化胚胎干细胞。后者经筛选鉴定和体外扩增后，再输回动物胚胎胚泡中，工程化胚胎干细胞可以参与动物胚胎的发育，最终形成携带外源基因的动物。

第二节 海洋动物细胞培养

动物细胞的规模培养是生物技术(生物工程)的重要内容之一。因为人工培养的动物细胞可以用来分离和鉴定病毒，生产疫苗和药物。海洋生物的细胞培养研究晚于陆地动物。1962 年，Wblf 和 Quimby 首次获得虹鳟鱼生殖腺细胞系 RTG－2。该细胞系已经永生化在实验室里传代培养了 32 年之久。迄今，国外已建立了 13 科 22 种海水鱼建立了细胞系。我国也开展了海水鱼的细胞培养研究。1987 年，建立了虹鳟鱼脾细胞系。1988 年山东省养殖的虹鳟鱼暴发传染病，稚鱼死亡率在 80% 以上。利用此细胞系已从病鱼分离出病毒，经血清学鉴定,确认此病毒为“鱼传染性胰脏坏死病毒” VR299 毒株。据农业部调查,该批鱼卵从美国进口。因缺乏检疫技术,将此病带进我国。1989 年起,我国着手进行该病的快速检疫技术研究,已先后开发出 ELISA 和核酸探针等快速诊断技术。

海洋动物的细胞还可以用来生产治疗药物。已经发现,不少海洋动物能合成抗癌、抗病毒、抗心血管病的药物。例如,已经从柳珊瑚、软珊瑚、苔藓虫、海兔、海鞘中发现抗癌物质,在柳珊瑚和海绵中发现广谱抗生素。若能查明这些动物的哪类细胞能合成药物,便有可能用细胞培养法来生产。培养动物的免疫细胞是研究动物免疫机能和筛选免疫增强药物的重要手段。培养鱼类的癌细胞是研究癌肿瘤发生机理的一条途径。建立海洋无脊椎动物的细胞系是当前国际上攻关课题。

除了对虾,国外还在研究海洋贝类的细胞培养技术。研究贝类细胞培养的主要目的有二,一是建立贝类细胞系作为病毒分离和鉴定的工具;二是培养珍珠贝类外套膜细胞,探索在体外生产珍珠的可能性。此外建立我国主要海水养殖鱼类的细胞系,作为这些鱼的病毒性传染病的监测工具,也为今后生产疫苗创造了条件。

一、细胞培养基本步骤(以海洋节肢动物细胞及组织培养为例)

细胞培养是生物工程中重要手段和常用方法之一,已广泛应用于染色体分析、细胞代谢、基因表达、免疫、癌变机制、病毒培养、分离、鉴定和药物筛选等研究领域。作为生物学领域中的一项重要技术,动物组织和细胞培养已广泛应用于哺乳动物和鱼类的研究中,并取得了丰硕成果。但由于海洋节肢动物的细胞培养较困难,难以进行传代,因此至今未得到海洋节肢动物的连续性细胞系。细胞培养作为一种潜在的工具在虾蟹类疾病的诊断及探针技术的应用开发方面已受到日益广泛的关注。

在无脊椎动物的细胞培养方面,1982 年 Grace 在鳞翅目昆虫(*Antheraea eucalypti*)中建立细胞株以来,昆虫组织的细胞培养技术已发展地相当成熟。但是在海洋节肢动物细胞培养方面,细胞系的建立问题至今仍是全世界所面临的挑战性课题,虽已积累了一些原代和传代培养方面的经验,但至今仍无建系的报道。如果能够建立起虾蟹等的细胞系,就可应用于节肢动物的病毒培养、分离、鉴定和药物筛选等重要方面,尤其是为深入研究甲壳类动物的发病机理,探索防病措施提供极大方便。另外,细胞培养可以为节肢动物染色体研究以及分类、遗传育种、种质资源保护提供一定的帮助,促进海洋节肢动物的基础研究和生产的发展。此外,节肢动物的细胞培养可为其他海洋生物的细胞培养提供参考模式,为开发海洋药物奠定基础。海洋节肢动物中有许多种类因为体内含有生物活性物质而具有很高的药用价值,一旦细胞培养技术成熟,就可利用细胞的大规模培养,生产有商业价值的生物大分子产品用于造福人类。

(一)海洋节肢动物细胞培养方法

1. 组织来源

研究目的不同,培养的组织也不相同。在病毒研究方面,以几种组织最为主要,如肝胰脏、卵巢及造血组织等。原代培养主要为应用目的,如病理学研究方面。另外研究还包括鳃、肌肉等各种组织。

作为组织来源的个体越年轻,其细胞一般保持较强的分裂能力,体外培养成功的可能性就越大。因此,胚胎或幼体应该是细胞传代的很好材料。已有罗氏沼虾(*Macrobrachium rosenbergii*)胚胎(发育7~13天)和中国明对虾(*Fenneropenaeus chinensis*)胚胎(发育到晚期)细胞培养成功的报道。

2. 无菌处理方法的选择

海洋节肢动物生活在海水中,表面带一些弧菌类微生物或原生动物,培养前须进行灭菌处理,除菌彻底与否是培养成功的关键之一。用高浓度的抗生素还不能将其彻底除去,必须用二氯化汞或双氯苯双胍己烷或其他消毒剂等进行处理。

在虾的细胞培养中,从理论上讲虾的胚胎和幼体应是最易培养的材料,但是其胚胎和幼体是体外发育,受酵母、真菌和原生动物的污染十分严重,目前还没有理想的消毒方法,这也是用早期发育阶段的海洋甲壳类动物进行组织和细胞培养不易成功的主要原因。近来随着消毒方法的改进,如 Frerichs 和 Fan 采用孔雀绿和含碘化合物消毒虾类胚胎并成功进行胚胎细胞的体外培养,解决了虾类胚胎细胞体外培养中污染严重的问题。Gang Jin 等在实验中采用如下方法,在分离组织前先用 100 g/L 的次氯酸钠或 700 mL/L 的乙醇将虾体浸泡 10 min,也可在无菌室内用2%的碘酒擦拭体表,然后用无菌生理盐水冲洗干净,再用灭菌解剖器械剖取所需组织。此种方法也可较有效杀菌。

鲎的鳃组织暴露在海水中,上面附有一层黏液,单纯冲洗液很难除菌,所以如何彻底除菌还需进一步研究。鲎的血液中生活有许多的原生动物,在培养鲎血细胞时,经常出现原生动物污染的现象。为解决原生动物的污染问题,可以在冲洗液中加入消毒液,但可能影响细胞的生长速度,结果不能令人满意。因此抑制原生动物的药物种类和用量的选择对海洋节肢动物的组织培养非常重要。

在除菌过程中使用高锰酸钾溶液和乙醇溶液对组织有较大损伤作用,致使细胞迁出甚少或没有细胞迁出。有的研究中虽采用高浓度的青链霉素进行除菌,但仍能发生污染,这可能是因为海洋弧菌类对抗生素有抗性所致。有人认为可以借鉴贝类研究,向青链霉素溶液中补加5%复方洗必泰溶液后处理组织块。双抗在常规细胞培养中用来抑制细菌的生长,Joshi 在对鲎鳃组织培养的实验中也使用两性霉素 B 来抑制真菌。但是抗生素的使用是否会影响细胞的生长状态,对细胞是否有副作用还需要进一步的研究。

3. 培养基

动物细胞培养基是细胞赖以体外生长、增殖、分化的重要因素。对于海洋节肢动物细胞培养所用的培养基及其添加成分不同,研究都有不同的选择(表4-1)。

海产虾类的细胞培养先后尝试过的培养基有:MEM、DM、NCTC、135、RPMI1640、L-15、GIM、ACM、M199、TC-199、Eagle、TC-100 等,但是大部分培养效果极差,只有少数几种培养基能够有较好的培养效果,如 L-15、GIM、TC-199 等。在虾的专用培养基的研究上 Machii 用 Pf35 对珍珠龙虾和日本囊对虾(*Marsupenaeus japonicus*)的中肠腺细胞进行了培养研究。在对虾细胞培养的研究工作中,不同研究者在各种虾的细胞培养中使用不同的培养基,甚至对同一种虾各研究者所用的培养基及其培养条件也不尽相同。许多研究者采用L-15培养基,并取得了很好的成果,但 Rosenthal 等报道短沟对虾(*Penaeus scmisulcatus*)的最适培养基为199培养基。Itami等研究发现199培养基比L-15培养基更利于日本对虾淋巴器官原代细胞培养的维持。199培养基是较早设计的一种培养基，其营养丰富但成分复杂，在虾类细胞培养中应用效果好于哺乳动物的细胞培养。葡萄糖作为能源物质加入培养基中，24 h后细胞显示出良好的贴壁和生长效果。借鉴此研究成果，王宏伟对日本对虾肝胰腺的基础培养基也采用199培养基，并在其基础上又加入了NaCl、$CaCl_2$、$MgCl_2$、$NaHCO_3$和葡萄糖等成分。童裳亮和苗宏志在系统研究了中国明对虾细胞的营养需求后，设计了一种对虾的专用细胞培养基MPS，可在3天内使培养细胞形成单层。

4. 血清的作用和用量

血清中不但含有比较全面的营养物质，而且含有多种能促进细胞分裂的生长因子，因而是细胞培养中十分重要的添加物。在细胞培养中最常使用的血清是胎牛血清，添加量在虾的细胞培养中为10%~15%，超过15%反而会抑制其细胞的贴壁和生长。除胎牛血清外，也有使用其他动物血清或类似物的研究。如Chen等在培养草虾的生殖腺细胞时配合使用15%的小牛血清和5%的马血清也能较好地促进细胞的贴壁和生长；而童裳亮、苗宏志则对小牛血清、对虾肌提取液、虾蛄血淋巴做了对比研究，结果20%的小牛血清和20%的对虾肌提取液配合使用取得了最好的培养效果，但肌提取液不能完全取代小牛血清；虾蛄虽然和对虾种缘关系相近，但添加之后会抑制对虾的细胞生长。因此，从目前的研究结果来看，小牛血清仍是虾类细胞培养不可缺少的成分，而另外添加同物种肌提取液或血淋巴液能更好地促进细胞的生长(表4-1)。

表4-1 海洋节肢动物细胞培养所用培养基及血清量(Gang Jin, 2007)

作　者	实验对象	组　　织	培养基	血清添加量/%
胡珂	中国明对虾	肝胰腺传代	TC199	小牛血清15~20
Joshi	南方鲎	鳃组织	2×L-15	鲎血清10
Hurton	美洲鲎	血细胞	Grace昆虫培养基	鲎血清10
Leudeman	凡纳滨对虾	卵巢上皮样细胞原代	Grace昆虫培养液	胎牛混合血清10
Hsu	斑节对虾	Oka器官	L-15	胎牛血清10
张晓华	中国明对虾	肌肉组织培养	TC199	胎牛混合血清20
Chen	斑节对虾	淋巴器官原代	2×L-15	胎牛血清20
Toullec	普通滨蟹	Y-器官	M199	胎牛血清10

注：Hsu建立了世界上第一个对虾细胞系，培养液中还加有NaCl 5 g/L，碱性成纤维细胞生长因子(bFGF)20 μg/L，pH为7.63~8.10，培养液的最终渗透压为470~500 μmol/g。

5. 渗透压

海产虾类生活环境盐度较高，因而其细胞的渗透压也较陆生和淡水生动物要高，这已为现有的研究所证明。然而不同的研究者认为不同的虾种类其适宜渗透压却并不一致。Luedeman等研究认为对虾淋巴细胞培养的适宜渗透压为750 mmol/kg；Chen等在斑节对虾生殖腺细胞培养上的研究结果约为720 mmol/kg，与之接近。但Hsu等在对虾细胞培养上的研究结果则和Luedeman等以及Chen等相差甚远，仅为472 mmol/kg，张晓华等在培养对虾肌肉细胞时也在渗透压为470 mmol/kg时取得了良好的培养效果。形成较大差异的原因可能和不同研究者使用的虾的种类以及利用的组织不同有关，具体结果尚需进一步研究。

海洋甲壳类动物虽然生活环境的渗透压变化极其剧烈,但其血淋巴液渗透压一般维持在600~800 mmol/kg。刘凯于发现,培养基渗透压远低于斑节对虾血淋巴液渗透压时,一些组织细胞也能生长,培养基渗透压偏高时却明显不利于斑节对虾离体组织细胞的生长。淋巴器官的组织细胞原代培养较易成功。培养基中过高的离子浓度对维持细胞的活性不利。对虾细胞内无机盐离子的浓度只有血淋巴液的5/8左右。此外,对虾细胞可能适应环境的变化而具有较强的低离子调节功能,使细胞在外界环境低渗的条件下仍能维持正常的功能。总之,从世界上一些实验室的报道来看(表4-2),对虾组织培养的难点还在于缺少理想的培养基,今后还需努力探索。

表4-2　海洋节肢动物细胞培养的温度、pH和渗透压(Gang Jin,2007)

作　者	实验对象	组　织	温度/℃	pH	渗透压/(μmol/g)
Joshi	南方鲎	鳃组织	28	7.4	720
Hurton	美洲鲎	血细胞	21±1	5.17	407(盐度34±1)
Leudeman	蓝对虾和凡纳滨对虾	卵组织	25~28	—	700~750
Hsu	斑节对虾	Oka器官	—	7.6~8.1	472
张晓华	中国明对虾	肌肉组织培养	25~28	6.8~7.2	470
Chen	斑节对虾	淋巴器官原代	—	—	728
Chen	斑节对虾	卵巢	28~31	—	—

6. pH

根据所培养动物体液的pH来决定培养基的酸碱度。从已有报道来看,海产虾类细胞培养液的pH宜在6.8~7.4,pH过高或过低时,细胞生长率显著下降。具体可通过测定所要培养的虾类体液的pH来确定。王宏伟在日本对虾血细胞的培养中,设计培养基的pH梯度为6.8、7.2、7.6,发现血细胞在3种pH条件下都可生长,在pH7.2时生长最好。细胞开始多呈圆形,培养24 h后逐渐贴壁,部分细胞开始变形,有梭形、三角形和多角形等。需注意的是,虾的细胞主要以氨基酸代谢为主,在培养过程中培养液的pH呈逐渐上升的趋势,故培养时应放入CO_2培养箱中。

不同的组织来源所需培养条件也是不同的。实际上,不同组织有其不同的结构和生理功能,使其有各自不同的生长环境,它们的细胞生存条件也有差异。因而对于不同的组织细胞进行培养时也应有不同的pH。

7. 温度

虾、蟹等海产无脊椎动物属于变温动物,进行细胞培养时温度一般都设定在成体生活的最适温度。从现有的研究来看,培养温度从22~30℃都有比较好的培养结果,说明变温动物离体细胞对温度的耐受能力较强。不过温度控制在25~28℃被认为是培养虾细胞的适宜温度,过高或过低都会影响细胞的生长速度。

8. 生长因子

生长因子有促进离体细胞贴壁和生长的作用,在哺乳动物的特殊细胞培养中常被使用。研究表明,表皮生长因子(EGF)、转化生长因子(TGFβ)以及胰岛素等对哺乳动物和昆虫的培养细胞有很强的促生长作用。因此Hsu等对EGF、TGFβ以及胰岛素等生长因子在虾细胞培养中的作用进行了对比研究,发现0.5~1 mg/L的EGF在24 h内能够提高对虾培养细胞的贴壁率：而 TGF 和胰岛素对对虾细胞的贴壁和生长没有作用，这和 Czech 的研究结果相反，说明对不同的物种来说相同的生长因子的作用是不同的。

9. 营养补充

为了完善虾的细胞培养方法，一些研究者还对可能改善和促进虾的细胞生长的一些营养物质进行了研究，如葡萄糖、精氨酸和甲硫氨酸、维生素 C、Buffalo 大鼠肝提取液(BRL)。Hsu 等以 L－15 为培养基对以上物质进行了梯度试验表明，在基础培养基中添加 1 g/L 葡萄糖，细胞贴壁和生长率比对照组提高了 20%，这和 Hink 在昆虫细胞培养上的研究结果相似；添加 0.1 mg/L 的维生素 C 也能有效提高细胞的贴壁和生长率，但随维生素 C 浓度升高细胞的生长反而受到抑制，且细胞在 2 天内死亡；添加 10%~20% 的 BRL 条件培养基和 1 g/L 的葡萄糖，细胞贴壁率比对照组提高了 25%；至于精氨酸和甲硫氨酸，由于 L－15 中含量充足，因而另外添加无明显效果。

10. 其他影响细胞培养的因素

(1) 接种

接种操作也是尤为重要的影响因素：① 在切组织块及接种时要尽量减少细胞损伤，如细胞碎片过多，细胞生长状态差，致使细胞自溶。② 组织块尽量切小，以使其有更多的切面与培养液接触，从而有利于组织块贴壁和新生细胞迁出。③ 组织块接种后，贴壁时间应合适。时间短，组织块易悬浮，细胞不能生长；时间长，组织块干涸，细胞受损伤。

(2) 组织培养的季节性

虾蟹类在春季、秋季细胞培养较难，冬季几乎不能成功。这可能与其体内的激素分泌和细胞的基因调控有关。

(二) 存在的问题

海洋节肢动物中虾类细胞原代培养目前虽已有成功的报道。但由于种种原因，其细胞培养的方法还不成熟，培养难度较大，难以长期培养和传代，更不能形成细胞株。主要原因在于海洋节肢动物细胞培养中的一些基础研究尚不完善，具体表现在：① 缺乏海洋节肢动物营养和细胞生理方面的细致研究。海洋节肢动物细胞培养一直套用哺乳动物的方法，但二者分类和生理生化特点相去甚远，对营养和一些特殊生长因子的需要大不相同。另外，海洋节肢动物的血清和一些特异调节因子不易获得，因而细胞培养难以获得满意的效果；② 待培养组织的消毒灭菌非常困难。海洋节肢动物的组织器官大多暴露于外界，带有较多的微生物，特别是酵母菌和寄生虫，即使是健康个体体内也存在一些微生物，使得培养易受污染而失败。因而，尽快找到一种既有效而又不损伤细胞的灭菌方法，也是完善细胞培养的一个关键环节；③ 各种培养条件有待进一步优化。

(三) 应用前景

尽管海洋节肢动物细胞培养方法还不完善，但已取得的成就和应用成果都表明其应用前景十分广阔，具体表现在以下几个方面。首先，细胞培养技术可用于研究动物的病毒性疾病。自 1993 年以来，中国的对虾养殖业一直受到病毒性爆发疾病的威胁，国外关于虾类病毒性疾病的报道也较多。细胞培养技术是研究病毒学的基础，可用于病毒的分离、纯化、疫苗和单克隆的制备以及病毒敏感药物的筛选。其次,通过细胞培养可获得大量同步分裂的中期分裂相,用于染色体研究。节肢动物成体组织分裂能力差,很难获得中期分裂相,尤其给虾蟹类的染色体研究以及分类、遗传育种、种质资源保护带来了很大的困难。针对节肢动物细胞难于分裂和传代的困难,我们除了在筛选和优化基本培养条件、筛选供培养的组织方面做出努力,还应加大细胞周期和刺激性细胞分裂因子的研究和筛选,以及细胞诱导转化的研究。

二、海洋无脊椎动物细胞培养

与陆生动物相比,水生动物的细胞培养只在鱼类中比较成功。在水生无脊椎动物中,由于无脊椎动物细胞在形态、结构和功能以及营养需求等方面的特殊性,自 20 世纪 70 年代以来,虽然经过了近半个世纪的努力,但仍没有建立起水生无脊椎动物的永生化细胞系,其细胞培养多停留在原代培养和有限细胞系水平上。但随着对某些低等海洋无脊椎动物如海绵的天然活性产物的开发,以及人工养殖虾贝类病害防治等研究的需要,海洋无脊椎动物细胞培养日益受到关注。下面依次对海洋无脊椎动物的 6 个门类包括多孔动物门、腔肠动物门、环节动物门、节肢动物门、软体动物门和棘皮动物门的细胞培养现状和存在的问题进行介绍。

(一) 多孔动物门(Porifera)

多孔动物又称海绵动物(Spongia),是多细胞动物中最低等最原始的一类,营固着生活。无固定体形,只有细胞分化,没有真正的组织。海绵体内含有多种具有抗肿瘤、抗病毒和抗真菌活性的活性物质,但其自然资源量少、活性成分含量低且结构复杂,因而近年来海绵的细胞培养工作一度成为研究的热点。早在 1993 年 Klautau 等报道,对海绵细胞进行了长时间的体外培养,虽然后来被鉴定是污染的原生动物细胞。随后,许多学者进一步完善了海绵的细胞培养方法,并建立了海绵细胞的悬浮培养方法。Rinkevich 等将海绵胚胎细胞培养了 41 周,大大提高了体外培养海绵细胞的存活时间。Richelle - Maurer 等在对桶状海绵的培养中发现,体外培养的海绵细胞具有自发的聚集能力,形成类似于成体海绵皮层细胞的网状结构。

这些早期的工作虽然使海绵细胞培养技术有了长足的进步,但是由于海绵特殊的细胞结构和生理特点,使得海绵细胞培养仍然面临很大的困难,进展缓慢,目前仍旧停留在原代培养的水平上。归结起来,主要有以下两个原因:① 海绵动物多为合胞体(trabecularsyncytiurn),即整个生物体是由一个巨大的内有横隔片的多核细胞构成,通过胞内隔片上的孔道来进行细胞内的物质交换。Leys 发现,体外培养的海绵细胞相互接触后,会彼此融合,形成一个大的多核体,但结构与体内有着很大的不同,因而对于海绵细胞建系的可行性,受到很多科学家的质疑;② 海绵动物体内存在着多种内共生的微生物,难以实现海绵细胞的无菌培养。如果在培养系统中加入抗生素进行抑菌处理的话,同时会抑制海绵细胞的活性。但如果不使用抗生素的话,培养又只能维持 1~3 天。

虽然海绵的单细胞培养物在体外表现出很弱的分裂能力,但是由悬浮培养的海绵单细胞自发聚集形成的细胞团(primmorph 或 cell aggregate)却有极强的生存能力。Custodio 等首次建立了海绵的细胞团培养法。具体方法是在培养基中添加较高浓度的 Ca^{2+} 和 Mg^{2+}，则悬浮培养的海绵细胞在几小时内就会开始自发聚集，在几天内形成直径 1~3 mm 左右的小团，称为 primmorph。primmorph 是一个高度有组织的结构，其外面覆盖一层单层扁平上皮细胞，内部由球形细胞构成。端粒酶活性测定表明，海绵的所有体细胞都具有端粒酶活性，但分散的海绵单细胞培养物却检测不到端粒酶活性；不过，当其形成细胞团以后，又可以检测到端粒酶活性。端粒酶活性的有无与细胞的寿命和永生化密切相关，目前对于海绵中端粒酶的这种调控表达机制还知之甚少。近年来，细胞团培养法已成为一种有效的海绵细胞体外培养方法，其优点在于，海绵细胞团的制备比较简单，而且制备过程中，增加了对污染的真菌和非共生细菌的清除概率。

（二）腔肠动物门(Cnidaria)

腔肠动物门包括珊瑚、海葵和水螅等，是真正的二胚层多细胞后生动物，有了组织的分化，但结构简单，体壁仅由内、外胚层两层细胞以及中间无细胞结构的中胶层(mesoglea)构成，细胞类型少。许多腔肠动物内共生有虫黄藻和绿藻等单细胞藻类。有许多研究者进行了腔肠动物组织细胞的分离和培养，但只有 Frank 等成功地得到了 10 种腔肠动物的长期培养物，细胞于体外培养 7~20 天后开始增殖，仅能传代几次，最长存活时间达 1 年左右，并被冻存。但细胞复苏后，被真核单细胞生物(网黏菌门)所污染，这些微生物在培养基中优势生长，导致细胞培养失败。

随后的大量研究主要集中在腔肠动物的细胞分离技术和培养基质两个方面。研究表明，细胞分散技术对存活细胞的数量、组织培养的好坏和培养时间的长短都有很大影响。在体外培养基质的研究中发现，体外培养腔肠动物细胞的存活、贴壁和迁移对培养基质有着很严格的要求。在培养时，多数腔肠动物细胞都只有与细胞外基质相接触时才能存活，而且它们只有附着于由中胶层残片(mesoglea piece)构成的基质上，才能很好地贴壁、铺展和迁移。因此，寻找和制备可以替代腔肠动物中胶层的培养基质，是保证今后腔肠动物细胞体外培养工作成功开展所必须解决的关键技术问题之一。

（三）环节动物门(Annelida)

环节动物分为 3 个纲：多毛纲(沙蚕)、寡毛纲(蚯蚓)和蛭纲(水蛭)，其中只有沙蚕属海产。环节动物身体出现分节，具真体腔，是比较高等的无脊椎动物。目前尚未见有沙蚕细胞培养的成功报道。水蛭的神经细胞培养也还停留在原代培养阶段。由于蚯蚓在无脊椎动物免疫学、环境污染和进化上的重要意义，蚯蚓的细胞培养引起了人们的关注，但是早期的许多尝试并不是很成功。近年来，只有 Battaglia 和 Davoli 报道了对蚯蚓体外培养条件的研究结果，成功得到了可以在体外存活 1 年以上的蚯蚓细胞培养物，该培养物中含有 3 种不同类型的细胞，但是没有观察到细胞增殖的现象。其中一种悬浮生长的直径在 20 μm 左右的培养细胞，在形态学上与蚯蚓的体腔细胞很相似。总的来说，环节动物的细胞培养工作多年来几乎没有什么进展。

（四）节肢动物门(Crustacea)

节肢动物是动物界中数量最多的一类无脊椎动物，以昆虫的数量最多，约占节肢动物的94%。其中，属海产的种类有甲壳纲动物如虾类。人工养殖虾类病毒检测和疫苗制备的需要，推动了虾类细胞培养工作的开展，并成为近年来海洋无脊椎动物细胞培养的研究热点。自 1971 年 Peponnet 和 Quiot 首次报道螯虾和美洲龙虾的类淋巴组织的培养以来，已开展了大量的虾类细胞培养工作。目前，虾类的原代细胞培养已经成功，并且在虾类病毒的检测和疫苗制备中得到了成功的应用。其中，我国学者童裳亮在中国明对虾的原代细胞培养上取得了可喜的研究成果，开发出了适合对虾生长的对虾专用培养基 MPS，所培养的淋巴组织和心脏组织在 3 d 后就能形成连续的细胞单层。

虽然虾类的细胞培养目前仍停留在原代和传代培养阶段上，还没有一个永生化细胞系建立起来，但是在培养方法和技术上已积累了许多经验。研究表明，海产虾类培养基的渗透压范围一般在 720~760 mmol/L；pH 范围一般为 7.0~7.5；适宜温度为 25~28℃；所用培养基最好使用虾的专用培养基(MPS)，并添加 15%~20% 的胎牛血清，有时也可添加 20% 的虾肌提取液或淋巴液等；比较容易培养的组织主要为心脏、卵巢和血淋巴等。

在以建立永生化细胞系为目标的虾类细胞培养中，Fraser 和 Hall 对斑节对虾卵巢组织及 Owens 和 Smith 对斑节对虾心脏组织的细胞培养取得了很大进展。Fraser 和 Hall 体外培养的卵巢组织细胞由形态不同的 4 种细胞组成：上皮样细胞、成纤维样细胞、圆形细胞和含大细胞核的上皮样细胞。其中，上皮样细胞在 Grace 培养基中生长最快，但是存活时间短，不到 2 个月；而成纤维样细胞在 2×L－15 培养基中形成了连续性细胞单层，成功传代 3 次，共存活了 17 个月，并且在培养到 3 个月和 9 个月的时候，部分培养瓶中的成纤维样细胞转变为有大型细胞核的上皮样细胞，这些上皮样细胞聚集在一起，但是不能传代培养。而 Owens 和 Smith 体外培养的心脏组织细胞在体外存活了 10 个月，细胞的分裂能力在体外维持了 40 天。

今后，要实现建立虾类永生化细胞系的研究目标，首先需要突破的是虾类细胞系的永生化转化问题。近年来，哺乳动物细胞永生化转化技术的不断进展，包括端粒酶研究和永生化相关基因及其转染研究，给这一目标的实现带来了希望。

（五）软体动物门(Mollusca)

软体动物的数量仅次于节肢动物，为动物界中第二大类群，包括各种螺类、双壳类、乌贼和章鱼等。软体动物是细胞培养研究开展得最多的一类海洋无脊椎动物，主要源于以下 5 个方面的研究需要：① 病毒性疾病的诊断和治疗；② 软体动物的巨大神经元，是研究神经生物学的难得的实验材料；③ 珍珠的形成机制；④ 双壳类肿瘤的形成机理；⑤ 多种螺类是人类寄生虫的中间宿主，为研究寄生虫和宿主的相互作用，提供有效的实验工具。

软体动物细胞培养的对象主要是一些养殖的双壳类和腹足类，包括贻贝、珍珠贝、牡蛎、蛤蜊、螺和鲍等。所培养的组织细胞主要来源于胚胎、鳃、外套膜、神经细胞、血细胞、消化腺和心肌等。所培养的细胞已应用于神经生物学、生物监测、肿瘤生物学、免疫和寄生生物学等方面。

19 世纪 70 年代,软体动物细胞培养就已取得了可喜的进展。1974 年,Machii 在珍珠牡蛎外套膜组织培养中,成功观察到了体外培养的外套膜细胞能够分泌有机物和进行有丝分裂的现象。但在随后的 30 多年中,珍珠牡蛎的外套膜组织培养却一直没有很大的进展。1976 年,Hansen 等建立起了第一个也是迄今为止唯一一个软体动物细胞系:淡水蜗牛胚胎细胞系 BGE。但是在建立海洋软体动物细胞系方面,目前尚无类似的成功报道。另外,1979 年,Brewster 和 Nicholson 等成功地将牡蛎的变形细胞在体外培养了 6 个月。

19 世纪 80 年代之后,人们对海洋软体动物的细胞培养条件,包括细胞冻存、培养基添加物、培养基质和细胞分散方法等,做了大量的探索,积累了丰富经验,但仍然没有解决海洋软体动物细胞的体外长期存活和成功传代建系的问题,即使是培养贝类的肿瘤组织也不例外。近年来,海洋软体动物原代细胞培养物的应用研究开始增多。Auffret 和 Oubella 利用巨牡蛎的血细胞凝集实验来检测外源污染物的毒性效应。Cornet 等利用牡蛎的原代培养鳃细胞研究染色体的复制。另外,在基因表达研究、病毒研究和生态毒理学研究等方面也有不少报道。

虽然海洋软体动物的细胞培养目前还是困难重重,但是只要我们今后在其原代培养组织的消毒处理、单细胞分离纯化、培养基、培养基质和细胞增殖等技术方面获得全面突破,就有可能实现海洋软体动物细胞建系的目标。

(六) 棘皮动物门(Echinodermata)

棘皮动物门包括海星、海胆、海参和海百合等,均为底栖海洋动物,种类不多,但具有了中胚层起源的真骨、后口和发达的真体腔等比较高等的进化特征,是向脊索动物进化中的无脊索动物。棘皮动物的细胞培养研究开展得很少,虽然棘皮动物具有无与伦比的再生能力,但是其细胞培养还是难获成功,目前仍然停留在原代培养的水平上。因而在细胞分离纯化、培养基、培养条件以及组织来源等方面都需要进一步的探索。海胆和海星的细胞培养主要是对胚胎细胞的原代培养。Ermak 和 Odintsoval 报道了贴壁因子对体外培养海胆胚胎细胞的生长和分化的影响。培养基质可影响海胆胚胎细胞的分化。体外培养海胆原肠期幼虫细胞 1 周后,开始有上皮细胞和间充质细胞的分化。不过,上皮细胞在多聚赖氨酸培养基质上优势生长,而间充质细胞则在添加有纤连蛋白和癌沉淀素 A(Oncoprecipitin A)的培养基质上优势生长,并形成合胞体或细胞团。棘皮动物某些细胞类型在培养过程中易聚集形成细胞团,或相互融合形成单层的合胞体(syncytia),这一点与海绵动物相似。所以,以建立永生化细胞系为目标的棘皮动物细胞培养,选择适当的原代培养细胞来源就很重要了。

Hwang 等通过体外培养海胆胚胎细胞来研究骨针(spiculae)和小分裂球的发育。Odintsova 等研究了凝集素对原代培养海胆胚胎细胞贴壁和生长的影响。Kaneko 等原代培养了海星的胚胎细胞和幼虫肌肉细胞。Bulgakov 等和 Odintsova 等将酵母转录激活因子 *Gal4* 基因转染海胆和海钱(Sand Dollar)胚胎,发现转染后胚胎可以形成畸胎瘤(teratoma-like)样结构。将 *Gal4* 基因转染海胆和海钱的原代培养胚胎细胞,可促进转染后细胞的 DNA 合成和增殖。这表明,通过遗传操作,提高一些重要生长控制基因的表达水平,是解决海胆等无脊椎动物原代培养细胞生长缓慢和实现永生化转化的一种有效手段。海参具有神奇的吐脏再生能力,1993 年 Blinova 等最早开始了对海参再生组织的细胞培养,并且在培养至 40

天的时候,观察到再生肠组织来源的细胞团发生旋转和再生呼吸树来源的细胞团出现搏动现象。最近,Odintsova 等对海参吐脏后不同再生阶段的肠组织进行了原代培养,发现只有吐脏后第 14~16 天的再生肠组织的原代培养物中,能观察到活跃的细胞增殖,细胞的数量于培养后第 20 天加倍,而在其他再生阶段的肠组织原代培养物中均未观察到细胞分裂现象。再生肠组织的原代培养物主要由肠细胞和体腔上皮细胞构成。肠细胞悬浮生长,而体腔上皮细胞贴壁生长,并且在多聚赖氨酸培养基质上长成多层细胞团。因此,Odintsova 等认为海参的再生肠组织是进行海参细胞长期培养以至建系的很好的原代培养组织来源。

（七）前景展望

海洋无脊椎动物的细胞培养研究虽然起步晚于鱼类和昆虫等,但至今也有 30 多年的历史,人们为此也投入了大量的努力,虽然在某些种类的海洋无脊椎动物中已取得了可喜的进展,但是至今仍然没有得到一个永生化细胞系的现实,实在是令人困扰。如何改进培养条件如培养基和培养基质,解决海洋无脊椎动物细胞在体外的存活和分裂以及永生化转化的问题,是今后要努力的目标。

大量的研究结果提示我们,要充分认识到海洋无脊椎动物细胞的营养需求和生存条件与脊椎动物细胞是有着很大差别的。例如,海绵动物的合胞体现象和内共生微生物的特点,套用脊椎动物现有的培养基和培养方法显然是不够的。再者,很多海洋无脊椎动物都具有很强的再生能力,如海绵的碎片在海水中就能再生成完整的个体,以及棘皮动物中海星臂的再生和海参的吐脏再生等。但是令人困惑的是,分散培养的海绵细胞在现有的体外培养系统中却很难存活和分裂。这表明,海绵碎片中可能存在某些细胞因子是牛血清中所不存在的,或者高等脊椎动物血清中某些成分对低等无脊椎动物细胞的生长是不利的。因此,作者认为开发出海洋无脊椎动物细胞的专用培养基是非常必要的,甚至可能需要针对不同的海洋无脊椎动物,开发出不同的生长培养基。另外,在培养方法上采用悬浮培养或用合适的培养基质(如胶原)包被培养,也很值得一试。

近年来,转永生化相关基因技术、物理和化学诱变技术以及细胞杂交技术在诱导细胞永生化转化方面的发展和应用,为解决海洋无脊椎动物培养细胞的永生化转化问题带来了新的希望。因此,寻找和克隆海洋无脊椎动物的永生化转化相关基因,探索物理和化学诱变海洋无脊椎动物细胞的方法和条件,都是今后需要进一步开展的工作内容。

另外,海洋无脊椎动物细胞培养中原生动物污染也是个很棘手的问题。目前尚无有效的可以杀死细胞培养物中原生动物的试剂。因此,开发出有效的杀原生动物药品将会大大促进水生动物的细胞培养工作。

总之,要实现海洋无脊椎动物细胞建系的目标,还有一系列瓶颈问题需要克服,要走的路可能会很长。

三、水生脊椎动物鱼类细胞培养

细胞系为开展生理学、病毒学、毒理学、肿瘤发生和转基因方面研究提供了一个重要的生物学工具。目前已经建立了卵巢、鱼鳍、鳔、心脏、脾脏、肝脏、眼肌、脊椎、大脑、皮肤等广泛的各种组织来源的硬骨鱼类细胞系。下面将从鱼类细胞系的鉴定、应用、交叉污染和过度传代的复杂性方面作介绍。

(一) 从不同组织建立细胞系

大多数鱼类细胞系起源于正常组织即皮肤、鳃、心、肝、肾、脾、鱼鳔、大脑等。特别是胚胎或鳍是最常用的初级培养的组织来源器官。位列卵巢之后,第二个最常见的用于原代培养的组织是鱼鳍,因为其具有较高的再生能力。但是,虽然性腺或卵巢组织也表现出高水平的有丝分裂能力,却并没有很多这两种组织来源的建系细胞。细胞系也可以来源于卵巢,皮肤和鳍,椎骨,鳞屑等等。然而,只有一个细胞系来源于鳍鱼黑色素瘤组织的皮肤和鳞屑;在某些情况下,这些细胞在体外重复传代过程中保持了体内的成瘤性。

很多鱼组织来源细胞系的建立目的是进行病毒的检测和分离。来自不同物种不同组织的细胞系将对于在细胞水平上研究病毒感染反应的种属特异性具有价值。已知一些致病病毒具有器官或组织特异性,这就使得建立来源于同一宿主物种的不同器官和组织的细胞系进行病毒性疾病的监测变得至关重要。

由于有丝分裂的激活,胚胎和幼虫细胞是最容易培养的。过去,很难获得一些鱼类的卵子或鱼苗,因为他们是远洋成熟的雌鱼。然而,伴随着新近的技术发展,许多以前在胚胎形成过程中不能获得的物种,现在可以进行水产养殖产业化的常规培育。近年来,已经建立了大量的胚胎干细胞样的鱼种群细胞。为了培养胚胎干细胞(ES)细胞系和在鱼类中发展基因打靶技术,已经在小模式鱼中展开大量研究,比如斑马鱼(鲐鱼类)和青鳉(青鳉类),因为它们为综合胚胎学,遗传学和分子水平分析脊椎动物发育提供了可能。在青鳉和斑马鱼中已经建立了胚胎干细胞样细胞。来源于鲈鱼胚囊期胚胎的多潜能细胞株 LJESl 已经建立,并且这些细胞在维甲酸处理后可以分化成不同类型的细胞。目前,已经建立了来源于鲈鱼(尖吻鲈属)胚囊期胚胎的一连续胚胎(continuous embryonic, SISE)细胞系和来源于鲈鱼(尖吻鲈属)及鲶鱼(印度囊鳃鲶)囊胚期胚胎的多潜能胚胎干细胞系(pluripotent embryonic stem cell line, SBES)。

(二) 培养基和添加物

如今,技术的商品化像即用型无菌塑料制品和组织培养基,酶溶液,其他试剂等可以克服培养基准备过程中类似 pH,渗透压,无菌,细胞锚定,营养等问题。一般情况下,大多数鱼类培养使用的是为哺乳动物细胞培养开发的培养基。伊格尔(氏)最低限度必需培养基(EMEM)添加胎牛血清(FBS)成为接近满足哺乳动物,鸟类,爬行类,两栖类当然也包括鱼类所有培养目的的培养基。其他用于鱼类细胞常规培养的培养基还有 Glasgow MEM, Hank's MEM(HMEM)和 Leibovitz L-15 培养基(L-15)。在氨基酸营养丰富的培养基中,例如,L-15 不需要 CO_2缓冲液已经成功地用于鱼类细胞系的培养,因而 CO_2 培养箱也是没有必要的,并且细胞可以便捷地在任何不受干扰的环境生长。利用这一优势,自 1994 年以后,超过 80% 的建系细胞使用 Leibovitz L-15 培养基进行培养。然而,一些细胞的原代中仍需要设计特殊的培养基以优化生长条件。

胎牛血清(FBS),似乎是组织培养基中最常用的添加剂,因为它容易大量获得和存在已知与未知的生长因子。Wolf 等引证使用其他类型血清的实例,但其结果似乎是混合的效应。在培育鱼原代细胞株时,鱼血清(1%)与 FBS 组合使用。血清浓度同样影响原代细胞培养效果。纵观文献,血清浓度在 5%~20% 范围内,通常不会更高,因为有证据表明,高浓度血清可能抑制细胞生长。

大多数培养基添加剂的报道实例,是作为在无血清或减血清培养中血清的替代物质(Wang et al., 1995)。然而,这并不是说在添加了血清的培养基中使用其他添加剂的可能性完全打折扣。Kumar 等在进行非洲鲶鱼卵巢组织细胞原代培养的探索过程中,曾列出一张包括如鱼肌肉提取物、蔗糖、虾壳提取物等添加剂使用的清单。

Miller 等详细描述了使用化学有丝分裂原建立白细胞悬浮培养的方法。培养细胞表现出暴露于有丝分裂原后的强烈增殖效应。Faisal 等将培养的肝细胞暴露于植物来源的有丝分裂原中促进了细胞的 DNA 合成(指示细胞增殖)。各种生长因子,如哺乳动物表皮生长因子(mEGF),碱性成纤维细胞生长因子(bFGF)已被用于刺激鱼类细胞系的生长,并且对于从青鳉和海鲈鱼来源的胚胎干细胞,斑节对虾来源的淋巴样细胞和牙鲆来源的胚胎细胞来说,bFGF 是一种潜在的有丝分裂原。

(三)细胞的永生化

正常体细胞具有有限的寿命,并经过预测数目的细胞分裂后细胞衰老。细胞衰老是由两个相互依存的机制触发的。一个是诱导细胞周期阻滞并且受 P19ARF/p53 和 p16INK4a/Rb 两条肿瘤抑制途径控制。二是由于染色体复制过程中的末端复制问题,端粒的缩短至关重要。据记载,由于一组遗传变异造成少数细胞自发产生永生化。在永生化细胞最经常观察到的改变是 Rb(视网膜母细胞瘤)或 p53 蛋白的功能丧失,两者控制两个主要的细胞周期检查点。一些病毒癌基因,包括猿猴病毒-40(SV40)大 T 抗原,腺病毒的 E1A 和 E1B 以及多瘤病毒的 T 抗原,也使得各种物种细胞永生化。具有逆转录酶活性的端粒酶核糖核蛋白(TERT)的催化亚基合成和维持端粒稳定性,帮助细胞逃避由于端粒缩短造成的细胞复制性衰老。细胞永生化的首要方法是通过表达端粒酶的逆转录酶蛋白(TERT),特别是那些受端粒长度影响最大的细胞(如人)。对几种端粒酶永生化细胞系的分析表明细胞保持稳定的基因型并且保留了关键的表型标志。ATCC 提供含有人端粒酶逆转录酶基因的真核表达质粒(ATCC 目录号 MBA-141),这将使研究人员能够永生化自己的细胞。

另一方面,细胞永生化技术已经引起强烈的关注,因为它为我们提供了表现出可持续性,冻存后极好的复苏效果以及培养过程中便于操作的细胞克隆。这些技术大部分被用于培育人类和其他哺乳动物的永生化细胞系。Barker 等首次报道了斑点叉尾鮰的长寿白细胞系持续表达高水平端粒酶活性。2002 年,美国发布了一项关于从斜带石斑鱼来源的永生化细胞系的专利(专利号,us 6,436,702 B1)。在该项专利中,监测的细胞转化不能被任何方法诱导,其具有在染色体数目分布,铺板效率,FBS 的需求和永生化方面的变化特点。

(四)交叉污染与过度传代

便捷地操作和简单的生长要求使细胞系中更容易发生交叉污染。鱼类细胞系都相对容易培养，并且大多数只具有简单的生长要求，这就使得交叉污染成为一个潜在的问题。细胞系的污染在实验室中处理一个以上的细胞系时并不少见，并且许多交叉污染的哺乳动物细胞系已经被报道。尽管鱼类细胞系中的错误鉴定和交叉污染问题很少被报道，这些都是细胞培育者关心的问题，可以使科学的结果及其再现性出现不可靠的问题。已有报道人类细胞系中存在猿猴细胞或鼠细胞，甚至其他人类细胞的污染，最常见的是 HeLa 细胞。尽管鱼类细胞与其他类型细胞的交叉污染并没有被广泛报道，Perry 等表明被称为克隆 1A 的细胞系被认为是从虹鳟鱼来源的 CHSE - 214，实际是从大鳞鲑胚胎衍生的细胞系。因此，应遵循 Lannan 详述的鱼类细胞培养的优良实验室规范和谨慎警惕的意识，以避免细胞系的混淆。半个世纪前就已经意识到细胞系种内和种间的交叉污染问题，虽然已经有综述发表，但继续使用错误鉴定和细胞交叉污染的细胞培养的事件并没有减少。

此外，经历了长时间体外培养的细胞可能会发生突变，改变了其在早期传代过程中鉴定的原始功能特征。而且，伴随着不断增加的传代次数，细胞系不具有类似的特征。长期传代培养施加给细胞系特征选择性的压力，导致如种群中快速生长的细胞最终超越缓慢增殖的细胞。

（五）鉴定

当细胞系是从同事那里得到的时候，它们通常缺乏细胞系的鉴定或有关细胞培养条件或传代数的记录。这种做法通常增加了劣质、错误操作培养的可能性，导致的结果可能不准确，或不可重复。鱼类细胞系鉴定的方法学包括随机扩增多态性 DNA 方法（RAPD）和微卫星 DNA 分析，线粒体 16S 和 18S rRNA 和基因序列分析，这些方法已被证明对于鉴定少数鱼类细胞系是有用的。一种简单的蛋白质组学方法已经用于识别来自同种或异种的组织来源的几种鱼类细胞系。对于评价鱼类细胞系的蛋白质表达特征（PES）已经发展到利用 2D 电泳和图像分析，并且对于鉴定鱼类细胞系来说它可以作为一个额外的、有价值的、可靠的技术。

（六）应用

自 1960 年以来，鱼类细胞系可获得后已经开始对科学研究产生影响，但与哺乳动物细胞系相比，速度非常慢。鱼类细胞系早期工作始于 RTG - 2，主要应用于病毒学研究。鱼类细胞系除了在鱼类疾病的研究领域应用以外，还对于毒理学，肿瘤发生、遗传调节和表达，以及 DNA 复制和修复的研究做出了重要贡献。自那以后的近 50 年时间里，鱼类细胞系数量增长涉及多个品种和组织来源并大量应用。鱼类细胞系在鱼类免疫学、毒理学、生态毒理学、内分泌、病毒学、生物医学研究、疾病控制、生物技术和渔业以及辐射生物学等领域做出了重要的贡献。

培养细胞的外源 DNA 递送对于基础研究和生物技术应用都是非常有用的，有必要确定新培育细胞系的转染效率和基因表达。当细胞转染 pEGFP 载体 DNA 时，工作人员观察到明显的荧光信号，表明其在转基因和基因操作研究中具有潜在的效用。

确定健康鱼种中是否存在病毒的常规方法是尝试从相应鱼细胞系中分离。一株细胞系同样也可以对从疾病暴发中分离出的病毒进一步研究或者在不同的细胞系中进行了各种病毒易感性的测试。Lai 等发现,除了这四种细胞系中,先前建立的石斑鱼脑、肾和肝细胞系,也被用于病毒易感性的研究,这表明有的细胞系对石斑鱼虹彩病毒敏感,而只有脑、鳍和肝细胞株对黄色石斑鱼神经坏死病毒(诺达病毒,nodavirus)敏感。五种鱼类病毒在此细胞系上进行了病毒易感性测试,发现该细胞系容易感染 MABV NC1 和诺达病毒,并且感染通过 RT-PCR 和 CPE 确定。SiGe 细胞系容易感染诺达,MABV NC-1 和 Y6 病毒。PBLE 容易感染鲑鱼呼肠孤病毒(CSV),并且支持 CSV 复制。GS 培养细胞表现出感染了致病石斑鱼虹彩病毒(Singapore grouper iridovirus, SGIV)或石斑鱼诺达病毒(Epi-nephelus tauvina nervous necrosis virus, ETNNV)后细胞病变效应方面的优势。GBC4 细胞容易受 GSIV 和 GNNV 病毒感染。

除了在细胞系上进行病毒易感性测试,几种细菌毒素也已在不同的细胞系上进行了测试。RGB、RGG 和 RGH 这三种细胞系被发现对于美人鱼发光杆菌杀鱼亚种细胞外产物(Photobacterium damselae ssp piscicida)敏感。已发现气单胞菌属(*Aeromonas* sp.)或鳗弧菌(*Vibrio anguillarum*)的细菌细胞外产物对 SICH 细胞系是有毒性的。RE 和 CB 细胞系对于 4 种海洋鱼类病毒不敏感。气单胞菌属的细胞外产物对于这些细胞株是有毒的。

（七）保藏

迄今为止,超过 3 400 株细胞保藏在美国典型培养物保藏中心(ATCC),其中只有 43 株是水生动物细胞株,并且只有 17 株鱼类细胞能够提供给全球的研究者使用和传播。在欧洲细胞培养物收藏中心(European Collection of Cell Cultures, ECACC)目前保存有代表 45 个不同的物种和 50 种组织的超过 40 000 株细胞系。但是,只有 21 种鱼类细胞系在这里列出。研究者不愿意使用细胞系源于对细胞系的误解,认为细胞大多来源于转化细胞并且没有维持来源组织的分化特点。这可以是用于许多哺乳动物细胞系的情况下,但是从鱼类组织来源的大多数细胞系已来源于正常组织。当然也有少数例外,例如,最特别的 EPC 和 RTH-149 细胞,分别来自上皮瘤和肝癌。Fryer 和 Lannan 指出,截止 1994 年,159 种鱼类细胞株中有 14 种来源于肿瘤组织,比例小于 10% 。此外,列在 ATCC 的鱼类细胞系中,只有三种是来自肿瘤组织。与此相反,ATCC 列出的哺乳动物细胞系中高达 50% 以上来源于肿瘤组织或转化细胞。世界各地总共已经建立了约 283 株来源于长须鲸的细胞系,但只有 43 种鱼类细胞系被列入像 ATCC,ECACC 这样的国际细胞储存库。如果所有已建株的细胞系都被存放在该库中,这将是有益于国际研究机构利用这些细胞系作为整体动物研究的最佳替代品。

第三节 细胞培养的实际应用(海绵细胞离体培养)

一、海绵细胞培养工作的意义

海绵细胞离体培养其显著的优点是培养系统完全可控并能够实现目的代谢物的调控和最优化生产。一方面适于工业放大,另一方面活性物质高水平生产的潜力使其经济可行，具有显著的应用开发价值。同时，由于海绵细胞非常适于进行动物细胞信号传导研究，因此对海绵细胞的离体培养的研究也具有很高的基础生物学科研价值。该领域已经吸引了包括德国、以色列、美国、西班牙、新西兰、澳大利亚、日本等许多国家的科研力量。

二、海绵细胞离体培养的早期研究

关于海绵细胞的研究很早就有，最早的是 Wilson 的一篇关于如何对海绵的胚细胞进行培养的技术。但在 1970 年以前，关于海绵细胞的研究可以概括为，利用短时期的海绵细胞培养模型研究海绵生物学，而不是以生产海绵生物量为目的。但这一时期的工作为海绵细胞培养的研究探索了一些实验技术。例如，发现了 Ca^{2+} 和 Mg^{2+} 对海绵细胞聚集的作用，这一现象被方便地用来分散海绵细胞。

三、近年来海绵细胞离体培养的研究

从 1970 年至今，伴随着动物细胞培养技术的日益成熟以及对海绵细胞认识的积累，人们开始关注长期连续的海绵细胞培养体系，以实现工业化大规模生产海绵生物量，最终生产海绵药物。近 10 年内，海绵细胞的离体培养研究已有了初步的方法和框架。

（一）海绵细胞基本培养方法的探索

Pomponi 和 Willoughby 将海绵细胞的培养过程大致分为三步。

1. 组织细胞的解离

可以选择机械分离法，即用细筛网挤压细胞使之分散。这种方法分离效率高但细胞损失大；化学法，即使用不含钙镁的人工海水使组织细胞自动分离，这种方法方便高效，细胞收率高，是目前普遍使用的方法；酶法，使用胰蛋白酶消化细胞；或者几种办法的结合来获得较好的分散细胞。

2. 细胞的筛选

海绵中的细胞分为上皮扁平细胞、原细胞（即阿米巴细胞）、领细胞、孔细胞几大类。其中，原细胞是分化能力最强的细胞，在海绵不同的生理和营养时期可以向每一种功能细胞转化。经过细胞筛选获得单一种类细胞的纯培养，有利于对活性物质的形成进行研究，甚至可以由此获得高产活性物质的优质细胞株。Maria 等利用梯度密度离心和层析分离配合光学显微镜对生产抗癌活性物质海绵醇（avarol）的贪婪倔海绵（*Dysidea avara*）进行细胞分离和筛选，发现了活性物质海绵醇主要存在于领细胞内。但是，对不同类别细胞的筛选方法并不多，Maria 的研究方法是现在研究中普遍采用的方法。这类方法需要对欲筛选的海绵细胞生物学特征进行准确的研究和掌握。即使这样，要想进行精确的细胞分类和分离也仍然是一件非常困难的工作。

3. 纯培养细胞系建立

条件是去除微生物杂菌污染。这一点对海绵细胞的培养似乎格外重要。几乎所有的海绵细胞培养的报道都采用了在高浓度抗生素存在的培养基中对细胞进行培养。

（二）培养基的探索

建立纯细胞系后，细胞能否长期存活、分化、生长及进行基础代谢，首先取决于合适培养基的开发。由于海绵生长在高盐、高渗、化学成分复杂、微生物环境复杂的海水环境中，海绵细胞对培养的要求也不同于普通动物细胞和微生物。Pomponi 等提出用于海绵细胞初级培养的培养基主要由 5 部分组成：人工合成培养基（如 RPMI－1640）、磷酸缓冲液（pH7.0）、5% 牛血清、不含 Ca^{2+}、Mg^{2+} 的人工海水（CMFSW）、抗生素。其中，CMFSW 的作用是使细胞在培养过程中保持分散状态，并提供海绵细胞所需的高渗透压。培养过程中必须始终保持高浓度的抗生素，培养基的浓度也要尽量低，原因是培养过程中微生物的污染非常严重。在没有采取这些措施时，细胞在培养开始后的 1～3 天内就全部污染。海绵细胞培养的这个特点是因为海绵体内丰富的孔道水系内富集共生了大量的微生物，在海绵细胞分散后，它们会随着细胞进入培养体系。但持续高浓度的抗生素常常会对细胞的生长产生抑制作用，甚至导致细胞死亡。

避免微生物污染的另一个办法是采用尚未接触海水环境的海绵胚胎细胞作为培养细胞的种子。胚胎细胞的优点是再生潜力高。但是，胚细胞经冷冻保藏复苏后，细胞被污染的概率大大升高。这可能是由于胚细胞在复苏中处于较脆弱的状态，而细菌等污染生物却可以大量繁殖。研究一种可以保持胚细胞高再生能力、高分化能力的冷冻保藏方法，提供大量连续的胚细胞也是一个需要进一步研究的课题。McMahon 等的专利对上述培养基进行了改进。以商业培养基为基础，并用持续高浓度的抗生素控制微生物污染。不同的是，使用的人工海水中含有 1.35 g/L 的镁和 0.4 g/L 左右的钙，并且用 4.3% 的腹足类动物的血清代替了牛血清。用此种培养基对一种黄管海绵（*Aplysina fistularis*）的细胞培养了 17 天后收获，使细胞由 9.3×10^7 增加到 8.18×10^9，细胞数量增加了 88 倍。对一种南海海绵（*Acanthella cavernosa*）进行了同样类似的培养，不但增加了细胞的生物量，而且同时获得了与野生海绵具有同样抗菌活性的活性物质。两例细胞的生长状况如此理想可能是由于使用了特殊血清的缘故。但是，腹足类动物的血清非常难得而且相当昂贵，所以，这一方法显然只适用于实验室研究。

（三）其他相关技术的研究

对细胞培养的其他相关技术也有研究，例如，冷藏与复苏条件。Rinkevich 认为使用 15% 的 DMSO 或 10% 甘油保护是现在常规的冷藏条件，但是几乎所有的冷藏海绵细胞都存在着增加污染概率和成活率低的问题。对海绵细胞生长中的物理因子（如压力、氧分压、CO_2分压等）的考察几乎仍为空白。唯有 Anatoli 等在考察乙烯对海绵基因表达的影响时使用了加压的海绵细胞培养装置，但并未考察压力对细胞生长的影响。此外，细胞培养温度的考察也尤为重要。在对贪婪倔海绵细胞和厚指海绵（*Suberites domuncula*）细胞培养时，温度都采用 16℃。与该类海绵的自然生长温度接近。鉴于不同种类不同地域的海绵其生长温度不同，其细胞培养温度也必然会不同。

（四）存在的其他问题

1998 年前适宜于连续稳定培养的海绵细胞系还未成功构建。海绵离体细胞尚不可能长期存活。在有限的尝试中，除了使用昂贵的腹足类动物血清外也有使用牛血清进行培养，但是，海绵细胞的增殖活力很弱必须借助外加的促有丝分裂试剂刺激细胞。也有报道使用一些生长促进因子如表皮生长因子（EGF）、成纤维细胞生长因子（FGF），胰岛素等促进细胞分裂生长。

四、海绵细胞离体培养的最新进展

（一）端粒酶的活性与海绵细胞生长分化对接触的需求

海绵组织有非常强的再生能力，但它的细胞在离体培养时并不具有很强的繁殖能力。Custodio 等的一个重要发现解释了以往不能够获得稳定的、长期存活的海绵细胞系的原因。他们的研究发现，海绵组织中细胞保持着较高的端粒酶活性，而解离后的游离细胞则丧失了该酶的活性，且迅速转入死亡期。端粒酶是与细胞永生化、DNA 复制、端粒 DNA 合成密切相关的酶，丧失端粒酶的活性意味着细胞无法进行永生化的 DNA 复制。海绵细胞需要细胞与细胞的相互接触来维持端粒酶的活性，从而维持细胞的增殖能力和生命力。

（二）海绵细胞团的培养

基于这一认识，Custodio 等首次对厚指海绵（*Suberites domuncula*）的组织建立了以海绵细胞团为培养对象的体系。所谓细胞团是由 2 000 个左右的细胞聚集成为 1～3 mm 的小团，称为海绵细胞团（primmorph）。在他们的尝试中，海绵细胞团在培养基未补充的情况下维持了 5 个月。离散的海绵细胞在形成了海绵细胞团后很快由端粒酶阴性转为阳性。并且具有了端粒 DNA 合成和细胞生长的能力。海绵细胞团的培养很快便应用于特定的海绵进行活性物质生产的监测，Muller 等对贪婪倔海绵（*Dysidea avara*）的海绵细胞进行了海绵细胞团的培养，观察到了海绵细胞的细胞团的形成、发展，使海绵细胞以细胞团的形式存活达 4 周之久。并在排除了共生微生物生产活性物质可能性的前提下，证明了细胞团对活性物质 Ara－A（一种抗肿瘤代谢产物）的生产能力达到了野生海绵产量的 80%（重量比）。这一结果非常令人鼓舞，不仅因为 Ara－A 本身是一种很有价值的抗癌药物，也因为它证明了通过细胞团离体培养生产海绵活性物质的可能性。

（三）海绵细胞团培养中存在的问题

尽管贪婪倔海绵的初步培养已经成功，但一些重要的基础理论问题仍有待探讨。

首先，由于形成贪婪倔海绵是一个自然死亡淘汰选择细胞的过程，我们无法比较这一培养过程在生物量的生产上是否经济。而 Muller 研究小组尚无有关生物量增殖的报道。其次，贪婪倔海绵形成的化学和生物学机制还不清楚。同时，细胞团的分化、生长及活性物质的合成机制以及与海绵种属之间的关系也有待详细的研究。而在某些海绵的活性物质产生过程中,培养基的开发方面来讲,主要是营养需求及其对细胞生长和代谢规律的调控,及对活性物质生产的作用影响研究还是空白。最后,关于微生物的污染控制方面,目前贪婪倔海绵培养中正是这些海绵共生微生物起着重要的作用。寻找新的污染控制方法,同时深入的研究共生微生物对活性物质生产的作用也是海绵细胞团离体培养中有待解决的关键问题之一。

五、展望

总的来说,海绵活性物质尤其是药物的开发将是一个大有前途的领域。在解决临床应用及商业开发的"药源供给不足"问题中,海绵细胞培养和活性物质高产细胞株的建立,相关的细胞培养营养学研究和培养基开发,培养条件的优化以及专用生物反应器和生物工艺过程的开发将至关重要。短期内,针对贪婪倔海绵的培养与海绵共生微生物的深入研究将最有可能实现以贪婪倔海绵培养模式培养海绵细胞生产海绵药物的商业应用。更为重要的是,这将为海绵细胞离体培养的新理论、新技术和新过程的研究开发打下坚实的知识和技术基础。

第四节 海洋动物干细胞

一、干细胞的来源

海洋无脊椎动物干细胞的培养通常采用两种应用于哺乳动物系统中的研究路线。第一条是利用这些组织来源的成体干细胞(ASC, adult stem cells)作为靶细胞类型。第二条路线是靶向静息的体细胞组分,用诱导多能干细胞(iPS)的方法来处理他们(Takahashi and Yamanaka 2006)。以上方法是基于各种海洋无脊椎动物细胞体外分离24~72小时内(Rinkevich 2005)停止分裂后的条件下,细胞进入静息状态。然而,iPS细胞是实验操作的产物,ASC细胞是天然产物,并且在海洋无脊椎动物中普遍存在。所谓的海洋无脊椎动物来源的干细胞能够自我更新或者自然发生,低潜能到全能性,或者细胞具有永久胚胎特征。它们是具有时空定位的实体,无限地(在有机体的生命跨度里)健康地存在于他们的内部组织中(Rinkevich 和 Matranga 2009)。这些细胞的成功分离,结合集中导向单一自我更新(对称分裂)的条件和永生巢条件的应用,有利于培养细胞的干性发育。此外,因为他们的原始未分化状态,干细胞是易于适应永生化的。同时,采用哺乳动物系统中相同的方法,利用已分化的体细胞可以建立诱导多能干细胞(图4-1)。描述干细胞和iPS细胞的分子特性无疑是海洋无脊椎动物细胞可持续培养途径的一个重要组成部分。目前关于干细胞和iPS细胞(i. e., Lander 2009)生物学的研究进一步支持了这一点,研究显示干细胞的行为和命运不是固有的、细胞自发的属性,而是极度依赖于外部诱因和反馈控制的。

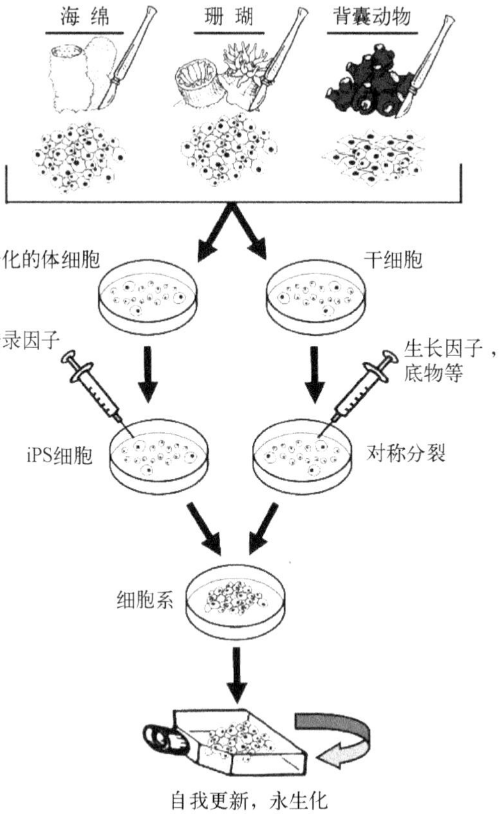

图4－1　图解利用成人干细胞和 iPS 细胞进行永生化海洋无脊椎动物细胞培养的途径

二、干细胞的分离、鉴定与培养(以海绵为例)

(一) 概述

海洋海绵(海绵动物门)是最好的用于海洋药物开发的生物活性代谢产物来源,尽管大多数情况下可持续开发海绵来源代谢物仍是一项艰巨的任务。生物反应器里体外培养海绵细胞曾被作为一项很有前途的技术。然而,尚未有连续细胞系被开发出来。原细胞被认为是海绵的全能或者多功能干细胞,纯化后可以培育成海绵连续细胞系。2006 年,Wei Zhang 课题组开发出一种新型的四步法用以纯化海洋海绵-繁茂膜海绵原细胞:① 差速离心分离包括原细胞在内的大的海绵细胞;② 选择性聚集在低 Ca^{2+}/Mg^{2+} 的人工海水中,生活的原细胞与一些扁平细胞和胶细胞形成小的松散聚集物;③ 差异黏附去除依赖黏附的扁平细胞,胶细胞和其他中胶层细胞;④ 葡聚糖-泛影葡胺(Ficoll - Urografin)密度梯度离心法纯化原细胞。最后原细胞纯度大于 80% 。BrdU 掺入实验,PCNA 表达和端粒酶活性实验证明原细胞的高增殖潜能。在为期 4 天的原代培养中,纯化的原细胞总细胞数增加 2.5 倍。

(二) 海绵体的一般结构和细胞类型

海绵是滤食性的动物,他们身体最显著的结构特征是内部的小室和管道系统。生有鞭毛的单层领细胞形成内部的小室，称为领细胞小室。通过领细胞的鞭毛运动产生水流，因此，领细胞能够从外界环境中获取营养物质。海绵体可以被分为三个部分：外上皮层（扁平细胞），内上皮层（领细胞和内胚层扁平细胞）和中胶层，上皮细胞包被着的海绵体的内腔。身体的三部分组织被分成三种类型：单沟型，双沟型和复沟型（Simpson，1984；Ereskovsky，2010；Adamska et al.，2011）。基于细胞形态特征，海绵体中有10余种细胞类型已经被报道（图4-2），包括排列于海绵体中的四种上皮细胞：外上皮细胞粘附于下层（基底扁平细胞）；剩余的外层上皮细胞（如没有粘附于下层基底）（外部扁平细胞）；构成蓄水层的细胞，如内部上皮细胞（内部扁平细胞）和领细胞。在中质中，有许多活跃迁移的细胞类型，包括原细胞（干细胞），产生骨针的细胞（成骨细胞），胶原表达细胞（胶细胞），以及一些其他细胞类型（Simpson，1984；Ereskovsky，2010；Funayama，2010）。应该注意的是海绵没有生殖干细胞；取而代之，在有性生殖过程中他们的配子直接来源于原细胞（在大多数寻常海绵纲种属中，原细胞形成卵母细胞）和领细胞（在大多数寻常海绵纲种属中，领细胞产生精子细胞，但是在钙质海绵中，领细胞既形成卵母细胞又形成精子细胞）。

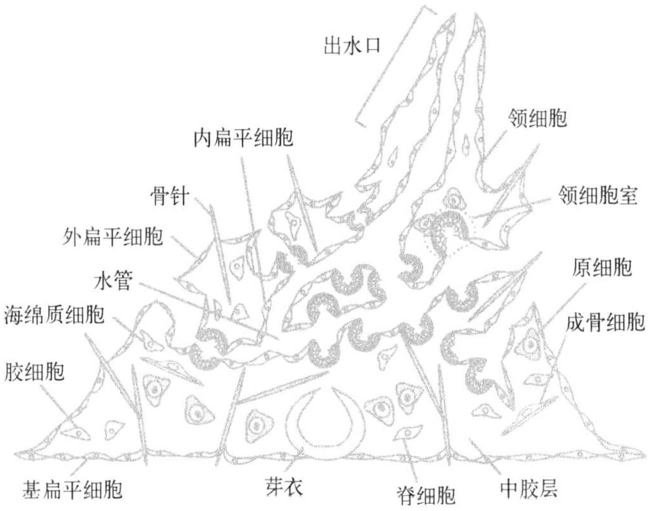

图4-2 图示不同类型的海绵体内组织和细胞类型
剖面图示出芽海绵 *E. fluviatilis*

（三）海绵成体干细胞

大多基于组织学的早期研究（Funayama，2010）指出，原细胞可能是主要的多能祖细胞，这一观点进一步由功能实验支持（Pomponi and Willough，2000）。原细胞是高度增殖的，体积大的吞噬细胞，经常在中质中迁移，拥有单一大核仁的细胞核（Simpson，1984；Pomponi，2006）。然而，据推测多潜能原细胞确实能维持海绵中的有性和无性生殖系统，最近的分子研究（如Piwi的表达）也进一步表明，领细胞也是具有类似干细胞潜能的代表。这两种类型的干细胞赋予海绵重组和再生能力，以及形成无性生殖芽球的能力（Simpson，1984）。海绵干细胞的数量非常高。在各种海绵中，成千上万的原细胞包被在每个芽衣内（通常直径约0.5 mm）（Simpson，1984）。原细胞在消化下来的混合细胞类型的多细胞团中比例高达5%

(Sun et al., 2007)。几项研究已经试图在体外条件下培养原细胞,但结果仅限于短期内,没有取得显著成功。在一项研究中,只观察有少数细胞分裂和随后早期细胞死亡(Zhang et al., 2004)。Willoughby 和 Pomponi(2000)表明,用一种传统的哺乳动物有丝分裂原-植物凝集素刺激(Pomponi 和 Willoughby, 2000 年首次记载),原细胞的数量在36 小时内翻倍。Sun 等(2007)透露,富集培养4 天后,纯化的原细胞其细胞总数增加了2.5 倍。

(四) 海绵成体干细胞的分离、纯化与鉴定

1. 组织来源

从东海(大连)收集潮间带的海洋繁茂膜海绵。海绵标本立即转移到实验室保存在一个100 L 的水族馆,18~20℃下持续通气,使用前1~2 周沙子过滤。海绵一般包含满是污垢的黏土、砂石和其他寄生生物,因此需要进行清洗,在养殖前刚开始的前3~5 天每天更换干净的海水,直到他们表面足够干净以用于实验。

2. 细胞的分离

健康的海绵标本在含有25×10^{-6} $CuSO_4$的无菌天然海水中(natural seawater, NSW)浸泡3 小时,杀死污染的原生动物,之后无菌天然海水清洗三次以去除$CuSO_4$。海绵浸泡在无菌的无Ca^{2+}/Mg^{2+}海水(CMFSW)中1 小时。之后,根据 Custodio 等(1998)的细胞分离方法进行改良后分离海绵细胞。将海绵标本切成小块(<1 cm^3),用无菌 CMFSW 水冲洗三遍。小块海绵标本在无菌 CMFSW-E(含10 mmol/L EDTA 的无Ca^{2+}/Mg^{2+}海水)中进行细胞分离,110 r/min离心25~30 分钟。离心后的细胞悬液通过300 目筛子过滤去除骨针和未解离的碎片。过滤后的细胞溶液300 g 离心10 分钟,沉淀用含2 mmol/L EDTA 的无菌 CMFSW 重悬以防止细胞聚集。由此,一个混细胞群(mixed cell population, MCP)准备好了。

3. 差速离心

差速离心分离方法基于细胞直径的差异。光镜和电子显微镜观察证实原细胞是 MCP 中最大的细胞类型。在这一步中,混合海绵细胞的密度调整至$(5\sim10)\times10^6$/mL。将20~30 mL细胞悬液放入50 mL 锥形管,低速离心(35 g,15 分钟)。沉淀用 CMFSW 重悬,并在相同条件下再次离心。收集到的沉淀主要由大海绵细胞(主要是原细胞)组成。

4. 选择性聚集

如上所述,通过差速离心获得的海绵细胞在低Ca^{2+}/Mg^{2+}海水中(CMFSW:ASW = 9:1),以$(5\sim10)\times10^6$/mL 的密度培养于150 mL 摇瓶里, 18~20℃培养8~12 h。Ca^{2+}和Mg^{2+}只有人工海水(ASW)10%浓度的条件允许原细胞形成细胞团,而扁平细胞、胶细胞和其他细胞形成形状不规则的松散聚集。弃去上层悬浮细胞,收集聚集的细胞团。

5. 差异性粘附

收集的细胞团于没有 PHA、胰岛素和转铁蛋白的 MASW 中,18~20℃培养18~24 小时。细胞团中的扁平细胞和胶细胞开始黏附于培养瓶或者培养皿的底部,这些细胞变得扁平,活跃地伸展形成了单层或者多层的细胞层,大多数原细胞粘附在上面。一旦达到最大粘附量,就会用 CMFSW 洗掉 M-ASW,用含有5 mmol/L EDTA 的 CMFSW 消化原细胞。消化时间通过定期光镜镜检优化,防止底层细胞的释放。一般来说,这个过程在20~25℃持续5~10 分钟。基于非原细胞类型的黏附模式,该步骤从细胞团中去除了大多数的扁平细胞和胶细胞。

分离下来的原细胞被 CMFSW－E 完全消化以备最后一步的密度梯度离心。

6. 密度梯度离心

将富集的原细胞密度调整至(5～10)×10^7/mL 进行密度梯度离心。密度梯度离心的操作步骤在几种已经发表的方法基础上进行改良(Zhang et al., 2003; De sutter and Van De Vyver, 1977; Uriz et al., 1996; Yin and Humphreys, 1996),用于原细胞的纯化。在无菌 CMFSW 中含有 3% 的聚蔗糖(Ficoll, F)和 38% 的泛影葡胺溶液(Vrografin, V),密度分别为 1.027 6 g/mL 和 1.148 6 g/mL。连续 Ficoll－Vrografin(FV)梯度密度为 1.04/1.05/1.06/1.07/1.08/1.09/1.10 g/mL 的制备通过缓慢地加入 1 mL 连续减密度的 FV 溶液。然后,1～2 mL消化富集的原细胞悬液铺在 FV 密度梯度带的上层,4℃条件下,300 g 离心20 分钟。离心后,细胞组分聚集在连续密度带之间的界面处,分别用巴斯德吸管收集,CMFSW 清洗去除 Ficoll 和 Vrografin。六种组分中的每一种分别取样放置于血细胞计数板上,光镜下观察,鉴定细胞类型、相对数量和大小。细胞活力的评价采用台盼蓝染色排除法。

(五)干细胞的鉴定

1. 光学显微镜和电子显微镜

采用光学显微镜、倒置光学显微镜和透射电镜对海绵细胞和海绵组织进行细胞学研究来描述海绵的细胞类型。对 Simpson(1984)、Uriz 等(1996)和 Custodio 等(2004)的一般操作流程进行改良后进行海绵细胞鉴定。透射电镜样品制备:用含 2.5% 戊二醛的 CMFSW(pH8.2)固定新鲜收集的海绵组织和培养细胞,4℃保存,待下一步处理。PBS 冲洗后,样本用 1% 四氧化锇进行固定,1% 柠檬酸铅染色。样本随后用 PBS 缓冲液清洗,乙醇脱水和斯帕尔树脂包埋(Spurrs resin)。钻石刀行超薄组织切片,5% 醋酸双氧铀及柠檬酸铅双重染色,透射电镜观察。

2. DNA 合成的 BrdU 掺入试验

胸腺嘧啶核苷类似物 BrdU 掺入细胞 DNA 的实验曾被用于海绵细胞增殖的检测(Custodio et al.,1998;Muller et al.,1999;Gratzner, 1982)。使用 BrdU 标记和检测试剂盒,根据操作说明来检测 DNA 合成期增殖细胞的百分比。

3. PCNA 检测

作为一种重要的增殖细胞生物标志物,增殖细胞核抗原(PCNA)是一个 DNA 聚合酶的辅助蛋白,其对于 DNA 复制、损伤修复和通过与已知的真核细胞周期调节蛋白相互作用影响细胞周期的进程至关重要(Bravo, 1986; Paunesku et al., 2001; Prelich et al., 1987)。一个增殖细胞核抗原检测试剂盒是用来检测这些海绵细胞增殖潜力,根据说明书操作。使用的鼠抗 PCNA 抗体不仅能够与所有的脊椎动物和昆虫的 PCNA 分子发生广谱的反应,还可以与原细胞和原细胞样海绵细胞发生免疫反应。基本过程类似于 BrdU,唯一的不同在于第一抗体,也就是抗 PCNA 抗体。

4. 端粒酶活性测定

TRAP 银染法端粒酶活性检测试剂盒进行改进,通过 PCR 法来测定端粒酶活性(Kim et al., 1994; Piatyszek et al., 1995)。简言之,50 μL 终体积的 PCR 反应混合液中,包含 5 μL TRAP 缓冲液、1 μL dNTP 混合液、1 μL 端粒的底物(TS 引物)、1 μL *Taq* DNA 聚合酶和 2 μL 细胞提取物, 根据试剂盒说明书进行操作。TS 引物(正向)识别非端粒区域的起始。反应混合物30℃孵育30分钟后加入1 μL CX引物(反向),反应混合物立即转移到94℃。PCR扩增(36个循环)通过三步反应(94℃ 30 s, 50℃ 30 s和72℃ 90 s),最后反应混合物在72℃保温5分钟。扩增产物通过0.5×Tris-硼酸缓冲液的非变性聚丙烯酰胺(4.5%)凝胶电泳分离,银染法检测PCR扩增产物。

(六) 纯化原细胞的体外原代培养

为了了解纯化原细胞在体外培养中的增殖行为,将从"四步法"纯化获得的体外培养原细胞以1.1×10^6/mL(2 mL/孔)密度接种在24孔板内,在含有2.5%(*V/V*)PHA,10 μg/mL胰岛素和10 μg/mL转铁蛋白的无菌M-ASW培养基中培养。在18℃, 25 rpm的孵箱中避光培养;每天更换50%的培养基。每日取出三份样品,倒置光学显微镜下计数总细胞数和原细胞数。在同一细胞密度和培养条件下与混合细胞群平行比较。

三、干细胞的分化调节

采用细胞团进行的广泛研究表明,原细胞分化过程中存在几个基因的表达,尽管这些基因是在原细胞中或是在原细胞周围细胞中表达目前仍不清楚。通过细胞团培养基中添加铁离子,在原细胞分化成造骨细胞过程中Noggin和MSCP被诱导出来;在原细胞分化成上皮细胞过程中,Iroquois被诱导出来;而在原细胞分化成肌细胞过程中Myotrophin被诱导出来。在成体的寄居蟹皮海绵中,检测到芽球中EED(多梳抑制复合物中的组分)mRNA的表达,以及在胚胎中海绵特异受体酪氨酸激酶(RTKvs)mRNA的高表达(Müller, 2006)。

此外,一些细胞信号转导基因或转录因子也被报道(Richards et al., 2008)。在原细胞中表达并且调节细胞分化和形态发生,如Wnt和TGFβ,Hedgling(编码包含HEDGE结构域的蛋白),Delta和一个存在于海洋大堡礁海绵*Amphimedonqueenslandica*(又名寻常海绵)胚胎中隶属于bHLH家族的基因*AmqbHLH1*。进一步精确的基因表达和功能分析将揭示在海绵形成功能个体过程中干细胞的调控机制。

从多细胞动物的出现开始,Piwi蛋白和piRNA似乎参与了维持多功能/多能成体干细胞产生生殖细胞的能力。据报道*Piwi*基因表达于刺胞动物和扁虫的多功能/多能成体干细胞中。此外,在真涡虫中显示Piwi蛋白和piRNAs的功能(Piwi蛋白相互作用的RNAs)对于维护多能成体干细胞是必要的(Hayashi et al., 2010)。尽管Piwi在水螅或海葵多功能干细胞中的表达尚未见报道,但有一些关于*Piwi*在水母中表达的报道。在进化上接近多细胞动物的这些生物中*Piwi*基因的表达支持如下的看法,即生殖细胞的进化是起源于多功能/多能成体干细胞。新近又发现*EfPiwi*A/B表达于两种类型的潜在多功能/多能海绵(原始生殖细胞和环细胞)细胞(Funayama et al., 2010),说明在最基本的现存多细胞动物海绵中,Piwi蛋白表达在既定体细胞直接产生配子。基于基因组数据的研究报道了Piwi蛋白和piRNAs存在于海葵*Nematostellavectensis*和*Amphimedonqueenslandica*(寻常海绵纲Demospongiae)(Grimson et al., 2008)。综上所述,*Piwi*基因通常表达于基本多细胞动物和扁虫的多功能/多能成体干细胞中,并且Piwi和piRNA对于维持真涡虫的多能成体干细胞是必需的。这些在基本多细胞动物中关于piRNA的发现表明在靠近进化树根的生物体中Piwi蛋白具有以piRNA介导的方式维持多功能/多能成体干细胞的功能。值得注意的是，在纤毛虫纲嗜热四膜虫中，明确表明 Piwi 蛋白和 piRNA 在保护体细胞基因组即“大核基因组”方面发挥表观遗传学的作用。此外，在现存的原生生物，包括领鞭毛虫 *Monosigabrevicollis*，甚至在原生动物丝盘虫 *Trichoplaxadhaerens* 中经常有 *Piwi* 基因丢失的报道。总之，这些事实令人推测最早的厚生动物已经拥有类似于果蝇或脊椎动物的 piwi/piRNA 系统，这一系统用于维持成体多能性干细胞以产生生殖细胞。后来在多细胞动物的进一步演化中，这个系统似乎已局限于用以维持生殖细胞。

（孙铭娟）

主要参考文献

Baruch Rinkevich. 2011. Cell Cultures from Marine Invertebrates: New Insights for Capturing Endless Stemness. Mar Biotechnol, 13: 345 - 354.

Francesca Mussino, Marina Pozzolini, Laura Valisano, et al. 2013. Primmorphs Cryopreservation: A New Method for Long-Time Storage of Sponge Cells. Mar Biotechnol, 15: 357 - 367.

Funayama N. 2010. The stem cell system in demosponges: insights into the origin of somatic stem cells. Dev Growth Differ, Jan; 52(1): 1 - 14.

Funayama N. 2013. The stem cell system in demosponges: suggested involvement of two types of cells: archeocytes (active stem cells) and choanocytes (food-entrapping flagellated cells). Dev Genes Evol, 223(1 - 2): 23 - 38.

Gang Jin, Wen Cheng, Jianguo Dai, et al. 2007. Research advances of cell and tissue cultures of marine Arthropoda. Marine Sciences, 31(11): 91 - 96.

Garth L Fletcher, Matthew L Rise. 2012. Aquaculture Biotechnology. John Wiley & Sons, Ltd.

Huarong Guo, Hanzhi Lin, Licheng Yin. 2007. Advances in the cell culture of marine invertibrates. Marine Sciences, 31(10): 82 - 86.

Joshi B, Chatterji A, Bhonde R. 2002. Long-term in vitro generation of amoebocytes from the Indian horseshoe crab Tachypleus gigas (Müller). In Vitro Cell Dev Biol Anim, 38(5): 255 - 257.

Liming Sun, Yuefan Song, Yi Qu, et al. 2007. Purification and in vitro cultivation of archaeocytes (stem cells) of the marine sponge Hymeniacidon perleve (Demospongiae). Cell Tissue Res, 328: 223 - 237.

Müller WE, Korzhev M, Le Pennec G, et al. 2003. Origin of metazoan stem cell system in sponges: first approach to establish the model (Suberites domuncula). Biomol Eng, 20(4 - 6): 369 - 79.

Okamoto K, Nakatsukasa M, Alié A, et al. 2012. The active stem cell specific expression of sponge Musashi homolog EflMsiA suggests its involvement in maintaining the stem cell state. Mech Dev, 129(1 - 4): 24 - 37.

Lakra WS, Swaminathan T Raja, Joy KP. 2011. Development, characterization, conservation and storage of fish cell lines: a review. Fish Physiol Biochem, 37: 1 - 20.

Werner EG. Müller. 2006. The stem cell concept in sponges (Porifera): Metazoan traits. Seminars in Cell & Developmental Biology, 17: 481 - 491.

Müller WE. 2006. The stem cell concept in sponges (Porifera): metazoan traits. Semin. Cell. Dev. Biol. 17: 481 - 491.

Richards GS, et al. 2008. Sponge genes provide new insight into the evolutionary origin of the neurogenic circuit. Curr. Biol. 18: 1156 - 1161.

Hayashi T, et al. 2010. Single-cell gene profiling of planarian stem cells utilizing FACS and its "index sorting" function for stem cell research. Dev. Growth Differ. 52: 131 - 144.

Funayama N. 2010. The stem cell system in demosponges: insights into the origin of somatic stem cells. Dev. Growth Differ. 52: 1 - 14.

Grimson A, et al. 2008. Early origins and evolution of microRNAs and Piwi-interacting RNAs in animals. Nature 455: 1193 - 1197.

第五章

海洋代谢工程技术

浩瀚而古老的海洋，在经历了数亿年的漫长自然演化之后，所筛选出的新颖独特的海洋天然产物，为人类药物开发提供了一个不可或缺的珍贵宝库。尽管如此，截至目前，经美国FDA(Food and Drug Administration)和欧盟EMEA(European Medicines Agency)批准上市的海洋药物仍只有8种，另有近20种海洋药物处于临床研究，相对于每年所发现的千余种新海洋天然产物，显得微乎其微。

在海洋药物开发所面临的种种问题中，药源瓶颈对开发所带来的限制显而易见。临床前研究对药物的需求量在数克至数百克之间，临床研究的需求量则在千克级，商业应用更是需要吨级产量，而活性海洋天然产物在生物体内往往含量极低，连临床前研究的用量都难以满足，这就大大影响了海洋药物的开发进度。

近年来，越来越多的研究证明，很多原本来源于海洋动植物的天然产物实际上是由微生物产生的，海洋微生物天然产物也在海洋天然产物中占据了越来越重要的地位。2011年新发现的海洋微生物天然产物比2010年增长达到30%，2012年又在2011年的基础上增长了10%，在2012年所发现的1 200余种新海洋天然产物中，有400余种来源于海洋微生物，占比达到了1/3以上。

代谢组学是对某一生物或细胞在特定生理时期内所有低分子质量代谢产物进行定性定量的研究，在海洋中，即是对海洋微生物代谢产物进行研究。海洋微生物身处复杂的海洋体系中，其代谢产物非常复杂。研究海洋微生物代谢组学后，即可选择其中特殊的代谢产物，采用发酵技术及代谢工程手段，将更好的探究微生物产次级代谢产物的机理，提高其发酵产量。这就为解决海洋药物开发药源问题提供了可能。

第一节　发 酵 技 术

作为现代生物技术先驱的微生物发酵工程，经过几十年的发展，已形成一整套成熟的发酵、后处理及分离纯化工艺，建立了大肠杆菌、枯草芽孢杆菌、酵母的高效表达系统。从海洋微生物中寻找特效海洋药物起步较晚，注意力转向海洋微生物发酵技术及其代谢产生的研究上是近几年的事情。目前已经有许多技术运用于实际生产。

一、发酵设备

海洋微生物的发酵要依靠发酵设备来实现，优良的发酵设备应该做到结构简单，不易染菌,液体混合性能好,传质传热速率高,可提供菌体生长和产物合成的各种条件,生产效率高,同时还需配备各种可靠的检测与控制部件。根据发酵过程对氧的需求,发酵罐可分为好氧发酵罐和厌氧发酵罐;根据发酵基质状态,又可分为液体发酵罐和固体发酵罐。

海洋微生物因其特性对于发酵设备往往还有一些特殊要求,比如使用天然或人工海水配制的高盐度培养基,对于由碳钢甚至普通不锈钢制成的发酵罐都有腐蚀风险,因此用于海洋微生物发酵的设备要做出相应调整以适应这些特殊需求。

(一) 通风发酵设备

针对好氧微生物发酵,通过通气和搅拌的方式来增加溶氧的发酵设备,可称为通风发酵设备。此类设备有机械搅拌通气式、气升式等多种类型,其中以机械搅拌通气式发酵罐最为常用,被称为通用式发酵罐,其在海洋微生物的发酵中应用也是最为广泛的。

1. 通用式发酵罐

通用式发酵罐的优点主要为:已有较为规范的工业放大方法,并在发酵企业中被广泛采用;温度和 pH 易于控制,操作弹性大;适合于连续培养等。当然它也存在缺点,如:搅拌的剪切作用易对丝状菌细胞造成机械损伤;能耗较大;内部结构复杂,给清洗造成困难,容易留有死角并造成染菌等。

通用式发酵罐的结构如图 5－1 所示,主要部件包括:罐体、搅拌器、消泡器、轴封、联轴器、挡板、空气分布器、冷却装置等。

发酵罐中的机械搅拌装置主要作用是打碎空气气泡,增加气液接触,提高气液传质,同时还可使发酵液混合均匀,使固体物料保持悬浮。此外,还要加装挡板,以防止搅拌器引起的发酵液漩涡,一些立式冷却蛇管等装置也可起到类似挡板的作用。无菌空气通过空气分布管被引入发酵罐内,生产中多采用单孔管,开口向下,可防止被菌体或物料阻塞,主要依靠搅拌器来打碎气泡。发酵液中常含有蛋白质等发泡物质,发酵中易产生大量泡沫,泡沫过多会造成发酵液外溢,增加染菌机会。除了在发酵液中添加消泡剂以外,还可配合机械消泡器来打碎泡沫。发酵过程中会产生发酵热,热值平均在 10 400～33 500 $kJ/(m^3 \cdot h)$,因此需要冷却装置将热量及时传递出去,以保证发酵过程恒温。

2. 气升式发酵罐

其他通风发酵设备如气升式发酵罐也在近年来得到发展,目前多用于生产单细胞蛋白。与通用式发酵罐相比,气升式发酵罐的主要优点为:① 发酵罐结构简单、功耗小;② 省去轴封,排除因此造成的染菌;③ 减少由剪切力造成的细胞受损;④ 传氧速率高。当然气升式发酵罐的应用也有局限,它并不适用于高黏度、高固体含量发酵液的发酵。因此对剪切敏感,发酵液黏度不高的海洋微生物可尝试使用气升式发酵罐。

典型的气升式发酵罐有鼓泡式发酵罐和气升环流式发酵罐。鼓泡式发酵罐无机械搅拌装置,仅依靠鼓入空气来实现混合与传质。塔式反应器加装多孔筛板来阻截气泡,延长了气液接触时间,不断形成的气液界面,减小了液膜阻力,提高了氧利用率。

气升环流式发酵罐利用气升方式诱导的环流来实现气液两相的混合与传质,在反应器内形成液体环流。常见的气升环流式发酵罐有外循环气升环流式发酵罐,在罐体外设体外循环管;或内循环气升环流式发酵罐,在罐体内设导流筒或垂直隔板,如图 5－2 所示。

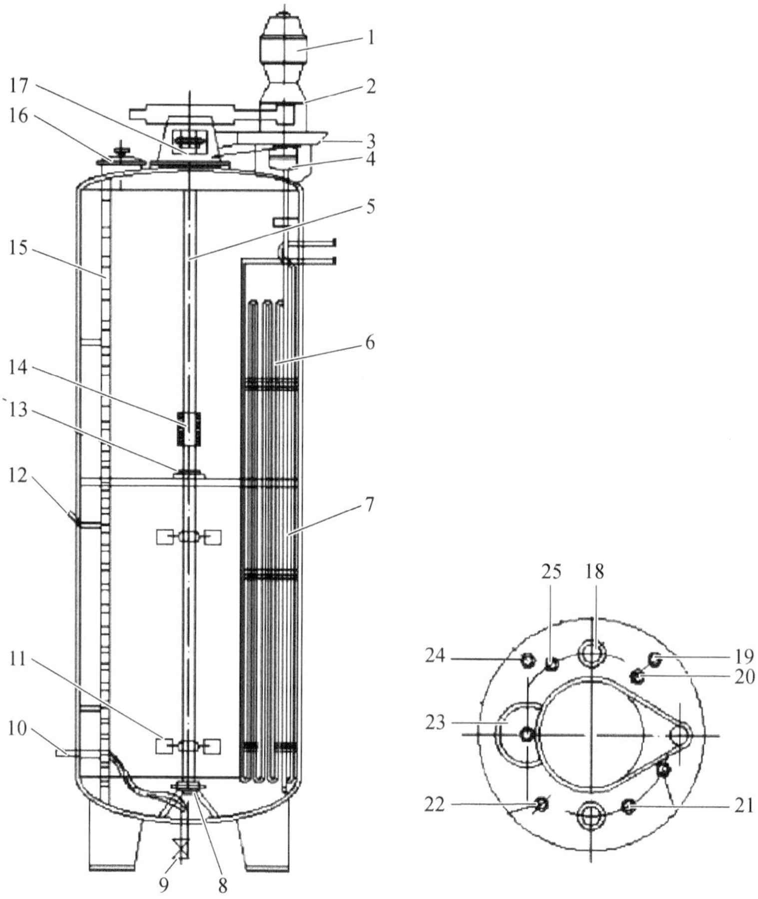

图 5-1　通用式发酵罐结构图(引自蒋新龙,2011)

1. 电机;2. 三角传动皮带;3. 轴承座;4. 取样管;5. 搅拌轴;6. 冷却蛇管;7. 热电偶接口;8. 底轴承;9. 放料口;10. 进风管;11. 搅拌器;12. 温度计;13. 中间轴承;14. 联轴器;15. 梯子;16. 入孔;17. 轴封;18. 视镜;19. 回流口;20. 排气口;21. 补料口;22. 进料口;23. 入孔;24. 取样口;25. 压力表

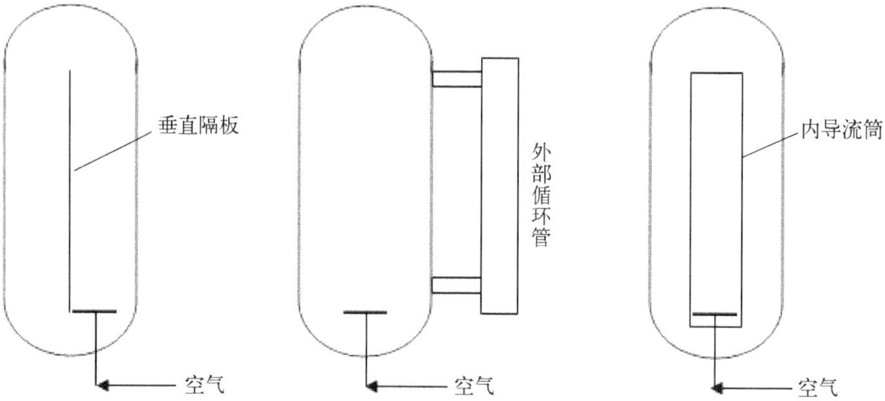

图 5-2　气升环流式发酵罐示意图(引自宋存江,2014)

（二）厌氧发酵设备

厌氧发酵设备现在多应用于乙醇、啤酒、乳酸、丁醇和丙酮的发酵中，在深海或是一些海洋生物体内也常存在一些厌氧微生物，它们的发酵可以借鉴现有的厌氧发酵设备。因为不需要供氧，厌氧发酵设备相比通风发酵设备结构更为简单。

常见的厌氧发酵设备有乙醇发酵罐、啤酒发酵罐等。乙醇发酵罐一般为密闭式，罐体圆柱形，底盖和顶盖为碟形或锥形，如图 5－3 所示。大型发酵罐内部可装有水力喷射洗涤装置。

啤酒发酵罐目前主要采用不锈钢材质的圆筒体锥底立式发酵罐，可单独用于前发酵或后发酵，也可进行一罐法合并发酵。其发酵时间短，且生产上具灵活性，因此得到广泛应用，如图 5－4 所示。

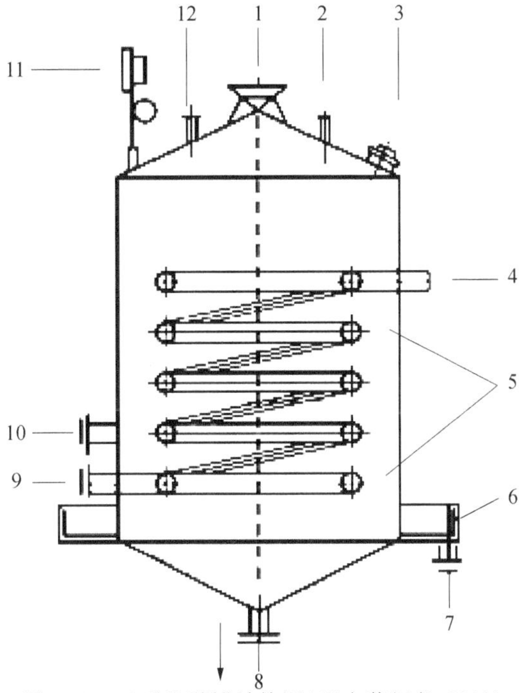

图 5－3　乙醇发酵罐结构图（引自蒋新龙，2011）

1. 喷淋水入口；2. 料液与酒母入口；3. 入孔；4. 冷却水出口；5. 温度计；6. 喷淋水收集槽；7. 喷淋水出口；8. 发酵液及污水排出口；9. 冷却水入口；10. 取样口；11. 压力表；12. CO_2出口

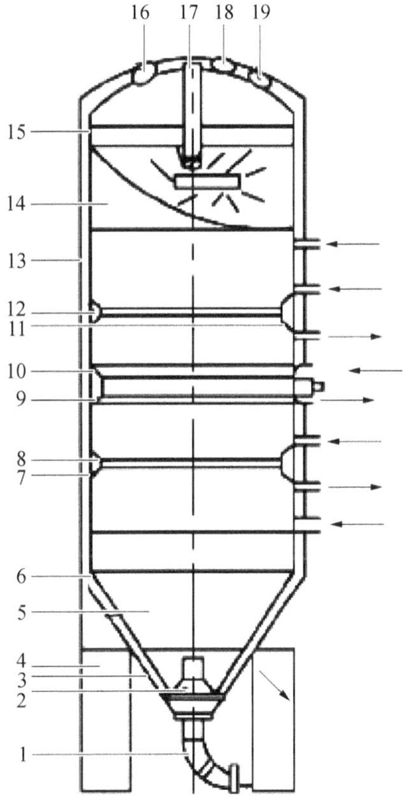

图 5－4　锥形发酵罐结构图（引自蒋新龙，2011）

1. 麦汁、酒液进口，酵母排放口；2. 底部酒液排出口；3. 锥底冷却夹套；4. 基柱；5. 锥底；6. 支脚；7. 温度计；8. 取样管；9. 中间酒液排出管；10. 冷媒入口；11. 冷媒出口；12. 保温层；13. 冷却夹套；14. 罐身；15. 封头；16. 入孔；17. 自动洗涤器；18. CO_2排出管；19. 视镜

（三）固态发酵设备

一些对剪切敏感的海洋微生物还可尝试固态发酵设备，特别是对于一些海洋生物的共附生微生物或是底泥微生物，固态发酵可能更类似于其原始生长状态，更有利于其代谢产物的产生。

1. 静态固态发酵反应器

静态固态发酵反应器能较好地模拟静止生长的海洋微生物的原始生长状态，但其最大问题是发酵热较难散发，因此在规模放大上存在困难，静态固态发酵反应器主要有托盘式和填充床式两种，如图5-5所示。

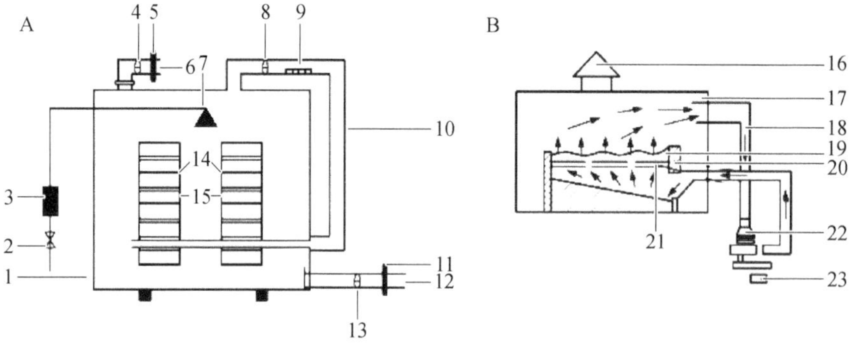

图5-5 静态固态发酵反应器结构图（A. 托盘式；B. 填充床式）（引自蒋新龙，2011）

1. 浅盘室；2. 水阀门；3. 紫外灯；4,8,13. 空气阀门；5,11. 空气过滤器；6. 排气口；7. 加湿器；9. 加热器；10. 空气循环；12. 进气口；14. 浅盘；15. 浅盘架；16. 天窗；17. 曲室；18. 风道；19. 曲槽；20. 曲料；21. 框架；22. 鼓风机；23. 电动机

托盘式固态发酵反应器较为简单，将较薄的发酵基质铺在一个面积较大的托盘上，托盘置于浅盘架上，不进行强制通风，发酵温度随环境温度变化。填充床式固态发酵反应器将发酵基质填充在圆柱中，圆柱下有打孔的支撑板，通过对孔板强制通入水饱和空气，可对发酵基质进行供氧并调节温度和湿度。相对于托盘式固态发酵反应器，填充床式固态发酵反应器供氧更好。

2. 动态固态发酵反应器

动态固态发酵反应器通过罐体转动、机械搅动或气体鼓动等方式，让颗粒状固体物料产生一定的运动，让供氧更充分，温度湿度更均匀，从而改善静态固态发酵反应器的一些缺点，但由此也会引入一定的剪切力，对特别敏感的菌株有一定影响。动态固态发酵反应器有转鼓式、搅拌式等多种类型（图5-6）。

3. 吸附载体固态发酵

吸附载体固态发酵以天然或人工合成的多孔固态基质为载体，以培养液为营养来源，固体物料既充当基质又是营养源，发酵结束后，菌体、培养液可与载体分类，载体可反复利用。吸附载体固态发酵中的培养液不呈游离流动状态，而是形成液膜，包裹于载体表面，液膜内表面与载体形成固液界面，而外表面又与空气形成气液界面，微生物在液膜中生长形成生物膜，这种巨大的比表面积给微生物提供了良好的表面生长环境。

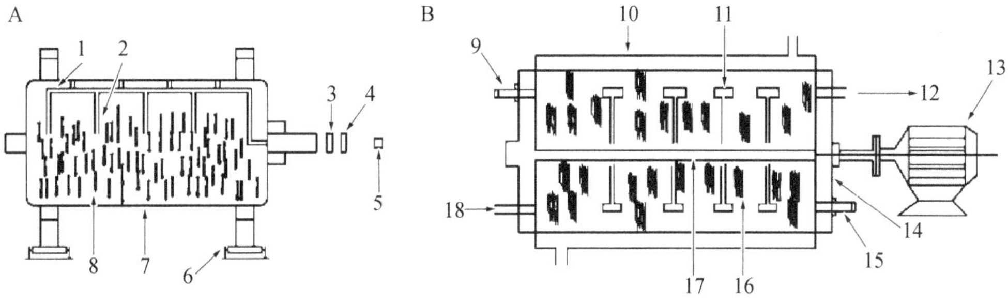

图5－6 动态固态发酵反应器结构图(A. 转鼓式;B. 搅拌式)(引自蒋新龙,2011)

1. 空气通道;2. 空气喷嘴;3. 接合器;4. 旋转连轴器;5. 空气入口;6. 棍子;7. 转鼓;8. 固体培养基;9, 15. 温度探针;10. 水夹套;11. 桨;12. 空气出口;13. 搅拌电机;14. 反应器;16. 固体培养基;17. 搅拌轴;18. 空气进口

(四)发酵设备的防腐蚀

针对使用天然或人工海水配制的高盐度培养基,对由碳钢或普通不锈钢制成的发酵罐可能造成的腐蚀风险,可以采取两方面的措施,一是使用防腐蚀性能更好的不锈钢材来制造发酵罐,二是在发酵罐内壁增加防腐蚀涂料涂层。

904L是一种具有优异抗腐蚀性能的奥氏体不锈钢,它以高镍和高铬含量、低含碳量,以及少量的钼、铜含量为最显著特征。高镍、铬含量使其在恶劣的氧化还原环境下具有抗腐蚀性能;钼和铜的加入可大大提高其在还原性酸介质中,抗点腐蚀、间隙腐蚀及全面腐蚀的能力;高镍有助于其抗氯离子诱发的晶间腐蚀;低碳含量也提高了904L不锈钢的抗晶间腐蚀能力。

904L不锈钢的早期开发是为了在酸性环境中应用,但其优异性能,使其可能成为建造暴露于高氯离子海水环境下的发酵设备的理想材料。不锈钢在含氯离子的介质中的一个主要问题是对局部腐蚀敏感。钼是改善点腐蚀性能的最主要元素之一。通常以电化学方法来测定材料的电位,电位越高,则材料的抗点腐蚀性能越好。表5－1为几种不锈钢材料的电位对比,从中可以看出904L不锈钢的抗腐蚀性能最为优越。

表5－1 不锈钢电位及腐蚀率对比(引自王小芳,2000)

不锈钢牌号	电化学电位/mV	腐蚀率/(mm/a)	最大腐蚀深度/mm	腐蚀点数
304	30	6.7	1.5	15
316L	140	5.1	1	10
317L	340	1.5	0.5	10
904L	430	0.1	0	0

在硫酸制造业,国外有将904L不锈钢应用于硫酸制造过程冷却管网的案例。在这一环境下,也可采用一般的316L不锈钢,甚至以前也采用铸铁管或铅管,但由于使用盐水作为冷却介质,会有较为严重的腐蚀现象。而用904L不锈钢作管道,使用两年后检查仍未发现腐蚀现象。从上述应用案例可以看出904L不锈钢在盐水环境下有更优越的防腐蚀性能。

当然使用防腐蚀性能更好的不锈钢材也可能造成制造成本的上升，因此亦可采取在发酵罐内壁增涂防腐蚀涂料来起到类似的效果。有黄酒制作企业使用碳钢制作发酵罐罐体，并加涂 T－541 涂料来起到内壁防腐的作用，比用不锈钢制造罐体节约成本约一半。

T－541 是一种无溶剂、双组分的环氧涂料，由环氧树脂、高性能固化剂及颜料组合而成。其主要特点为：① 涂膜层表面整洁光亮、致密无微孔，防护性能好，易于清洗，使用寿命长；② 涂膜层符合卫生标准，浸泡后的水溶液可达到饮用水标准；③ 涂膜层可耐受各种浓度的强碱、盐水，耐各种油类和稀酸；④ 涂膜层耐冷热，在－20℃~120℃温度范围内，不会出现起泡、龟裂、分层等现象。T－541 涂料已应用于多种食品行业的发酵罐内壁。

T－541 涂料涂层的优点显而易见，但其也有不足之处，在使用过程中 T－541 涂层一旦遭到破坏，很难恢复，即使修补，效果也大不如前，且修复处易成为罐内死角，难以清洗，容易造成染菌事故。较强的氧化杀菌剂对 T－541 涂料有较大损伤，因此在罐体清洗时需格外注意。（引自蒋凤山，2011）

二、发酵过程

发酵的一般过程可概括为：① 将保存的菌种通过逐级扩大培养来获得足够的种子；② 将放大培养后的种子和经过灭菌的发酵培养基转入生产用生物反应器进行发酵生产；③ 通过各种参数控制，使发酵按照预期方向进行；④ 通过下游技术进行产品的分离纯化。如图 5－7 所示。

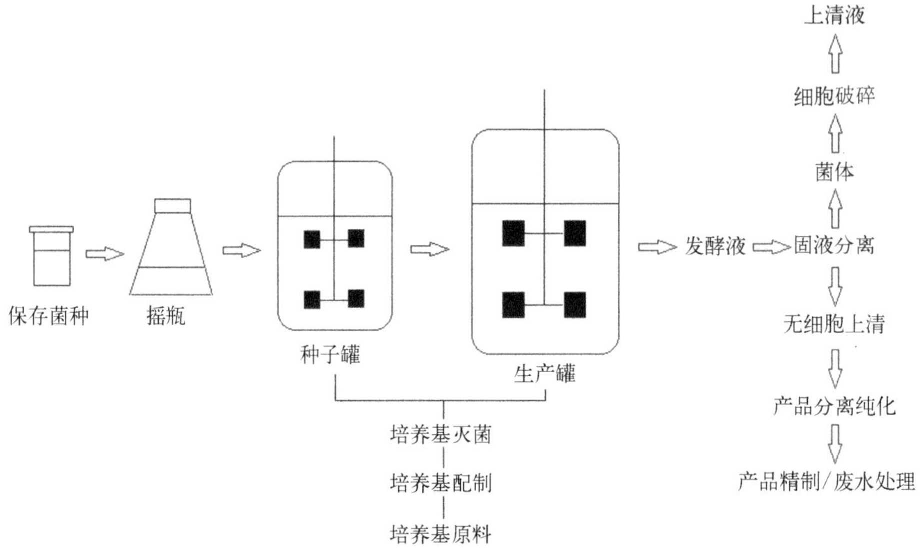

图 5－7　发酵的一般过程（引自宋存江，2014）

（一）种子扩大培养

种子扩大培养不仅有数量上的要求也有质量上的要求。首先，要满足接种到生产用发酵罐中的菌种数量要求，活化后的菌种只有经过逐级扩大培养才能实现。其次，要使种子符合发酵生产需求,其生理状况必须稳定,个体与群体活力强,种子逐级扩大培养过程也是菌种驯化的过程,这样接入生产用发酵罐后才能迅速生长。

种子制备过程一般可分为两个阶段,一是从储备菌种出发到斜面活化直至各种摇瓶、茄形瓶、扁瓶活化的实验室种子制备阶段;二是各级种子罐活化的生产车间种子制备阶段。

种子培养基是供细胞生长繁殖或孢子萌发成菌丝体的培养基,根据不同的菌种有不同的要求,营养一般比较丰富完全,富含有机氮和维生素,但总浓度不宜过高,以保证足够的溶解氧利于菌体大量繁殖。

对于丝状真菌和放线菌等产孢子微生物而言,种子培养基之前还常用到孢子培养基,以使菌种繁殖产生大量孢子,利于后续扩大培养。孢子培养基的有机氮不宜太丰富,否则不利产孢子;同时无机盐浓度也应适度,过高亦会影响孢子数量和特性;最后还需保持合适的 pH 和湿度。

除了种子培养基以外,培养条件包括温度、湿度、pH、培养时间和冷藏时间等都会影响种子质量,需要培育者加以注意。当种子最终接入生产用发酵罐时,其种龄和接种量同样十分关键。种龄过嫩或过老均不利于发酵,一般取处于对数生长期活力最旺盛的种子,以尚未达到菌体最大量时为宜。接种量的要求则根据不同的发酵产品各有不同,一般而言,较大的接种量有利于减少染菌机会,但也容易造成菌体过快生长,而使发酵液黏度过高不利于传氧。

(二)发酵培养基

发酵培养基是生产发酵产品的基础,它既要能满足菌种生长繁殖的需要,又要能为菌种进行代谢活动生产发酵产品提供原料,同时还需考虑其本身的经济成本。成功的发酵既需要优良的菌种,也需要合适的发酵培养基。针对发酵培养基的优化主要有发酵培养基组成成分优化和各组分含量优化两个方面。

发酵培养基组成成分一般包括碳源、氮源、无机盐、生长因子、前体、诱导物、促进剂等各方面。碳源是微生物进行菌体生长、能量代谢、产物合成的必需成分,氮源同样是微生物生长繁殖、产物合成的必需营养,可分为有机氮源和无机氮源。除碳、氮源外,细胞生长还需要磷、硫、钠、钾、镁、钙、铁、氯、锰、锌、钴等各种无机盐和微量元素,一般将所需浓度在 10^{-8}~10^{-6} mol/L 的元素称为微量元素。无机盐参与了细胞的酸碱平衡、渗透压维持,有些无机盐是某些酶的辅酶或辅基的重要组成成分,对维持酶的功能具有重要作用。生长因子包括维生素、氨基酸、嘌呤嘧啶及其衍生物等,并非所有微生物必需,但对有些生长缺陷的微生物不可或缺。前体是指在代谢产物合成过程中直接或间接结合到产物分子中的小分子化合物。诱导物是促进某些基因转录或促进某些反应发生的物质。促进剂则是能促进产物合成而与营养无关的一些微量物质。

在确定了发酵培养基所需的各种组成成分后,还需优化各组分的含量。尤其需要考虑培养基中的碳氮比。碳氮比不合适会直接影响菌体的生长和产物的合成,一般而言,氮源比例不宜过高,以免使菌体生长过于旺盛,而不利于产物积累。

（三）发酵过程控制

在有了合适的种子和培养基之后，对发酵过程进行合理的控制也是发酵工程的重要一环，很多因素都会对发酵过程产生重要影响，如温度、溶解氧、pH、底物浓度等。此外，发酵过程中还需控制泡沫，并防止杂菌及噬菌体污染。

温度与发酵过程中微生物的生长速率、底物消耗速率、产物合成速率、氧的溶解度与传递速率等密切相关。同时，温度选择还与营养浓度、通气条件等有关。当营养浓度较低或较易利用，温度过高会使营养过快耗尽，导致细胞过早自溶，影响生产；而当营养成分较难以利用时，适当提高温度则会有利于菌体生长和产物合成。当通气条件较差时，需适当降低温度，以增加氧的溶解，并防止微生物生长过快，造成代谢异常。

多数发酵过程均为好氧发酵，因此发酵液中的溶解氧对菌体生长、底物利用和产物合成等有重要影响。整个发酵过程中，一般在发酵前期，随着菌体的快速生长，摄氧率达到高峰，溶氧会快速下降；到稳定期，菌体不再明显生长，需氧减少，溶氧常随之上升，在这一产物合成的主要时期，溶氧的变化主要受到补料等的影响；当发酵进入衰退期，菌体开始自溶，溶氧则进一步上升。

pH 对细胞生长和代谢产物合成也有重要影响，主要体现在：① pH 影响细胞原生质体膜所带电荷状态；② pH 直接影响胞内酶活性；③ pH 影响培养基中某些重要营养成分和代谢中间产物的解离；④ pH 变化影响菌体代谢方向；⑤ pH 影响细胞形态与结构；⑥ pH 会对发酵液或代谢产物稳定性产生影响。影响 pH 的因素包括培养基初始 pH、菌种、培养基中的碳氮源、不同的生长生产阶段等，一般当培养基中碳氮比较高或铵态氮较多，发酵过程较易产酸；而当培养基中碳氮比较低或硝态氮较多，发酵过程较易产碱。

调节发酵过程 pH 方式有很多，如：① 调节发酵液初始 pH，加入一些具有缓冲作用的成分；② 在培养过程中加酸或加碱调节；③ 通过补料来调节，如补加葡萄糖会使 pH 降低，流加氨水、尿素会使 pH 升高；④ 通过加入碳酸钙来调节 pH 等。可以控制恒定的 pH，也可以根据不同发酵阶段的特点调节 pH，应根据不同的发酵菌种和发酵产品合理选择调节 pH 的方式。

发酵过程的底物除了靠发酵培养基提供之外，还可在发酵过程中进行补料，补料可以补充菌体所需的营养，延缓菌体自溶，延长产物合成周期。补料操作有许多需要考虑的因素，如：何时开始补料，补哪些料，以何种方式补料，如何控制等等。何时开始补料一般以发酵液中的残糖作为一个重要指标，此外产物合成速率，溶氧、pH 变化，尾气成分变化等也是判断的依据。补料的成分也根据各发酵过程各有不同，可以是单一补糖，如葡萄糖，或是进行多组分补料。补料的方式有：一次补料、周期性流加、脉冲式流加、连续流加等；每次流加的方式又可分为：恒速流加、指数流加及变速流加等，不同的补料与流加方式对微生物的生长和产物合成的效果不同，应根据不同发酵目的进行选择物浓度等作为控制参数；无反馈控制则以前人经验结合数学模型进行补料控制。

发酵过程中还需注重泡沫控制，以及防止杂菌及噬菌体污染等。除了发酵设备中介绍的消泡桨可以进行机械消泡，还可添加化学消泡剂来消除泡沫，化学消泡剂包括天热油脂、高级醇、聚醚、硅酮等，应根据需要限量添加，以免添加过多影响菌体生长。

（四）产品分离纯化

产品分离纯化的“下游技术”对发酵产品的最终产出同样十分关键，要做到条件温和，不破坏发酵产品的生物活性；又要具有良好的选择性、专一性，能做到高效分离；还需具有良好重现性，建立产品制备规范流程，降低成本，减少污染。

产品分离纯化首先要进行发酵液的固液分离，对于胞外产物可通过发酵液上清进行后续分离纯化；对于菌体产品可经过洗涤后直接收获；对于胞内产物可经过细胞破碎后将产品释放于液相中进行后续分离纯化。其次，对产品进行粗分离和细分离，粗分离涉及萃取、沉淀、浓缩等技术，细分离涉及结晶、色谱、膜分离等技术。最终，发酵产品经过干燥制成成品。

第二节 生物反应器操作模式

各种细胞及其代谢产物的生产过程都要通过细胞培养，而细胞培养所用的装置就是反应器（reactor）。在生物过程中，生物反应器具有中心的作用，它是连接原料和产物的桥梁。在反应器中，通过一系列生物化学过程，廉价的原料升值，获得了目的产物。因此反应器的操作，是生物工程中一个极其重要的问题，它对产品的成本和质量有着重要的影响。

生物反应器的操作模型是描述理想生物反应器在不同操作方式时，反应器内所进行生物反应的动力学特征。它从反应器水平上描述生物反应过程的宏观动力学变化，是生物反应器设计的基础模型。

一、操作模型

生物反应器的操作模型系指根据反应器的物料加入和流出的操作方式所建立的模型。

（一）操作模型分类

根据反应器加料和出料方式的不同，可将其分为分批操作、连续操作和补料分批操作三个基本操作模型。

1. 分批操作

分批操作又称间歇操作（图5－8），它是生物反应中应用最早又最多的一种操作方式。它有如下特点：① 反应物料一次性加入，一次性排出。操作过程中反应器与外界环境无物料交换；② 反应器内的物料都具有相同的停留时间和反应时间；③ 反应器内细胞所处的环境不断地变化，反应过程处于非稳态操作，细胞反应不能始终在最优条件下进行，反应过程处于非定态操作；④ 操作简单，易于掌握，周期短，不易发生杂菌污染和菌种变异，适用于多品种，小批量的生产过程和反应速率较慢的细胞反应过

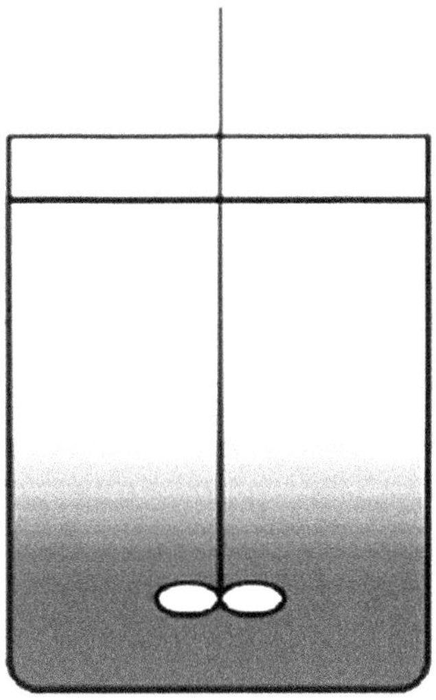

图5－8 分批操作反应器示意图
（引自焦炳华，2014）

程；⑤ 该操作有辅助操作时间（进料，出料和清洗时间），生产效率较低，下游分离纯化工程需分批进行。

2. 连续操作

与分批操作特性完全相反，若在动力学曲线上选择反应速率最大的一点，则在这种理想的情况下，连续操作可达到最大的反应器生产能力。它的主要特点：① 反应底物连续稳定地输入反应器中，同时反应液（包含产物）亦以相同流速连续稳定地从反应器中流出，因此，反应器内反应液体积保持恒定；② 稳态特性，底物浓度和细胞浓度保持不变，细胞所处的环境恒定；③ 可进行稳定高效的过程参数控制；④ 具有反应条件恒定，产品质量稳定和生产效率较高的优点。该操作适用于遗传性能稳定，反应环境不受到污染的细胞反应过程。如单细胞蛋白、面包酵母、乙醇和丙酮-丁醇发酵、污水的生化处理以及固定化细胞等反应过程。

3. 补料分批操作

该操作具有较为重要的应用价值，又称为半分批操作、半连续操作、流加操作。该操作方式既有分批特性，又有连续特性，是介于分批操作和连续操作之间的一种过渡操作方式，它主要特点如下：① 在反应进行中，反应物或连续或分批加入，而产物则一次性或间断地排出；② 整个操作过程分为两种模式，先将少量培养液加入反应器中，以分批培养的模式进行细胞培养，当细胞浓度达到一定数值后，向反应器内加入某种特定的一种或多种限制性底物，即流加操作过程。在流加过程中，控制限制性底物浓度保持一定。当反应过程结束，将培养液一次性从反应器中取出；③ 可用于调节细胞反应环境中营养物的浓度。一方面它可以避免由于营养成分浓度过高而出现底物抑制现象；另一方面它又能防止某些限制性营养成分在反应过程中被消耗尽而影响细胞的生长和产物的形成。因此，它适合于次级代谢产物合成的特点，可提高产量，也有利于实现细胞的高密度培养；④ 反应过程中，随着底物流加速率的变化，反应液的体积和组成、细胞浓度等过程状态变量均随时间而变化。所以，补料分批操作的主要特征是：通过实施流加策略，实现细胞反应过程的优化，提高反应器的生产效率（图 5－9）。

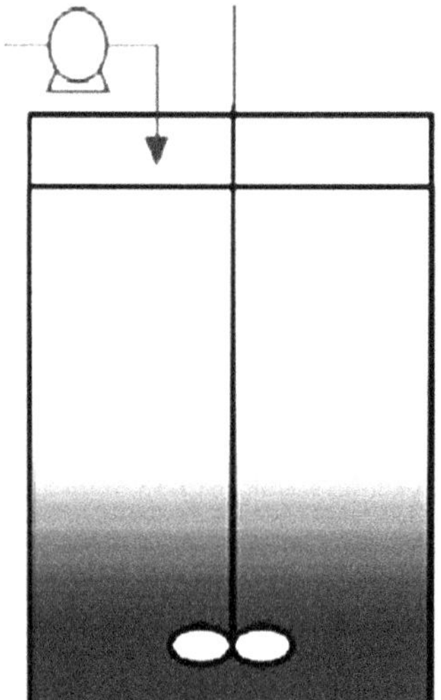

图 5－9 流加操作反应器示意图（引自焦炳华，2014）

目前流加操作由于适用于细胞高密度培养和存在底物抑制与使用缺陷型变异株的细胞反应过程，已普遍用于氨基酸、抗生素、酶制剂、单细胞蛋白、有机酸以及有机溶剂等产品的生产过程，已成为生物反应器中应用较多的操作模式。

图5－10 表示了搅拌槽式反应器的 3 种操作模式及其进行细胞反应时的浓度分布特征。

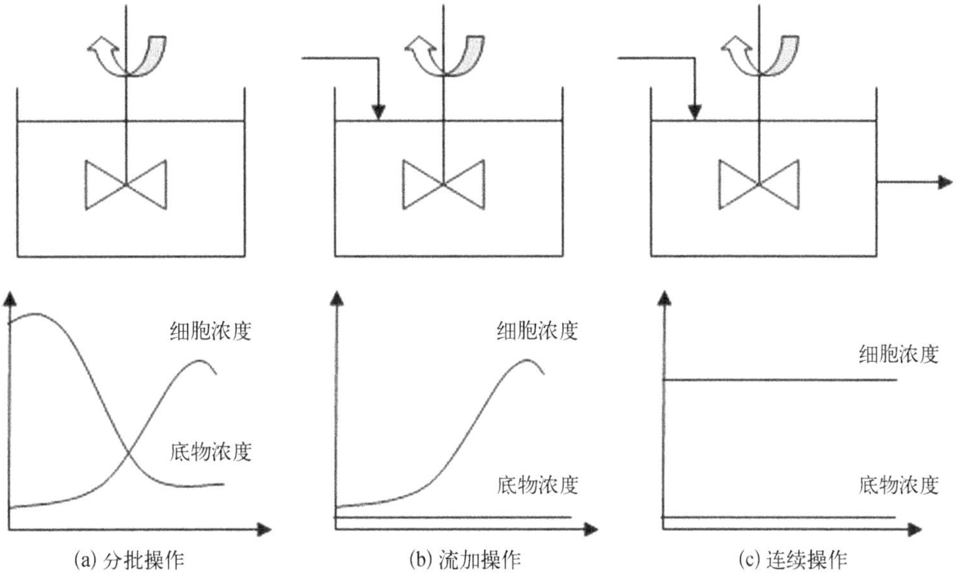

图 5-10 3 种操作模式细胞反应特征比较(引自焦炳华,2014)

二、生物反应器的应用(实例)

(一) Ⅰ期临床抗肿瘤药物 Salinosporamide A 的发酵技术

在目前10种处于临床研究的海洋药物中,有一种是来源于海洋红树林放线菌热带盐胞菌(*Salinispora tropica*)的抗肿瘤活性代谢产物 Salinosporamide A(图 5-11),最初由美国加州大学斯克里普斯海洋研究所(Scripps Institution of Oceanography)分离得到。Salinosporamide A 经由一种不常见的聚酮-非核糖体肽杂合途径生物合成,且分子中含有氯,而卤素在提高药效方面有着重要作用。

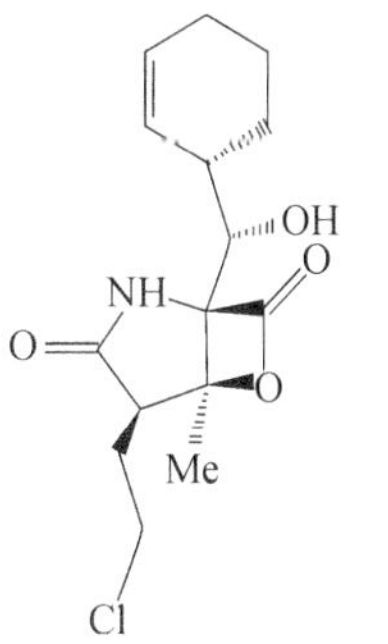

图 5-11 Salinosporamide A 的结构

美国加州大学斯克里普斯海洋研究所使用 *S. tropica* CNB476 发酵生产 Salinosporamide A 时,其摇瓶产量仅4 mg/L,且使用的培养基成分中有许多动物来源的成分及天然海水,不符合 FDA 的 cGMP(current Good Manufacturing Practice)生产标准。当美国 Nereus 制药公司接手这个潜力药物后,对它的发酵技术做了很多改进,主要从大孔树脂添加、出发菌株筛选、培养基成分改变等3个方面,分5个步骤进行发酵优化(表5-2),不仅使其产量大幅提升,并能够满足 FDA 的生产要求,为其进入临床研究打下基础。

表 5-2 Salinosporamide A 发酵优化步骤与效果(引自 Potts, 2010)

改进步骤	优化参数	摇瓶产量/(mg/L)	发酵罐产量/(mg/L)
—	初始条件	4	—
1	添加树脂	70	25
2	接种优化与树脂添加方式	120	120
3	培养基组成改变	220	220
4	高产单菌株筛选	330	330
5	培养基统计学优化	450	360

发酵优化最初的成功来自大孔树脂添加,由于 Salinosporamide A 分子结构内存在一个 β-内酯环,造成它在水溶液中不稳定,通过添加大孔树脂,可以吸附 Salinosporamide A 分子而使其稳定存在。初步的树脂添加就使摇瓶产量提高了 18 倍,而在优化了树脂种类、添加方式,并选择高产单菌株添加后,这一提高倍数更是达到了近 70 倍。

其次,美国 Nereus 制药公司进行了高产单菌株的筛选,由于野生菌种中通常存在有生产能力不同的单菌株,通过单菌株筛选也可使产量提高,最终他们得到了高产单菌株 NPS21184,不仅使 Salinosporamide A 产量提高,并且使分子结构中缺少氯的副产物含量减少了 3 倍,大大有利于后期纯化。

此外,美国 Nereus 制药公司还通过培养基成分优化,去除了原培养基中的动物来源成分及天然海水,代之以植物成分和商业化的人工海水,不仅使产量提高,也符合了 FDA 的 cGMP 生产标准。最终,经过上述系列发酵条件优化,Salinosporamide A 的摇瓶产量提高了 100 余倍,由 4 mg/L 跃升至 450 mg/L。

在发酵放大的过程中,美国 Nereus 制药公司主要优化了通气、搅拌以及起泡等问题,并通过金属表面钝化处理,发酵温度控制,及时清洗等方法克服了使用人工海水培养基对 316 型不锈钢制生物反应器的腐蚀风险,在 42 L 生物反应器中实现了 360 mg/L 的产量,并进一步放大至 500~1 500 L 工业反应器,实现了 250~300 mg/L 的产量。

最后,他们还优化了下游分离提取技术,通过过滤收集吸附有药物的大孔树脂,以乙酸乙酯洗脱并浓缩。为了保持 Salinosporamide A 的旋光稳定性,所有下游分离提取步骤均在非水相溶剂中进行。乙酸乙酯粗提物经过一个快速制备色谱分离,Salinosporamide A 纯度即从约 55% 提高至约 95%,但仍然含有约 3% 的手性异构体杂质。之后,再利用 Salinosporamide A 与其手性异构体溶解度的微小差异,通过结晶纯化,可使手性异构体杂质降至 1% 以下,而 Salinosporamide A 纯度达到 98% 以上,符合 cGMP 生产标准,同时从粗提物中的回收率也达到了约 50%。

综上,Salinosporamide A 发酵技术的优化,工业化规模放大以及下游分离提取技术的建立,为其临床开发及最终的商业化应用,打下了坚实的基础。

(二) 临床前抗肿瘤药物 1403C 的发酵技术

中山大学从海洋红树林内生真菌 *Halorosellinia* sp. (No. 1403) 中分离得到具有良好抗肿瘤活性的化合物 1403C(图 5-12),但其原始产量仅1.3 mg/L,由华东理工大学对其进行发酵优化，最终达到了 1 000 L 反应器发酵规模的克级产量，实现了单批次发酵千克级的生产规模，为其临床前研究提供了充足的原料。

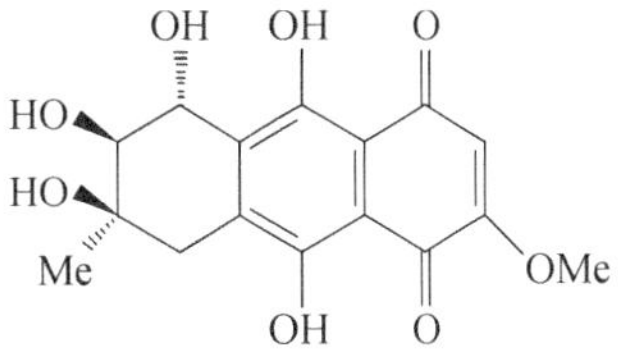

图 5－12　1403C 的结构

首先，在摇瓶水平上对发酵培养基进行改良，通过碳氮源筛选，人工海水组分优化，以及培养基组分的统计学优化，最终使 1403C 的摇瓶产量达到了 2.2 g/L。合适的发酵培养基为其发酵放大奠定了基础。

其次，在 5 L 小型生物反应器上，分别考察了 pH、接种量、搅拌速度、搅拌桨桨型和溶解氧（DO）五个因素，对 1403C 产量的影响。

在 5 L 小型生物反应器发酵过程中，若不加控制，发酵液 pH 将长时间处于较低水平，导致碳源代谢紊乱，葡萄糖利用缓慢，同时伴随着副产物的大量积累，干扰了 1403C 的合成代谢通量，使 1403C 在小型生物反应器中的产量仅为 0.61 g/L。而通过模拟摇瓶条件控制 pH，避免代谢紊乱的发生，能使 1403C 产量达到 0.92 g/L，比小型生物反应器原始产量提高了近 50%。

考察了 3%~13% 的不同接种量，5% 接种量效果最好，发酵 108 h 后，1403C 产量达到 1.21 g/L，比原始产量提高了 99%。较低接种量仅收获大量菌体，而产量较少；较大接种量也并不利于产物合成。

有关于搅拌速度与搅拌桨桨型的研究表明，双层六平叶涡轮桨以及初始转速 400 r/min，适合于 1403C 生产。因为 *Halorosellinia* sp.（No. 1403）的菌丝体呈宏观菌簇状形态，发酵液黏度比较低，故而双层六平叶涡轮桨的湍动与混合程度强于平叶-斜叶混合桨，供氧条件更好。*Halorosellinia* sp.（No. 1403）可耐受一定的剪切力，但若转速过高也会对菌丝生长造成严重破坏，不利于生产，因此需控制合理的转速为 400 r/min。

摇瓶装液量实验表明 *Halorosellinia* sp.（No. 1403）发酵前期须有充足的氧供给，后期供氧则可稍低，因此在小型生物反应器上通过对通气量和搅拌速度的控制，初始通气量控为 0.5 vvm，保证发酵前期的最低溶氧不低于 30%，发酵后期的溶氧维持在 30%~40% 范围内，最终实现 1403C 产量 1.32 g/L，相比原始产量提高幅度达到 116%。

接下来，根据桨尖线速度和初始通气量相似的原则，以 5 L 小型生物反应器控制工艺为参考，逐步放大到 500~1 000 L 反应器发酵规模。在中试试验中，pH 控制同样成为关键因素，如不加控制仍会出现 pH 过低以致代谢混乱的情况，但加以合理控制后，500~1 000 L 中试规模生物反应器同样可以实现不低于 1.15 g/L 的产量，与 5 L 小型生物反应器产量基本一致，达到了很好的放大效果。500 L 发酵过程曲线见图 5－13。

同时，研究表明 pH 不仅对 1403C 的产量有重要影响，还对其产物分布形式起关键作用，而这一点对其下游分离提取工艺大有影响。当 pH 很低，1403C 溶解于发酵液中，当 pH 上升，1403C 则逐渐析出而吸附于菌体表面。通过扫描电镜观察菌丝体发现，酸性时（pH＝3.0）菌丝多处凹陷，碱性时（pH＝11.0）菌丝上则遍布凸起结构，弱碱性条件下（pH＝7.2）菌丝外壁相对光滑（图 5－14）。弱碱性条件下，1403C 的析出过程较为缓慢，因此析出比较均匀，菌丝表面相对光滑；酸性环境使已经析出的 1403C 溶解，造成菌丝表面多处凹陷；碱性环境使 1403C 进一步沉淀析出，造成外壁遍布凸起。

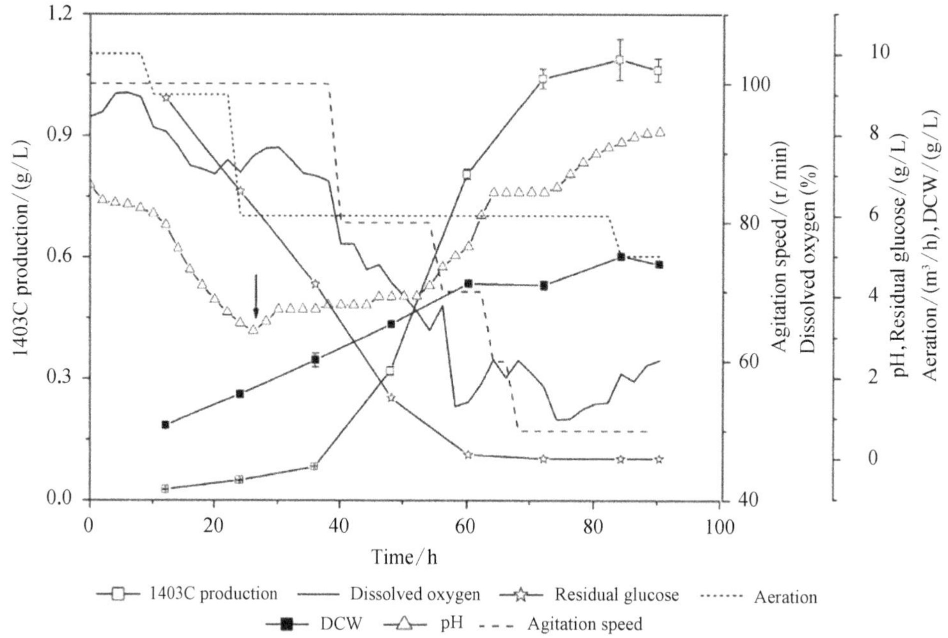

图 5 - 13　*Halorosellinia* sp.（No. 1403）500 L 生物反应器的发酵曲线(引自 Zhou, 2013)

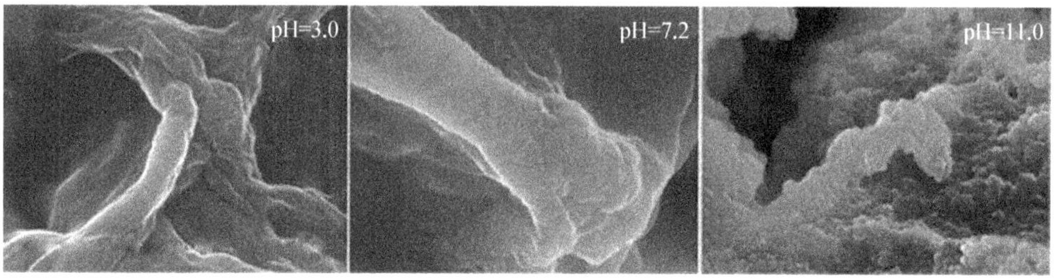

图 5 - 14　不同 pH 条件下的菌丝体扫描电镜照片(×50 000)(引自 Zhou, 2014)

就其对下游分离提取工艺的影响而言,若放罐时 pH < 6,1403C 将主要分布于发酵液中,大规模发酵时需要处理的发酵液体积大,不便于运输且耗费提取溶剂;相反,若 pH > 6,绝大部分 1403C 将富集在菌体部分,最终只需收获少量菌膏,便于转移处理,同时可去除发酵液中大量的可溶性杂质,大大简化了后续分离纯化过程。

最终,由上海医药工业研究院建立了高效、稳定的 1403C 大规模分离制备平台,批次分离纯化处理量在 100 L 发酵液以上,制备 1403C 的高纯度样品 102 g,纯度达到 99% 以上,总收率达到 36% 以上。在此基础上,如继续开展研究还可以进一步提高分离纯化总收率,在保证产品纯度的前提下 1403C 的总收率有望提高到 55%。通过发酵与制备平台的建立,为 1403C 的临床前研究提供了充足的药源。

(三) 剪切敏感海洋丝状真菌产灰绿霉素 A 的发酵技术

华东理工大学在发酵一株海洋灰绿曲霉生产抗肿瘤化合物灰绿霉素 A 时,首先采用了培养基统计优化、代谢途径调控等方式提高产量。通过培养基统计优化使其摇瓶产量由原始的不足 4 mg/L,提高至 71.2 mg/L,统计优化改变了培养基碳氮比,由原始的 20.1∶1 提高至 86.6∶1,高碳氮比有利于积累乙酰辅酶 A,提高灰绿霉素 A 产量。放射性核素标记前体进行代谢途径分析后,发现灰绿霉素 A 由聚酮途径合成。通过添加有利于聚酮合成途径的柠檬酸,使灰绿霉素 A 摇瓶产量提高了 80%。虽然上述方法在摇瓶中取得了良好的效果,但是由于海洋灰绿曲霉对剪切力极其敏感,在进行反应器放大时,其产量出现了明显的下降,变为不足 6 mg/L。通过搅拌桨桨型优化、接种量调节、氧载体添加等方式,优化剪切与供氧环境,使 500 L 生物反应器中的灰绿霉素 A 产量提高至 35 mg/L,但仍不足摇瓶产量的一半。

丝状真菌的多细胞菌丝形态使其不能像单细胞的细菌、酵母那样能够耐受高剪切力,海洋灰绿曲霉对剪切力尤其敏感,这对其发酵生产抗肿瘤化合物灰绿霉素 A 产生了严重的不利影响。华东理工大学研究组之后选择了另一种方式,利用基因敲除技术改造菌丝形态来降低剪切影响。

驱动蛋白 KipA 影响霉菌极化生长,在构巢曲霉中缺失 *KipA* 基因将导致菌丝定向生长受到抑制而呈现弯曲状。弯曲状菌丝韧性可能会增强,而在一定程度上增强抗剪切能力,另外由菌丝形态改变所导致的菌丝缠绕状态改变也可能会使其抗剪切能力发生改变。

华东理工大学研究组成功构建了海洋灰绿曲霉 Δ*AgKipA* :: *Sh ble* 缺失株。与野生株相比,Δ*AgKipA* 的菌丝明显呈弯曲状(图 5-15),同时统计显示,在孢子萌发中,灰绿曲霉野生株第二萌发管从另一极萌发的孢子占绝大多数,但是 Δ*AgKipA* 从任意位置产生第二萌发管的孢子占主导。

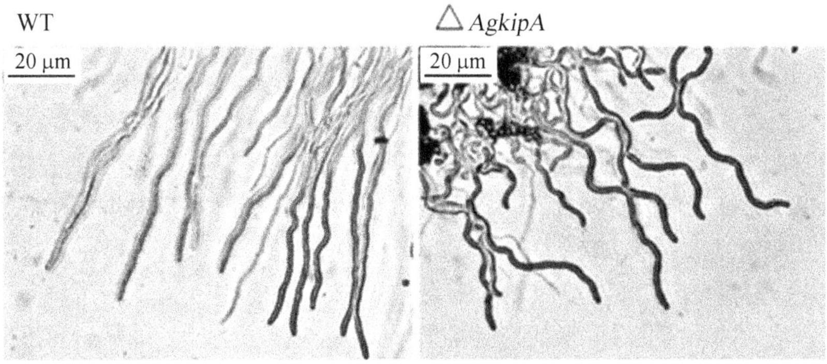

图 5-15　显微镜下海洋灰绿曲霉野生株与缺失株的菌丝形态(引自 Cai, 2014)

在 5 L 反应器中分别进行野生株和 Δ*AgKipA* 缺失株的发酵实验。由于菌丝弯曲程度不同,Δ*AgKipA* 缺失株会形成非常密实的菌球,野生株则呈略松散菌团,因此 Δ*AgKipA* 发酵液黏度更低,根据反应器操作条件及黏度特性,采用计算流体力学(CFD)计算反应器发酵过程中的剪切力。结果显示,无论是上部桨叶区域、下部桨叶区域或是全部区域,Δ*AgKipA* 缺失株的剪切力均低于野生株。

在 5 L 反应器中,Δ*AgKipA* 溶氧环境更好,生长更好,最大菌体干重达到 19.9 ±0.3 g/L,

比野生株高 89.5%。同时,Δ*AgKipA* 灰绿霉素 A 产量达到 121.7 ±2.3 mg/L,比野生株高 82.2%。与此相应地是,灰绿霉素 A 中间产物 Catenarin 在 Δ*AgKipA* 中达到 2.3 ±0.1 g/L,比野生株高 475%。

通过改造菌丝形态,显著降低了海洋灰绿曲霉在反应器中所受的剪切力,使其菌体生长和产物生产都得到了很大改善。

(四)海绵共附生土曲霉产土曲霉酮的发酵技术

土曲霉酮是土曲霉常见的次级代谢产物,近年来的研究表明土曲霉酮具有良好的抗肿瘤活性。上海交通大学从南海棕色扁海绵中分离得到一株共附生土曲霉 PF26 可高产土曲霉酮。

首先在摇瓶水平优化土曲霉 PF26 发酵生产土曲霉酮的培养基组成。通过基础培养基筛选,得到一种合适培养基 M1,相比对照组的人工海水察氏培养基土曲霉酮产量提高了 253%。以 Plackett - Burman 设计筛选出 M1 培养基中对土曲霉酮生产有重要作用的 3 个因素为:葡萄糖、麦芽糖和麦芽提取物。进一步通过单因素实验和中心复合设计响应曲面法(CCD - RSM)组合优化 M1 中的重要组分的含量,优化后的 M1 培养基,再次使土曲霉酮产量提高了 114%,达到了 3.71 g/L,与现有报道相比提高了一个数量级,显示出了用于工业大规模生产的潜力。

虽然土曲霉 PF26 在摇瓶发酵中取得较好效果,但当放大到 7.5 L 小型生物反应器中时,产量出现明显下降。考虑到剪切力的影响,7.5 L 小型生物反应器最初采用上层斜叶桨,下层平叶桨的组合桨型,搅拌转速 100 r/min,通气量 0.33 vvm,装液量 3 L,孢子接种,土曲霉酮产量仅为 0.28 g/L,不足摇瓶产量的 1/10。

将搅拌桨型改变为双层平叶桨,并观察不同转速下的剪切力影响。当转速达到 120 r/min 时,剪切力对菌体的损伤尚不明显,但当转速提高至 150 r/min 时,剪切力就对菌体形态有较大损伤,故发酵过程中最大转速设为 120 r/min。发酵前 4 天设定搅拌转速度为 80 r/min,通气量 0.5 vvm,并添加 0.7% 正十二烷作为氧载体,保持前 4 天发酵过程中溶氧值不低于 10%,4 天后,将转速提高至 120 r/min。由此,不仅培养周期得到缩短,土曲霉酮产量也有了很大提高,达到 2.07 g/L,为最初产量的 7.4 倍,但仍小于摇瓶产量。

此后,再次添加挡板来增强反应器的混合效果,并增大装液量至 5 L,同时使用硫酸钠溶液来替代培养基中的人工海水(替代后摇瓶产量增至 5.07 g/L)。这些改变同样取得较好效果,反应器中土曲霉酮产量达到了 5.12 g/L,与摇瓶产量相当。

表观修饰剂可以改变某些基因的转录水平,本研究中使用了伏立诺他这种表观修饰剂,它是一种组蛋白脱乙酰酶抑制剂,可降低组蛋白与 DNA 链的亲和性,从而促进部分基因的转录。首先通过摇瓶实验证实,伏立诺他确有增加土曲霉酮产量的效果,在土曲霉酮产量开始显著增加之前添加 0.9 mmol/L 伏立诺他,可使最大产量提高近 30%。

将这一实验在优化后的 7.5 L 小型生物反应器条件上放大,最终取得了比摇瓶中更明显的效果,土曲霉酮最大产量提高近 80%,达到 9.07 g/L,为迄今报道的最大产量。同时,添加伏立诺他还使得土曲霉酮的前体 6 - 羟基蜂蜜曲菌素含量瞬时骤增,显示了其促进前体合成基因转录的效果,如图 5 - 16 所示。

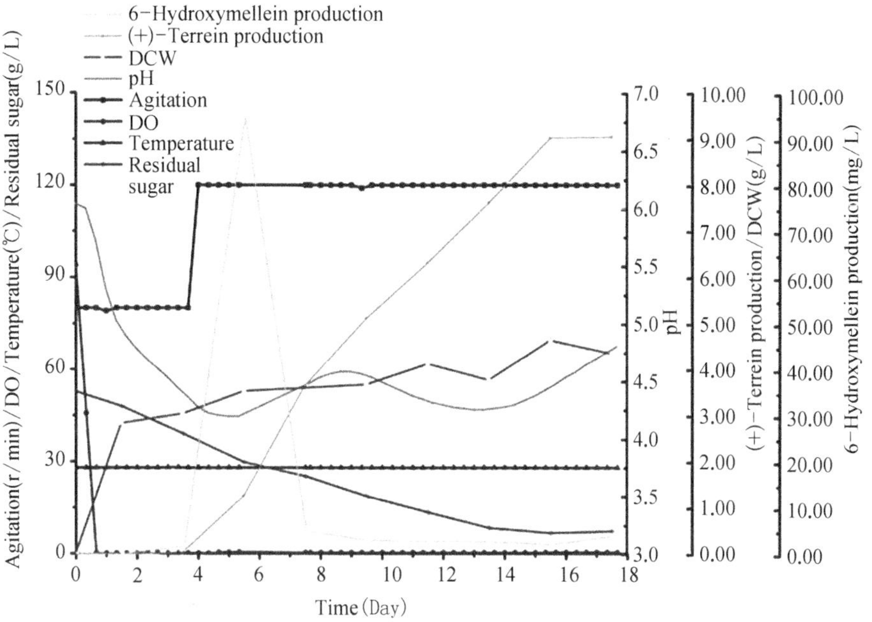

图 5－16 7.5 L 小型生物反应器添加表观修饰剂的发酵曲线图(引自 Xiao，2013)

(五) 基因工程菌生产深海低温脂肪酶的发酵技术

海洋的特殊环境中常生活着一些极端微生物，如嗜盐、嗜热、嗜冷、嗜压微生物等，它们常可产生一些具有海洋特色的酶类，但极端微生物的培养往往较为困难，因此可以通过基因工程菌来生产这些特色酶。国家海洋局第三海洋研究所建立了深海沉积物的宏基因组文库，通过功能筛选得到脂肪酶基因工程菌 LIP001。其所产脂肪酶在 20～30℃ 活力较好，最适反应温度为 30℃；同时在 10～30℃ 具有良好的热稳定性，当温度大于 40℃ 时，酶稳定性下降；在 pH 7.5～9.5 的范围具有较高的酶活力，酶的最适反应 pH 为 8.5；上述特性说明该脂肪酶符合低温碱性脂肪酶特性。同时巯基乙醇对该脂肪酶活力无明显影响，说明该酶可能缺乏二硫键，这也符合低温酶特点，低温酶常在蛋白质结构上减少甚至缺失二硫键，以增加酶分子柔性，使其在低温条件下的催化效率得以提高。

本研究首先在摇瓶水平优化了发酵培养基，发现以橄榄油和酵母粉作为碳氮源对产酶有利，金属 Mg^{2+} 可促进产酶，随后以橄榄油、酵母粉、磷酸盐、$MgSO_4$ 四个因素作为自变量，通过正交设计优化发酵培养基为：橄榄油 10 mL/L、酵母粉 5 g/L、磷酸盐 5 g/L、$MgSO_4$ 2 g/L、蛋白胨 10 g/L、$(NH_4)_2SO_4$ 4 g/L、微量元素母液 1 mL/L、氯霉素 12.5 mg/L。进一步优化摇瓶培养条件为：初始 pH 7.0，摇床转速 200 r/min，培养温度 30℃，接种量 5%，装液量 50 mL (250 mL 摇瓶)。摇瓶优化后的酶活达到 1 980 U/mL，比优化前提高了 54.7%。

随后，本研究在 5 L 发酵罐中进行了分批补料发酵实验，对补料方式进行优化，尝试了恒速流加补料、分阶段补料以及指数流加补料 3 种补料方式，以未补料作为对照。在发酵罐中碳源采用 1% 葡萄糖，控制 pH 恒定为 7.0，溶氧不小于 20%，未补料时 OD_{600} 达到 19.7，酶活达到 2 420 U/mL，均比摇瓶中有所提高。

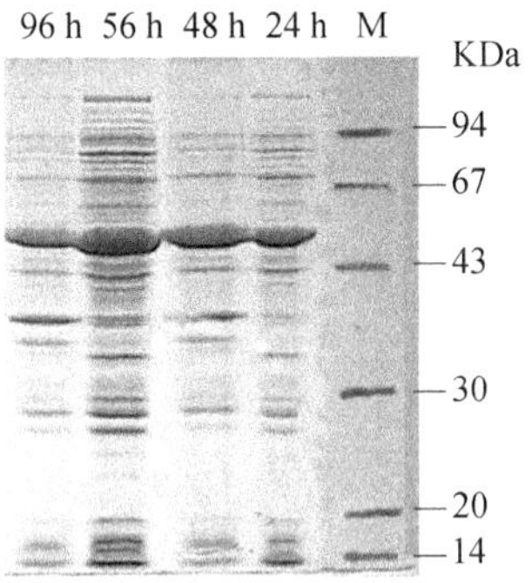

图 5-17　500 L 罐不同发酵时间脂肪酶粗酶液的 SDS-PAGE 凝胶电泳（引自刘洋，2012）

恒速流加补料：补料分为培养基补料和诱导物补料，补料培养基为：葡萄糖 200 g/L、酵母粉 50 g/L、蛋白胨 50 g/L、$MgSO_4$ 10 g/L，在培养 8～26 h 间补料，控制葡萄糖终浓度为 1%；诱导物补料为流加橄榄油，在培养 8～12 h，流加 1% 橄榄油。补料使菌体浓度和酶活明显增加，培养周期延长，56 h（未补料为 40 h）OD_{600} 达到最大 64.5，酶活达到 4 730 U/mL。SDS-PAGE 监测酶表达的结果如图 5-17 所示。

分阶段补料：将补料周期分为初期、中期、后期和诱导期；以 8～14 h 为初期，14～20 h 为中期，20～26 h 为后期，26～30 h 为诱导期；初期及后期流加培养基与恒速流加相同，中期时提高补料培养基中的葡萄糖浓度至 300 g/L，诱导期流加 1% 橄榄油。通过分阶段补料，OD_{600} 达到最大 77.2，酶活达到 5 145 U/mL。

第三节　代 谢 组 学

代谢组学（metabonomics or metabolomics）是继基因组学和蛋白质组学之后发展起来的一门新兴学科，是系统生物学的重要组成部分。基因组学和蛋白质组学分别从基因和蛋白质层面探寻生命的活动，而实际上细胞内许多生命活动是发生在代谢物层面的，如细胞信号释放、能量传递、细胞间通信等都是受代谢物调控等。代谢组学正是研究某一时刻细胞内所有代谢物的集合（代谢组）的一门学科。

一、代谢组学概述

（一）代谢组学的创建及发展

1. 代谢组学的创建

普遍认为代谢组学的概念是英国帝国理工大学的 Nicholson 教授于 1999 年首先提出来的。Nicholson 因为他在代谢组学发展上的开拓性贡献，被学术界公认为代谢组学创始人（代谢组学之父）。

2. 代谢组学的发展

最早起源于代谢轮廓分析（metabolic profiling）。早在 20 世纪 70 年代，Baylor 药学院就已经提出并发表了代谢轮廓分析的理论。1975 年，Thompson 和 Markey 利用气相色谱和质谱在代谢轮廓分析的定量方面取得了较大进展。20 世纪 70 年代末期这种方法得到了广泛认同。80 年代早期应用 HPLC 和 NMR 来对代谢物进行分析。1986 年，Joumal of Chromatography A 出版了一期关于代谢轮廓分析的专辑。

随着基因组学的提出和迅速发展，Oliver 于 1997 年提出了代谢组学的概念，之后很多植物化学家开展了这方面的研究；1999 年 Jeremy K. Nicholson 等提出 metabonomics 的概念（图 5-18）。

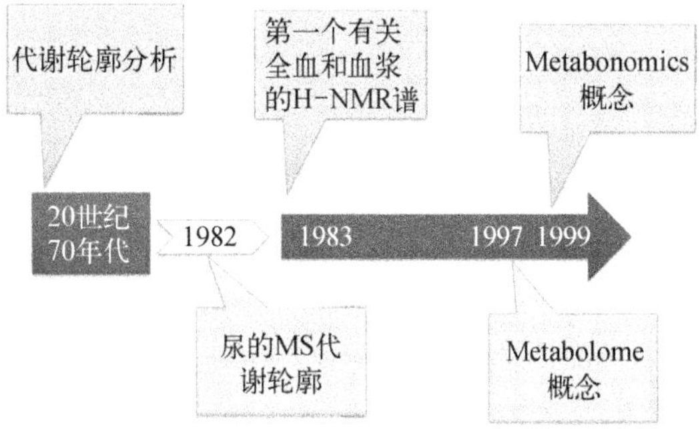

图 5-18 代谢组学的发展

（二）代谢组学相关概念

1. 代谢组学与代谢物组学

Metabonomics，国内翻译成代谢组学。对生物系统进行的整体和动态的认识，主要将核磁共振技术应用于健康与疾病研究，多以来自动物的样品为研究对象。

Metabolomics，国内翻译成代谢物组学。强调分析而且是静态的认识概念，主要应用色质联用等分析技术，多用于植物和微生物领域的研究。

中国科学院大连化学物理研究所的许国旺研究员认为上述两者的研究对象都是代谢物，并没有本质区别，它们都可称为代谢组学。

2. 代谢组与代谢组学定义

代谢组是指一个细胞、组织或器官中所有代谢物的集合，包含一系列不同化学型的分子，比如肽、碳水化合物、脂类、核酸以及异源物质的催化产物等。

代谢组是基因组的下游产物也是最终产物，是一些参与生物体新陈代谢、维持生物体正常生长功能和生长发育的小分子化合物的集合，主要是分子质量小于 1 000 Da 的内源性小分子。代谢物数量因物种不同而差异较大：植物（200 000 种）、动物（2 500 种）、微生物（1 500 种）。

代谢组学来源于代谢组一词，是研究一个细胞、组织或器官中所有小分子代谢组分集合的科学。

（三）代谢组学在系统生物学中的作用

1. 系统生物学概况

系统生物学（Systems biology）是一个试图整合不同层次信息以理解生物系统如何行使功能的学术领域（图 5-19）。

随着测序技术的进步，使得大规模基因组测序成为可能，产生了基因组学（genomics）；表达序列标签 EST、微阵列、基因表达连续分析 SAGE 的研究，产生了转录组学（transcriptomics）；对生物体系中所有蛋白质及其功能的研究产生了蛋白质组学（proteomics）；研究代谢产物的变化和代谢途径的代谢组学（metabolomics）。

代谢组学：研究生物体系（细胞，组织或生物体）受外部刺激所产生的所有代谢产物的变化，是基因组学和蛋白质组学的延伸。

2. 转录组学和蛋白质组学的局限性

1）转录组学或蛋白质组学上的变化不总能反映基因变更时在生化层面的表现型的改变；

2）现代技术对于转录组学和蛋白质组学中 mRNA 以及蛋白质的识别是通过已知数据

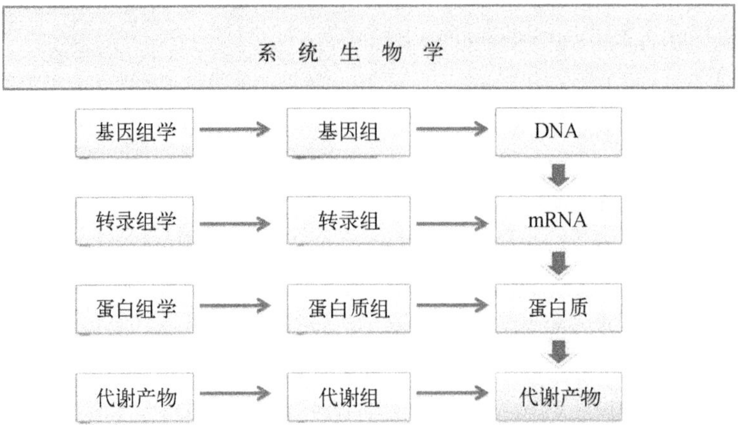

图 5-19　系统生物学框架

库进行序列比对的来实现的，因此识别和对比过程是间接的；

3）如果在缺乏某 mRNA 或蛋白质的数据信息时，以上的两种组学就只能为人们提供少量的信息。基因组的变化不一定能够得到表达，从而并不一定对系统产生影响；

4）某些蛋白质的浓度会由于外部条件的变化而升高，但由于这个蛋白质可能不具备活性，从而也不对系统产生影响；

5）由于基因或蛋白质的功能补偿作用，某个基因或蛋白质的缺失会由于其他基因或蛋白质的存在而得到补偿，最后反应的净结果为零；

6）小分子的产生和代谢才是这一系列事件的最终结果，它能够更准确地反映生物体系的状态。

3. 代谢组学与其他组学研究比较

（1）代谢组学研究思路

"代谢组学"是一种整体性的研究策略，其研究策略有点类似于通过分析发动机的尾气成分，来研究发动机的运行规律和故障诊断等的"反向工程学"的技术思路。由于代谢组学着眼于把研究对象作为一个整体来观察和分析，也被称为"整体的系统生物学"。

（2）代谢组学研究与其他组学的比较

代谢组学是继基因组学和蛋白质组学之后新近发展起来的一门学科，是系统生物学的重要组成部分。

基因组学和蛋白质组学分别从基因和蛋白质层面探寻生命的活动，而实际上细胞内许多生命活动是发生在代谢物层面的，如细胞信号释放，能量传递，细胞间通信等都是受代谢物调控的。

代谢组学正是研究代谢组在某一时刻细胞内所有代谢物的集合的一门学科。基因与蛋白质的表达紧密相连，而代谢物则更多地反映了细胞所处的环境，这又与细胞的营养状态，药物和环境污染物的作用，以及其他外界因素的影响密切相关。

与转录组学和蛋白质组学比较，代谢组学专门研究生物体系受外部刺激后所产生的所有代谢产物的变化，能够更准确地反映生物体系的状态，且位于系统生物学的最下游，是生物体系整体功能或状态最终结果的表现。

因此有人认为，“基因组学和蛋白质组学告诉你什么可能会发生，而代谢组学则告诉你什么确实发生了。”

（四）代谢组学的特点及局限性

1. 代谢组学的特点

1）代谢组学是系统生物学重要组成部分。

2）细胞内许多生命活动是发生在代谢物层面的，如细胞信号释放，能量传递，细胞间通信等都是受代谢物调控的。

3）代谢物更多地反映了细胞所处环境，这与细胞的营养状态、药物和环境污染物的作用以及其他外界因素的影响密切相关。

4）基因组学和蛋白质组学能够说明可能发生的事件，而代谢组学则反映确实已经发生了的事情。

5）基因和蛋白质表达的微小变化在代谢物上会得到放大，使检测更容易。

6）关注内源化合物，对生物体系的小分子化合物进行定量定性研究，上述化合物的上调和下调指示了与疾病、毒性、基因修饰或环境因子的影响，上述内源性化合物的知识可以被用于疾病的诊断和药物筛选。

2. 代谢组学的优点

1）基因和蛋白质表达的有效的微小变化会在代谢物上得到放大，从而使检测更容易。

2）代谢组学的技术不需建立全基因组测序及大量表达序列标签（EST）的数据库。

3）代谢物的种类要远小于基因和蛋白质的数目，每个生物体中代谢产物大约在 10^3 数量级，细菌基因组中几千个基因。

4）因为代谢产物在各个生物体系中都是类似的，所以代谢组学研究中采用的技术更通用。

3. 代谢组学的局限性

1）不能将生物体所有的代谢产物全面涵盖，活的生物体的内在生物学变化，大多实验仪器存在动力学局限性，导致代谢物的化学复杂性。

2）技术难题：代谢组学中的主要技术难点在于分析物浓度的动态范围。

（五）代谢组学研究的发展趋势

自 1999 年以来，每年发表的代谢组学研究的文章数量都在不断增加。从表面上看，代谢组学的发展很迅速，但是仍然远远落后于基因组学和蛋白质组学。但人们对代谢组学充满了期待：寻找一种新的生物标记物，发现一条新的代谢途径，或更深入的了解目前已知的这些途径。

代谢组学主要研究的是作为各种代谢路径的底物和产物的小分子代谢物。代谢产物是基因表达的最终产物，在酶的作用下生成。虽然与基因或蛋白质相比，代谢产物较小，但是不能形成代谢产物的细胞是死细胞，因此不能小看代谢产物的重要性。研究人员通过对代谢产物的深入研究,可以判断机体是否处于正常状态,而对基因和蛋白质的研究都无法得出这样的结论。主要技术手段是核磁共振(NMR),质谱(MS),色谱(HPLC,GC),其中以NMR为主。通过检测一系列样品的NMR谱图,再结合模式识别方法,可以判断出生物体的病理生理状态,并有可能找出与之相关的生物标志物,为相关预警信号提供一个预知平台。

(六)在海洋研究领域的应用

在海洋研究领域上,系统组学生物技术可能在4个领域中发挥较大作用。

1. 海洋药物

含有丰富的天然活性物质,表达外源基因后还能合成许多重组产物,其中有些可能成为治疗癌症、心脑血管疾病、糖尿病等疑难病症的有效药物。

2. 环境保护

海洋中的赤潮藻和湖泊水库中的蓝藻水华已严重威胁人类的健康和生存,急需防治。

3. 发展可再生能源

尤其是在制备生物柴油上。例如,藻类的含油率比高等植物高,生长速率更要高十倍以上。

4. 生物芯片

这种极为有用的工具在医药领域中的应用越来越广泛,但在海洋生物范围内专用的芯片种类还不多,仅可用于集胞藻6 803等少数种类。近来赤潮和蓝藻水华的爆发频率大幅度升高,促使各国政府和学者开始向这领域投资。

二、代谢组学研究中代谢网络的认识

(一)代谢网络的概念

代谢网络(metabolic network)由生物体内所有的代谢反应或途径,以及相关的调节过程所构成的复杂网络系统。通过代谢途径交叉点上的关键中间产物实现各代谢途径间的联系与转化(图5-20)。

代谢网络是资源共享的途径。在满足需要的前提下,互通有无,最大限度地减少酶、代谢途径及中间产物的数量。

(二)代谢网络的特点

复杂代谢网络的特点是大量的要素和许多规章制度的循环。具有整体性、复杂性、可调性、特异性、无尺度性。

1. 代谢活动和调节的整体性

食物中的混合营养成分经消化吸收到体内后的代谢是同时进行的,且各种物质代谢之间和各条代谢途径之间彼此互相联系,或相互转变,或相互依存,或相互制约,从而构成统一的整体。(图5-21)

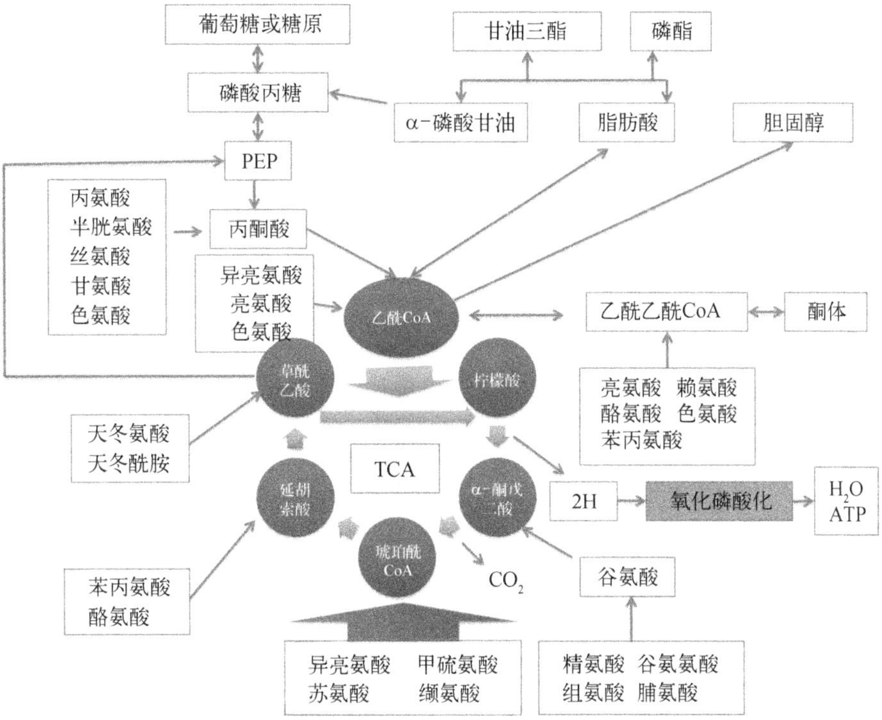

图 5-20 一般生物的营养代谢通路

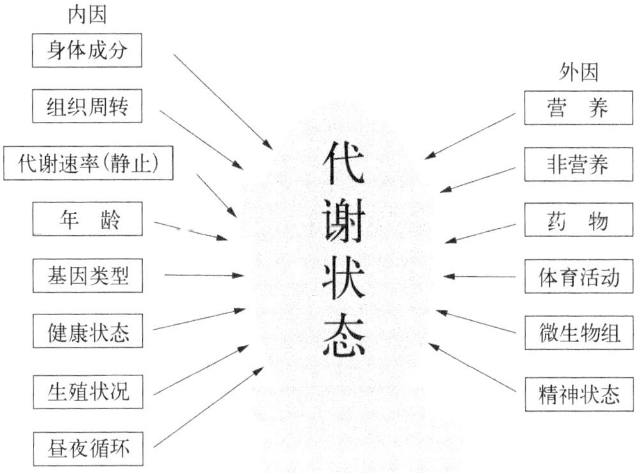

图 5-21 影响生物代谢状态的内部和外部因素，其代谢状态可用代谢组学测量

2. 功能属性的复杂性

代谢网络由若干不同的代谢途径所构成。包括直线途径、分支途径、循环途径、反馈途径、交叉途径等形式，从而使代谢网络的结构具有复杂性。

物质代谢与能量代谢相偶联,合成代谢与分解代谢相偶联,代谢反应与调节反应相偶联,不同物质代谢途径之间相偶联,使代谢网络表现出不同于单一代谢途径的新的功能属性。

3. 代谢网络具有无尺度性

无尺度性(free scale)指在代谢网络中,个别代谢物比其他代谢物参与了更多的化学反应,它们在网络中处于更为重要的地位。如 ATP、NAD^+、NADPH、乙酰 CoA、6-磷酸葡萄糖等。① ATP 是生物体能量储存与利用的共同形式;② NAD^+ 是大部分不需氧脱氢反应共同的受氢体;③ NADPH 为大多数代谢物的合成提供还原力;④ 乙酰 CoA 是糖、脂、蛋白质三大物质代谢共同的枢纽点;⑤ 6-磷酸葡萄糖是各条糖代谢途径的中间转换点。

三、代谢组学的主要研究方法

代谢组学样品分析的目标为尽量分析生物样本中的全部代谢物,最大程度的保留和反映总的代谢产物的信息。代谢组学的分析方法的选择往往需要考虑分析速度、无偏性和灵敏度等因素。色谱、质谱、毛细管电泳、NMR、红外光谱、电化学检测等分离分析手段在代谢组学的研究中都有单独或者联合的应用。对细胞提取物、组织提取物和生物体液随时间变化的代谢物浓度进行检测,结合有效的模式识别方法进行定性、定量和分类,并将这些代谢信息与病理生理过程中的生物学事件关联起来,从而了解机体生命活动的代谢过程。

(一) 代谢组学的技术平台

代谢组学主要研究的是作为各种代谢路径的底物和产物的小分子代谢物(MW < 1 000)。其样品主要是体液以及细胞和组织的提取液。主要技术手段是核磁共振(NMR),液-质联用(LC-MS),气-质联用(GC-MS),色谱(HPLC,GC)等。通过检测一系列样品的谱图,再结合化学模式识别方法,可以判断出生物体的病理生理状态,基因的功能,药物的毒性和药效等,并有可能找出与之相关的生物标志物(biomarker)。

(二) 代谢产物分析的 4 个层次

1) 代谢物靶标分析: 对个别特定组分分析。
2) 代谢轮廓分析: 对预设组分的分析。
3) 代谢组学: 特定样品中所有代谢物分析。
4) 代谢指纹分析: 比较代谢物指纹图谱。

(三) 代谢组学研究流程

样品采集→样品预处理→代谢物分析→数据采集→数据分析→生命现象的解释。

1. 生物样品收集与制备

代谢组学的研究对象很广,常用的有生物体液,包括尿液、血液、唾液、组织提取液及活体组织等。生物样品的收集与制备是代谢组学研究的第一阶段,也是重要环节之一,样品的浓度、pH 也会影响实验结果。

2. NMR 制谱

NMR 方法适合研究代谢产物中的成分,表征和研究海量的代谢信息及其变化规律,从而得到丰富的生理、病理、药理和毒理等生物信息。其中 1HNMR 对含氢化合物均有响应,能给出精细的代谢物成分图谱即代谢物指纹图谱。

3. 数据预处理

原始 NMR 谱图往往由于溶剂峰、溶剂峰压制后的残余峰和基线畸变等因素的影响而不能直接拿来做多元数据统计分析,因此,通常需要对 NMR 谱进行预处理。预处理的步骤如下:NMR 谱图去噪、溶剂峰消除、调相与基线校正;NMR 谱图分段积分;归一化;标准化。数据预处理包括行处理(针对单个样本)与列处理(针对所有样本的某一个变量)。通常,行处理在前,剔除一些对数据分析没有意义的变量,列处理在后,针对保留下来的变量根据要求进行变换。

4. 特征代谢物识别和生物分析

这是代谢组学的最后一步,也是关键步骤之一。利用模式识别方法(如 PCA)得到特征变量,通过对这些变量的分析研究并结合 NMR 谱图归属信息,就可以获得全面的代谢物信息及代谢紊乱标记物。根据已知的特征代谢物,结合生物,化学,医学手段可以进行疾病诊断,药理分析和药物毒性跟踪等(图 5-22)、(图 5-23)。

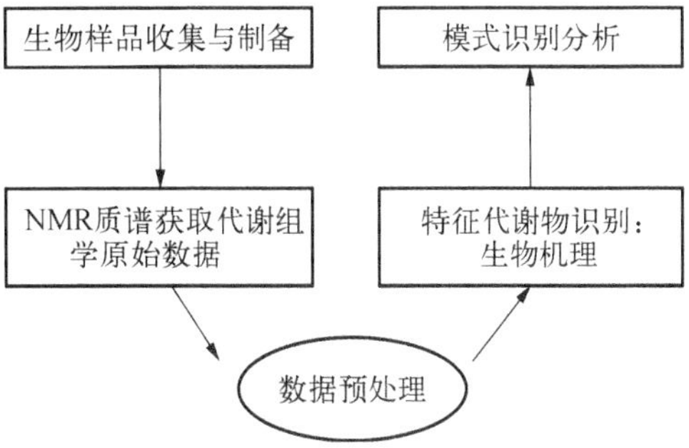

图 5-22 基于 NMR 的代谢组学分析步骤

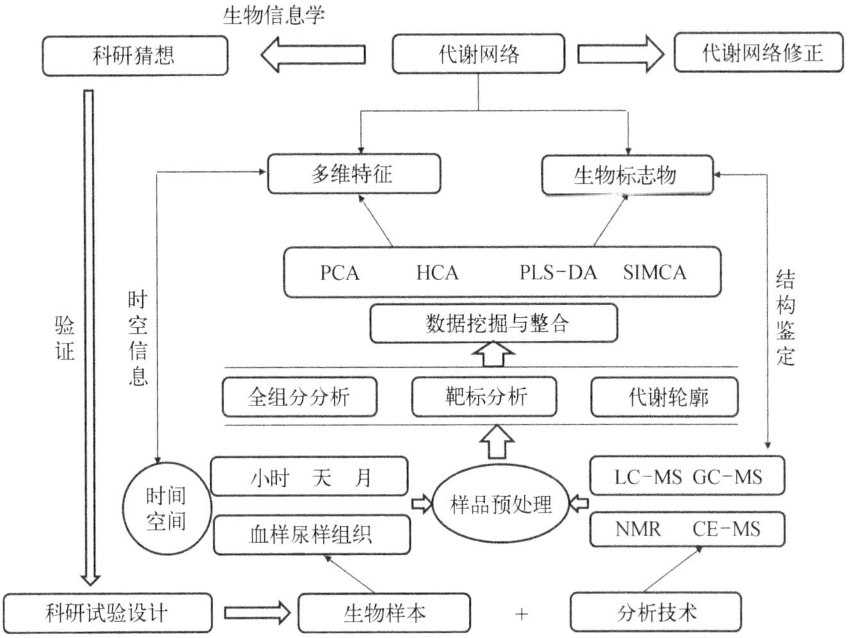

图 5-23 代谢组学的研究流程

（四）代谢组学常用的分析手段

核磁共振技术(NMR)能够对样品实现非破坏性、非选择性分析。它是唯一既能定性，又能在微摩尔范围定量有机化合物的技术。缺陷是灵敏度相对较低，不适合分析低浓度代谢物。

色谱技术具有分离性能好、灵敏度高等特点,被广泛用于复杂体系中的成分分析。但在色谱峰识别和方法的重现性方面仍存在难以克服的问题。

质谱(MS)或与色谱联用技术具有普适性、高灵敏度和特异性等特点,已经在代谢组学研究中成为首选技术。

电喷雾四级杆飞行时间质谱(Q-TOF)技术能够快速、准确地测定从小分子到生物大分子或不稳定有机分子的相对分子质量。

（五）数据分析

和其他组学研究一样,处理、分析和管理代谢组学海量数据需要专门的数学、统计和生物信息学工具。近年来，一些分析仪器厂商和研究者们已开发出数十种代谢组学数据处理软件。也有人开发了适合多种仪器的代谢组学分析软件。

1. 模式识别技术

非监督和有监督学习方法两种。

非监督(un-supervised)学习方法

一 主成分分析(Principal Components Analysis, PCA)、

一 非线形映射(Nonlinear Mapping, NLM)

有监督(supervised)学习方法

一 簇类分析(Hierarchical Cluster Analysis, HCA)

一 簇类的独立软模式分类法(Soft Independent Modeling of Class Analogy, SIMCA)、

一 PLS-DA(PLS-Discriminant Analysis)

一 人工神经网络(Artificial Neural Network, ANN)等。

主成分分析法(PCA)——最常用的分析方法

将分散于一组变量上的信息集中于几个综合指标(PC)上,如糖代谢、脂质代谢、氨基酸代谢等,利用主成分描述机体代谢的变化情况,发挥了降维分析的作用,避免淹没于大量数据中(图5-24)。

2. 其他模式识别技术聚类分析

一 辨别式功能分析

一 最小二乘法投影法

现实情况下,代谢组学的数据更为复杂,需要借助复杂的模型或是专家系统进行分析。

四、海洋微生物代谢组学的具体实验方法

代谢组学的研究流程主要包括样品采集和制备,数据采集和预处理,多变量数据分析和

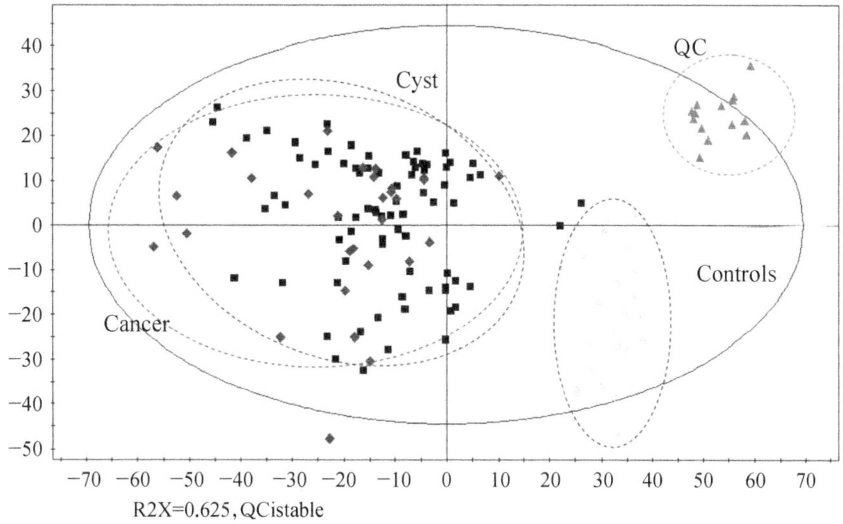

图 5-24 PCA 分析

标志物识别及途径分析等。

1. 海洋微生物菌株培养和样品处理

(1) 菌株培养

将待检测的活体微生物培养在可控的生物反应器中。生物反应器中的培养基组分、pH、温度及 CO_2、O_2等条件必须是精确、可控、易于检测的。微生物代谢组学的研究样本,多采用批量、连续培养的方式,必须保证培养条件的可重复性。

(2) 样品处理

由于微生物代谢组学研究主要关注胞内代谢物的分析。胞内的代谢物转换迅速、各种酶系活跃,需要对样本进行快速取样及立即灭活终止胞内反应。灭活条件必须满足两个条件: ① 细胞完整性;② 酶迅速失活。进而保证准确反映胞内代谢物的真实信息。

(3) 代谢物的提取

原则上需满足以下要求: ① 不破坏或改变待测样本的理化性质;② 提取的代谢物含量最大化;③ 无偏向性,不丢失具有特殊理化性质的分子。目前提取细菌常用的是高氯酸法。该法对于水溶性及核苷酸类的物质提取效果较好。

2. 分析平台的选择

为实现对目标样本中主要代谢物的分析,使得获取的代谢物能够反映机体大部分的代谢通路的状态,需通过多个分析平台的联合应用来实现。

(1) 气相色谱-质谱平台

针对挥发性的小分子代谢物,应用气相色谱-质谱联用平台进行分析,可以得到样本中的有机酸、氨基酸,糖等代谢物的信息。

(2) 反相色谱-电喷雾离子源质谱平台

针对高沸点、热稳定差的化合物,可选用液相色谱-质谱联用平台进行分析。其中,反相色谱结合质谱的电喷雾离子源的正负离子模式,用于分析弱极性以及中等极性的化合物,包括黄酮类物质、脂类、生物碱、甾醇以及一些糖基化物质等,作为主要的液相色谱-质谱分析的数据来源。

(3) 亲水作用色谱-质谱平台

极性化合物,包括糖类、大部分氨基酸、羧酸、维生素等物质则需要亲水作用色谱-质谱进行分析。这部分数据可作为反相色谱结合质谱平台的重要补充。

(4) 脂质组学分析平台

脂类,包括游离脂肪酸,甘油酯,磷脂等,可通过有机溶剂提取后,以反相色谱-质谱分析。

(5) 靶标分析平台

体液中的低浓度代谢物,包括激素,信号分子等,可通过靶标分析平台进行分析。

五、代谢组学在海洋微生物领域中的应用

海洋微生物种类高达100万种以上,其次生代谢产物的多样性也是陆生微生物无法比拟的。但能人工培养的海洋微生物只有几千种,不到总数的1%;目前为止,以分离代谢产物为目的而被分离培养的海洋微生物就更少。由于微生物可以经发酵工程大量获得发酵产物,药源得到保障。此外,海洋共生微生物有可能是其宿主中天然活性物质的真正产生者,具有重要的研究价值。

1. 微生物分类,突变体筛选以及功能基因研究

经典的微生物分类方法多根据微生物形态学以及对不同底物的代谢情况进行表型分类。最近,随着分子生物学的突飞猛进,基因型分类方法如16S rDNA测序,DNA杂交以及PCR指纹图谱等方法得到了广泛应用。然而,某些菌株按照基因型与表型两类方法分类会得出不同的结果。因此,根据不同的分类目的联合应用这两类方法已成为一种趋势。BIOLOG等方法在表型分类中应用较为广泛。

但是,代谢谱分析方法(metabolic profiling)异军突起,逐渐成为一种快速、高通量,全面的表型分类方法。采用代谢组分类时,可以通过检测胞外代谢物来加以鉴别。常用的胞外代谢物检测方法为样品衍生化后进行GCM-MS分析、薄层层析或HPLC-MS分析,最后通过特征峰比对进行分类。

除了表型分类外,代谢组学数据可以应用于突变体的筛选。在传统研究中的沉默突变体(即未发生明显的表型变化的突变体)内,突变基因可能导致了某些代谢途径发生变化,通过代谢快照(metabolic snapshot)可以发现该突变体并研究相应基因的功能。

2. 发酵工艺的监控和优化

发酵工艺的监控和优化需要检测大量的参数,利用代谢组学研究工具可以减少实验数量,提高检测通量,并有助于揭示发酵过程的生化网络机制,从而有利于理性优化工艺过程。Buchholz等采用连续采样的方法研究了大肠杆菌在发酵过程中的代谢网络的动力学变化。他们在葡萄糖缺乏的培养液培养的大肠杆菌中加入葡萄糖,并迅速混匀,按每秒4~5次的频率连续取样。利用酶学分析、HPLC/LC-MS等手段监测样品中多达30种以上的代谢物、核苷以及辅酶,从而解析了葡萄糖以及甘油的代谢途径和底物摄取体系。通过统计学分析建模,发现在接触葡萄糖底物后的15~25 s范围内,大肠杆菌体内发生的葡萄糖代谢物变化

与经典生化途径相符，但随后的过程则与经典途径不符，推测可能存在新的未知调控步骤。

通过上述代谢动力学研究，掌握代谢途径及网络中的关键参数，将直接有利于代谢工程的优化，包括菌株的理性优化以及发酵参数的调控。利用 LC－MS 方法监控发酵过程中的氨基酸谱纹，实现对整个发酵系统的高通量快速监控。

3. 环境微生物研究

微生物降解是环境中去除污染物的主要途径。深入了解污染物在微生物内的代谢途径，将有助于人们优化生物降解的条件，从而实现快速的生物修复。这些代谢中间体大都通过萃取、分析方法进行逐个研究，并借助专家经验拟合出代谢途径，其动力学过程亦很少触及。代谢组学方法的采用有可能改变这一现状。

Boersma 等采用代谢组学方法研究氟代酚的微生物降解途径。氟代化合物具有特殊的19F 核磁共振属性，19F 的核磁共振灵敏度与 1H 核相近；由于生物体内无内源性 19F 核磁信号，因而无本底干扰。借助核磁共振技术可以更方便地研究含氟化合物的代谢中间体。

六、代谢组学问题及展望

代谢组学研究要面对的是大量的、信息量丰富的代谢物数据，要获取有用的信息，需要对化学计量学、统计学等方法进行综合的应用。

尽管代谢组学技术有很多优点，但仍然存在许多问题尚未解决。目前最大的问题，是生命领域的科学家经常运用完全简化的方法来进行研究，他们很少以整体的角度去研究代谢组学，也从未处理过如此大量的数据。代谢组学不仅要求研究者以全局考虑为出发点，同时也要求他们能够与不同领域的科学家们通力协作，尤其是分析化学家、统计学家及信息学家，以便获得最佳研究方案。

另外，从生物学看，在翻译代谢组学的数据时会遇到概念上的问题。由于代谢组与基因组、蛋白质组间并非直接关系，还很难确定引起代谢组学分析中鉴定的一个代谢物合成或降解的是哪一个基因。如果从技术的角度去考虑，也仍有问题亟待解决。许多代谢分子，尤其是分子信号，存在于极低浓度。在应用无靶标的模式时，分析仪器的敏感性及动态范围都没有它本该有的精度。此时，发现这些分子类代谢物就变得更困难。另一个问题则是当前存在的情况，即液相色谱-质谱联用和气象色谱-质谱方法的参考数据库并不完善。相关的一个限制还在于市场上可购买的代谢产物（作为标准品）只有很少的一部分。由于许多这样的代谢产物在高度复杂的混合物中以极低的浓度存在，为了鉴定所有的混合物，新的分析化学方法还需进一步发展。

（殷　颖　姚真真　周祥山　卢小玲）

主要参考文献

蒋凤山. 2011. T－541 涂料在黄酒发酵罐内壁防腐中的应用. 中国新技术新产品，20：157－158.

蒋新龙. 2011. 发酵工程. 杭州：浙江大学出版社.

焦炳华. 2014. 现代生物工程. 北京：科学出版社.

刘洋. 2012. 海洋微生物极端酶发酵条件优化及其酶学性质研究. 国家海洋局第三海洋研究所硕士学位论文.

宋存江. 2014. 发酵工程原理与技术. 北京：高等教育出版社.

王小芳. 2000. 904L 钢的特点及应用. 化工装备技术,21：45－48.

Cai M, Zhang Y, Hu W, et al. 2014. Genetically shaping morphology of the filamentous fungus *Aspergillus glaucus* for production of antitumor polyketide aspergiolide A. Microb Cell Fact, 13: 1－10.

Gordon BR, Leggat W. 2010. Symbiodinium-invertebrate symbioses and the role of metabolomics. Mar Drugs, 8(10): 2546－2568.

Goulitquer S, Potin P, Tonon T. 2012. Mass spectrometry-based metabolomics to elucidate functions in marine organisms and ecosystems. Mar Drugs, 10(4): 849－880.

Potts BC, Lam KS. 2010. Generating a generation of proteasome inhibitors: from microbial fermentation to total synthesis of salinosporamide A (marizomib) and other salinosporamides. Mar Drugs, 8: 835－880.

Viant MR. 2008. Recent developments in environmental metabolomics. Mol Biosyst, 4(10): 980－986.

Xiao L, Yin Y, Sun W, Zhang F, Li Z. 2014. Enhanced production of (+)－terrein by *Aspergillus terreus* strain PF26 with epigenetic modifier suberoylanilide hydroxamic acid. Process Biochem, 48: 1635－1639.

Zhang Xuan, Chen Hao. 2012. Metabolomics: Concept, methods and potential prospect in marine biology. 中国科学通报(英文版),57(25)：3253－3261.

Zhou W, Cai M, Na K, et al. 2014. pH-dependent accumulation of anticancer compound on mycelia in fermentation of marine fungus. J Ind Microbiol Biot, 41: 1169－1173.

Zhou W, Cai M, Zhou J, et al. 2013. Nutrition and bioprocess development for efficient biosynthesis of an antitumor compound from marine-derived fungus. J Ind Microbiol Biot, 40: 1131－1142.

第六章

海洋生物分离工程技术

生物分离工程是生物工程的重要组成部分。通过微生物发酵过程、酶反应过程或动植物细胞大量培养所获得的生物化工粗产品,需要经过分离、提取和精制才能变成可应用的生物化工产品,这些下游加工过程统称为生物分离工程(biological extraction processing)。

生物分离工程在海洋药物和生物制品的研发过程中发挥重要的作用。无论是来源于海洋生物的小分子活性化合物,还是生物功能大分子(核酸、蛋白质/多肽、多糖等),要研究其生物学活性和潜在的应用价值,首先均要对其进行分离、纯化,才能进行结构与功能研究甚至开发出相应的产品。对于不同类型的海洋生物分子,应根据它们各自的理化特性,选择相应的分离方法。

第一节　生物分离过程的概述

对于大多数生物分离过程,特别是海洋微生物来源的生物产品的分离过程,产品的分离和精制过程所需的费用可占到整个投资成本的60%左右,对于重组海洋功能蛋白的生产,精制费用则可能占到总成本的80%~90%以上。因此,生物分离工程的发展水平决定了现代生物技术的发展速度。

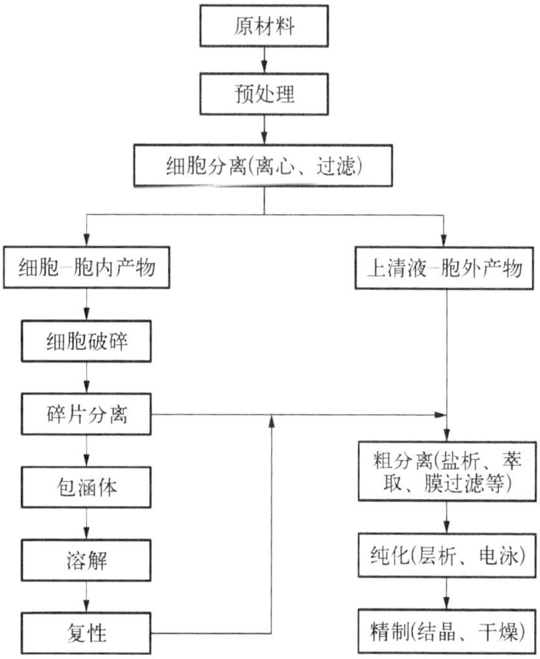

图6-1　生物分离过程的一般流程

一、生物分离过程的一般流程

一般来说,生物分离工程主要可分为5个阶段: ① 培养液(发酵液)的预处理; ② 固液分离;③ 初步纯化(提取);④ 高度纯化(精制);⑤ 最后纯化。其一般流程如图6-1所示。

生物分离工程的工艺过程取决于产品的性质和要求达到的纯度。如产品是菌体本身,则工艺较为简单,只需过滤得到菌体,再干燥就可;如产品为胞外产物,则可省去细胞破碎步骤;工业用的产品要求的纯度不如医疗用的产品高,因此,在精制时所要求去除的杂质也会有所差别。

二、生物分离工程的主要特点

由于产品的特殊性,决定了生物分离过程有别于传统化工工业。

1）生物产品的起始浓度较低而杂质较多,但最后成品要求达到的纯度又较高,因此,常需多步纯化操作,导致总收率降低;

2）欲制备的生物物质通常很不稳定,遇热、极端 pH、有机溶剂和剪切力等均会引起失活,限制了生物分离工程可选用的操作条件;

3）发酵或培养都是分批操作,各批次的粗产品成分不尽相同,这就要求生物分离工程有一定的弹性,特别是染菌的批号,也要求能够处理。

4）发酵废液量很大,需经生物处理后才能排放;基因工程产品还需注意生物安全的问题,防止菌体扩散问题,特别是对前几步操作,要求要在密封的环境下操作。

因此,整个生物分离工程应遵循以下基本原则: ① 时间短;② 温度低;③ pH 适中,选择生物物质稳定的 pH 范围;④ 严格清洗消毒,特别是实验室/厂房、设备及管路。

三、生物分离过程选择的基本方法

选择纯化方法应根据目标产物和杂质在物理、化学和生物学方面性质的差异,尤其是表面性质的差异,从而针对性地选择相应的分离方法。当几种方法连用时,最好以不同的分离机制为基础,而且前一种方法处理的液体应能适合于作为后一种方法的料液,不需要增加脱盐、浓缩等处理。如在蛋白质的纯化方案选择上,经盐析得到的液体,不适宜于离子交换层析,但可以进行疏水层析。疏水层析也可以接在离子交换层析之后。亲和层析选择性最强,但由于层析介质较贵,容易中毒,故一般不选择放在第一步。

另外,产品生产的规模、产品在生物反应器中的浓度以及产品的批生产量和生产频率也是设计纯化方案的重要考察因素,因为这些都会直接影响到从生产到分离纯化直至形成最终产品的成本。

第二节　生物材料的选择和预处理

海洋药物包括从海洋动物、植物、微生物等生物原料中制取的各种天然生物活性物质及其人工合成的天然物质类似物。现代生物技术的发展,使得生物药物的制备技术发生了一场革命,也开发了新型生物分离材料。如利用基因工程技术,将需要的目标产物(蛋白质或多肽)的基因构建在某一表达载体(质粒或病毒)上,再通过某一模式生物(构建的工程菌或细胞、转基因动植物等)将该蛋白质或多肽表达出来,这样就使得目标物质的分离过程变得相对简单、明确。但是,对于来源于海洋动植物的某些多基因控制的生理活性物质而言,构建相应工程菌或细胞的过程相当复杂,因此,仍然需要通过培养细胞提取或从海洋天然生物材料中直接分离提取。

一、材料的选择和处理

生物药物的来源很广，相同的生物药物有可能有多种来源，处理加工方式与产品最后的得率密切相关。因此，生物分离工程的首要关键因素就是选材。

（一）生物药物材料的选择

生物药物的种类很多，包括小分子天然产物、生命基本物质及其衍生物、降解物、大分子结构修饰物（如氨基酸、多肽、蛋白质、核酸类、酶、辅酶、多糖和脂类等）以及生物合成药物，即由微生物代谢产物的药物和必须利用微生物及其酶转化反应共同完成的半合成药物（包括有机酸类、维生素类、甾体激素类、生物碱和抗生素等）。大多数的生物药物都是通过直接提取法制备的，因此，生物药物在生物体或体系中的含量高低和活性大小是在选择生物材料时的首要考虑因素。

一般而言，在选择材料时应注意以下几个方面：① 选择有效成分稳定性好、含量高的新鲜材料；② 材料来源丰富，受地域、季节影响较小；③ 制造和提取工艺简单；④ 工艺过程成本较低，综合利用价值较高。

但是，能同时满足以上条件的生物材料较为难得，如含量高而来源却十分困难；或者含量、来源都十分理想，而纯化工艺却比较繁琐。因此，必须从以上几个方面综合考虑，权衡利弊后再进行下一步工作。

同时，对于不同性质的原料选择，更要综合考虑各种因素。如来源于植物的药物需注意季节对有效成分的含量的影响；微生物的对数生长期和对数生长后期其发酵液中的主要成分是不同的；动物的生理状态不同，材料也有差异。对于利用基因工程技术生产的生物活性物质来说，宿主的选择也是很重要的，需要考虑产品是否是糖基化的蛋白质、是胞内产物还是分泌表达到胞外的产物，是原代细胞还是传代细胞等。

（二）生物药物材料的预处理

选择合适的新鲜材料后，应及时进行预处理和后续分离，否则所需要的有效成分有可能会部分或全部被破坏，影响收率。有的原材料则需收集到一定数量后才能生产。动物、植物和微生物等生物材料的特点差别很大，因此，其预处理的要求也不相同。

1. 脱脂

动物脏器中常含有较多的脂肪，不仅容易氧化酸败，导致原材料变质，而且还会影响纯化操作和制品得率。因此，在动物材料的预处理上，脱脂是必须的。根据目标产物的不同，脱脂可以在提纯前进行，也可在提纯过程中进行。一般脱脂的方法主要有：人工剥离脏器外的脂肪组织；浸泡在脂溶性的有机溶剂（如丙酮、乙醚）中脱脂；采用快速加热（50℃左右）使脂肪融化、再快速冷却使融化的油滴凝聚成油块而被除去；用碱进行皂化反应；利用油脂分离器使油脂和水溶液分离等。如在提取鱼鳞胶原蛋白时，取洗涤干燥备用的鱼鳞，按料液比 1∶10 加入 0.5 mol/L 的 $NaHCO_3$溶液，18℃搅拌脱脂 8 h，可获得 92% 的脱脂率。

2. 冷冻处理

若采集的原材料不能及时投入分离，则需要通过冷冻或干燥的方法进行预处理。冷冻处理的主要作用是抑制酶和微生物的作用，降低化学反应速度。而且，原料经速冻后，细胞内会形成微小冰晶，破坏了细胞结构，使细胞膜易破碎，便于胞内物质的提取。但要注意的是，当贮存温度在 $-25\sim-15$℃时，溶酶体中蛋白酶会缓慢释放，如果目的产物是易受其影响的生物活性物质（如蛋白质）时，要注意贮藏时间不能过长。解冻时，一般是在 37℃或 $40\sim50$℃温水浴中快速融化。

刚获得的海洋动物脏器应迅速剥去脂肪和筋皮等结缔组织、冲洗干净，并进行冷冻保存。短期保存可在 -10℃冰库中，较短时间（几周内）可置于 -25℃冰库存放，而长期保存（数月）则需放于 -70℃低温冰箱中。

对于海洋植物材料，可在采集后 10 h 内置于 -30℃~ -4℃冰箱贮存。

对于海洋微生物材料，无论生物活性成分存在于胞内还是胞外，若不及时使用，均需在适当处理后，在低温下贮存或制备成冻干粉备用。

3. 干燥

海洋鱼类脏器和组织含 60% 以上的水分，通过有机溶剂处理后，可以使水分的含量降至 10% 以下，延长保存时间。选择有机溶剂时，不能破坏有效成分和避免有毒试剂污染材料是主要考虑的问题，一般常用的是丙酮和乙醇。经丙酮处理的原料，既能脱水脱脂，还可制成丙酮干粉，不仅减少酶的变性失活，同时因使蛋白质与脂质结合的部分化学键打开，促使酶释放到溶液中，有利于有效成分的分离提取。

4. 酶的灭活

生物体中存在大量的酶类，在提取时可能会破坏有效活性成分。因此，在原材料的预处理时，还需进行酶的灭活。一般来说，对于目标产物是非蛋白类的物质，常可通过加入有机溶剂（如丙酮、乙醇等），既可脱水脱脂，又可达到使酶蛋白变性、破坏酶的目的，有利于原料的贮存和下一步工序的进行。其他对酶的处理方式包括，加入金属离子螯合剂、改变溶液 pH 及加入酶的抑制剂等，均可达到降低酶的作用的目的。

二、细胞破碎技术

一些大块的原材料（如动物、植物组织等），在提取前须先进行粉碎或绞碎成合适的粒度，或将细胞破碎，以使存在于组织间液或组织细胞内的生物活性物质充分释放到溶液中，有利于分离提取。

（一）细胞破碎的一般要求

动物细胞培养的产物大多分泌到细胞外培养液中，而微生物的代谢产物则有的是分泌到胞外，有的是胞内产物。植物细胞产物，大多为胞内产物。细胞破碎（cell rupture）的主要目的是破坏细胞壁和细胞膜，使胞内的蛋白质、酶、多肽和核酸等生化物质得以最大程度的释放。

基于遗传和环境等因素，不同类型生化物质其细胞壁的结构和组成不完全相同，故壁的机械强度有所差异，细胞破碎的难易程度也就不同。另外，不同的生化物质其稳定性有较大差别，在破碎过程中应防止变性和被胞内酶水解。

（二）物理破碎法

物理破碎法主要是指利用一些物理手段（如高压、干燥、反复冻融等）来破坏细胞结构，从而使细胞内容物渗漏出来的方法。其中，利用高压、研磨或超声波等手段在细胞壁上产生剪切力的方法又被称为机械法。

1. 高压匀浆法（homogenization）

高压均质机有一个或数个往复运动的柱塞，物料在柱塞作用下进入可调节压力大小的阀组中，经过特定宽度的限流缝隙（工作区）后，瞬间失压的物料以极高的流速（1 000~1 500 m/s）喷出，碰撞在碰撞阀组件之一的冲击环上，产生三种效应：空穴效应、撞击效应、剪切效应。经过这三种效应处理过后，物料粒径可均匀细化到100 nm以下，破碎率大于95%。

高压匀浆法的使用范围较广，在微生物细胞和植物细胞的大规模处理中常运用，也适合于食品和生物化工领域的大规模生产。但对于一些团状或丝状真菌，由于易造成设备堵塞，则不能用高压匀浆法进行细胞破碎；另外，含有包涵体的基因工程菌也不适用该法。

2. 珠磨破碎法（bead grinding）

珠磨破碎法的原理是将玻璃小珠、石英砂或氧化铝等与细胞悬浮液一起快速搅拌，通过研磨作用，使细胞破碎。工业规模的破碎中，常使用高速珠磨机。在实际操作中，需根据细胞的大小和浓度进行球磨机各种参数的合理设置。比如，过大的搅拌转速和过多的玻璃小珠装量均会增加能耗，并使磨室温度升高，对蛋白质类产物的活性不利。又如，细菌的体积比酵母小得多，采用珠磨时必须采用直径较小的玻璃小珠才有效，但其直径不能低于珠磨机出口狭缝的宽度，否则珠体会被带出。

3. 超声波破碎法（ultrasonication）

利用超声波振荡器发射的15~25 kHz的超声波探头处理细胞悬浮液。超声波振荡器中的发生器能产生高频电流，换能器则可把电磁振荡转换成机械振动。

超声波对细胞的破碎作用的基本原理与液体中空穴的形成有关。

超声波的破碎作用受许多因素影响，如超声波的声强、频率、液体的温度、压强、处理时间，以及介质的离子强度、pH，菌种的性质等。超声波的声强增加，有利于破碎作用；但过大的声强易导致胞内蛋白质类产品的变性，在实际操作中应注意。另外，不同的菌种，用超声波处理的效果大相径庭。如杆菌比球菌易破碎，革兰氏阴性菌比革兰氏阳性菌易破碎，酵母菌效果最差。第三，菌体浓度过高或介质黏度较大，均不利于超声波破碎。

通常，在实验室小规模细胞破碎中，超声波破碎法使用得较为普遍。但是要注意的是，超声波振荡过程中产生的热量不容易驱散，因此，实际操作中通常将待破碎的菌体预冷、置于冰浴中进行破碎，以减少产热对目标产物活性的影响。

4. 冻融破碎法（freezing and thawing）

将细胞置于低温（< -15℃）下冷冻，再在室温中融化，反复多次后，达到破碎细胞壁的目的。冻融法破碎细胞的机理主要有两点：一是在冷冻过程中促使细胞膜的疏水键结构破碎，增加细胞的亲水性；二是在冷冻时细胞内的水形成冰粒，升高了剩余胞液的电解质浓度，

从而引起细胞膨胀导致细胞破裂。由于未施加外力，冻融法和其他物理法比较为温和，破碎率较低，适合于细胞壁较脆弱的生物材料。冻融法可作为热不稳定的目标产物的破壁方法，但某些蛋白质的高级结构会因为冻融而破坏。如在提取海葵溶细胞素时，对触手组织进行反复冻融，即可获得海葵触手中的粗毒组分。

5. 干燥法(drying method)

采用空气干燥、真空干燥、喷雾干燥和冷冻干燥等方法，可使细胞膜渗透性改变，当用丙酮、丁醇和缓冲液等溶剂处理时，胞内物质就容易被抽提出来。酵母菌胞内物质的提取多采用空气干燥法，一般在25~30℃的气流中吹干，然后再用水、缓冲液或其他溶剂进行抽提。真空干燥法主要适用于细菌的干燥，冷冻干燥法则适用于较稳定的生化物质。将干燥后的菌体在冷冻条件下磨成粉，然后用缓冲液抽提。另外，还可用水化能力强的有机溶剂，如丙酮、二氧六环等使细胞脱水。丙酮除能脱水外，还能溶解除去膜上部分脂肪，使抽提变得更容易。但需要注意的是，干燥法条件变化较剧烈，容易引起蛋白质或其他活性物质变性。

（三）化学破碎法

化学破碎法主要是指借助不同的化学试剂，包括酶，使细胞壁和细胞膜破碎，然后提取胞内物质的方法。化学破碎法主要包括酶解法、化学试剂法、渗透压冲击法、表面活性剂法及脂解法。

1. 酶解破碎法(enzyme lysis)

酶解法是利用酶促反应，分解破坏细胞壁上特殊的键，从而达到破碎目的。酶解法的主要特点是专一性强，条件温和，可选择性释放产物，后步分离较简单。有时，酶解法需和机械破碎法结合，获得生物组织中含量较低的生物活性物质。如从翡翠贻贝中分离多糖，首先需将翡翠贻贝内脏匀浆，调匀浆液pH为2，用胃蛋白酶进行酶解，30小时后得到酶解液，再进行下一步处理。刘珂等在提取海带硫酸多糖时，采用纤维素酶、半纤维素酶、果胶酶和蛋白酶进行酶解，可使最终的海带硫酸多糖的产率达到普通的蒸煮水解工艺2倍。

2. 化学试剂破碎法(chemical reagent treatment)

化学试剂可以溶解细胞或抽提胞内组分，可用于破碎细胞的化学试剂主要有酸、碱、有机溶剂和表面活性剂等。

酸处理可使蛋白质水解成氨基酸，通常采用6 mol/L的盐酸。碱能溶解细胞壁上的脂类物质，但反应条件剧烈，而且，高浓度的碱液易导致多种降解反应、蛋白质失活以及设备的腐蚀。因此，尽管碱处理法简单易行且价廉，但并不常用。

脂溶性的有机溶剂(如丙酮、氯仿、甲苯、异丙苯、丁醇、醋酸丁酯、二甲亚砜等)可溶解细胞壁上的磷脂层，使细胞结构破坏。采用有机溶剂破碎细胞，操作简单，后续分离简单，是一种极有应用前景的细胞破碎方法，但需要注意废气的处理方法及有机溶剂的可燃性。另外，氯仿、甲苯、异丙苯等均有一定的毒性，需注意设定其在产品中的最高限量。

表面活性剂也可将细胞壁/细胞膜的结构部分溶解，使细胞内容物渗漏出来，并导致整个细胞破碎。阴离子型、阳离子型和非离子型表面活性剂均可用于细胞破碎。十二烷基硫酸钠(sodium dodecyl sulfate, SDS)是最常用的阴离子型表面活性剂，十六烷基三甲基溴化铵

(cetyltrimethylammonium bromide, CTAB)是典型的阳离子型表面活性剂。非离子型表面活性剂主要有牛黄胆酸钠、吐温(Tween)和聚乙二醇辛基苯基醚(Triton X－100)。表面活性剂在应用上有两个主要缺陷限制了其应用范围,一是表面活性剂也能破坏蛋白质的高级结构,导致蛋白质变性;其次,在细胞破碎时,需要表面活性剂的浓度往往较高,而在后续分离中表面活性剂较难去除。

3. 渗透压冲击破碎法(osmotic shock)

渗透压冲击法是最简单的化学破碎法。通过高渗-低渗的转变,使细胞外的水分在渗透压差的推动下进入细胞,将细胞撑破。渗透压冲击法较温和,仅对细胞壁较脆弱的适用。或者结合酶法、化学法,减弱细胞壁强度后,再使用渗透压法效果较好。

(四) 其他细胞破碎方法

物理法和化学法是最常用的两大类细胞破碎的方法,在实验室规模和实际生产中的应用都极为广泛。除此之外,还有一些破碎方法,虽然应用并不广泛,但对于特殊的生物材料来说,这种细胞破碎的方法却是其他方法不能代替的,具有非常显著的优点。主要有细胞自溶法和抗生素法。

1. 自溶法(self lysis)

自溶法是利用生物体自身产生的酶来溶解细胞壁或细胞膜。如海参体内含有一种自溶酶,当外界条件改变或受到污染时,便会导致自溶。将水母触手放置于4℃的海水中4 d后,也会自溶,利用这个性质,可方便地提取水母触手中的毒液蛋白。

2. 抗生素法(antibiotic inhibition)

在微生物培养过程中,加入抗生素(如青霉素或环丝氨酸等)影响细胞壁合成的稳定性,从而达到溶胞的作用。

(五) 选择破碎方法的依据

各种不同的细胞破碎方法有其各自的优点,如物理破碎法设备通用性强,破碎效率高,操作时间短,成本低,适合于大规模工业化。化学破碎法则细胞破碎率低,胞内物质释放的选择性好,固液分离容易。但缺点也很突出,如物理破碎法会导致细胞碎片细小,胞内物质全部释放,杂质含量高,料液黏度大,给固液分离造成困难;化学破碎法则耗费时间长,通用性不强,成本较高,不适合于大规模生产。在实际生产中,选择哪种破碎方法进行操作,应从以下几方面考虑。

1. 细胞的处理量

物理破碎法适合于大规模工业化,而化学破碎法则更适合于实验室规模,若目标产物具有大规模应用前景,则应首选物理破碎法。

2. 细胞壁的强度和结构

微生物细胞和植物细胞外层均为细胞壁,动物细胞没有细胞壁,只有细胞膜。通常细胞壁较坚韧,细胞膜脆弱,易受渗透压冲击而破碎,因此细胞破碎的阻力主要来自细胞壁。

3. 目标产物对破碎条件的敏感性

生化物质通常稳定性较差,在选择破碎条件时,既要考虑到高的释放率,又要确保其稳定。例如，在采用机械法破碎时，要考虑剪切力对产物活性的影响；在选择酶法时，要考虑酶是否会引起目标产物降解；在选择有机溶剂或表面活性剂时，要考虑目标蛋白质的变性问题。此外，破碎过程中溶液 pH、温度、作用时间等也会影响到目标产物的得率。

4. 需要破碎的程度

细胞破碎后的固液分离难易程度往往是在选择破碎条件时很重要的一个考虑因素。机械法（如高压匀浆法）破碎时可使细胞破碎得很彻底，碎片变得很细小，给固液分离带来困难。

总之，一个适宜的破碎条件往往是高的产物释放量、低能耗和后续操作简便等多方面综合的结果。

（六）破碎率的测定

为了检测细胞破碎的程度，获得定量的结果，需要对破碎的情况进行分析。常用的方法有：① 通过检测破碎前后完整细胞数量之差来直接反映细胞破碎的程度；② 测定细胞破碎后悬浮液中细胞内含物的增量或目的产物的释放量；③ 测定溶液的电导率。

三、发酵液的预处理

无论是胞内还是胞外产物，都要涉及细胞的富集或固体悬浮物的分离除去。常用的固液分离方法主要是过滤和离心。但菌体细小、发酵液或培养液黏度过大时，不能直接过滤；若采用高速离心，会导致能耗增大、设备昂贵；因此，在常规过滤和离心之前，采用必要的预处理手段，降低溶液黏度、去除杂质（高价金属离子、杂蛋白），都是非常必要的。

（一）凝聚和絮凝技术

凝聚和絮凝可有效改变细胞、菌体和蛋白质等胶体粒子的分散状态，使其聚集起来、增大体积，从而对固液分离有利，常用于菌体细小而且黏度大的发酵液的预处理中。

1. 凝聚现象和凝聚剂

凝聚（coagulation）是指在中性电解质作用下，由于双电层排斥电位的降低，而使胶体体系不稳定的现象。在发酵液中，细胞、菌体、蛋白质等胶体粒子的表面都带有电荷。通常细胞或菌体带负电荷，依靠静电吸附作用使溶液中带正电荷的粒子被吸附在其周围，在界面上形成了双电层。当在发酵液中加入高价阳离子的电解质后，由于可中和粒子的表面电荷，导致粒子沉降，胶体体系变得不稳。如在提取海洋右旋糖苷酶时，在发酵液中添加 0.1% $CaCl_2$ 和 0.4% Na_2HPO_4，再调节 pH 为 7.0，缓慢搅拌，1 小时后发酵液上层变清。

2. 絮凝现象和絮凝剂

絮凝（flocculation）是指在某些高分子絮凝剂存在下，基于架桥作用，使细胞聚集形成粗大的絮凝团的过程。絮凝是一种以物理的集合为主的过程，与凝聚不同的是，絮凝法常可形成粗大的絮团，有利于分离。

目前最常用的絮凝剂是人工合成的高分子聚合物，如聚丙烯酰胺类和聚乙烯亚胺类。它们具有长链线状的结构，相对分子质量高达数万至一千万以上。在长的链节上含有相当多的活性功能团，可带有多价电荷（如阴离子或阳离子），也可以不带电荷（如非离子型）。通过静电引力、分子间作用力或氢键的作用，强烈地吸附在胶粒的表面，一个高分子聚合物的许多链节分别吸附在不同颗粒的表面上，产生了架桥连接，形成粗大的絮团，产生絮凝（图6－2）。

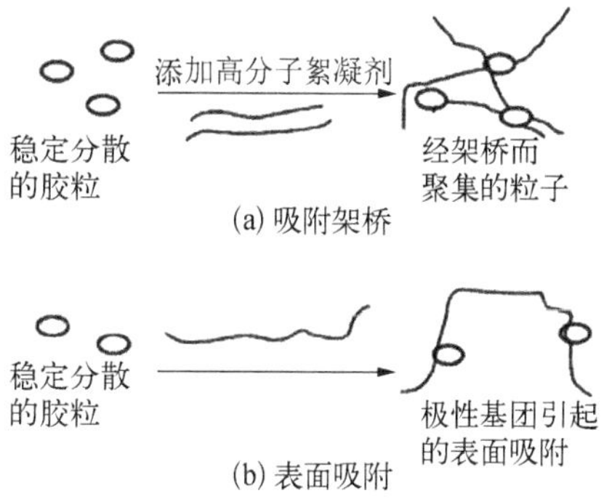

图6－2 絮凝作用示意图

根据活性基团在水中解离情况，可分为非离子型、阴离子型和阳离子型三类。聚丙烯酰胺类是适用范围最广泛的絮凝剂。近年来，还有一系列的高分子聚合物，如聚丙烯酸类阴离子絮凝剂，聚苯乙烯类，以及无机高分子聚合物，如聚合铝盐，聚合铁盐等，和天然有机高分子絮凝剂，如壳聚糖类、凝胶、海藻酸钠等，也在生产中得到了广泛应用。

影响絮凝的因素很多，絮凝效果与发酵液的细胞浓度、表面电荷的种类和大小有关；同时，对于一定的发酵液，絮凝效果还与絮凝剂的种类、加入量、相对分子质量、溶液 pH、搅拌速度和时间等因素有关。

用絮凝技术预处理发酵液的优点不仅在于提高固液分离速度，分离菌体、细胞和细胞碎片等，还在于能有效除去杂蛋白质和固体杂质，提高滤液质量。近年来，还发展了亲和絮凝技术，其原理是通过絮凝剂和细胞膜表面某种组分间具有的专一性亲和连接作用而产生的吸附架桥，由于专一性强，因此产物的回收率很高。

（二）高价金属离子的去除

发酵时，往往会添加一些金属离子，以促进菌体生长或产物合成。但在发酵液预处理中，这些金属离子有可能会干扰后步分离，因此，必须在预处理中加以除去。

通常情况下，可用草酸除去 Ca^{2+}。但草酸溶解度较小，一般使用草酸钠等可溶性草酸盐。反应生成的草酸钙还能促使蛋白质凝固，协助去除杂蛋白质。

对于 Mg^{2+}，则不适合用草酸去除。因为草酸镁的溶解度较大，加入草酸不能除尽 Mg^{2+}，加入三聚磷酸钠效果较好。

Fe^{3+} 可用黄血盐［铁氰化钾，$K_4Fe(CN)_6$］去除，生成普鲁士蓝（$Fe_4[Fe(CN)_6]_3$）沉淀。

（三）杂蛋白质的去除

蛋白质一般以胶体状态存在于发酵液中，其所带电荷与其稳定性有关。蛋白质是两性物质，在等电点时净电荷为零，溶解度最小。可采用等电点沉淀法去除杂蛋白质。

除去杂蛋白质还可利用蛋白质变性的原理。可用加热或有机溶剂法等沉淀蛋白。加热法可用于耐热性较好的目标产物的杂蛋白质处理，在提取海洋多糖时，最常用的除蛋白质法为 Sevage 法。如在提取贻贝多糖时，可将提取液与 Sevage 试剂（氯仿∶正丁醇＝5∶1）按5∶1混合，振荡，离心，变性后的蛋白质介于提取液与 Sevage 试剂交界处。重复多次，直至交界面无沉淀。此法的优点是条件温和，不会引起多糖的变性。

利用吸附作用也可除去杂蛋白质。例如,在海洋枯草芽孢杆菌的发酵液中,可加入氯化钙和磷酸氢二钠,这二者互相作用形成庞大的凝胶,可把蛋白质、菌体及其他不溶性离子吸附并包裹在其中,达到去除的目的。

加入蛋白质沉淀剂,也是除去杂蛋白质的一种方法。常用的蛋白质沉淀试剂,如三氯乙酸、苦味酸和过氯酸等,均可用来与蛋白质形成沉淀。

四、发酵液的固液分离

发酵液的固液分离目的主要包括:分离除去液相,收集胞内产物;或者除去不溶物,收集含目标产物的液相。离心和过滤是最常用的两种固液分离法。

(一)影响发酵液固液分离的因素

发酵液属于非牛顿流体,其流变性质与许多因素有关,主要取决于细胞或菌体的大小和形状,介质的黏度和发酵液的 pH 等。

1. 细胞或菌体的大小

表 6-1 列出了发酵液中各种悬浮粒子的尺寸。一般来说,粒子越小,分离难度就越大,费用也越高。

表 6-1 发酵液中悬浮粒子的尺寸

粒子种类	尺 寸	粒子种类	尺 寸
细胞碎片	$<0.4\ \mu m \times 0.4\ \mu m$	植物细胞	$100\ \mu m \times 100\ \mu m$
细菌细胞	$1\ \mu m \times 2\ \mu m$	真菌细胞	$1\ \mu m \sim 10\ \mu m$
酵母细胞	$7\ \mu m \times 10\ \mu m$	絮凝体	$100\ \mu m \times 100\ \mu m$
动物细胞	$40\ \mu m \times 40\ \mu m$		

从表中可以看出,真菌或经絮凝后形成的絮凝体,体积最大,固液分离较为容易,常用常规过滤,如板框压滤或鼓式真空过滤就可。而细菌和细胞碎片体积最小,常规的离心和过滤效果很差,不能得到澄清的滤液和紧密的滤饼,要采用高速离心,或者用各种预处理的方法来增大粒子体积,再进行常规固液分离。

2. 培养液的黏度

细胞培养液的黏度也影响固液分离的速度。黏度越大,固液分离越困难。培养基黏度的大小受多种因素影响。首先是细胞或菌体的种类和浓度。通常丝状菌、动物或植物细胞悬浮液黏度较大,浓度增加时,黏度也随着提高。其次是发酵液中蛋白质、核酸的浓度。当细胞破碎或细胞自溶后,胞内的蛋白质、核酸、酶等大量释放,会导致发酵液黏度增加。因此,细胞破碎的程度需很好控制,发酵放罐的时机要精确控制。第三,培养基成分也影响黏度。如选用黄豆粉、花生粉等做氮源,淀粉做碳源时,黏度都会升高。此外,染菌发酵液、发酵后期加消泡剂或发酵液中含大量过剩的培养基,都会使黏度增大。

3. 其他因素

除以上两种因素外，发酵液的 pH、温度和加热时间也会影响固液分离。pH 不同，固液分离的速度会不同；温度升高，会使黏度降低，固液分离加快。但在实际操作中需要注意 pH 和温度对目标产物的影响。若目标产物对 pH 和温度较为稳定，则可采用相应的手段调节，使固液分离速度加快。

（二）过滤

过滤是指借助过滤介质，在一定的压力差 Δp 作用下，将悬浮液中的固体粒子截留，而与液体分离的技术。

衡量过滤特性的主要指标是滤饼的质量比阻 r_B，对于不可压缩性滤饼，r_B是常数，对于可压缩性滤饼，是 Δp 的函数，其关系为：

$$r_B = r(\Delta p)^m \qquad \text{（式 6-1）}$$

式中 r 为不可压缩滤渣的比阻，对于一定的料液，其值为常数；m 为压缩性指数，一般取值范围为 0.5~0.8，对不可压缩性滤饼，$m=0$。

根据滤饼的质量比阻值，可衡量各种不同发酵液过滤的难易程度。一般来说，真菌的菌丝比较粗大，其 r_B值在$(0.15\sim0.2)\times10^{12}$ m/kg 左右，易于过滤，常不需特殊处理。放线菌发酵液菌丝细而分枝，交织成网格状，质量比阻可达 $2\,000\times10^{12}$ m/kg 左右，过滤较困难，一般需经预处理。

常规用于生化物质的过滤设备主要是板框式压滤机和鼓式真空过滤机等。板框压滤机的过滤面积大，过滤推动力（压力差）能较大幅度地进行调整，并能耐受较高的压力差，对不同过滤特性的发酵液适应性强，机器结构简单、价格较低、动力消耗少，是国内广泛被采用的设备。但这种设备不能连续操作，设备笨重、劳动强度大、卫生条件较差，非生产的辅助时间（包括解框、卸饼、洗滤布，重新压紧板框等）较长。自动板框过滤机则可使板框的拆装、滤渣的脱落卸出和滤布的清洗等操作自动进行，大大缩短了非生产的辅助时间并降低了劳动强度。

（三）离心分离

离心分离时借助离心机旋转所产生的离心力的作用，促使不同大小、不同密度的粒子分离的技术。在离心力场中，颗粒沉降（或漂浮）速度 u_p的公式为：

$$u_p = \frac{d^2(\rho_p - \rho_m)}{\eta}\omega \qquad \text{（式 6-2）}$$

式中，d 为颗粒直径，cm；ρ_p为颗粒密度（g/cm^3）；ρ_m为液体介质密度（g/cm^3）；η 为液体介质黏度（Pa·s）；ω 为旋转角速度（rad/s）；r 为离心机转轴中心到颗粒中心的距离（cm）。

由式 6-2 可以看出，增大离心力（$\omega^2 r$）可提高沉降速度，对沉降速度小的颗粒，提高转速是有效的方法。

常用于生化物质分离提取的离心设备可分为常速(低速)、高速和超速离心机。常速离心机主要用于收集细胞、菌体、培养基残渣等较大的固形颗粒。高速离心机用于分离细胞碎片、较大的细胞器、生物分子盐析沉淀物等较小的固形颗粒。超速离心机用于生物大分子、细胞器、病毒等分子和微粒的分离。

工业生产中,用于固液分离的常速离心机可分为过滤式和沉降式两种。过滤式离心机又称为篮式离心机,主要用于晶体的分离。发酵液的固液分离主要是沉降式,可分为管式、碟片式和倾析式。

与常规过滤相比,离心分离具有分离速度快、效率高、操作的卫生条件好等优点,适合于大规模的分离过程。但离心分离的设备投资费用高,能耗也较大。

五、全发酵液提取技术

尽管经多年研发改进,固液分离技术已有很大进展,出现了许多新型的离心设备来适应难离心的液体(如悬浮颗粒小、黏度大的液体),但是固液分离的条件依然制约着分离纯化工艺,因此,近年来相继出现了许多避开固液分离操作,从悬浮液直接提取生化物质的方法。

(一) 膜分离技术

进一步膜分离的效果就可以起到过滤、浓缩和吸附的作用。该技术的关键是连接的配基容量要大,同时要解决膜孔道的污染问题。有关膜分离技术的具体原理和应用详见本章第三节。

(二) 双水相萃取

将发酵液或细胞匀浆液直接用于双水相萃取,使目标产物与细胞悬浮液颗粒分别分配在不同的两相中,然后经一般的液-液分离法将两相分开,使固液分离、萃取同时完成。有关双水相萃取技术的具体原理和应用详见本章第三节。

(三) 扩张床吸附

扩张床吸附是20世纪90年代初出现的一种将固体颗粒去除和目标蛋白纯化合并在一步完成的新型技术。在装有固体吸附剂的层析柱中,将悬浮液直接从柱下端通入,自下而上流过吸附剂颗粒,在一定的流速下,吸附剂床层松动并扩张,出现流化态,颗粒间距离拉大,悬浮液中的细胞、细胞碎片和其他粒子可以无阻挡地通过柱,从柱上端流出,而产物被吸附在吸附剂上。在洗涤滞留在床层上的固体杂质后,自上而下地通入洗脱液将目标产物洗脱下来,吸附剂经再生后重复使用。采用扩张床吸附可一步完成料液的澄清、浓缩和初步纯化,大大减少了操作步骤,缩短了处理时间,降低成本,提高收率,是一种极有前景的新技术。有关扩张床吸附的具体原理和应用详见本章第三节。

第三节 初步纯化技术(提取技术)

经固液分离或细胞破碎及碎片分离后,活性物质存在于滤液中,滤液体积很大,浓度很低,下游加工过程就是浓缩和纯化的过程,常需好几步操作,第一步称为初步纯化或提取,主要目的在于浓缩,也有部分纯化的作用。主要的初步纯化技术包括吸附、萃取、离子交换和膜分离技术。

一、吸附技术

固体吸附和生化工程有着密切的关系。很早就有在酶、蛋白质、核苷酸、抗生素、氨基酸等产物的分离、精制中进行选择性地吸附的方法。发酵行业中,空气的净化和除菌也离不开吸附过程;另外,在生化产品的生产中,脱色、除热源、除组胺等杂质也是靠吸附进行的。和其他初步分离方法相比,吸附法具有以下优点:① 可不用或少用有机溶剂,减少环境方面的成本;② 操作简便、安全、设备简单;③ 生产过程 pH 变化小,适用于稳定性较差的生化物质。

早期使用的吸附剂主要有高岭土、氧化铝、酸性白土等无机吸附剂和凝胶型离子交换树脂、活性炭、分子筛和纤维素等。这些吸附剂吸附能力不稳定、易受杂质影响失活,都不够理想。近年来出现了大网格聚合物吸附剂,物理化学稳定性好,再生过程简便迅速,特别适用于工业规模的生产。

(一) 吸附的类型

根据作用力的差别,吸附作用可分为三种类型。

1. 物理吸附

物理吸附指的是吸附剂和吸附物通过分子间作用力(范德华力)产生的吸附。这是最常见的一种吸附现象,特点是吸附不仅限于活性中心,而是整个自由界面。

物理吸附是可逆的,即在吸附的同时,被吸附的分子由于热运动会离开固体表面。分子脱离固体表面的现象称为解吸附。由于分子间作用力的普遍存在,一种吸附剂可吸附多种物质,没有严格的选择性。但由于吸附物性质的差别,吸附的量有所不同。物理吸附与吸附剂的表面积、细孔分布和温度等因素密切相关。

2. 化学吸附

化学吸附是由于吸附剂和吸附物之间有电子转移,发生化学反应而产生的。与通常的化学反应不同的是,吸附剂表面的反应原子保留了它或它们原来的格子不变。反应需要活化能,反应时放出的热量也大于物理吸附。

化学吸附的选择性较强,即一种吸附剂只对某种或几种特定物质有吸附作用。因此化学吸附一般为单分子层吸附,吸附后较稳定,不易解吸附。

3. 交换吸附

吸附剂表面为极性分子或离子所组成,则它会吸引溶液中带相反电荷的离子而形成双电层,同时在吸附剂与溶液间发生离子交换,称为交换吸附。离子的电荷是交换吸附的决定因素。离子所带电荷越多,在吸附剂表面的相反电荷点上的吸附力就越强,电荷相同的离子其水化半径越小,越易被吸附。

需要注意的是,固体的吸附作用往往是几种吸附力同时作用,很难分清到底是哪种吸附类型起主导作用,没有明显的界线。

(二)影响吸附过程的因素

固体吸附剂在溶液中的吸附规律至少包含三种作用力:首先是界面上固体与溶质之间的作用力;其次是固体与溶剂之间的作用力;第三是溶液中溶剂与溶质之间的作用力。在达到吸附平衡后,其吸附量不仅受吸附剂性质、结构、颗粒大小、形状的影响,也与溶液中溶质的性质、浓度、固液两相质量比、溶剂、其他存在于液相中的成分以及外界条件如 pH、温度等有关。

1. 吸附剂的性质

吸附剂的理化性质对吸附的影响很大。一般要求吸附剂的吸附容量大,吸附速度快,机械强度好。吸附剂的吸附容量主要与比表面积有关。吸附速度主要与颗粒度和孔径分布有关,吸附剂的机械强度则影响其使用寿命。

2. 吸附物的性质

吸附物的性质通过以下几个方面影响吸附。

1)能使表面张力降低的物质,有利于表面吸附。

2)溶质从较易溶解的溶剂中吸附时,吸附量较少;相反,洗脱时采用溶解度较大的溶剂,洗脱就较容易。

3)极性吸附剂易吸附极性物质,非极性吸附剂易吸附非极性物质。因此,可利用极性吸附剂从非极性溶剂中吸附极性物质,反之亦然。

4)对于同系列物质,吸附量的变化是有规则的。

3. 溶液 pH

溶液 pH 通过影响化合物的解离度而影响吸附。比如,有机酸类在酸性下主要以分子状态存在,因此较易被非极性吸附剂所吸附。胺类则在碱性条件下易被非极性吸附剂吸附。

4. 温度

对于物理吸附,由于吸附热较小,故温度变化对吸附的影响也较小。但某些溶质,由于温度升高而在溶液中的溶解度增大,对吸附不利。

5. 其他组分

当溶液中存在两种及以上组分时,一般来说,对混合物的吸附较纯溶质的吸附程度差,往往会导致吸附一种溶质而使另一种溶质的吸附量降低。但有时也有例外。

(三)大网格聚合物吸附剂

将大网格离子交换树脂去掉其功能团,而保留其多孔的骨架,其性质就与活性炭、硅胶等吸附剂相似,称为大网格聚合物吸附剂,又称为大孔吸附树脂。

大孔吸附树脂是一类不含交换基团的高分子吸附剂，理化性质稳定，不溶于水、酸、碱及常用有机溶剂（如乙醇、丙酮及烃类等），对有机物有分离富集作用，且不受电解质及强高分子、低分子化合物的干扰，在水溶液中吸附力较强且有良好的吸附选择性。与活性炭等经典吸附剂相比，大网格吸附剂具有选择性好，解吸容易、机械强度好、易再生和流体阻力小等优点。特别是其孔隙小、骨架结构和剂型可按需选择原料和合成条件而改变，因此，特别适用于吸附各种有机化合物。应用大孔树脂进行分离的技术是20世纪60年代末发展起来的继离子交换树脂后的分离新技术之一，广泛应用于植物有效成分的提取，目前，在海洋生物活性物质提取分离上也得到了一定的应用。

1. 大网格聚合物吸附剂介绍

大网格聚合物吸附剂按骨架的极性强弱，可分为非极性、中等极性和极性吸附剂三大类。非极性吸附剂的基本结构是由苯乙烯和二乙烯苯聚合而成，故又称为芳香族吸附剂。中等极性吸附剂为甲基丙烯酸酯结构，也称为脂肪族吸附剂；在树脂合成时引入硫氧基、酰胺、磺酸基、酚羟基等极性基团，就得到极性吸附剂（图6－3）。

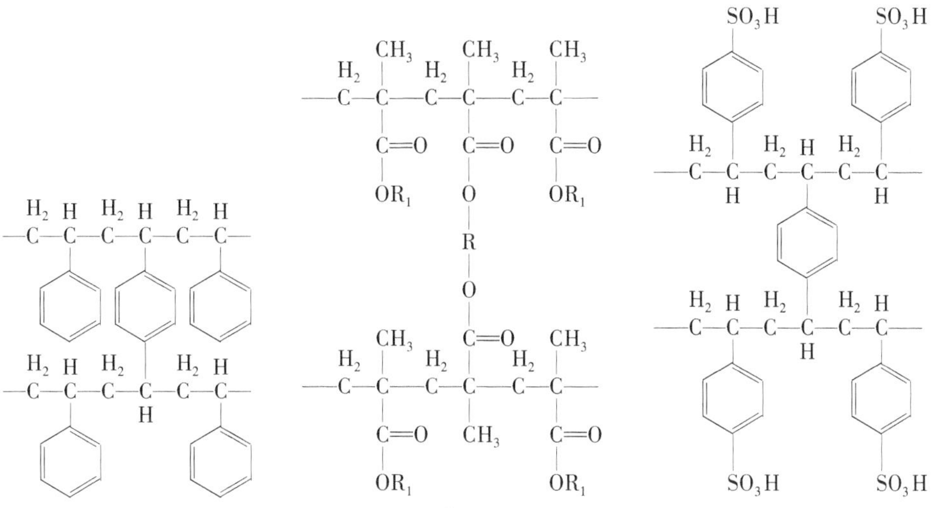

a　　　　b　　　　c

图6－3　大孔吸附树脂的基本结构

a. 非极性；b. 中等极性；c. 极性

大孔吸附树脂随制备条件及原料性质的不同，性能差异很大。其空隙形状和大小分布不均匀、不规整，结构也十分复杂。

目前，国内外使用的大孔吸附树脂种类很多，型号各异，性能差异很大，如国产的AB－8、X－5、NKA－9、D－101、DA－201、LD－605、CDA－40、D－1300、MD－05271、AD－40及国外生产的XAD系列和Diaion HP系列等（表6－2）。

2. 大孔吸附树脂分离效果的影响因素

大孔吸附树脂柱色谱对天然有机化合物的吸附分离受诸多因素影响，除树脂和化合物性质外，洗脱剂的种类、浓度、pH，树脂和样品预处理方法，样品与树脂用量等都能影响分离纯化的效果。

表 6-2 常见的大孔吸附树脂型号及类型

型号	类型	型号	类型
Amberlite XAD1~5	非极性	X-5	弱极性
Amberlite XAD6~8	中等极性	NKA-9	极性
Amberlite XAD9~12	极性	DA-201	非极性
Diaion HP-10、20、30、40、50	非极性	AD-40	
D-101	非极性	LD-605	非极性
H103	非极性	CDA-45	弱极性
AB-8	弱极性	D-1300	非极性
DM130	弱极性	S-8	极性
DM11	非极性	SD300	极性
ADS-7	强极性	HPD600	极性

(1) 被分离成分的性质

欲分离物质的极性大小和分子体积是影响分离的关键。

一般而言,极性较大的分子一般适于中等极性或极性的树脂上分离,而极性小的分子适于在非极性树脂上分离,如从海水中吸附有机磷农药可采用苯乙烯型非极性大孔树脂;林亲雄等采用 D-101 树脂从海洋放线菌 N331 发酵液中富集具有抗菌及细胞毒性的生物碱类物质。而海参皂苷、海带多酚等极性成分宜采用极性树脂。如袁文鹏等采用 AB-8 极性树脂从海参加工废弃液中成功提取分离了海参皂苷,不仅避免了废液直接排放引起的环境污染,又减少了大量具有生物学活性的海参皂苷的流失。刘晓丽等采用 XDA-1 极性大孔树脂分离海带多酚,发现该树脂对海带多酚的选择性较强,而且解吸较容易,纯度较高,较适合工业生产。但对于中等极性树脂来说,待分离化合物分子上能形成氢键的基团越多,吸附越强。

同时,树脂吸附能力大小与分子体积密度有关。化合物的分子体积越大,吸附能力越强,这与大体积分子的疏水性增强有关。另一方面,化合物分子体积是大孔吸附树脂筛分作用的决定因素,分子体积较大的化合物选择较大孔径的树脂,否则将影响到分离效果。如张丰香等利用 DA201-C 大孔吸附树脂对鱼鳞肽进行分离纯化,优化了洗脱剂中乙醇的体积分数,得到不同极性的鱼鳞肽组分。

(2) 上样溶剂的性质

选择上样溶剂时,既要考虑溶剂对样品成分的溶解性,又要考虑溶液 pH 对吸附的影响。

通常一种成分在某种溶剂中溶解度大,则在该溶剂中树脂对该物质的吸附力就小,反之亦然。如果在上样溶液中加入适量电解质,如 NaCl、Na_2SO_4、$(NH_4)_2SO_4$等,可使树脂的吸附量大。

对于溶剂 pH 的选择,一般来说,酸性化合物应在酸性溶液中进行吸附,碱性化合物在碱性溶液中进行吸附,中性化合物可在近中性的情况下被吸附。

(3) 上样溶液的浓度

树脂吸附量一般与上样溶液浓度成反比,通常以较低浓度进行吸附较为有利。如果上样溶液偏高,则吸附量会显著减小。

(4) 吸附流速

对于同一浓度的上样溶液,吸附流速过大,树脂的吸附量就会下降,但吸附流速过小,吸附时间就会增加。在实际应用时,应综合考虑来确定最佳吸附流速,既要使树脂的吸附效果好,又要保证较高的工作效率。

(5) 洗脱剂的性质

常见的洗脱剂有甲醇、乙醇、丙酮等,洗脱能力顺序为丙酮 > 甲醇 > 乙醇 > 水。可根据吸附能力强弱选用不同的洗脱剂及浓度,对于非极性树脂,洗脱剂极性越小,其洗脱能力越强;对于中等极性和极性树脂,则用极性较大的洗脱剂为宜。在实际工作中,乙醇应用较多。

同时,洗脱剂的 pH 对其洗脱能力和对化合物的分离效果有显著影响,需根据待分离化合物结构特点来控制溶液的 pH。通过改变洗脱剂的 pH,可使吸附物形成较强的离子化合物,很容易被洗脱下来,从而提高洗脱率。

(6) 洗脱流速

洗脱流速一般控制在 0.5~5 mL/min 为宜。

3. 大孔吸附树脂的应用

大孔吸附树脂柱色谱技术具有快速、高效、方便、灵敏、重现性好等优点,早期在废水处理、维生素、抗生素分离纯化方面应用较多。近年来在天然药物有效成分的提取、分离纯化、中药制剂工艺改革、质量分析与控制等方面得到广泛的应用,尤其在医药领域显示出独特的作用。如曹艳秋等用 XAD-2 树脂进行了微囊藻毒素(Microcystin-LR, MC-LR)的分离纯化,首先用体积分数 40% 的乙酸、10% 丙酮和 20% 乙醇溶液淋洗杂质,再采用体积分数为 60% 的甲醇水溶液洗脱微囊藻毒素 MC-LR,可获得最大产品质量浓度,该方法重现性良好。他们还研究了各种性质的国产大孔吸附树脂对海洋微生物小分子代谢产物的吸附能力,结果发现,极性树脂 SD300,非极性树脂 DM11 和中等极性树脂 HPD400 在发酵液的吸附中具有较大优势,吸附率及解吸率较高,且对蛋白质、多糖的吸附率低。同时,将树脂吸附法与乙酸乙酯萃取法进行了比较研究,证明了 DM11-SD300 串联吸附法能最大化、有效地提取发酵液中的小分子代谢产物,此法对海洋微生物发酵液中化合物的吸附率达 7.528%,蛋白质去除率为 90.98%,总糖去除率为 77.69%,且其吸附几乎不损失乙酸乙酯萃取部分化合物,可作为海洋微生物小分子代谢产物提取的替代方法,环保经济。

(四) 扩张床吸附

扩张床吸附(expanded bed adsorption, EBA)技术是 20 世纪 90 年代发展起来的新型分离纯化技术,属于流化床的一种特例,它集过滤、浓缩和初步纯化于一步完成,减少了操作步骤,缩短了操作时间,可提高收率,降低成本。

1. 扩张床吸附基本原理

在进行多相过程的设备中,装填有固体催化剂或固体反应物用以实现多相反应过程的反应器称为固定床。固体物通常呈颗粒装,堆积成一定高度(厚度)的床层。床层静止不动,流体通过床层进行反应。当流体通过床层的速度逐渐提高到某值时,颗粒出现松动,颗粒间空隙增大,床层体积出现膨胀。如果再进一步提高流体速度,床层将不能维持固定状态。此时,颗粒全部悬浮于流体中,显示出相当不规则的运动。随着流速的提高,颗粒的运动愈加剧烈,床层的膨胀也随之增大,但是颗粒仍逗留在床层内而不被流体带出。床层的这种状态和液体相似称为流化床。

与固定床相比，流化床可实现固体物料的连续输入和输出，床层有良好的传热性能，易于控制，特别适用于强放热反应。但返混严重，影响反应器效率和反应的选择性。1990 年英国剑桥大学的 Chase 研究发现，在流化床中，如果流速控制在使床层扩张到 2 倍，则液固两相的返混都很少；在相同的吸附剂用量和流速下，流化床和固定床的流出曲线相似，说明两者的返混程度近似。他把这种特殊的流化床状况称为扩张床，第一次提出了扩张床的概念。

形成稳定的分层床层是扩张床吸附的基础。吸附剂的大小和密度存在一定的分布，条件适当时，处于流化态的颗粒会分离成层，此时无沟流，返混低，且液相流动为活塞流，相当于固定床。分层与最大粒径和最小粒径的比值有关，当粒径之比大于 2.2 时，能形成稳定的分层；同时保持适当的流速，使床层扩展到 2~3 倍为宜。

2. 扩张床的吸附剂

应用于生物分离的扩张床吸附剂一般有如下基本要求。

1）吸附剂的尺寸和密度应保证其终端流速与料液中需除去的固形颗粒间有明显的差异。

2）吸附剂必须有一定的粒径和密度分布，在扩张床中会形成稳定的分级，从而减小固液间的返混。

3）吸附剂应具有良好的孔道结构，不易被料液中的脂类、核酸和杂蛋白质等生物物质污染。

4）吸附剂应具有特异性吸附的配基，使吸附剂对目标产物具有较高的吸附容量。

5）吸附剂应具有较高的化学稳定性和良好的机械强度，其中较高的化学稳定性可以保证吸附剂可以承受较苛刻的洗脱条件，而良好的机械强度可延长吸附剂的使用寿命。

6）吸附剂应具有良好的传质性能，在较高的流速下，可以保持较高的吸附量。

常用的扩张床吸附基质包括复合吸附剂，如琼脂糖-石英砂、琼脂糖-不锈钢、葡聚糖-硅胶和纤维素-二氧化钛等，以及高密度材料，如多孔玻璃、多孔氟化二氧化锆、全氟聚合物等。

3. 扩张床吸附的操作方法

扩张床吸附的操作可分为平衡、吸附、洗涤、洗脱和再生 4 步。首先，扩张床在每次吸附操作前须用缓冲液扩张，让床层扩张到一定程度（一般为 2~3），并使其达到平衡；然后进行吸附。吸附结束后，需进行洗涤。一方面是为了除去床层间滞留的颗粒，另一方面也是为了除去非结合和弱结合性的可溶性杂蛋白质。整个冲洗过程一般需 5~20 倍沉降床体积的平衡缓冲液；洗脱方式可分为上洗和下洗；最后用 NaOH 进行再生，大多数都使用 0.5~1.0 mol/L NaOH 清洗床层 3~4 h。

4. 扩张床吸附应用

扩张床现已成功地用于大肠杆菌、酵母、动物细胞培养液以及动物组织、植物组织、果汁、动物乳汁以及其他一些微生物中目标产物的提取，其分离规模也正从中试向工业化方向发展。如在从疣状龙须红藻中分离纯化 R-藻红蛋白的制备工艺中，应用扩张床吸附法作为初步纯化的方案，有效地解决了在藻胆蛋白分离纯化过程中发生的多糖堵塞色谱柱的问题，使最终得到的 R-藻红蛋白的纯度和产率均提高。

二、溶剂萃取技术

溶剂萃取技术是用一种溶剂将产物自另一种溶剂中提取出来的技术，利用这种技术，可将生物活性物质从原来浓度很稀的溶剂(大多数情况下是水)中提取出来，达到浓缩和提纯的目的。

溶剂萃取技术比化学沉淀法分离程度高，比离子交换法选择性好、传质快，比蒸馏法能耗低且生产能力大、周期短，便于连续操作，易于实现自动化，已广泛应用在抗生素、有机酸、维生素等发酵产物的生产上。近 30 年来，将溶剂萃取技术与其他技术相结合产生了一系列新的分离技术，如反相胶束萃取(reversed micelle extraction)、超临界萃取(supercritical fluid extraction)、双水相萃取(aqueous two-phase extraction)等以用于酶、蛋白质、核酸、氨基酸等的提取和精制。

(一) 超临界萃取技术

超临界萃取是近些年来出现的一种分离技术，由于它能耗低、无污染，尤其适合处理易受热分解的高沸点物质等特性，使其在化学工业、能源、食品和医药等工业中广泛应用。在过去的十几年里，超临界萃取的理论和技术都得到了长足的发展。

1. 超临界萃取技术的基本原理

超临界萃取的萃取剂是超临界流体。所谓超临界流体(supercritical fluid, SCF)，指的是高于其临界温度和压力的一种流体(气体或液体)。

超临界萃取就是利用超临界流体的特殊性质，使之在高压条件下与待分离的固-液体混合物相接触，萃取出目的产物，然后通过降压或升温的办法，降低超临界流体的密度，从而使萃取物得到分离。

当流体处于超临界状态时，其密度、黏度及传递性质等都会发生很大变化。比如，超临界流体的密度接近于液体，这使它具有与液体相当的萃取能力；超临界流体的黏度和扩散系数与气体相近，这些性质有利于传质。再者，由于超临界流体能溶解于液相，从而降低了与之相平衡的液相黏度和表面张力，并提高了平衡液相的扩散系数。而这些性质均是有利于流体萃取的，再加上超临界流体无毒无腐蚀性，这就使超临界萃取逐步取代有机溶剂萃取，在食品和药物工业上得到广泛应用。

可用作超临界萃取的溶剂可以分为极性溶剂和非极性溶剂，CO_2、水、乙烯、丙烷及 Ar 等都可作为超临界萃取剂，其中最常用的最重要的超临界流体萃取剂是 CO_2。

CO_2临界温度为 31.1℃，临界压力为 7.2 MPa，其临界条件较容易达到，而且其化学性质稳定，不易燃烧，无色无味无毒，价格便宜，易于处理。

2. 超临界萃取技术的特点

超临界萃取从萃取工艺来讲，结合了精馏与液相萃取的特征，是经典液相萃取工艺的延伸和扩展，形成了一个独特的分离工艺，具有以下一些优点。

1) 超临界萃取同时具有精馏和液相萃取的特点，即在萃取过程中同时被分离物质间的挥发度的差异和他们分子间亲和力的不同两种因素作用。

2）超临界萃取的萃取能力大小是取决于流体的密度，而流体密度很容易通过调节温度和压力得以控制。

3）超临界萃取的被萃取物可通过等温降压或等压升温的办法与萃取剂分离，而萃取剂只需经再压缩便可循环使用，溶剂回收处理方法简单且节约能源。

4）高沸点物质能大量地、有选择性地溶解于超临界流体中，而不需要在高温下操作。所以超临界萃取特别适合于高沸点但受热易分解的生物活性物质的分离。

但是，超临界萃取需要相当高的超临界压力，使得设备的前期投资较大，这也局限了超临界萃取的使用范围。

3. 超临界萃取技术的应用

尽管超临界萃取的设备前期投资较大，但对于萃取有很高经济价值的产品，如咖啡因、啤酒花、植物油、药物、深海鱼油以及各种香料等，超临界萃取技术是一项极有发展前途的分离工艺。

海马是珍贵的海洋药物生物资源，其不饱和脂肪酸占总脂肪酸比例较高，其中多烯不饱和脂肪酸二十五碳五烯酸（EPA）和二十二碳六烯酸（DHA）较为丰富。EPA 和 DHA 为海洋动物所特有的多不饱和脂肪酸，具有很强的生理活性，是人及动物生长发育所必需的脂肪酸。但总脂质在海马中含量低，若采用传统溶剂萃取法需在分离过程中蒸馏加热，油脂易氧化酸败，产品中又存在溶剂残留，降低了海马脂质的利用价值，影响海马的精深加工利用。姜展志等采用 CO_2超临界流体萃取技术对海马骨粉中的脂肪酸进行萃取，结果表明：萃取压强为 35 MPa，萃取温度为 58℃，萃取时间 135 分钟，CO_2流量为 15 L/小时时，海马骨粉脂质萃取率为 1.81%。所得萃取物中主要含 15 种脂肪酸，其中不饱和脂肪酸占总脂肪酸的 39.1%，EPA 和 DHA 分别占不饱和脂肪酸的 5.55% 和 11.00%，比其他工艺的结果为好。

超临界萃取再组合其他预处理方法可提高胞壁脂肪酸的提取效率。如 Céline 等比较了用 CO_2超临界萃取（$SCCO_2$）和微波预处理后再进行超临界萃取（$MW-SCCO_2$）对提取小球藻中脂肪酸效率的差别，结果表明，CO_2压力为 28 MPa，温度 40℃ 可获得最大提取效率，$SCCO_2$法的产率为 1.81%（w/w 干重），$MW-SCCO_2$法的产率为 4.73%（w/w 干重）。提取的脂肪酸中以软脂酸、油酸、亚麻酸和 α-亚麻酸含量最高。扫描电镜观察小球藻胞壁结构发现，用微波进行预处理后，小球藻胞壁破坏程度较大，有利于胞壁脂肪酸的释放。

（二）双水相萃取

溶剂萃取法作为一种单元操作，广泛应用于化学工业，但通常的溶剂萃取法在应用于生物大分子的提取时碰到了困难，主要是由于蛋白质等生物大分子在有机溶剂下会导致变性失活。

1896 年，Beijerinck 发现，当明胶与琼脂或明胶与可溶性淀粉溶液相混合时，会形成两相，上相含有大部分的水，下相含有大部分琼脂（或淀粉），两相的主要成分都是水。这种现象被称为聚合物的不相容性（incompatibility），并由此产生了双水相萃取。

1. 双水相萃取的基本原理

双水相萃取的基本原理与水-有机相萃取一样，也是利用物质在互不相溶的两相之间的分配系数 K 的差异来进行的，不同的是，双水相萃取中被萃取物的分配是在互不相溶的水相之间进行的。

当两种高聚物水溶液互相混合时，会产生以下3种情况。

一是分子间斥力较大，则在达到平衡时，会分成两相，两种聚合物分别进入到一相中，称为不相容性。

二是分子间存在引力，而且引力很强，如在带相反电荷的两种聚电解质之间，则它们会互相结合而存在于共同的一相中，而另一相几乎全部为溶剂，称为复合凝聚(complex coacervation)。

三是分子间不存在较强的引力或斥力，二者能相互混合，形成均相的高聚物水溶液，称为完全互溶(complete miscibility)。

两种聚合物溶液混合时，最常见的就是不相容性现象，为双水相萃取的溶剂系统选择带来了便利。表6-3列出了典型的双水相系统。

表6-3　几种典型的双水相系统

组成	成分	组成	成分
两相均为非离子型聚合物	聚丙二醇-聚乙二醇 聚丙二醇-聚乙烯醇 聚丙二醇-葡聚糖 聚乙二醇-聚乙烯醇 聚乙二醇-葡聚糖 聚乙二醇-聚乙烯吡咯烷酮 聚乙二醇-羟丙基淀粉	一相为非离子型聚合物，另一相为带电荷的聚电解质	DEAE葡聚糖·HCl-聚丙二醇 NaCl DEAE葡聚糖·HCl-聚乙二醇 Li_2SO_4
		两相均为聚电解质	羧甲基葡聚糖钠盐-羧甲基纤维素钠盐
		一相为非离子型聚合物，另一相为电解质	聚乙二醇-磷酸钾 聚乙二醇-硫酸铵 聚乙二醇-硫酸钠

在生化工程中，往往采用聚乙二醇-葡聚糖和聚乙二醇-电解质系统，这是由于这两种聚合物被证明均无毒性，且被收录在许多国家的药典中，而且它们的结构(多元醇或多糖)能使生物高分子稳定。

2. 双水相萃取的应用

双水相萃取系统是将传统的离心、沉淀等液固分离转为液-液分离，工业化的高效液 液分离设备为其奠定了大规模应用的基础。双水相系统平衡时间短、含水量低、界面张力低，为生物活性物质提供了温和的分离环境，可应用于蛋白质、酶、核酸、生长激素、干扰素等产品的分离纯化。

李夏兰等以海带汁为原料，采用PEG/$(NH_4)_2SO_4$两水相系统对海带多糖进行了尝试性地萃取，通过正交实验，确定了多糖萃取的最佳操作条件：当PEG浓度为20%、$(NH_4)_2SO_4$浓度为19%、pH为3.0、海带汁体积为0.6 mL时，萃取率为77.8%；当pH为7.5、$(NH_4)_2SO_4$浓度为1.5 mol/mL时，其反萃率为69.8%。

丁运华等则应用聚乙二醇(PEG)/磷酸氢二钾(K_2HPO_4)双水相体系对罗非鱼肝脏乙酰胆碱酯酶的萃取分离进行了研究。结果表明：室温下在K_2HPO_4质量分数为15.0%、PEG1000质量分数为22.0%、pH为7.0的双水相体系中，酶的分配系数最大、可达5.65，萃取率为72%。放大试验结果表明，该双水相体系对乙酰胆碱酯酶的萃取效果比较稳定，是提取分离乙酰胆碱酯酶的一种新方法。

王巍杰等采用双水相技术对钝顶螺旋藻中的藻蓝蛋白进行分离提取。当双水相组成体系为16%的PEG2000(w/w)和25%的酒石酸钾钠(w/w),pH为6.0时,藻蓝蛋白主要分布在上相,最高纯度3.69,分配系数20.7,回收率94.56%。多次双水相萃取有利于藻蓝蛋白纯度提高,3次双水相萃取后,藻蓝蛋白纯度达到4.15。

同时,在双水相系统中可进行转化反应,把产物移入另一相,消除产物抑制,提高产率。

(三)反相胶束萃取

一般情况下,将表面活性剂溶于水中,当其浓度超过临界胶束浓度时,表面活性剂就会因为聚集而在水溶液中形成分散、稳定、具有亲脂核心的微聚集体,称为正相胶束(normal micelle)。若将表面活性剂溶于非极性的有机溶剂中,当其浓度超过临界胶束浓度时,便会在有机溶剂内形成表面亲脂核心亲水的微聚集体,这种微聚集体被称为反相胶束(reversed micelle)。1977年,Luisi等首先发现胰凝乳蛋白酶可以溶解在含有表面活性剂的有机溶剂里并没有引起其变性,首次提出了用反相胶束萃取蛋白质的方法,到20世纪80年代这种技术得到了重视并被迅速应用到很多领域中。

1. 反相胶束萃取的原理

在反相胶束中,表面活性剂的非极性尾在外与非极性的有机溶剂接触,而极性头则排列在内形成一个极性核。此核具有溶解极性物质的能力,极性核溶解了水后,就形成了"水池"。在蛋白质等生物活性物质进入"水池"后,需要再通过适当的手段将蛋白质从"水池"中释放出来,该过程就称为反萃取过程(图6-4)。

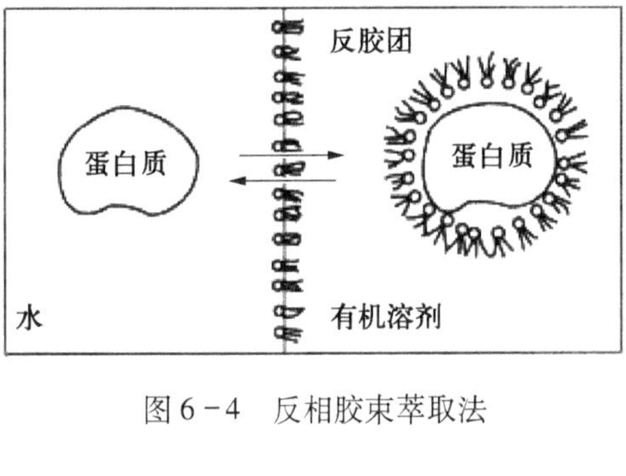

图6-4 反相胶束萃取法

采用这种方式进行生物活性物质的萃取时,由于周围水层和极性头的保护,蛋白质不会与有机溶剂接触,不会造成失活。所以反相胶束萃取比较适合于酶类产品的提取纯化。但是,在反相胶束过程中需要考虑到水在反胶束中的存在形式有两种:自由水和结合水。结合水由于受到双亲分子极性头基的束缚,具有与普通水不同的物化性质,如黏度增大、解电常数减小、氢键形成的空间网络结构遭到破坏等。

和普通的液-液萃取过程相比,反相胶束萃取是非常慢的,这主要是由于在质量转移过程中存在较大的传质阻力。通过改变第二水相的pH、增加离子强度和(或)增加反胶束溶液中助溶剂的浓度,可以实现反萃取过程。通入气体(如乙烯、CO_2)、加入反离子表面活性剂等手段都可以使蛋白质释放;另外,也可利用硅胶吸附反胶束溶液中的蛋白质,再进行洗脱回收的。但要注意的是未经处理的硅胶其表面的酸性硅羟基会导致蛋白质变性而难以从硅胶上洗脱下来。

2. 反相胶束的应用进展

反相胶束萃取目前使用最多的是双(2-乙己基)磺基丁二酸钠(又称为气溶胶OT, Aerosol OT,AOT),一是因为AOT所形成的反相胶束较大,有利于萃取相对质量较大的蛋白质分子;二是因为AOT形成反相胶束时不需要加助表面活性剂(cosurfactant)。当表面活性剂为 AOT 时,最常用的有机溶剂为异辛烷。但是,AOT 体系反萃取蛋白质效率低,相分离时间长,强静电相互作用易导致酶失活,因此,萃取的选择性降低。目前,新型的、可替代 AOT 的新型表面活性剂正在被设计和试用,希望能找到更理想的反相胶束体系。

反胶束体系可增溶一些有机溶剂不能溶解的一些物质,包括蛋白质、核酸、短肽、氨基酸、抗生素、生物碱、黄酮类等生物物质。由于反胶团屏蔽保护作用,这些物质不与有机溶液直接接触,可保护生物物质活性,从而实现生物物质溶解和分离。因此,反相胶束萃取可应用于蛋白质、酶、抗生素、氨基酸、核酸等生物活性物质的分离纯化,通过与其他技术结合,如超临界萃取技术,可使其应用范围进一步扩大。

三、离子交换技术

离子交换技术是一种采用离子交换树脂,将溶液中带电荷的离子吸附再洗脱的技术。离子交换技术具有成本低、设备简单、操作方便的优点,已广泛应用于抗生素、氨基酸、有机酸等的提取,也常用于制备软水和无盐水,以及用于金属回收。在海洋生物制品,尤其是海洋多糖类产品的分离纯化方面,近些年来也有一些成功应用。

(一) 离子交换树脂的种类

离子交换树脂是一种合成的、不溶于酸碱和有机溶剂的具有网状结构的功能高分子材料。其基本结构有三部分:第一部分是不溶性的三维空间网状结构构成的树脂骨架,具有化学稳定性;第二部分是与骨架相连的功能基团,功能基团的解离程度决定了树脂的酸碱性强弱;第三部分是与功能基团所带电荷相反的可移动的活性离子,它在树脂中可自由进出,从而产生离子交换现象。

离子交换基团中的活性离子种类决定了离子交换树脂的种类。若活性离子是阳离子,则这种树脂能与阳离子进行交换,称为阳离子交换树脂;反过来,若活性基团是阴离子,则树脂能与阴离子进行交换,称为阴离子交换树脂。

1. 阳离子交换树脂

阳离子交换树脂根据功能基团的解离程度可分为强酸性阳离子交换树脂和弱酸性阳离子交换树脂。

强酸性阳离子交换树脂一般以磺酸基($—SO_3H$)为活性基团,在溶液中的解离程度高,不受外界溶液 pH 变化影响,在使用中没有 pH 限制。其典型的交换反应式见下:

$$RSO_3H + NaCl \rightleftharpoons RSO_3Na + HCl$$

弱酸性阳离子交换树脂的功能团一般为羧基(—COOH)、酚羟基(Ar—OH)。这类树脂的解离程度受溶液 pH 影响很大。在酸性溶液中,几乎不发生交换反应;随着溶液 pH 上升,交换能力逐渐提高。羧基树脂的使用 pH 一般应大于 7,而酚羟基树脂,则需大于 9。这类树脂的典型交换反应为:

$$RCOOH + NaOH \rightleftharpoons RCOONa + H_2O$$

除以上两种最常用的阳离子树脂外,还有以磷酸基[—$PO(OH)_2$]和次磷酸基[—PHO(OH)]为活性基团的中等强度酸性的阳离子交换树脂。

2. 阴离子交换树脂

阴离子交换树脂也可根据功能基团分为强碱性阴离子交换树脂和弱碱性阴离子交换树脂。

强碱性阴离子交换树脂的功能基团可以是三甲铵基(称为强碱Ⅰ型)或二甲基-β-羟基乙基胺(称为强碱Ⅱ型)。其典型的交换反应如下:

$$RN^+(CH_3)_3Cl^- + NaOH \longrightarrow RN^+(CH_3)_3OH + NaCl$$

和强酸性树脂一样,强碱性树脂没有使用 pH 的限制,Ⅰ型的碱性比Ⅱ型强,但再生较困难,Ⅱ型树脂的稳定性则较差。

弱碱性阴离子交换树脂的功能基团是氨基(—NH_2)、亚氨基(>NH)、次氨基(≡N)和吡啶基等。和弱酸性阳离子树脂类似,其交换能力随 pH 变化而变化,pH 越低,交换能力越大。其典型的交换反应如下:

$$RNH_3OH + HCl \rightleftharpoons RNH_3Cl + H_2O$$

3. 其他类型的树脂

有的树脂含有不止一种活性基团,如同时含有羧基和酚羟基;也有既含酸性基团、又含碱性基团的两性树脂,其酸碱基团可相互作用,交换机理较一般树脂复杂。

大孔或大网格树脂的孔隙大,可以让有机离子自由通过;树脂内部表面积大,可以吸附大分子以及用作催化剂。其机械强度较好,适用于连续离子交换操作。

(二) 离子交换影响因素

离子交换平衡,是在某种具体条件下离子交换能达到的极限情况。由于离子交换树脂的可交换基团不规则分布在每一颗粒中,它不仅处于树脂颗粒的表面,而且大量处在树脂颗粒的内部,所以离子交换的进行过程是比较复杂的,因为它不单是离子间交换位置的问题,还有离子在水中扩散到颗粒内部的过程。离子交换树脂的种类、粒度、溶液酸碱度、样品中离子的种类等,都影响着离子交换过程。

1. 离子交换速度的影响因素

离子交换过程是在水中离子和离子交换树脂的可交换基团间进行的。离子交换化学反应属于离子间的反应,本身的速度一般是很快的。但通常说的离子交换速度,不单指此种化学反应,而是表示在溶液中离子浓度改变的速度。

一般来说,树脂的特性(如交换基团、交联度和粒度等),溶液的特性(如组成、浓度、pH、温度)及离子的种类都影响离子交换速度。下面简要地叙述溶液的特性和离子种类对离子交换速度的影响。

(1) 溶液的浓度

溶液浓度是影响扩散速度的重要因素,浓度越大,扩散速度越快。水溶液中离子浓度内扩散和膜扩散有不同程度的影响。当水溶液中离子浓度较大,膜扩散的速度就较快,此时交换速度主要受内扩散的支配,即内扩散是决定性阶段。这相当于水处理工艺中树脂再生时的情况。

若水溶液中电解质的浓度较小,膜扩散的速度就变得非常慢,故交换速度受膜扩散的支配,这相当于用阳离子交换树脂进行水软化时的情况。当然,溶液中离子浓度变化时,树脂因膨胀或收缩也会影响到内扩散。

(2) 离子的本性

它对内扩散的速度影响较大,离子水合半径越大,内扩散越慢;离子电荷数越多,内扩散越慢,根据实验结果,阳离子增加一个电荷,其内扩散速度约减慢为原来的 1/10。

影响阴离子交换速度的因素与阳离子交换现象十分相似,对于阴离子交换树脂,膜扩散的问题现在还研究得很少,但可以推测,在很稀的溶液中,对于强碱性树脂,膜扩散是主要的;在浓溶液中,颗粒内扩散是主要的。

树脂的交联度和离子的电荷对阴离子在树脂颗粒内部的扩散速度影响比对阳离子的影响要小得多,如阴离子每增加一个电荷对其内扩散速度的影响程度,仅为阳离子的 1/2 或 1/3。当树脂的交联度从 5% 增加到 15% 时,一价阳离子的内扩散速度降低约为原来的 1/10,而一价阴离子内扩散速度仅降低为 1/2。大孔型树脂,其内扩散的速度要比普通树脂的快得多。

(3) 溶液酸碱度

溶液的 pH 主要通过影响离子交换树脂功能团的解离来影响交换速度。强酸性和强碱性树脂的解离不受 pH 影响,而弱酸性和弱碱性树脂则受 pH 很大影响。比如,在酸性和中性条件下,弱酸性树脂的解离度很小,H^+ 不易游离出来,因此交换容量很低。只有在碱性条件下,才能起交换作用。反之亦然。

(4) 有机溶剂

当体系中存在有机溶剂时,常常会导致对有机离子的选择性降低,而容易吸附无机离子。其原因主要是:第一,有机溶剂的存在使离子溶剂化程度降低,对有机离子的降低程度大于对无机离子的影响;其次,有机溶剂使离子的解离度减少,对于本身解离程度不高的有机离子,影响更显著。

2. 离子交换的选择性顺序

一般情况下,溶液中存在的可吸附离子并不唯一,在实际应用中,我们常常需要知道在许多离子的混合液中哪一种离子易被吸取,哪一种离子较难被吸取的次序,即所谓选择性顺序。此种性能与它们呈离子交换平衡时的相对量有关。

对于阳离子交换来说,离子所带电荷量愈大,愈易被吸取;当离子所带电荷量相同时,离子水合半径较小的易被吸取,H^+ 的位置向前移动,如羧酸型树脂对 H^+ 的选择性,居于 Fe^{3+} 之前。在稀溶液中,常见阳离子的选择性顺序如下:

$$Fe^{3+} > Al^{3+} > Ca^{2+} > Mg^{2+} > K^+ \approx NH_4^+ > Na^+ > H^+$$

对于弱酸性阳离子树脂,在浓溶液中,选择性顺序有一些不同,某些低价离子会居于高价离子前。

至于阴离子交换的选择性顺序,情况要比阳子交换复杂。在强弱酸混合的溶液中,羟基型离子交换树脂易吸取强酸的阴离子;浓溶液与稀溶液相比,前者利于低价离子被吸取,后者利于高价离子;在浓度和价数等条件相同的情况下,选择性系数大的易被吸取。通过研究得知,在淡水的离子交换除盐处理系统中,即进水是稀溶液时,阴离子的选择性顺序为:

$$SO_4^{2-}(+HSO_4^-) > Cl^- > HCO_3^- > HSiO_3^-$$

(三)离子交换树脂的污染和再生

在离子交换树脂使用过程中,常常会被渐渐改变其性能。原因有二:一是树脂的本质改变了,即其化学结构受到破坏;二是外来杂质的污染。由前一种情况造成的树脂性能的改变,是无法恢复的;由后一种情况所造成的树脂性能的改变,则可以采取适当的措施消除这些污物,从而使树脂性能复原或改进。

1. 阳离子交换树脂污染原因

阳离子交换树脂会受到样品溶液中的悬浮物、铁、铝、油脂类以及水中 $CaSO_4$ 等物质污染。采用硫酸作再生剂时,可能会有硫酸钙沉积在树脂表面。

2. 阴离子交换树脂污染原因

对强碱性阴离子交换树脂来说,最大的污染源为有机物,有机物以植物和动物分解生成的腐殖酸和富维酸为主,但种类很多。受有机物污染的特征是交换容量下降,再生后正洗所需时间较长,树脂颜色常变深。除此之外,还可能受到胶体硅、铁的化合物等杂质的污染,使交换容量降低。

3. 离子交换树脂的常规再生处理

离子交换树脂使用一段时间后,吸附的杂质接近饱和状态,就要进行再生处理,用化学药剂将树脂所吸附的离子和其他杂质洗脱除去,使之恢复原来的组成和性能。树脂的再生应当根据树脂的种类、特性,以及运行的经济性,选择适当的再生药剂和工作条件。

树脂再生时的化学反应是树脂原先的交换吸附的逆反应。按化学反应平衡原理,提高化学反应某一方物质的浓度,可促进反应向另一方进行,故提高再生液浓度可加速再生反应,并达到较高的再生水平。

为加速再生化学反应,通常先将再生液加热至 70~80℃。它通过树脂的流速一般为 1~2 BV/h 。也可采用先快后慢的方法,以充分发挥再生剂的效能。再生时间约为 1 小时。随后用软水顺流冲洗树脂约 1 小时(水量约 4 BV),待洗水排清之后,再用水反洗,至洗出液无色、无混浊为止。

再生剂的种类应根据树脂的离子类型来选用,并适当地选择价格较低的酸、碱或盐。例如,钠型强酸性阳离子树脂可用 10% NaCl 溶液再生,用药量为其交换容量的 2 倍(用 NaCl 量为 117 g/L 树脂);氢型强酸性阳离子树脂用强酸再生,用硫酸时要防止被树脂吸附的钙与硫酸反应生成硫酸钙沉淀物。为此,宜先通入 1%~2% 的稀硫酸再生。

对于氯型强碱性阴离子树脂,主要用 NaCl 溶液来再生,但加入少量碱有助于将树脂吸附的色素和有机物溶解洗出,故通常使用含 10% NaCl +0.2% NaOH 的碱盐液再生,常规用量为每升树脂用 150~200 g NaCl, 3~4 g NaOH。OH 型强碱性阴离子树脂则用 4% NaOH

溶液再生。

一些树脂在再生和反洗之后，要调校 pH。因为再生液中常含有碱，树脂再生后即使经水洗，也常带碱性。而一些脱色树脂（特别是弱碱性阴离子树脂）宜在微酸性条件下工作。此时可通入稀盐酸，使树脂 pH 值下降至 6 左右，再用水正洗、反洗各一次。

4. 离子交换树脂的特殊再生处理

树脂在使用较长时间后，由于它所吸附的一部分杂质（特别是大分子有机胶体物质）不易被常规的再生处理所洗脱，逐渐积累而将树脂污染，使树脂效能降低。此时要用特殊的方法处理。

污染较严重的树脂，可用酸或碱性食盐溶液反复处理，如先用 10% NaCl + 1% NaOH 碱盐溶液溶解有机物，再用 4% HCl 或分别用 10% NaOH 及 1% HCl 溶解无机物，随后再用 10% NaCl + 1% NaOH 处理，在约 70℃下进行。

如果上述处理的效果未达要求，可用氧化法处理。即用水洗涤树脂后，通入浓度为 0.5% 的次氯酸钠溶液，控制流速 2～4 BV/h，通过量 10～20 BV，随即用水洗涤，再用盐水处理。应当注意，氧化处理可能将树脂结构中的大分子的连接键氧化，造成树脂的降解，膨胀度增大，容易碎裂，故不宜常用。通常使用 50 周期后才进行一次氧化处理。由于氯型树脂有较强的耐氧化性，故树脂在氧化处理前应用盐水处理，变为氯型，这还可避免处理过程中的 pH 值变化，并使氧化作用比较稳定。

需要注意的是，树脂再生后的废液中往往含有大量的色素、有机物和金属离子，需要经处理后才能排放，避免污染环境。

（四）离子交换色谱法应用

岩藻聚糖硫酸酯（fucoidan）是一种普遍存在于褐藻和一些棘皮动物中的水溶性硫酸杂多糖。海带岩藻聚糖硫酸酯具有抗凝血、抗肿瘤、抗氧化、抗过滤性病原体等多种生物学活性，近年来已成为海洋药物和保健品研究的热点。张婷等用弱碱性阴离子交换树脂对海带岩藻聚糖硫酸酯粗糖进行分离纯化，在上样液 pH 为 7.0、洗脱流速为 1.0 mL/min 时，分别收集 0.5 mol/L 和 1.0 mol/L 的 NaCl 溶液的洗脱部分，分别可得到低硫组分和高硫组分，其回收率分别为 22.5% 和 10.6%，总糖的质量分数分别为 30.5% 和 28.6%。低硫组分的硫酸根的质量分数为 11.7%，高硫组分的硫酸根的质量分数为 26.5%。

海藻酸钠是一种存在于褐藻中的多糖类物质，具有良好的生物降解性和生物相容性。王孝华等采用改良的钙阳离子交换法制备海藻酸钠，可使提取率达到 42.6%，高于平均提取率 22.6%。

四、膜分离技术

膜分离技术是指利用具有一定孔径、特定化学特性和物理结构的膜，对不同特性的生物活性分子进行分离的方法。其基本的分离过程是以选择透过性膜作为分离介质，通过在膜两侧施加某种推动力（如渗透压差、压力差、浓度差、电位差等），使待分离体系中相关组分有选择性地透过膜，从而达到分离、提纯和浓缩的目的。仅以渗透压差或浓度差为推动力的操作模式主要是透析，以膜两侧的压力差或电位差为推动力的操作模式主要包括超滤、微滤、纳滤、电渗析及反渗透等。近年来，基于膜的色谱过程也得到了很大发展，如基于离子交换、亲和、疏水相互作用、反相、吸附等色谱模式的膜分离材料不断问世，为膜分离技术带来新的生命。

（一）透析

透析（dialysis）一般用于分离两类相对分子质量差别较大的物质。最早的透析膜是来自动物体的膜，如膀胱膜、禽类嗉囊等，随着膜技术的发展，新型的膜如硝化纤维素薄膜、铜仿膜、聚甲基丙烯酸甲酯膜等，相继被开发。一般来说，用于制作透析膜的高聚物应具有以下一些特点。

1）在所使用的溶剂介质中能形成具有一定孔径的分子筛样薄膜。由于一般的介质均为水溶液，因此要求膜材料要有亲水性，只允许膜截留相对分子质量以内的小分子溶质通过而阻止超过膜截留相对分子质量的大分子溶质通过。

2）化学性质惰性。结构中不具有能与溶质、溶剂发生化学反应的基团，在分离介质中能抵抗电解质、稀酸、稀碱或某些有机溶剂，不发生化学反应或被溶解。

3）物理性能良好。具有一定的强度和柔韧性，不易破裂，易再生，便于多次重复使用。

透析法不仅可用于大分子溶液中小分子物质的去除，还常用于对溶液中小分子成分进行缓慢改变，如可以通过透析液中的电解质缓慢改变透析袋内部的电解质浓度，使透析袋内的大分子结晶。

（二）超滤

超滤（ultrafiltration, UF）技术是近几十年间迅速发展起来的一相分子级薄膜分离手段，它以特殊的超滤膜为分离介质，以膜两侧的压力差为推动力，将不同相对分子质量的物质进行选择性分离。

超滤膜的孔径一般在 2～20 nm，但超滤膜的规格是采用平均截留相对分子质量（molecular weight cut-off, MWCO）作为通用指标。超滤膜可分离相对分子质量为数千至数百万的物质，在蛋白质、多肽、酶、胶体、热原、核酸、多糖、病毒等分离中应用很广。

超滤具有以下一些优点：① 没有相的转移；② 无需添加任何强烈化学物质；③ 可以在低温下操作；④ 过滤速度快；⑤ 可用于做无菌处理。可避免在分离过程中生物活性物质的活性损失和变性。因此，目前超滤技术主要用于：① 大分子物质的脱盐和浓缩；② 大分子物质的分级分离；③ 生化制剂或其他制剂的除菌和除热源处理。膜分离技术也可用于鱼油中 EPA/DHA 的分离纯化，1994 年佐桥裕子等将鱼油水解后，将水解液采用可通透相对分子质量 20 000 的膜来分离水解液中的大小分子，进而达到浓缩的目的，其产品中的 EPA 和 DHA 可达 34%。

1. 影响超滤透过率和选择性的因素

超滤的透过率和选择性是由膜的物理化学性质、溶质分子特性及膜装置和操作条件多方面因素决定的。

(1) 超滤膜的物理化学性质

包括膜的孔结构、吸附性质等物化性能。可根据膜的表面电荷、亲水/疏水、极性大小等特性，通过缓冲液体系的改变或添加适量的有机溶剂来减弱对溶质的吸附，以减少溶质的损失和保证超滤的正常流速。

(2) 溶质分子性质和浓度

包括溶质分子大小、形状和带电性质。相对密度较大的纤维状分子扩散性差，对流速影响较大。大溶质分子在一定压力下浓缩到一定程度后，很容易在膜表面达到极限浓度而形成半固体状的凝胶层，减慢流速，甚至影响到原来能透过膜的小分子溶质和溶剂也受阻碍，使流速降至最低点。反之，相对密度较小的球形分子则较易扩散。另外，溶液浓度与流速也有相反的关系，浓度高的流速较小，浓度低的流速较快。

(3) 膜装置和操作条件

包括膜的构造、超滤装置的结构、操作压力、液体物料的温度、黏度、pH、离子强度等。要注意考虑有效过滤面积、防止浓差极化的措施，选择温度时要注意有利于降低黏度、提高物料扩散的同时，不引起体系中大分子的变性等。

2. 超滤膜和超滤器的处理

超滤膜一般不能干燥和受污染。干燥后，膜容易皱缩，导致在使用时可能不能正确按照截留相对分子质量进行选择性截留；并且，需要在使用前施加很大的压力才能使膜孔浸润，有可能导致膜的损坏。污染的膜会严重影响膜的滤过性能，一旦污染，必须及时进行清洗。若膜被生物大分子如蛋白质污染，可用变性剂(如 6 mol/L 尿素)、1% 胰蛋白酶等浸泡过夜，再进行洗涤即可。

超滤膜和超滤装置在使用前一般要根据附送的使用说明书进行操作，了解所用膜的物化特性。

超滤装置在使用后必须充分洗涤并选用适当溶剂进行净化，常用的有 NaCl 溶液(1~2 mol/L)、稀酸或稀碱(0.1 mol/L 的 HCl 或 NaOH)、稀氧化剂(0.02% 次氯酸钠)等。

(三) 微孔膜过滤

微孔膜过滤技术简称微滤(microfiltration, MF)，用于截留直径微孔膜的孔径一般有 0.05 μm以下、0.1 μm、0.2 μm 和 0.45 μm，可分别用于病毒分离、胶体悬液、制剂除菌以及水超净化等。

微孔膜过滤的优点有：① 设备简单，只需膜和过滤装置即可工作；② 操作简便快速，可同时处理多个样品；③ 分离效率高，重现性好；④ 可设计具有特异结合生物大分子的膜，应用于基因工程等领域。

1. 微孔滤膜的种类

微孔滤膜种类很多，按材质主要可分为纤维素及衍生物膜、聚四氟乙烯膜、聚氯乙烯膜、聚醚砜膜和玻璃纤维滤膜等。

(1) 纤维素及衍生物膜

纤维素及其衍生物膜种类繁多，性质不同，有的是用于水介质的，有的是用于有机溶剂介质的，属于微孔滤膜中的主力品种。其基本的性能及使用范围见表 6-4。

表 6－4 纤维素及其衍生物膜

种类	使用介质	特点
再生纤维素膜	有机溶剂	耐高温灭菌
醋酸纤维素(cellulose acetate, CA)膜	水性介质	耐高温灭菌,不吸附蛋白质、核酸
硝酸纤维素(cellulose nitrate, CN)膜	水性介质	耐部分有机溶剂,可结合单链 DNA
混合纤维素膜(CA－CN)	水性介质	耐部分有机溶剂,可过滤超低温液体,可结合双链 DNA 和 DNA－蛋白质复合物

(2) 聚四氟乙烯(polytetrafluoroethylene, PTFE)膜

强疏水膜,应用范围广泛,工作温度范围大(－180~250℃),性能优良。

(3) 聚氯乙烯(polyvinyl chloride, PVC)膜

疏水膜,操作温度在 65℃以下,因此只能用酒精、2%~3% 甲醛及 0.1% 硫柳汞消毒。

(4) 聚醚砜(polyether sulfone, PES)膜

亲水性滤膜,具有高流率、低溶出物、良好的强度的特点,不吸附蛋白质和提取物,对样品无污染。

(5) 玻璃纤维(glass fiber, GF)膜

多用于气体介质,除氢氟酸和羟基胺外,能耐受各种化学试剂和有机溶剂,不吸收空气中的水分,自身稳定性好。超细 BF 膜的流速比一般微孔滤膜大,对颗粒的截留量也大于微孔滤膜,一般配合微孔滤膜使用,作为它的预过滤材料,可提高过滤效率并延长微孔滤膜的使用寿命。

2. 微孔滤膜的性质

微孔滤膜的性质可从孔径、孔隙率、阻力、吸附性能等多方面进行评价。

(1) 孔径

孔径大小及孔径分布均一度是衡量滤膜分离效果的重要指征。一般来说,微孔滤膜的孔径是非常均一的,如孔径为 0.45 μm 的微孔滤膜其孔径变化范围仅为(0.45 ±0.02 μm)。因此,其对除菌过滤、微粒检测等是十分科考的,被称为“绝对过滤介质”。

(2) 孔隙率

微孔滤膜总体积与滤膜总体积之比称作孔隙率。微孔滤膜的孔隙率可达 80%~90%,孔隙数可达 $10^7/cm^2$。

(3) 阻力

微孔滤膜由于厚度小、孔隙率高和膜结构的特殊性,其过滤的阻力一般也较小。

(4) 吸附性能

微孔滤膜一般情况下对生物活性物质吸附较少,除个别特殊用于单链 DNA、双链 DNA 结合的膜。

3. 微孔膜过滤的应用

微孔膜过滤法在生物化学、医药卫生中广泛用于收集、纯化和除菌。

1) 在生物化学中的应用:不同孔径的微孔滤膜可用于过滤收集沉淀,也可利用纤维素类膜对 DNA 的结合进行单链 DNA、双链 DNA、mRNA、环状 DNA 以及 DNA－蛋白质复合物

的纯化,以及用于酶活的测定等。

2）在医药工业上的应用：根据膜的性能,可以进行药液中微粒及细菌的滤除、制剂的无菌检验等。

（四）纳滤

纳滤(nanofiltration, NF)膜是20世纪80年代问世的一种用于分离溶液中相对分子质量在200~2 000的低相对分子质量物质的新型分离膜,允许水、电解质、小分子有机物等透过,膜孔径在1~2 nm,分离性能介于超滤与反渗透之间,故称为纳滤。

纳滤膜可以是高分子复合膜也可以是无机陶瓷膜,复合膜其表面分离层由聚电解质构成,因此,对电解质具有一定的截留率。

近年来,复合纳滤膜得到了很大的发展,目前国外已经商品化的纳滤膜大多都是复合膜,如通过界面缩聚及缩合法在微孔基膜上复合一层具有纳米级孔径的超薄分离层,可得到在膜的亲水性、机械强度和化学稳定性方面可控的膜,从而增强膜的生物相容性及抗污染能力。

纳滤膜分离过程与微滤、超滤、反渗透等膜分离过程一样,是一个不可逆过程。如今,纳滤分离技术已越来越广泛地应用于食品、医药、生化行业的各种分离、精制和浓缩过程。

第四节 精细纯化技术(精制技术)

通过前述提取技术获得了粗品后,如何进行下一步的分离纯化呢？即粗品的精细纯化。色谱技术和结晶法是精细纯化中常用的手段。随着科学进步,科研工作者对物质纯度的要求逐渐增高,色谱法也日趋发展,出现了一些新的色谱方法、色谱填料等。本节简要介绍色谱技术(柱色谱法、薄层色谱法、高效液相色谱法、凝胶色谱法等)和结晶法。

一、色谱技术

色谱法(chromatography)是一种利用不同物质在两相中具有不同的分配系数,并通过两相不断的相对运动而实现分离的方法,也称为层析法。不管是哪种色谱方法,都必须有固定相和流动相。当流动相通过固定相时,物质在两相中的分配情况有所差异,多次差异分配最终分离。

（一）色谱过程

色谱过程是物质分子在相对运动的两相间分配“平衡”的过程。混合物中不同组分的分配系数(distribution coefficient)不相等,则被流动相携带移动的速度不等,从而发生差速迁移,最终使不同组分分离。

现以吸附柱色谱法为例,进行讲解。图中各组分对固定相吸附能力(亲和力)的大小次序为白球分子○ > 黑球分子● > 三角形分子 Δ。将三种混合物加入色谱柱顶端,加入洗脱

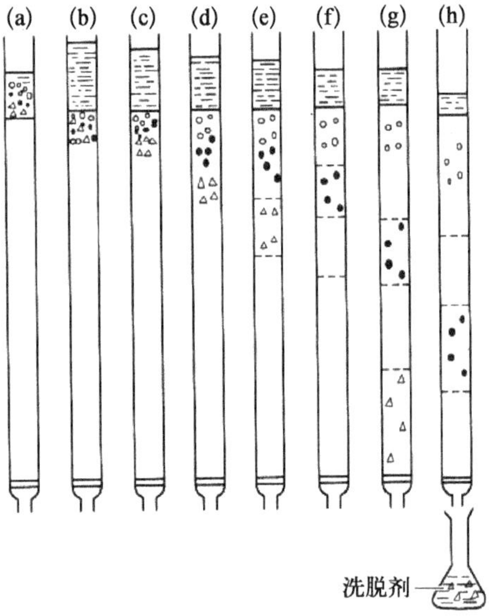

图6－5　色谱法分离原理（引自俞俊棠,2012）

剂（流动相）冲洗（图6－5）。当流动相流过时，已被吸附在固定相中的各组分又溶解于流动相中而被解吸，并随流动相向前移行，已解吸的组分遇到新的吸附颗粒，又再次被吸附，如此在色谱柱上不断地发生吸附、解吸、再吸附、再解吸……这样反复连续的过程，是色谱法分离的基础。若各组分对固定相的吸附能力相等，各组分以相同的速度迁移，不能分离。若各组分在理化性质上存在微小差异，则它们在吸附剂表面的吸附能力差异较小，经过反复多次地吸附和解吸附，不断差速迁移，使得微小差异变成了大差异。因此，吸附力最小的三角形分子最先从柱中流出，吸附力最大的白球分子最后从柱中流出，中等吸附力的黑球则在中间流出来。从色谱过程可知，差速迁移是色谱法的基础，不同物质理化性质的差异，固定相的吸附能力和流动性的洗脱能力是产生差速迁移的三个重要因素。

（二）柱色谱

大部分的色谱法都可以在柱中进行，装置和操作要点也类似，因此柱色谱法是色谱法中最为普遍使用的分离方法。经典柱色谱法的流动相是液体，固定相可以是固体吸附剂、离子交换树脂等，也可以是涂布在载体上的液体。吸附剂是一些多孔性物质，表面布满许多吸附位点，即活性中心。吸附色谱过程就是样品中各组分的分子与流动相分子彼此不断争夺吸附剂活性中心并不断达到平衡的过程。当组分分子占据活性中心时，即被吸附；当流动相分子从活性中心置换出被吸附的组分分子时，即为解吸附。利用吸附剂对各组分分子的吸附能力的差异，在吸附-解吸附的平衡中形成不同的吸附系数，导致各组分的保留时间不相同而被分离。

1. 吸附剂

吸附剂吸附能力的大小，一是取决于吸附中心的多少，二是取决于吸附中心与被吸附物形成氢键能力的大小。吸附中心越多，形成氢键能力越强，吸附剂的吸附能力越大。常用的吸附剂有硅胶、氧化铝和聚酰胺等。

（1）氧化铝

氧化铝是一种吸附力较强的吸附剂，具有分离能力强、活性可控等优点。氧化铝的吸附机制，主要认为是氧化铝表面的羟基引起的吸附或者是暴露在氧化铝表面上的由 Al—O 键束缚的 Al 原子及其他阳离子。

色谱用的氧化铝，根据制备时 pH 的不同有碱性、中性和酸性三种类型。一般情况下，中性氧化铝使用最多。

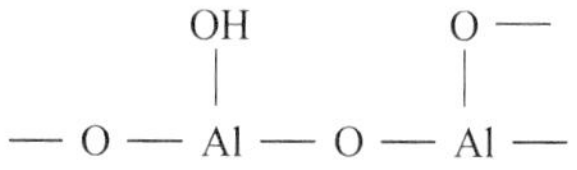

(2) 聚酰胺

聚酰胺是一类化学纤维素原料,即"尼龙"、"卡普龙"、"锦纶"等。这类物质分子中含有大量的酰胺基团,统称聚酰胺。该类物质,对极性物质的吸附作用主要是由于分子中存在许多酰胺基和羰基,两者都便于形成氢键。不同的化合物与聚酰胺形成氢键的形式和能力不同,吸附能力也就不同,由此使得各类化合物得到分离。如酚类和酸类化合物是以其羟基与聚酰胺的羰基形成氢键;硝基和醌类化合物是与聚酰胺的氨基形成氢键。一般来说,具有形成氢键基团较多的物质,聚酰胺对其的吸附能力较大。

2. 流动相选择

流动相的洗脱作用实际上是流动相分子与被分离组分分子竞争占据吸附剂表面活性中心的过程。强极性的流动相分子占据吸附剂活性中心的能力强,具有强的洗脱能力;极性弱的流动相分子占据吸附剂活性中心的能力弱,洗脱能力就弱。为了使样品组分得以分离,必须根据样品性质、吸附剂的吸附能力及活性来选择适当极性流动相。

以聚酰胺为吸附剂时,通常用水溶液作流动相,如不同配比的醇-水、丙酮-水以及二甲基甲酰胺-氨水等。极性的强弱与电解常数有关。电解常数越大,极性越强。常用溶剂的极性次序为(括号内为电解常数):己烷(1.88) < 环己烷(2) < 四氯化碳(2.2) < 甲苯(2.37) < 苯(2.3) < 氯仿(5.2) < 乙醚(4.5) < 醋酸乙酯(6.1) < 丙酮(21.5) < 正丙醇(22.2) < 乙醇(25.8) < 甲醇(31.2) < 水(81.0) < 冰醋酸。

3. 色谱柱

色谱柱通常是用玻璃柱或有机玻璃柱。柱子应该平直、直径均匀,一般为 2 ~ 15 cm,在进行固定相和流动相选择的小试时,可使用直径几毫米的柱子。

需要注意的是,柱子下部出口管子应该尽量短些,可以避免已分离的组分重新混合。也可将柱的出口管削成45°,其尖端和收集容器接触,使流出液顺利流下,在玻璃细孔板以下的出管应该是空的,以防止混合。

(1) 装柱

装柱方法分为干法和湿法。干法是将固定相粉末直接倒入柱中,其优点是固定相能填充得较紧密,一般采用带橡皮头的木棍轻敲管壁,或用一端为圆盘状的木棍塞入柱中,压紧固定相。缺点是填充层内常留有气泡,液体流动不均匀,一般不用干法装柱,仅在氧化铝色谱中采用。

湿法装柱时,先在柱中装入溶剂(展开剂),将固定相和溶剂搅成浆状,分次、少量加入柱中,注意不要使液面低于固定相,以免夹入空气。加完后,再通入足量的溶剂,使填充层不再收缩。最后小心将液面放低至略高于填充层,即可加样品。

(2) 加样

一般将样品溶于有机溶剂(展开剂)中,用滴管轻轻沿柱壁加入柱的上面,注意不要搅动填充层的表面,否则会影响色谱效果。打开柱底活塞,让溶剂慢慢流出,试样就固定在柱子的上部。如果样品不易溶于开始展开的有机溶剂,可先将样品溶于能溶的有机溶剂,并以少量固定相搅匀,待有机溶剂挥发完后,将这部分固定相装在柱子的上面。

4. 展开

展开前有时可在柱子的上面放玻璃棉,以防展开剂加入时扰动层的表面。展开时注意使溶剂保持一定的流速,即应使溶剂以一定的压力送入柱中,勿使填充层沥干,保持溶剂送入的速度与自柱中流出的速度相等。储放溶剂的容器要足够大,以使流入色谱柱的压力保持一定,通过改变容器的高低可调节进口的压力。

一般固定相颗粒越细,柱子越长。色谱效果越好,但会使溶剂的流速减慢。因此在用细颗粒时,常需加压操作。在操作时,逐渐改变展开剂的组成,由洗脱能力较低的溶剂(极性较弱)变为洗脱能力较强(极性较强)的溶剂,往往可以改善"拖尾"情况,有利于分带,这种方法称为梯度洗脱。

(三) 薄层色谱法

薄层色谱法(thin-layer chromatography, TLC)是一种将固定相在固体上铺成薄层进行色谱的方法。它是一种用于分离混合物的色谱技术。

1. 吸附剂和展开剂

用于吸附色谱法中的吸附剂都可用于薄层色谱法中,其中最常用的吸附剂是硅胶和氧化铝。硅胶略带酸性,适用于酸性和中性物质的分离;碱性物质则会与硅胶作用,不易展开,或发生拖尾的斑点,不好分离。反之氧化铝略带碱性,适用于碱性和中性物质的分离而不适合于分离酸性物质。

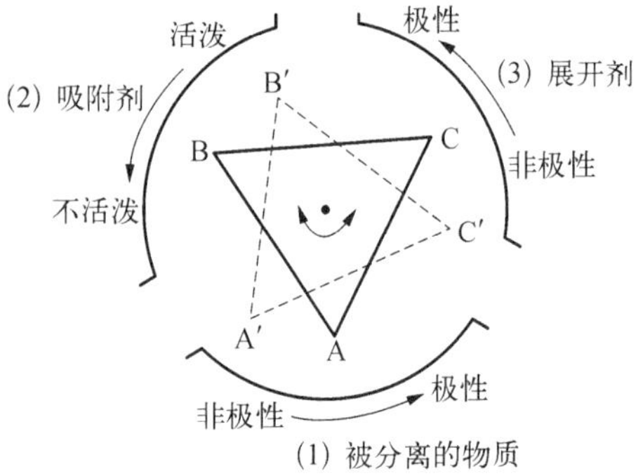

图6-6 化合物的极性、吸附剂和展开剂的关系图解(引自顾觉奋,2008)

在具体操作时,应根据化合物的极性大小来选择吸附活性适合的吸附剂。为了避免试样在吸附剂上被吸附太牢,展不开,不好分离,对极性小的试样可选择吸附活性较高的吸附剂,对极性大的试样,选择活性较低的吸附剂。组分的展开过程涉及吸附剂、被分离化合物和溶剂三者之间相互竞争。如图6-6所示,可做初步估测。实线三角形是可以旋转的,假设分离烃类物质,则将三角形的一个角旋向被分离物质中亲脂性位置上,即转成虚线三角形的位置。此时,其余两只角便指出所要求的展开剂(非极性)和吸附剂的活性级(Ⅰ~Ⅱ级),这是一种粗略的选择原则,有一定的参考价值。

选择展开剂有两个原则:① 展开剂对被分离物质应有一定的解吸能力,但又不能太大。在一般情况下,展开剂的极性应该比被分离物质略小;② 展开剂对被分离物质应有一定的溶解度。如表6-5列出了一些常用溶剂的洗脱能力顺序。在实际工作中常用两种或三种溶剂混合作为展开剂,这样分离的效果往往比单一溶剂要好。

表 6-5 在硅胶薄层上展开剂洗脱能力顺序(依次递增)

溶 剂	戊烷	四氯化碳	苯	氯仿	二氯甲烷	乙醚	乙酸乙酯	丙酮	二氧六环	乙腈
溶剂强度参数	0.00	0.11	0.25	0.26	0.32	0.38	0.38	0.47	0.49	0.50

2. 点样

TLC 中根据不同要求,点样方式、方法也不同。

在定性分析时,点样量不需要准确,可采用玻璃毛细管点样。做定量分析时,取样量需要准确,一般采用微量注射器,做制备色谱时,需要用较大量试样溶液在大块(20 cm × 20 cm)薄层板的起始线上连续点成一条直的横线。

样品溶于氯仿、丙酮、甲醇等挥发性有机溶剂中。用毛细管或微量注射器将样品滴加到薄层上。点的直径一般不大于 2~3 cm,点与点之间的距离一般为 1.5~2 cm。样品点在距薄层一端 1.5 cm 的起始线上,展开剂浸没薄层的一端约 0.5 cm。

点样原点的大小对最后斑点面积的影响较大,必须严格控制,对于定量分析时尤其如此,对较稀的样品溶液须进行多次滴加,更需注意。样品在溶剂中的溶解度很大,原点将呈空心环——环形色谱效应。因此配制样品溶液时应选择对组分溶解度相对较小的溶剂。

在制备薄层色谱法中,可将样品点成长条。如需样品量更大,可将吸附剂吸去一条,将样品溶液与吸附剂搅匀,干燥后再把它仔细地填充在原来的沟槽内,再行展开。

3. 展开

点好样的薄层板,需选用合适的展开剂进行展开。根据展开剂的展开方式可分为上行展开和下行展开,根据展开的次数可分为单次展开和多次展开。

(1) 上行展开和下行展开

目前常用的展开法是上行法,就是使展开剂从下往上爬行展开:将滴加样品后的薄层,置于装有适当展开剂的展开缸中,使展开剂浸入薄层的高度约为 0.5 cm。下行法是展开剂由上向下流动,下行法由于展开剂受重力的作用而移动较快,展开时间比上行法快些。

色谱展开缸空间最好先用展开剂蒸汽饱和。为了加速饱和,先在缸内悬浸有展开剂的滤纸。也有人认为在不饱和缸中展开,槽中展开剂蒸汽的浓度由下到上呈梯度增加,吸附剂自空间吸附蒸汽的量也相似增加,从而使薄层不同部位上吸附的展开剂具有梯度变化,改善了分离效果。

(2) 单次展开和多次展开

用展开剂对薄层展开一次,称为单次展开。若展开分离效果不好时,可把薄层板自缸中取出,吹去展开剂,重新放入盛有另一种展开剂的缸中进行第二次展开。有时使薄层的顶端与外界畅通。这样,当展开剂展开到薄层的顶端尽头处,就连续不断地向外界挥发去,而使展开可连续进行,以利于 R_f 值很小的组分得以分离。

4. 显色

显色之前最好将展开剂挥发除尽。常用的显色方法有如下几种。

(1) 物理显色法

有些化合物本身发荧光,展开后溶剂挥发后即可在紫外灯下观察荧光斑点。有的化合物本来荧光不显,但在碘蒸气中熏一下再观察其荧光,灵敏度有所提高;有的需要与试剂作用以后才显荧光。如果样品的斑点本身在紫外光下不显荧光,则可采用荧光薄层法检出,即在吸附剂中加入荧光物质或在制好的薄层上喷光物质,如0.5%硫酸奎宁溶液等。这样在紫外光下,薄层本身显荧光。而样品的斑点却不显荧光。

(2)化学显色法

1)蒸汽显色:利用一些物质的蒸汽与样品作用的显色,例如,固体碘、浓氨水、液体溴等挥发物质放在密闭容器内,然后将挥发除去展开剂的薄层放入其中显色,显色时间与灵敏度随样品不同而不同。多数有机物遇碘蒸气能显黄至黄棕色斑点。显色作用可能是碘溶解于被测样品,或发生加成作用,但多数是样品对碘的吸附作用。因此显色后在空气中放置,碘挥发逸去,斑点即褪色。碘是一种非破坏性的显色剂,可将样品刮下做进一步处理,特别有利于制备色谱。

2)喷雾显色:将显色剂配成一定浓度的溶液,用喷雾的方法均匀喷洒在薄层上。喷雾时可用嘴或压缩空气喷。喷雾器与薄层相距最好0.5~0.8 cm,对于未加黏合剂的薄层,应趁展开剂未干前喷雾显色,以免吸附剂吹散。目前已有盛在塑料瓶中,充载压缩惰性气体的显色剂溶液出售。

3)生物印迹法:抗生素等生物活性物质可以用生物印迹法进行,取一张滤纸,用适当缓冲液润湿,覆盖在板层上,上面用另一块玻璃压住,10~15 min后取出滤纸,然后立即覆盖措有试验菌种的琼脂平板上,在适当温度下,经一定时间培养后,即可显出抑菌圈。

4)双光束薄层色谱扫描仪:为了直接在薄层上进行斑点所代表成分的含量分析,用一定波长(可见紫外光)、一定强度的光束照射薄层上斑点,用光度计测量透射光或反射光强度的变化,从而测定化合物含量。测量的方式有2种:透射法与反射法。薄层色谱扫描仪的工作原理:在被分析物质的最大吸收波长处进行扫描,薄层板以一定速度顺着从起始线到展开剂前沿的方向移动,当斑点经过狭缝时即开始记录其光密度。扫描出吸收曲线峰,每个峰代表一个斑点组分,由峰高和峰面积即可测知该组分含量(图6-7)。

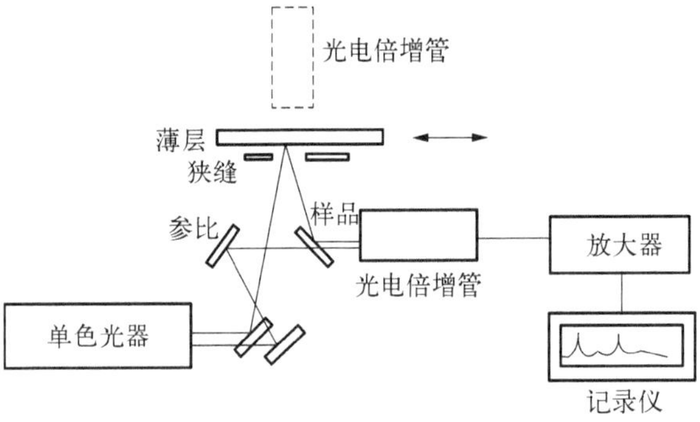

图6-7 薄层色谱扫描仪结构示意图
(引自顾觉奋,2008)

(四)高效液相色谱法

高效液相色谱法(high performance liquid chromatography,HPLC)是在20世纪70年代前期发展起来的快速高效的分离分析技术。它是在经典液相柱色谱基础上引入气相色谱的理论并在技术上采用了高压泵、高效固定相和高灵敏度检测器等发展起来的,在柱效、速度和灵敏度方面大大超过了经典液相色谱并弥补了气相色谱法的许多不足。

高效液相色谱仪主要分为分析型HPLC和制备型HPLC。在精细纯化的过程中,主要用到的是制备型高效液相色谱仪,下面我们简要介绍一下该类仪器。

1. 制备型 HPLC 与分析型 HPLC 的区别

最佳的制备型 HPLC 包括一套不同于一般分析型 HPLC 的操作条件。如表 6-6 列出了两者典型的操作参数。

表 6-6 分析型 HPLC 与制备型 HPLC 参数比较

参数	分析型	制备型
柱内径/mm	2~5	>10
柱填料	30 μm、5 μm、10 μm 全多孔或 30 μm 薄壳型	10 μm 或 50 μm 全多孔
流动相流速/(mL/min)	-1	>10
流动相线速度/(cm/s)	0.1~ -1	0.01~0.5
样品体积/μL	<200	>1 000
要求的检测灵敏度	高	低
注射的样品量/mg	<0.5	>100

(1) 色谱柱的选择

在制备型 HPLC 中,样品容量的增加通常需要加大柱子的内径。作为商品销售的有 8 cm 内径的制备柱。工厂大规模处理高纯物常使用更大内径的柱(如 30~80 cm 内径的柱)。

不锈钢管能承受 200 kg 的压力,常做制备柱。压力为 10~15 kg 时,可以用玻璃柱。像分析柱一样,制备柱加工成直型。当需要长柱时,可以将数柱串联起来。

(2) 洗脱剂的选择

可利用相同填料的分析柱,选择最适合于分离目的和要求的流动相的组成(如溶剂的配比、离子强度、pH 等),将其直接或略加修改后用于制备分离。需要特别注意的是,要防止强保留的杂质缓慢洗脱,因为它会污染随后分离的样品。

与分析型 HPLC 一样,在进行一个新的分离以前,必须确保制备柱和流动相之间的平衡。当水或其他极性改性剂,会引起吸附剂活性的变化时,平衡更是特别重要的。

在流动相选择中,与分析型 HPLC 一样,宜利用黏度相对低的流动相(保持高的柱效),且溶剂必需和检测器相配。高的柱温可以降低流动相的黏度、增加溶解度差的热稳定的样品浓度。此外流动相应易挥发。为了减少峰形的拖尾,分离时往往在流动相中添加一些挥发性小的试剂。溶剂(流动相)必须是高纯度的,不挥发性的杂质在去除流动相时将被浓缩,而引起污染。可以利用新鲜的蒸馏水或特别纯化的 HPLC 溶剂把它降至最小。

选择合适的溶剂溶解样品也很重要。若注射的样品的溶剂强度大于初始的流动相,往往会引起柱分离效果严重下降,所以,可将注射的样品溶在溶剂强度弱于初始流动相的溶剂中。

2. 仪器设备的选择

对泵的精密度和准确度要求不高(0.01~100 mL/min)。在制备型 HPLC 中,因为溶质的浓度相当高,因此不需要使用高灵敏度的检测器。样品的浓度高会使得记录仪上的重叠峰不知是柱子过载引起还是由检测器的非线性相应造成。

柱外效应对于使用大内径的制备型 HPLC 来说影响较小,不像分析型 HPLC 那样苛求体积小的管子和接头。需要注意的是检测器不应连接窄内径的管子,这样会限制流动相流速,造成高的反压。

在制备型 HPLC 中,样品通常是在不停留的情况下,用阀或蠕动泵导入的。样品环路和进样管可达几十毫升或更大。在停流情况下导入样品,然后再启动泵。手动部分收集器通常适合于收集已分离的一个或几个组分。若一次分离中收集的组分多或多次分离同一样品,使用自动部分收集器较方便。

3. 制备型 HPLC 中经常遇到的情况以及处理办法

制备型分离可分为两种不同的途径:第一种,基本上同于分析型,进样量不过载,利用大内径的柱,通过调整分离方程中的有关参数达到分离的最佳化。通常利用小颗粒的填料(约 10 μm)来制取少量价值高而难分离的物质。大颗粒的长柱虽然可以达到同样的分离,但明显地增加了分离时间。第二种,使用大粒度填料(~50 μm)的大内径柱,在过载情况下制备相对大量的纯物质。当 α 值相当大时(如 >1.2),提高洗脱液的流速并不至于严重降低分离度,从而大大缩短分离时间。在制备型 HPLC 操作时,经常遇到以下三种情况(图 6-8)。

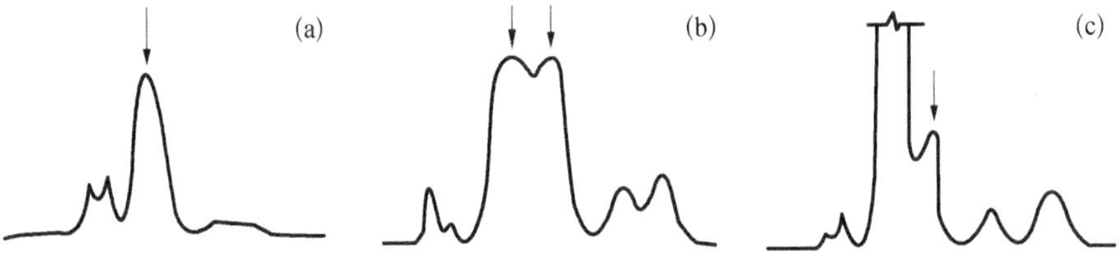

图 6-8　制备型 HPLC 的典型情况(引自顾觉奋,2008)

a 待分离的成分呈单一主峰;b 两个或更多的主要成分;c 待分离的成分含量较少

图 a 的情况中,单个主成分的制备分离最好利用图 6-9 所示的方法。开始时用小量样品进行分析分离(图 6-9a,b),提高分离度。接着,增加样品上柱量,直到峰开始重叠。如果制备少量高纯样品,可按图 6-9c 的上样量进行分离。此时为了增加产率可逐渐增大柱的内径或进行重复分离。制取大量纯物质时,往往使柱子过饱和,虽然峰是重叠的,但可采取中心切割,以收集高纯组分(图 6-9d),然后分析其纯度,合并足够纯的部分。

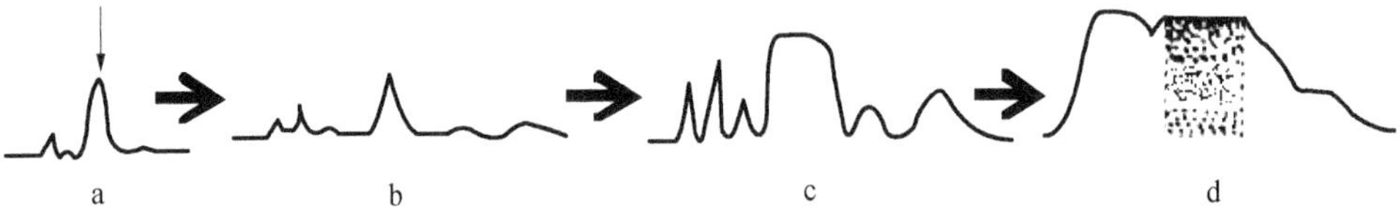

图 6-9　最大制备量

中心切割技术可用于难分离物质与其他杂质的组分。如图 6-10a 为一个混合物的分析色谱图,组分 1 和 2 含量高且严重叠加。处理时,首先可以增加上样量使柱大大地过载,利用恒溶剂系统,采取中心切割以收集峰 1 和峰 2 部分(图 6-10b)。收集后立即增加流动相的强度,快速除去杂质。将柱子平衡到最初的恒溶剂状态。峰 1 和峰 2 可以通过再次色谱分离达到高分离的效果,图 6-10c。

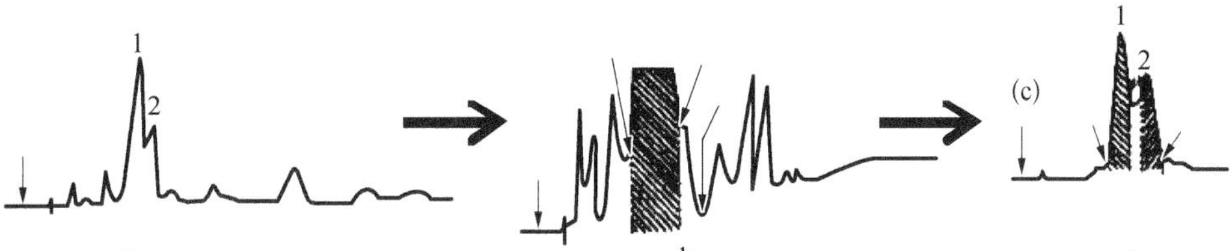

图 6－10　紧邻洗脱物质对的分离最佳化

手动和自动循环常可用来分离难分离的组分。如图 6－11 所示,重叠峰前后翼的组分 A 和 B 为高纯物质,可直接收集,中间重叠部分为 A＋B,可再循环分离后收集含纯组分的两翼。由于样品最初的大批杂质已通过中心切割技术去除;所以重复分离可迅速进行。

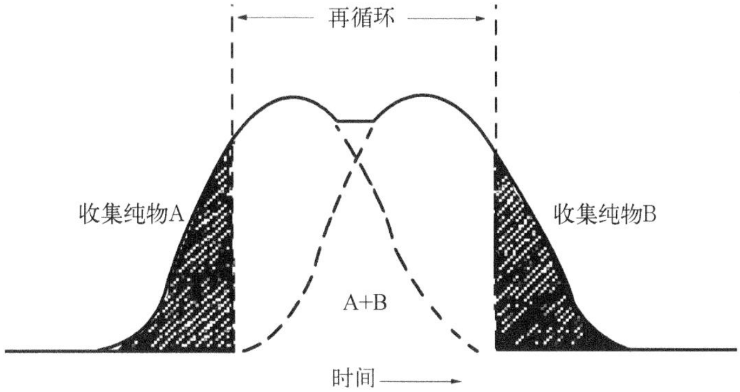

图 6－11　两个未完全分离组分的收集(引自顾觉奋,2008)

当期望收集的物质是少量或痕量组分时,可利用一个略微不同的制备步骤。如图 6－12 所示,在负载极限观察到痕量组分通过分离最佳化后,使柱过载来进行富集,但组分必须在预期的范围内分部收集。然后收集的各部分分别用合适的技术分析,将含高痕量组分的部分浓缩,再进行色谱分离。

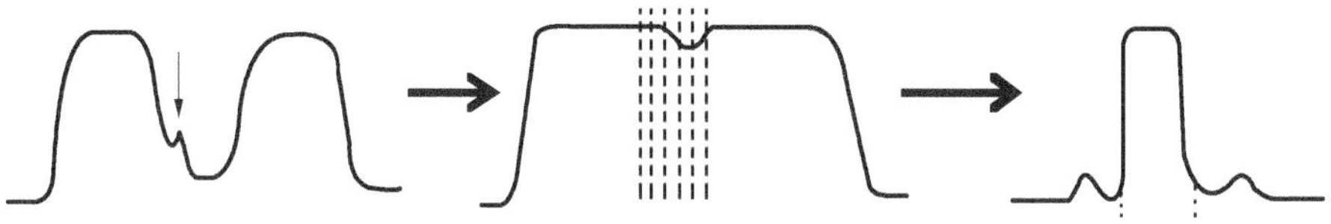

图 6－12　小量和痕量组分的分离

a 负载极限;b 过载收集;c 选择含量高的部分合并,浓缩,再进行色谱分离

(五) 凝胶色谱法

凝胶层析(gel filtration chromatography)又称分子筛层析、凝胶扩散层析、排阻层析、限制扩散层析等。它是根据溶质分子的大小进行分离的方法。

1. 基本原理

在显微镜下,可观察到凝胶过滤层析介质具有海绵状结构。将凝胶装于层析柱中,加入混合液,内含不同相对分子质量的物质,小分子溶质能在凝胶海绵状网格内,即凝胶内部空间全都能为小分子溶质所达到,凝胶内外小分子溶质浓度一致。在向下移动的过程中,它从一个凝胶颗粒内部扩散到胶粒孔隙后再进入另一凝胶颗粒,如此不断地进入与流出,使流程增长,移动速率慢而最后流出层析柱。中等大小的分子,它们也能在凝胶颗粒内外分布,部分进入凝胶颗粒,从而在大分子与小分子物质之间被洗脱。大分子溶质不能透入凝胶内,而只能沿着凝胶颗粒间隙流动,因此路程短,下移速度较小分子溶质快而首先流出层析柱。因而层析分离结果,不同相对分子质量的溶质能得到分离,大分子溶质先自柱中流出(图 6 - 13)。

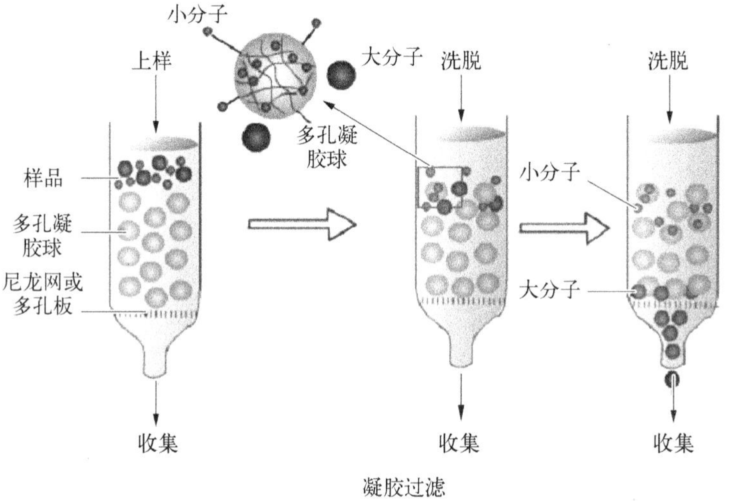

图 6 - 13　凝胶层析过程

2. 葡聚糖凝胶的理化性质

葡聚糖凝胶是应用广泛的凝胶过滤介质,商品名为 Sephadex。它由葡聚糖 Dextran(右旋糖酐)通过交联而得。葡聚糖凝胶在干燥状态是坚硬的白色粉末,不溶于水和盐类溶液。由于具有大量的羟基,因此有很大的亲水性。在水中膨胀,吸水后机械强度大大降低。它对碱和弱酸(pH 2 ~ 12)稳定。在强酸溶液中,特别是在高温度下,糖苷键要水解。在中性下,可在 120℃加压消毒保存。和氧化剂接触要分解。长久不用时,有时要长霉。宜加防腐剂。

表征凝胶过滤介质特征的参数如下。

1)排阻极限(exclusion limit):是指不能扩散到凝胶基质内部中去的最小分子的相对分子质量。例如,一种常用的葡聚糖凝胶 Sephadex G - 50,它的排阻极限是 30 000,就是说,相对分子质量大于这一数值的所有分子将以同一个区带迅速通过凝胶柱床层,它们都不能进入凝胶网格内并为凝胶所阻滞。

2)分级范围:它指出了当溶液通过凝胶柱时,能够为介质阻滞并且分离的溶质相对分子质量范围。例如,Sephadex G - 50,它的分级范围为 1 500 ~ 30 000。

3)吸水量:市售的凝胶层析介质一般都是脱水干燥的颗粒。使用前要经过溶胀,溶胀后 1 g 干凝胶所吸收的水分称为吸水量。例如,G - 50 的吸水量为 5.0 ±0.3 g,凝胶型号中的数字就是根据这个吸水量而来的,它的数值相当于吸水量乘以 10。

4）凝胶颗粒大小：凝胶颗粒一般为球形。球体积大小可以用筛目大小表示，也可以用珠体直径表示。颗粒大小对分辨率与流速都有影响。颗粒大的层析剂，操作中流速较大，但分离效果就差。相反，若颗粒很小，分辨率提高，但流速太慢。通常选用的颗粒大小为100～200目（50～150 μm）。

5）床体积：表示1 g干凝胶在溶胀后所具有的最后体积。可用来估计凝胶装柱后的床层体积。Sephadex G－50的床体积值为：9～11 mL/g干凝胶。

6）空隙体积：表示填充柱中凝胶粒子周围的总空间。通常可利用平均相对分子质量为200万的可溶性蓝色葡聚糖来测出。

3. 凝胶层析操作

（1）凝胶选择

若凝胶用于脱盐，即从高相对分子质量的溶质中除去低相对分子质量的无机盐，则可选择型号较小的凝胶（如G－10，G－15，G－25）；如果凝胶用于层析分离时，则可根据商品资料中所列分离范围选择。

市售凝胶的粒度分粗（50目）、中（100目）、细（200目）、极细（300目）四种。一般粗、中者用于生产上层析分离，细者用于提纯和科研，极细者由于装柱后容易堵塞，影响流速，不用于一般凝胶分离。市售凝胶必须经充分溶胀后才能使用。将干燥凝胶加水或缓冲液在烧杯搅拌、静置，倾去上层混悬浮液，除去过细的柱子。如此反复数次，直至上层澄清为止。G－75以下凝胶只需浸泡1天，但G－100以上型号，至少需要浸泡3天。加热能缩短浸泡时间。

（2）装柱

柱的长度是决定分离效果的重要因素。一般选用细长柱做凝胶过滤。进行脱盐时，柱高50 cm比较合适；分级分离时，100 cm就足够。

（3）加样

样品上样前应该除去不溶物。在平衡后，吸去胶面上液体，准备上样。被分离样品溶液一般以浓度大些为好，分析用量一般为每100 mL床体积中加样1～2 mL，制备用量一般为每100 mL加样20～30 mL，可使样品的洗脱体积小于样品各组分之间的分离体积，获得较满意的分离效果。待样品在柱中自然流进凝胶后，再在凝胶表面加一些洗脱液，也使其流进凝胶。

（4）洗脱

洗脱液成分应与膨胀胶所用的液体相同，不相同时可通过平衡操作来达到。洗脱液在柱上的压力（操作压），对于凝胶过滤是一个很重要的因素。一般操作压大，流速快；如操作压太大，将会使凝胶压缩，流速会很快减慢，从而影响分离操作。每种凝胶都有适宜的操作压限制，特别是使用交联度小的葡聚糖凝胶时要特别注意。洗脱液可分步收集，根据检测器及记录仪或根据样品具体性质采用的分析方法，得到洗脱图谱。

（5）凝胶再生和保养

在洗脱过程中所有成分一般都被洗脱下来，所以装好柱后可反复使用，无需特殊处理。但多次使用后，凝胶颗粒可能逐步压紧，流速变慢。这时只需将凝胶倒出，重新填装。如果短期不用，可加防腐剂（如0.02%叠氮化钠等）。若长期不用，可逐步以不同浓度的乙醇浸泡，末一次脱水需用95%乙醇，然后60～80℃烘干。

二、结晶法

结晶是制备纯物质的有效方法,已作为精制的一种手段。由于晶体外观较好,并易为消费者所喜爱,在小分子生产中常以结晶作为最后一步的精制操作。

(一) 结晶过程的实质

若溶液的浓度等于溶质的溶解度,则该溶液称为饱和溶液。溶解度和温度有关,一般物质的溶解度都随温度而增加,但也有少数例外。溶解度还和溶质颗粒的大小有关,微小颗粒的溶解度要比正常颗粒大。

溶质从溶液中结晶析出是一个新相(固相)形成的过程。这一过程不仅包括溶质分子凝聚成固体,还包括这些分子有规则地排列在一定的晶格中。最先析出的微小颗粒是以后结晶的中心,称为晶核。微小的晶核具有较大的溶解度,因此在饱和溶液中,晶核是要溶解的。只有达到一定过饱和度时,晶核才能存在。晶核形成后,靠扩散而继续长成晶体。因此结晶包括三个过程:形成过饱和溶液;晶核形成;晶体生长。溶液达到过饱和是结晶的前提,过饱和度是结晶的推动力。

(二) 过饱和溶液的形成方法

结晶的首要条件是过饱和,制备过饱和溶液一般有四种方法。

1. 将热饱和溶液冷却

适用于溶解度随温度降低而显著减小的场合。而溶解度随温度升高而显著减小的场合,则应该采用加温结晶。

2. 将部分溶剂蒸发

适用于溶解度随温度变化不显著的场合。

3. 化学反应结晶

加入反应剂或调节 pH 产生新物质,当其浓度超过它的溶解度时,就有结晶析出。

4. 盐析结晶

加一种物质于溶液中,以使溶质的溶解度降低,形成过饱和溶液而结晶的方法称为盐析法。这种物质可以是另一种溶剂或能溶于溶液中的另一种溶质。加入的溶剂必须和原溶剂能互溶。

(三) 晶核的形成

晶核的形成根据机理不同,可以分为两种,初级成核和二次成核。两者的区别在于有没有晶种的存在。前者为当无晶种存在时,而后者为有晶种存在时产生。初级成核又可分为:均相成核,指无固定相存在;非均相成核,指当有固体异物存在而促进成核,如灰尘,器壁等。二次成核又可分为:剪切力成核,由于搅拌的剪切力从晶体上刮落晶体碎粒,形成新的晶体;接触成核,指晶体与晶体之间或晶体与搅拌桨叶、晶体与器壁之间的碰撞、落下碎粒,形成新的晶核。

成核速度和离子的种类有关。对于无机盐类,有下列经验规则：阳离子或阴离子的化合价增加,就愈不易成核;而在相同的化合价下,含结晶水越多,就越不易成核。对于有机物质,一般结构愈复杂,相对分子质量越大,成核速度就越慢。真正自动成核的机会很少。机械震动,摩擦器壁或搅拌都能促使成核。电、磁场、紫外光、超声波等都能在一定程度上促进成核。当硬度较高的水用作冷却水时,遇热易成垢,但若加以电磁场,则可使其成核速度增大。析出晶核较多而不易沉积,因此可用此法来防止形成水垢而影响传热。

加入晶体能诱导结晶。晶种可以是同种物质或相同晶型的物质,有时惰性的无定形物质也可作为结晶中心,例如,尘埃有时也能导致结晶。

(四) 晶体的生长

晶体的生长过程由扩散和表面化学反应相继组成。在晶体的表面始终存在着一层滞流层(薄膜),经过滞流层的物质传递只能靠分子扩散。搅拌能促进扩散,因此能加速晶体生长。但这并不意味着加强搅拌能得到大晶体,因为还需考虑其他因素的影响,如加强搅拌能同时加速成核速度。一般可通过由弱到强的搅拌实验,求得一适宜的搅拌速度,使晶体颗粒最大。搅拌也可防止晶体聚结。

升高温度既有利于扩散,也由于表面化学反应,因而能使结晶速度增快。温度升高能降低黏度,有利于得到均匀晶体。增高饱和度一般使结晶速度增大。但应注意过饱和度过分高,会使溶液黏度增加,而影响结晶速度。

(五) 提高晶体质量的途径

晶体质量主要是指晶体的大小,形状(均匀度)和纯度三个方面。粗大而均匀的晶体较细小,不规则的晶体过滤、洗涤都比较容易,在储存过程中也不易结块。

1. 晶体的大小

决定晶体大小的因素主要有过饱和度、温度、搅拌速度和杂质等。温度升高使晶体生长速度增快。因此在较低的温度下结晶,得到的晶体较细小。搅拌能促使成核和加快扩散,提高晶核长大速度。但当搅拌强度到一定程度后,再加快搅拌效果就不显著,反而会使晶体打碎。经验表明,搅拌越快,晶体越细。加入晶种能控制晶体的形状、大小和均匀度,为此要求晶种首先要有一定的形状、大小而且比较均匀。

2. 晶体的形状

同种物质用不同方法结晶时,得到的晶体形状可以完全不一样。过饱和度、搅拌、pH 等也对晶形有影响。从不同溶剂中结晶常得到不同的外形。杂质的存在也会影响晶形。杂质可吸附在晶体表面上,而使其生长速度受阻。改变结晶温度,也会改变晶体外形。

3. 晶体的纯度

从溶液中结晶得出的晶体并不是十分纯粹的。晶体常会包含母液、尘埃和气泡等。所以结晶器需要非常清洁,结晶液也应该仔细过滤,以防止夹带灰尘、铁锈等。要防止夹带气泡可不用强烈搅拌和避免激烈翻腾。晶体表面有一定的物理吸附能力,因此表面上有很多母液和杂质。晶体越细小,表面积越大,吸附的杂质也越多。表面吸附的杂质可通过晶体的洗涤除去。对于非水溶性晶体，常可用水洗涤。有时用溶剂洗涤能除去表面吸附的色素，对提高成品质量起很大作用。

当结晶速度过大时（如过饱和度较高，冷却速度很快），常易形成包含母液等杂质的晶簇，或因晶体对溶剂有特殊的亲和力，晶格中常会包含溶剂。对于这种杂质，用洗涤的方法不能除去，只能通过重结晶来除去。选择不同的溶剂进行结晶也会影响成品纯度，这是因为不同的溶剂对杂质的溶解能力不同。

4. 晶体的结块

晶体的结块给使用带来不便。结块的主要原因是母液没有洗净，温度的变化会使其中溶质析出，而使颗粒胶在一起。另一方面吸湿性强的晶体容易结块。当空气中湿度较大时，表面晶体吸湿溶解成饱和溶液，充满于颗粒隙缝中，以后如空气中湿度降低时，饱和溶液蒸发又析出晶体，而使颗粒胶结成块。

颗粒不均匀的晶体，隙缝较少，晶粒相互接触点较多，因而易结块，所以晶体粒度应力求均匀一致。要避免结块，还应储藏在干燥、密闭的容器中。

5. 重结晶

重结晶，特别是在不同溶剂中反复结晶，能使纯度提高。因为杂质和结晶物质在不同溶剂和不同温度下的溶解度是不同的。重结晶的关键是选择合适的溶剂。如溶质在某种溶剂中加热时能溶解，冷却时能析出较多的晶体，则这种溶剂可以认为适用于重结晶。如果溶质溶于某一溶剂而难溶于另一溶剂，且该两溶剂能互溶，则可以用两者的混合溶剂进行试验。其方法为将溶质溶于溶解度较大的一种溶剂中，然后将第二种溶剂加热后小心地加入，直到稍显浑浊，结晶刚开始为止，接着冷却，放置一段时间使结晶完全。

第五节　分离技术与海洋生物资源开发利用

海洋生物资源又称海洋水产资源，它是一个十分巨大的有待深入开发的生物资源库。对于海洋生物资源的开发利用，已经从19世纪及以前的单一渔业开发，发展到如今的海洋生物资源的全方位利用，海洋动物、植物、微生物的开发利用。在利用的过程中，如何从这些海洋生物资源中获得人类所需的，对人类有益的产品成为发展的重点，其中海洋生物药物的研究便是一个缩影，在这一研究领域中，分离纯化技术发挥了重要的作用。

一、海洋生物药物简介

海洋生物药物（pharmaceuticals of marine biological origin）是从海洋生物体上获取的具有药用价值的物质。中国是世界上最早研究和应用海洋生物药物的国家之一，已有两千多年的历史。在中国最早的医书典籍《黄帝内经》中，就有以乌贼骨作丸，饮以鲍鱼汁治疗血枯的记载。《神农本草经》、《本草纲目》、《本草纲目拾遗》等收载的来源于海洋生物的中药已达百余种。近年来，我国科学家又从海洋生物中发现了大量结构新颖和活性多样的海洋新天然化合物，约3 000多个海洋小分子新活性化合物和近300个糖（寡糖）类化合物，在国际天然产物化合物库中占有重要位置。据权威杂志 *Natural Product Report* 分析，目前中国平均每年从海洋生物中发现超过200个新化合物,新化合物发现的数量居世界第一位。其中,目前我国已开发并成功批准上市的海洋生物药物主要有5个,如表6-7。

表6-7　我国已获批的海洋药物

药品名称	英文名称	化学成分	适应症
藻酸双酯钠	Alginic sodium diester, PSS	化学修饰的褐藻酸钠	缺血性脑血管病
甘糖酯	Mannose ester, PGMS	聚甘露糖醛酸丙酯硫酸盐	高脂血症
岩藻糖硫酸酯	Fucoidan, FPS	L-褐藻糖-4-硫酸酯	高脂血症
海克力特(海麒舒肝胶囊)	—	异脂硫酸多糖、昆布硫酸酯、琼脂硫酸多糖	慢性肝炎,肿瘤放化疗后辅助治疗
甘露醇烟酸酯	Mannitol nicotinate	六吡啶-3-羧酸己六醇酯	冠心病、脑血栓、动脉粥样硬化

国际上最早开发成功的海洋生物药物便是著名的头孢菌素(cephalosporins,俗称先锋霉素)。它是1948年从海洋污泥中分离到的海洋真菌顶头孢霉(*Cephalosporium acremonium*)产生的,以后发展成系列的头孢类抗生素。目前头孢菌素类抗生素已成为全球对抗感染性疾病的主力药物,年市场600亿美元以上,约占所有抗生素用量的一半。第二个就是从地中海拟无枝菌酸菌(*Amycolatopsis mediterranei*)中发现的利福霉素(rifamycins),20世纪60年代,利福霉素成为药物抵抗性结核杆菌治疗的一线药物。自此以后,世界各国已经从各种海洋动物、植物和微生物中分离和鉴定了2万余个新型化合物,它们具有广泛的药理活性,包括抗肿瘤、抗菌、抗病毒、抗凝血、镇痛、抗炎和抗心血管疾病等方面。迄今,国际上上市的海洋药物除了上述的头孢菌素和利福霉素外,还有阿糖胞苷(cytarabine/AraC,抗肿瘤)、阿糖腺苷(vidarabine/AraA,抗病毒)、齐考诺肽(芋螺毒素,ziconotide/Prialt,镇痛)、曲贝替定(加勒比海鞘素,ecteinascidin 743/ET-743,抗肿瘤)、黑色软海绵素衍生物甲磺酸艾日布林(eribulin mesylate,E7389,抗肿瘤)、阿特赛曲斯(抗CD30单抗-海兔抑素偶联物,抗肿瘤)、Ω-3-脂肪酸乙酯和高纯度EPA(Vascepa,降甘油三酯)等8种(表1-1)。

目前,对海洋生物药物研究的一个主要问题是,大多数海洋活性天然产物含量低微,难以进行后续深入的药物开发工作和产业化。因此,针对具有显著生物活性海洋目标产物的规模化制备及其系统评价技术研究,将是目前亟待解决的关键技术瓶颈,如何综合利用各种分离纯化手段,大大提高海洋活性天然产物的得率至关重要。

二、海洋生物药物分离纯化实例

在发现海洋生物药物的过程中,分离纯化手段的综合使用非常重要,下面仅举几个实例说明。

(一) Ecteinascidin 743(ET-743)的发现

ET-743(图6-14)于2007年7月被欧盟人用医药产品委员会(CHMP)批准上市销售,用于治疗难控制的软组织肉瘤,商品名Yondelis(Trabectedin)。

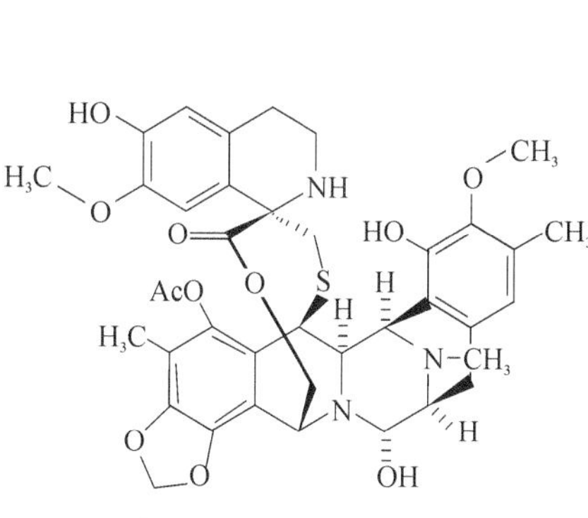

图6-14　ET-743的结构

它是从加勒比海鞘中分离得到的一种生物碱类化合物。该药物从发现、研究到上市，成为现代海洋药物研究的成功典范。

1996 年，伊利诺伊斯大学的 Rinehart 小组从海鞘中分离得到 6 个具有显著细胞毒活性的单体成分 ET－729、ET－743、ET－745、ET－759A、ET－759B 和 ET－770。其中，ET 743 得率最高(约为 0.000 1%)，其体外对小鼠白血病肿瘤细胞株 L1210 的 IC 值可达 0.5 ng/mL，体内对 P388 白血病小鼠的有效作用浓度可达 15 μg/kg，显示出良好的抗肿瘤活性。

1. Ecteinascidia turbinate 提取物的生物学活性

加勒比海鞘 *Ecteinascidia* turbinate 由于其大尺寸以及群体聚集后的亮橘黄色而引人注目。它主要栖息于浅水区(典型的红树林沼泽)的激流中。其乙醇提取物具有很强的细胞毒以及抗癌活性。在体外试验中，粗提物能杀死乳腺癌细胞(对于 P388 和 KB 肿瘤细胞株的 IC_{50} = 5 ~ 25 μg/mL)，并能抑制皮肤成纤维细胞的 DNA 合成。在体内试验中，乙醇提取物能显著延长 P388 白血病小鼠的寿命。

乙醇提取物具有较强的免疫抑制和免疫增强活性。在体外试验中，粗提物几乎能完全抑制淋巴细胞和脾细胞的有丝分裂反应(25 ~ 100 μg/mL)，并能增强白细胞吞噬能力(ca. 0.5 mg/mL)。在体内试验中，提取物产生了给药途径依赖的免疫反应。当给小鼠腹腔注射粗提物(250 mg/kg)时，主要起免疫抑制作用，当给小鼠静脉注射粗提物(250 mg/kg)时，主要起免疫增强作用。

2. 海鞘的分离提取方法

(1) 提取

通过早期分离纯化 ecteinascidins，人们发现 ecteinascidins 在海鞘提取物中含量极低，且具有不稳定性。科学家们在早期进行 ecteinascidins 的分离纯化时，采用了 4 种分离提取方法，但是这些方法中，有的在分离中组分的生物学活性丧失，有的没有找到真正的活性化合物。

通过一系列摸索，最终确定了 ecteinascidins 的分离提取方法(图 6－15)。按照图 6－15 的方法将海鞘进行分离提取，发现其氯仿层具有细胞毒活性(体外：L1210 和 CV－1 的活性)，抗肿瘤(体内 P388 活性)和抗菌活性(表 6－8)。

表 6－8 海鞘提取物各有机相的生物学活性

有机相	枯草芽孢杆菌 (100 μg/盘)/mm	HSV－1 (100 μg/盘)	CV－1 (100 μg/盘)/mm	L1210 ID50/(μg/mL)	P388 剂量/(μg/mL)
甲　苯	0	—	0~18	0.84~0.24	200
氯　仿	0~19	—	22~36	0.07~0.007 5	25
乙酸乙酯	0	—	0~21	4.4~3.8	400
正丁醇	0	—	0~15	13~1.4	400
水	0	—	0	20	400

令人振奋的是，其体内对 P388 的活性与体外对 L1210 和 CV－1 的细胞毒活性是相关的。其中一个样品，水提物具有显著的体外抗肿瘤活性，说明该样品中含有强极性，非细胞毒活性的抗肿瘤组分。为了获得更大量的活性氯仿层样品，研究者又对 29 kg 海鞘进行了改良的提取(图 6－16)。

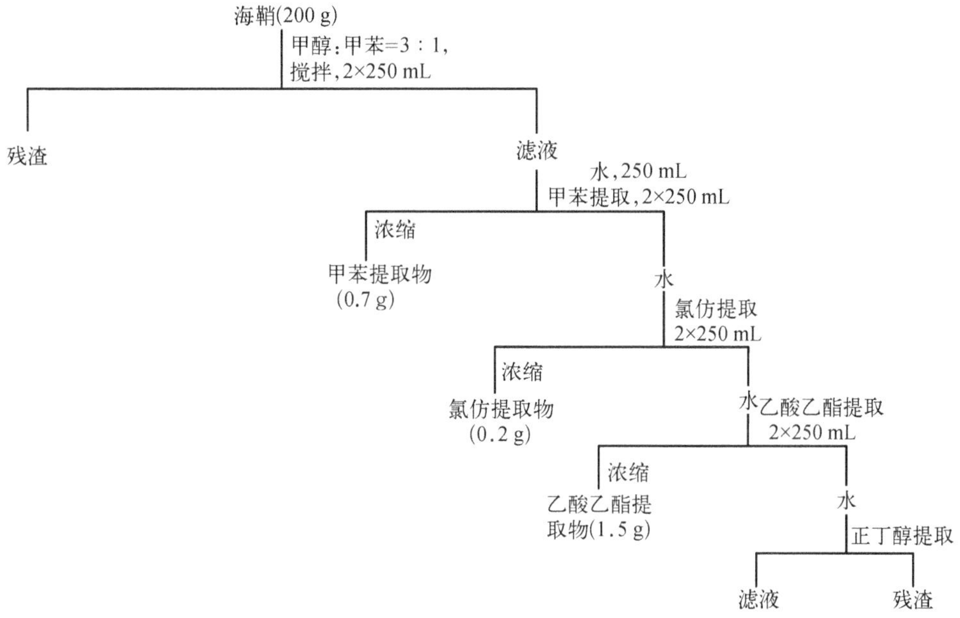

图 6－15 海鞘的早期分离提取方法

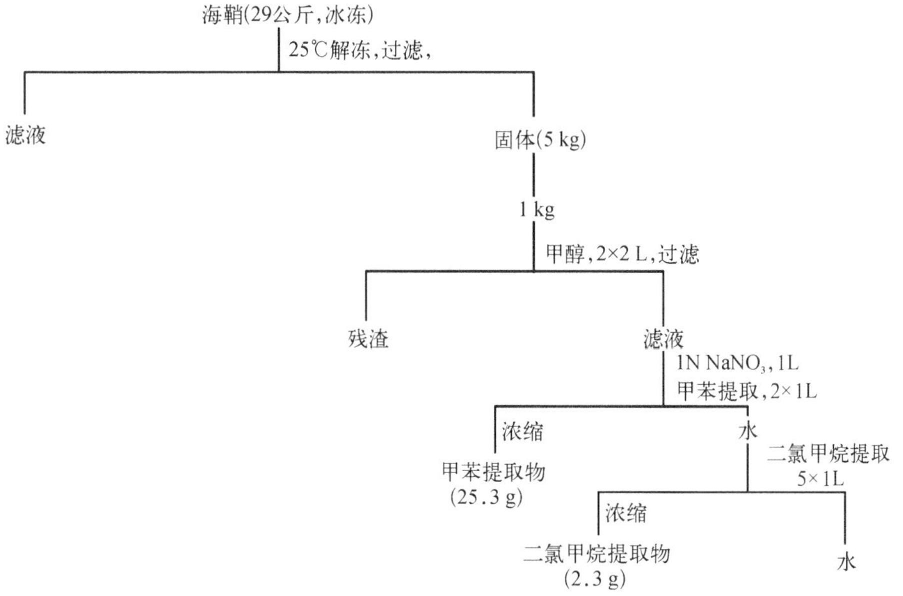

图 6－16 海鞘的改良分离提取方法

鉴于早期提取过程中,会产生大量的液体,增加了后续的处理时间和去除溶剂的步骤,因此,研究者建议,在分离提取前,首先将海鞘解冻,将其固体和液体分开,进一步发现海鞘固体的生物活性较好,仅用甲醇对海鞘固体进行提取即可进行分离。

(2) 硅胶 Sep－PAK 和快速色谱

通过比较不同的薄层色谱(TLC)吸附剂和展开剂系统,对于海鞘的氯仿提取物最好使用硅胶色谱。硅胶 Sep-PAK 分离产生了具有细胞毒活性的 CV-1 组分,其对 L1210 的细胞毒活性提高了 5 倍,对 P388 的抗肿瘤活性提高了 3 倍。在得到了这些振奋人心的结果后,又继续采用了制备硅胶快速色谱分离。快速色谱洗脱的第一部分,不保留在柱子上,该部分对 L1210 有较强的细胞毒活性,而后续洗脱的组分对 L1210 的细胞毒活性较弱。

(3) 采用其他固定相的色谱

为了改善分离条件,又将氯仿提取物采用了其他色谱系统。采用 C18 反相中压液相色谱,该提取物丧失了大部分活性。这种活性的丧失与采用的固定相有关。当采用碳柱时,对样品产生了 60% 的不可逆吸附,同时得到的 CV-1 组分几乎没有细胞毒活性。LH-20 凝胶过滤分离得到的 CV-1 组分有一定的细胞毒活性,但是活性不显著。

(4) 薄层色谱——生物自显影

生物自显影将硅胶薄层色谱技术与哺乳动物细胞(CV-1)相结合。这种技术能更好地指导色谱分离。对于氯仿提取物的 TLC 分离条件采用生物自显影方式进行优化。采用一系列展开剂系统对 TLC 分离条件进行优化,发现了两个主要的细胞毒活性区域,即 $R_f=0.3$ 和 $R_f=0.5$ 区域(EtOAc: MeOH = 3:1)。值得注意的是,在相同的样品浓度下,采用传统的 TLC 分析,利用紫外或者一系列 TLC 显色剂进行检测,并不能看到 $R_f=0.3$ 和 $R_f=0.5$ 的点。由此说明,对于 ecteinascidins,生物自显影方法是最灵敏的 TLC 可视化技术。在后续的纯化细胞毒活性组分中,该方法是一种简便的确定混合物中特定活性组分的技术。

(5) 硅胶中压液相——分离 Ecteinascidins743 和 745 混合物

起初,Ecteinascidins 743 和 745 混合物从硅胶色谱中分离出来。海鞘的二氯甲烷提取物分别用正己烷、二氯甲烷、甲醇和水进行萃取,然后进行后续分离纯化(图 6-17)。发现具有细胞毒活性的 CV-1 组分被萃取到二氯甲烷相中,细胞毒活性提高了 20 倍。二氯甲烷相的组分采用硅胶中压液相进行分离,分离得到的一个组分的细胞毒活性较 CV-1 的活性增

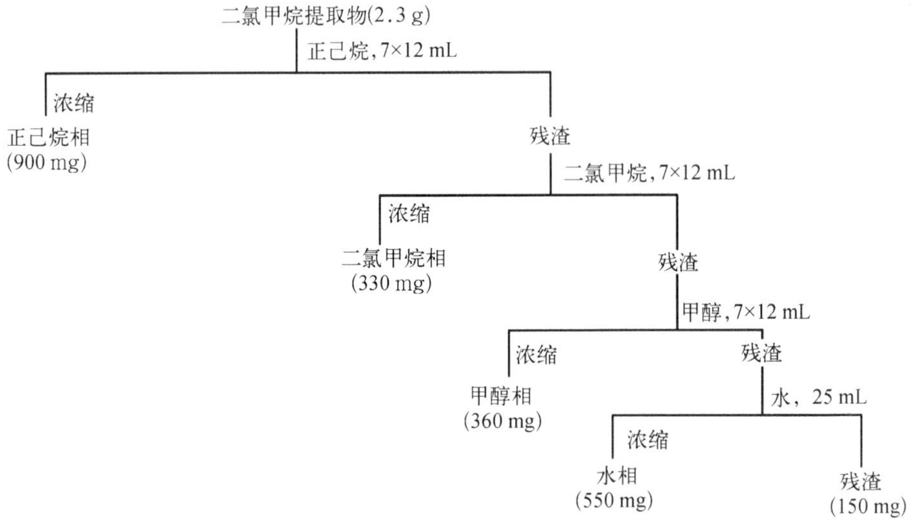

图 6-17 海鞘二氯甲烷相的分离提取方法

加了 10 倍。这时分离得到的细胞毒活性组分在 TLC 板上,采用各种物理化学的检视方法都能观察到(如紫外线,碘熏蒸,乙醇-磷钼酸显色)。细胞毒组分继续采用硅胶柱和纤维柱进行纯化。对纯化后的组分进行 TLC 分析,发现在 $R_f=0.5$(EtOAc∶MeOH = 3∶1)处有一个主要斑点,在溶剂前沿处有一个次要斑点。通过 FABMS 检测,发现了两个主要的峰,m/z 744 和 m/z 746。

3. Ecteinascidins 的分离方法

(1) 提取

主要根据前面所述的提取方法,对海鞘进行提取。在提取过程中的改良方法:在甲醇提取物进行下一步萃取的时候,首先将其进行浓缩;二氯甲烷提取物通过简单的萃取过程进一步的纯化。在整个操作过程中,避免操作时间过长以及较高的温度(>30℃),提取物应存放于 -20℃,从而避免组分中生物学活性的丧失。

(2) 逆流色谱

二氯甲烷提取物采用离心逆流色谱法进行分离。离心逆流色谱法是一种快速的不需要固体吸附剂的液-液色谱,它尤其适用于分离不稳定的化合物。采用正己烷∶氯仿∶甲醇∶水 =2∶5∶10∶5 溶剂系统进行分离,该系统使得待分离的细胞毒活性组分具有较好的分配系数,并对固定相给予足够的保留。通过离心逆流色谱法,收集到两个主要的生物活性组分,这些组分与采用 TLC 生物自显影($R_f=0.3$ 和 $R_f=0.5$)获得的相一致。分离组分的生物学活性通过后续的体内和体外实验进行了验证。第一个活性组分中含有 ET 743、745、759A、759B 和 770;第二个活性组分中含有 ET 729。

(3) 反相液相色谱

通过前面逆流色谱的分离获得两个主要的活性组分,接着采用反相中压液相进行下一步分离,主要采用多孔聚合物填充(相对惰性的填充介质)。中压液相获得的组分继续采用 C18 反相 HPLC 进行分离。通过反相液相色谱的分离,获得了 ecteinascidins 组分。其中 ET-743 产率最高,约为(1×10^{-4})%,抗癌活性也最强。对鼠白血病细胞 P-388、鼠白血病细胞 L-1210、人肺癌细胞 A-549、人结肠癌细胞 HT-29、黑色素瘤细胞 MEL-28 的 IC_{50}(nmol/L)分别为 0.34、0.66、0.26、0.46 和 0.50。

由于 ET-743 在海鞘中的含量极低,仅达生物体重的百万分之一,有机合成化学家对 ET-743 的合成工作进行了大量的努力和探索,先后有 4 个课题组完成了它的全合成工作。此外,科学家们还试图通过水产养殖的方法富集实验所需的 ET-743,并对海鞘进行了大规模养殖。通过养殖可以获得大量的海鞘,但其中的 ET-743 含量变化很大,很难获得稳定的药物来源。最后,Pharma Mar 公司在这方面取得了突破,他们以 cyanosafracin B 为起始原料,对 ET-743 进行了半合成研究。cyanosafracin B 可以通过发酵的方法由荧光假单胞菌大量获得,从而能够获得足够量的药源供应,也为 ET-743 的进一步研究提供了保障。

(二) 贻贝多糖的分离纯化

厚壳贻贝(*Mytilus coruscus*)属于海洋软体动物门,双壳纲,贻贝目,贻贝科,盛产于我国渤海、黄海等海域。贻贝主治虚劳伤惫、精血衰少、产后瘦瘠,能补五脏、消宿食等,具有很高的营养价值和食疗、药用功效。

1. 粗多糖的提取分离

（1）粗多糖的提取

1）厚壳贻贝取肉或新鲜厚壳贻贝湿肉解冻，于高速组织捣碎机中匀浆2分钟；

2）搅拌匀浆；

3）贻贝肉加水煮沸，改用小火煮约4小时；

4）纱布过滤得滤液，滤液置于4℃冰箱过夜，必要时大火煮沸滤液浓缩液体；

5）Sevage法除蛋白质，静置分液过夜；

Sevage法除蛋白质：按滤液∶氯仿∶正丁醇=20∶4∶1的比例混合，磁力搅拌器搅拌半小时，静置，4小时后分液。此后反复上述步骤，根据需要决定除蛋白质次数，本实验中除蛋白质3次；

6）收集浅棕色多糖溶液，得溶液①；

7）合并废液于锥形瓶中静置（回收废液中的多糖）；

8）收集废液中的多糖溶液，得溶液②；

9）将多糖溶液①+②合并；

10）按多糖溶液∶无水乙醇=1∶3，静置过夜；

11）去上清，取沉淀离心8 000 r/min×10分钟，分散沉淀于平皿中；

12）75℃烘干沉淀；

13）研磨，称重，得多糖粗品。

（2）多糖粗品中蛋白质含量测定

按“BCA－100蛋白质定量测定试剂盒”中的方法操作，测定样品蛋白质含量。

（3）粗多糖的含糖量测定

1）标准曲线：苯酚-硫酸法制作葡萄糖标准曲线。精密称取105℃干燥至恒重的葡萄糖11 mg，置于100 mL容量瓶中用水稀释至刻度，摇匀；精密量取葡萄糖标准溶液0.2、0.4、0.6、0.8、1.0 mL置于10 mL具塞刻度试管中，加入5%苯酚液1.5 mL，摇匀；加浓硫酸7.5 mL，摇匀；放置10分钟，加水至刻度，摇匀，于490 nm处测定吸光度。

2）样品测定：取适量样品，按“标准曲线”项下方法操作测定样品总多糖含量。根据粗多糖的质量与新鲜贻贝肉组织的质量计算粗多糖的得率：得率＝M粗多糖/M肉组织×100%。

2. 多糖半纯品的制备

（1）多糖半纯品的制备

DEAE－Sepharose和Sepharose CL－6B凝胶层析的预处理

1）DEAE－Sepharose树脂预处理：DEAE－Sepharose干粉，按1∶15（*W*/*V*）的比例加入蒸馏水，浸泡24小时充分溶胀，洗涤除去细小颗粒。用0.5 mol/L的NaOH浸泡0.5 h，水洗至中性，再用0.5 mol/L的HCl浸泡0.5小时，水洗至中性，脱气0.5小时后装柱，蒸馏水10 mL/h平衡过夜。

DEAE－Sepharose树脂的再生和保存：使用后的树脂用0.5 mol/L的HCl浸泡0.5小时，水洗至中性，再用0.5 mol/L的NaOH浸泡0.5小时，水洗至中性后抽干，加入10%乙醇溶液常温保存。

2）Sepharose CL－6B 树脂预处理：在 Sepharose CL－6B 凝胶中加入 4～5 倍体积蒸馏水，搅拌，待颗粒沉降后倾去含有碎屑的上清，重复数次达到清洗的目的，脱气 0.5 小时后装柱，蒸馏水平衡过夜。

Sepharose CL－6B 树脂的再生和保存：使用后的树脂用 0.5 mol/L 的 NaOH 浸泡 0.5 小时，水洗至中性后抽干，加入 10% 乙醇溶液常温保存。

（2）DEAE－Sepharose 层析

取粗多糖适量溶于蒸馏水中，8 000 r/min，离心 5 分钟，去除不溶物，取上清抽滤（0.45 μm）除去不溶性小颗粒。将粗多糖过 DEAE－Sepharose 柱（20 cm×100 cm），用蒸馏水洗脱，收集洗脱液，每管收集 3 mL，每管取 0.5 mL 用于苯酚-硫酸法跟踪检测（按"标准曲线"项下方法操作测定），绘制洗脱曲线，至无糖洗出为止。浓缩洗脱液，真空冷冻干燥得到半纯品多糖。

（3）Sepharose CL－6B 层析

将经 DEAE－Sepharose 分离后的多糖溶于蒸馏水中，8 000 r/min，离心 5 分钟，去除不溶物，取上清抽滤（0.45 μm）除去不溶性小颗粒。将粗多糖过 Sepharose CL－6B 柱，蒸馏水洗脱，收集洗脱液，每管收集 3 mL，每管取 0.5 mL 用于苯酚-硫酸法跟踪检测（按"标准曲线"项下方法操作测定），绘制洗脱曲线，至无糖洗出为止。浓缩洗脱液，真空冷冻干燥得到半纯品多糖。

3. 多糖半纯品的检测

1）高效液相色谱的预处理及装柱：取出 4℃ 保存的 KS－804，KS－805 串联凝胶柱，静置至室温后与 Agilent1100 型高效液相色谱仪连接，打开恒温箱，温度设定为 30℃，选择 RID 折光视差检测器。机器运行后先进行脱气，用去离子水以 0.5 mL/min 的流速平衡柱子，至基线平稳。

2）多糖的 HPLC 层析：取 Sepharose CL－6B 洗脱液 0.1 mL，0.45 μm 微孔滤膜过滤，待用。以去离子水为流动相，流速 0.8mL/min，观察洗脱曲线的峰型，判断多糖的纯度。

4. 粗多糖的组分分析

5 mg 多糖置于样品瓶中，加 2 mol/L 三氟醋酸，充分溶解后封管，置于烘箱 120℃ 水解 2 h，水解液用 $BaCO_3$ 中和后待测。硅胶板点样，以单糖标准品（*D*－甘露糖，*D*－半乳糖，*D*－葡萄糖）做对照，并在展开剂（正丁醇：乙酸乙酯：异丙醇：水＝7：4：7：2）中饱和 3 小时，然后室温展开至展开剂距硅胶板顶端 1 cm 左右停止，室温晾干，苯胺-邻苯二甲酸显色。

（卢小玲）

主要参考文献

曹艳秋，弓爱君，李红梅，等. 2013. 大孔吸附树脂从藻粉中分离纯化微囊藻毒素. 北京科技大学学报，35（10）：1256－1261.

邓修，吴俊生. 2013. 化工分离工程（第二版）. 北京：科学出版社.

李夏兰，蔡婀娜，陈培钦. 2006. PEG/（NH4）2SO4 两水相萃取海带多糖的研究. 泉州师范学院学报，24（6）：95－98.

Ahmed AB，Adel M，Karimi P，Peidayesh M. 2014. Pharmaceutical，cosmeceutical，and traditional applications of marine carbohydrates. Adv Food Nutr Res，73：197－220.

Almonacid S，Bustamante J，Simpson R，et al. 2012. Commercially sterilized mussel meats（Mytilus chilensis）：a study on process yield. J Food Sci, 77(6): R127 - 35.

Beedessee G, Ramanjooloo A, Marie D E P. 2015. Marine natural products research in Mauritius: Progress and challenges. Marine Chemistry, 170: 23 - 28.

Bringmann G, Gulder TA, Lang G, et al. 2007. Large-scale biotechnological production of the antileukemic marine natural product sorbicillactone A. Marine Drugs, 5(2): 23 - 30.

Bucar F, Wube A, Schmid M. 2013. Natural product isolation — how to get from biological material to pure compounds. [J]. Natural Product Reports, 30(4): 525 - 545.

Seader JD, Ernest J. 1995. 分离过程原理. 北京:化学工业出版社.

John W. Blunt, Brent R. Copp, Robert A. et al. 2015. Marine natural products. Nat Prod. Rep, 32, 116 - 211.

Le VH, Inai M, Williams RM, Kan T. 2015. Ecteinascidins. A review of the chemistry, biology and clinical utility of potent tetrahydroisoquinoline antitumor antibiotics. Nat Prod Rep, 32(2): 328 - 47.

Mottaleb MA, Sarker SD. 2012. Accelerated Solvent Extraction for Natural Products Isolation. Methods in Molecular Biology, 864: 75 - 87.

Navarro G, Cummings S, Lee J, et al. 2015. Isolation of Polycavernoside D from a Marine Cyanobacterium. Environ. Sci. Technol. Lett, 2(7): 166 - 170.

Pomin VH. 2014. Sea, carbohydrates and clotting: a triad on the road of drug discovery. Mini Rev Med Chem, 14(9): 717 - 24.

Qin Z, Huang S, Yu Y, et al. 2013. Dithiolopyrrolone Natural Products: Isolation, Synthesis and Biosynthesis. Marine Drugs, 11 (10): 3970 - 97.

Vinothkumar S, Parameswaran P S. 2013. Recent advances in marine drug research. Biotechnology Advances, 31 (8): 1826 - 1845.

Zhang G, Li J, Zhu T, Gu Q, Li D. 2016. Advanced tools in marine natural drug discovery. Curr Opin Biotechnol, 5: 42: 13 - 23.

Zhu B, Yin H. 2015. Alginate lyase: Review of major sources and classification, properties, structure-function analysis and applications. Bioengineered, 6(3): 125 - 31.

第七章

海洋生物芯片技术

生物芯片是在一定的固相表面建立的微流体检测系统，通过微加工工艺在厘米见方的硅片、玻璃、塑料和尼龙膜等固相载体上以点阵的形式有序地固定成千上万个与生命相关的信息分子，形成密集二维生物分子微阵列。在一定的条件下与标记的样品分子进行生化反应，反应结果用化学荧光法、酶标法、放射性核素法等显示，再用扫描仪等光学仪器进行数据采集，最后通过计算机软件进行数据分析。从而可以实现对 DNA、RNA 和蛋白质等生物活性物质进行高效快捷的测试和分析。由于常用玻片/硅片作为固相支持物，且在制备过程模拟计算机芯片的制备技术，所以称之为生物芯片技术。

关于生物芯片的定义有两种。广义地讲，一切采用生物技术制备或应用于生物技术的微处理器都可以称作生物芯片，包括始于 20 世纪 80 年代中期用于研制生物计算机的生物芯片、将健康细胞与电子集成电路结合起来的仿生芯片、一种缩微化的实验室即芯片实验室以及利用生物分子相互间的特异识别作用进行生物信号处理的基因芯片、蛋白质芯片、细胞芯片和组织芯片。而狭义地讲，生物芯片就是微阵列芯片（microarray），主要是指 DNA 芯片、蛋白质芯片、细胞芯片和组织芯片这类微型生化反应和分析系统，其本质是对生物信号进行平行处理和分析。微阵列芯片有时也特指 DNA 芯片，在海洋生物技术领域，目前应用较多的是 DNA 芯片，蛋白质芯片偶有应用，因此，本章着重介绍 DNA 芯片与蛋白质芯片的原理及在海洋生命科学研究中的应用与展望。组织芯片、芯片实验室技术、毛细管电泳芯片、生物化学反应芯片、样品制备芯片等其他芯片技术在海洋领域应用基本没有开展，因此只作一般介绍。

第一节　DNA　芯片

DNA 芯片（DNA chip）又称 DNA 微阵列（DNA micorarray），是指按照预定位置固定在固相载体上很小面积内的千万种核酸分子所组成的微点阵阵列。在一定条件下，载体上的核酸分子（探针）可以与来自样品的与之序列碱基互补的核酸片段杂交。如果把样品中的核酸片段进行标记，在专用的芯片阅读仪上就可以检测到杂交信号。

一、DNA 芯片的基本概念

DNA 芯片这一技术方法最早由 *Science*（1991）提出，其高通量、并行检测的特点适应了分析人类基因组计划所提供的海量基因序列信息的需要。可以说，人类基因组计划是基因芯片技术发展的原因，而对深入研究基因突变和基因表达有效方法的需求又是促进基因芯片技术发展的动力。

由于DNA基因芯片高速度、高通量、集成化和低成本的特点，自诞生以来就受到科学界的广泛关注，正如晶体管电路向集成电路发展的经历一样，分子生物学技术的集成化正在使生命科学的研究和应用发生一场革命。典型的基因芯片是一块大小如显微镜载物片的玻璃片，玻璃片表面上布满了成千上万个含有基因片段的微凝胶，每个微凝胶就像一个微型试管，可以测出未知DNA的序列、某一段基因的变异等。基因芯片主要利用芯片技术中信息的集成化和平行处理原理，具有无可比拟的高效、快速和多参数的特点，是传统生物技术的重大创新和飞跃。

二、DNA芯片的基本原理

DNA芯片技术主要包括四个主要步骤：芯片制备、样品制备、杂交反应和信号检测及结果分析(图7－1)。

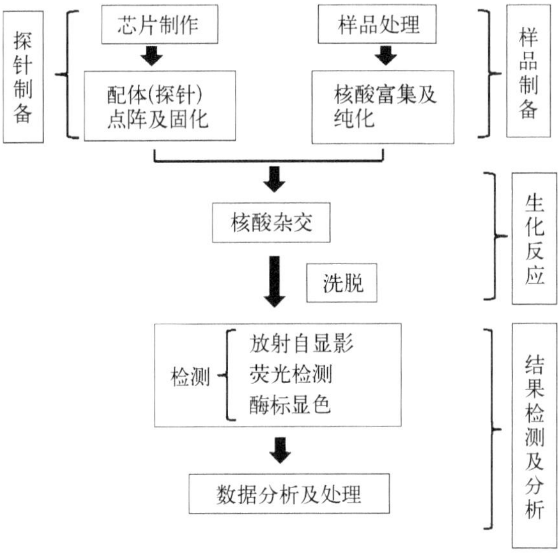

图7－1 基因芯片技术包括四个主要步骤(焦炳华，2014)

(一) 芯片制备

目前制备芯片主要以玻璃片或硅片为载体，采用原位合成和微矩阵的方法将寡核苷酸片段或cDNA作为探针按顺序排列在载体上。芯片的制备除了用到微加工工艺外，还需要使用机器人技术，以便能快速、准确地将探针设置到芯片上的指定位置。

靶基因是用于芯片点样的基因实物。靶基因又分为染色体DNA(或称基因组DNA)、化学合成的DNA或cDNA三类，其中尤以cDNA居多。cDNA是与成熟的mRNA互补的DNA序列。cDNA是染色体上编码蛋白质的DNA序列，由mRNA在反转录酶的作用下于体外合成，它与人体内行使各种功能的氨基酸序列直接对应，有巨大的医疗和药物研究价值。到目前为止,大多数具有重要功能的全长 cDNA 都已经申请了基因专利,这就使得用于芯片点样的靶基因有了专利权的限制。如果基因芯片仅仅用于研究,还不会构成侵权,但如果用于商业开发,比如用于疾病诊断,那就必须得到基因专利的授权。目前基因芯片公司利用公开数据库发展的产品比较多,而利用独有基因发展的产品占少数。

DNA 芯片综合了分子生物学、半导体微电子、激光、化学染料等领域的最新科学技术。DNA 芯片的制备和分析是一个非常复杂的过程,每一步骤都有专门的技术要求。芯片种类较多,制备方法也不尽相同,但基本上可分为两大类:原位合成和直接点样。

(二) 样品制备

生物样品往往是复杂的生物分子混合体,除少数特殊样品外,一般不能直接与芯片反应。因此,必须将样品进行提取、扩增,获取其中的蛋白质或 DNA、RNA,然后用荧光标记,以提高检测的灵敏度。根据样品来源、基因含量及检测方法和分析目的不同,采用的基因分离、扩增及标记方法各异。当然,常规的基因分离、扩增及标记技术完全可以采用,但操作繁琐且费时。高度集成的微型样品处理系统如细胞分离芯片及基因扩增芯片等是实现上述目的的有效手段和发展方向。为了获得基因的杂交信号必须对目的基因进行标记,目前采用的最普遍的荧光标记方法与传统方法如体外转录、PCR、反转录等原理上并无多大差异,只是采用的荧光素种类更多,这可以满足不同来源样品的平行分析。

荧光标记基本分为 2 种,一种是使用荧光标记的引物,一种是使用荧光标记的三磷酸脱氧核糖核苷酸。目前常使用的荧光物质有:荧光素、罗丹明、HEX、TMR、FAM、cy3、cy5 等。根据扩增产物分离的方法不同,标记的方法也不同。进行单引物标记的,其扩增产物通常由聚丙烯酰胺凝胶电泳分离;对一个引物用生物素标记,另一个引物用荧光素标记的,一般用亲合素偶联的磁珠捕捉其扩增产物,通过变性处理使荧光标记的产物解链。此外,也有用生物素残基标记引物,将生物素标记的扩增产物与芯片杂交,洗涤后加入亲合素连接的荧光物,通过生物素与亲合素的结合及靶序列与探针的结合产生荧光信号,然后利用荧光检测系统对荧光信号进行检测。

(三) 杂交反应

杂交反应是荧光标记的样品与芯片上的探针进行反应从而产生一系列信息的过程。选择合适的反应条件能使生物分子间反应处于最佳状况,减少生物分子之间的错配率。

杂交反应是一个复杂的过程,受很多因素的影响,而杂交反应的质量和效率直接关系到检测结果的准确性。这些影响因素包括:① 寡核苷酸探针密度的影响。低覆盖率使杂交信号减弱,而过高的覆盖率会造成相邻探针之间的杂交干扰。② 支持介质与杂交序列间间隔序列长度的影响。研究表明当间隔序列长度提高到 15 nt 时杂交信号显著增强。③ 杂交序列长度的影响。在杂交反应中经常发生碱基错配现象,区分正常配对的互补复合物与 1 个或 2 个碱基错配形成的复合物,主要依赖于形成的复合物的稳定性不同,而杂交序列的长度是影响复合物稳定性的一个重要因素。一般说来,短的杂交序列更容易区分碱基的错配,但复合物的稳定性要差一些;而长杂交序列形成的复合物稳定,而区分碱基错配能力要差一些。研究表明,12、15、20 bp 产生的杂交信号强度接近,而以 15 bp 杂交序列区分错配碱基的效果最好。④ GC 含量的影响。GC 含量不同的序列其复合物的稳定性也不同。⑤ 探针浓度的影响。以凝胶为支持介质的芯片,提高了寡核苷酸的浓度,在胶内进行的杂交更像是在液相中进行的杂交反应,这些因素提高了对错配碱基的分辨率,同时也提高了芯片检测的灵敏度。⑥ 核酸二级结构的影响。在使用凝胶作为支持介质时,单链核酸越长,则样品进入凝胶单元的时间越长,也就越容易形成链内二级结构从而影响其与芯片上探针的杂交,因而样品制备过程中,对核酸的片段化处理,不仅可提高杂交信号的强度,还可提高杂交速度。

(四) 信号检测和结果分析

杂交反应后芯片上各个反应点的荧光位置、荧光强弱经过芯片扫描仪和相关软件可以分析成像,扫描一张 10 cm^2 的芯片需要 2~6 分钟的时间。目前已有多家生产扫描仪的公司。根据原理不同可分为两类:一是基于激光共聚焦显微镜原理,另一种是 CCD 摄像原理。前者的特点是灵敏度和分辨率较高,扫描时间长,比较适合研究用;后者的特点是扫描时间短,灵敏度和分辨率较低,比较适合临床诊断用。虽然荧光检测在芯片技术中得到了广泛的应用,但是荧光标记的靶 DNA 只要结合到芯片上就会产生荧光信号,而目前的检测系统还不能区分来自某一位点的荧光信号是由正常配对产生的,还是由 1 个或 2 个碱基的错配产生的,或者兼而有之,甚或是由非特异性吸附产生的,因而荧光检测系统还有待于进一步完善与发展。有研究者正试图绕过荧光标记,建立新的检测系统,以提高杂交信号检测的灵敏度。其中,光纤 DNA 生物传感器微阵列(fiber-optic DNA biosensor microarray)将生物传感器与微阵列的优势结合了起来。它是将合成的氰尿酰氯活化的寡核苷酸探针固定在直径 200 μm 的光导纤维的末端(传感器敏感膜),然后若干固定有不同探针的光导纤维合成一束,形成一个微阵列的传感装置,其探针末端可以伸入样品溶液中,杂交的荧光信号由另一偶联的 CCD 相机接受,整个操作分析可以在 5 分钟内完成。而且传感器敏感膜还可以经过洗涤后再生利用。将荧光转换成数据,即可以获得有关生物信息,在基因表达谱分析中起着关键作用的生物信息学显得越来越重要。

主要涉及基因表达信息分析管理系统及其分析工具、计算方法等可简单概括为以下几个方面。

1. 芯片的设计

芯片设计对于实验的成功与否十分重要。基于芯片的研究可以在一次实验中同时得到成千上万个基因的表达数据,这些基因的表达可以是不同组织、不同刺激因子、不同发育时期和不同病理状态,这就要求在实验前后处理大量数据,如何保证实验的合理性和可靠性、避免各种干扰因素是充分运用生物信息学手段辅助芯片研究的开端。在得到实验结果反馈信息后评估芯片质量,重新设计并加以改进也是必不可少的一个环节。通常的 cDNA 芯片主要包含以下几类基因片段:已知功能的基因、未知功能的新基因、在基因组图谱已定位的 EST、特殊研究需要的基因等。

2. 基因表达数据库的构建

基因表达数据库是整个基因表达信息分析管理系统的核心。强调数据储存、信息整合和注释信息的整合。具体包括芯片制作和实验条件、结果相关信息、探针相关信息、克隆相关信息(基因的简单描述、GenBank 途径 accession 号、IMAGE 克隆标志符、代谢标志符、内部克隆标志符)等。

数据分析：对基因表达谱数据进行分析的最终目的是发现基因表达的信号强度比值(ratio)与基因功能的关联性。芯片数据分析简单来说就是对芯片高密度杂交点阵图像处理并从中提取荧光强度信号进行定量分析，通过有效数据的筛选和相关数据的聚类，最终整合杂交点的相关生物学信息，发现基因的表达谱与功能可能存在的联系。芯片分析能够检测不同条件下的基因转录变化，能够显示反映特征性组织类型、发育阶段、环境条件应答、遗传改变的基因谱。获得海量的芯片数据后，还需对这些数据进行复杂的处理，以确定这些数据与复杂生物学现象的关联。

数据分析主要包括图像分析、标准化处理(normalization)、Ratio 值分析、基因聚类分析(gene clustering)等(图 7－2)。

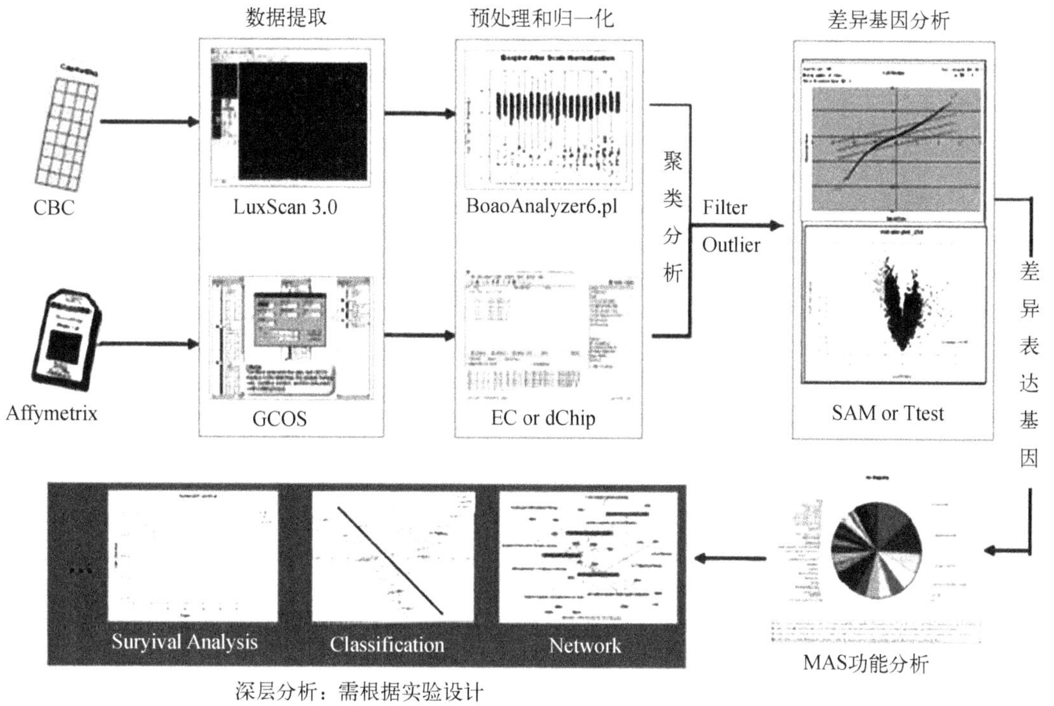

图 7－2 数据分析一般流程(焦炳华,2014)

图像处理：图像是指荧光扫描仪得到的 cy3/cy5 图像文件通过划格(griding)，确定杂交点范围，过滤背景噪音，提取得到基因表达的荧光信号强度值，最后以列表形式输出。

标准化处理(normalization)：由于荧光标记效率和检出率的不平衡，需对 cy3 和 cy5 的原始提取信号进行均衡和修正。标准化处理的方法有多种，最常用的是根据预先选定的多个内参照基因(如一组看家基因)进行校正，也可根据芯片所有的基因或其中的阳性基因、阴性基因来标准化。

Ratio 分析：cy3/cy5 的比值又称 R/G 值，一般 0.5~2.0 范围内的基因不存在显著表达差异，该范围之外则认为基因的表达出现显著改变。由于实验条件的不同，此域值范围会根据可信区间有所调整。处理后得到的信息再根据不同要求以各种形式输出，如柱形图、饼形图、点图、原始图像拼图等。将每个杂交点的所有相关信息如位标、基因名称、克隆号、PCR 结果、信号强度、Ratio 值等自动关联并根据需要数据筛选。每个杂交点原始图像另存文件,可根据需要任意排序,得到原始图像的拼图,对于结果分析十分有利(André Koschmieder, 2012)。

聚类分析: 聚类分析实际是一种数据统计分析。通过建立各种不同的数学模型,可以得到各种统计分析结果,确定不同基因在表达上的相关性,从而找到未知基因的功能信息或已知基因的未知功能。基因聚类分析就是根据统计分析原理,对具有相同统计行为的多个基因进行归类的分析方法,归为一个簇的基因在功能上可能相似或关联。目前已开发出以直观图形显示的基因聚类分析程序,可将抽象的数据结果转化成直观的盒式图、树形图,便于研究人员理解和应用。

数据分析的基本目标是能够简化原始数据、使结果直观,同时能在大量数据中解析出基因表达的真正程序。一个理想的算法应该能全面综合并直观地解析原始数据,修正已有数据,并从结构、序列、功能之间找到新联系(Hinrich, 2012)。

三、DNA 芯片的种类

根据固定在芯片载体上的核酸分子的不同,DNA 芯片主要可分为寡核苷酸芯片和 cDNA 芯片。

(一) 寡核苷酸芯片

寡核苷酸芯片(oligonucleotide chip)是指设置在固相载体上的寡核苷酸微阵列。其制备方法以直接在基片上进行原位合成为主、有时也可以预先合成,再按照制备 cDNA 芯片的方法固定在基片上。原位合成(*in situ* synthesis)是目前制造高密度寡核苷酸芯片最为成功的方法。目前有几种不同的制备工艺,其中最著名的是美国 Affymetrix 公司的专利技术——光引导化学合成法(light-directed chemical synthesis process),产品名为 GeneChip。

Affymetrix 公司已公开的光引导化学合成方法的主要过程如下: 首先根据杂交目的确定寡核苷酸探针的长度和序列,再由计算机设计出合成寡核苷酸时用到的所有光掩膜(mask),最后做探针合成。光导原位合成技术的优点是可以用很少的步骤合成极其大量的探针阵列,探针阵列密度可高达到 100 个/cm^2。这种方法的主要缺点一是需要预先设计、制造一系列掩膜,造价较高;二是每步产率较低。因此合成探针的长度受到了限制。

此外,原位合成的方法还有 Incyte Phamaceuticals 公司和 Rosetta Biosystem Inc 公司等使用的基于喷墨打印原理的原位合成法(*in situ* synthesis with reagents delivered by ink-jet printer devices)。喷印装置与普通的彩色喷墨打印机类似,用 4 种碱基液体取代墨盒中的彩色墨汁,通过计算机控制喷印机将特定种类的试剂喷洒到预定的区域上。冲洗、去保护、偶联等过程与传统的 DNA 固相原位合成技术相同。喷印法可以合成长度为 40~50 nt 的寡核苷酸链,每步产率可以达到 99%,合成 30 nt 的寡核苷酸产率可达 70% 以上。日本佳能公司利用独创的“气泡喷墨”技术,仅用 24 pl 溶液就可以在基片上制作出近百微米的小探针点,每 cm^2 可排布近 20 000 个探针,克服了喷墨打印技术制备探针阵列密度较小的缺点。

寡核苷酸芯片的杂交和检测分析与 cDNA 芯片一致。由于寡核苷酸阵列多需要区分单碱基突变,因此严格控制杂交液盐离子浓度、杂交温度和冲洗时间是杂交实验成败的关键(Meric A Ovacik, 2013)。

（二）cDNA 芯片

cDNA 芯片(cDNA chip)是在玻璃片、硅片、聚丙烯膜、硝酸纤维素膜、尼龙膜等固相载体上固定的成千上万个 cDNA 分子组成 cDNA 微阵列。制作 cDNA 芯片最常用的固相载体是显微镜载玻片。载玻片在使用前需要进行表面处理,目的是抑制玻璃片表面对核酸分子的非特异性吸附作用。常用的表面处理方法有氨基化法、醛基化法和多聚赖氨酸包被法。

制备 cDNA 芯片多用合成后点样法(spotting after synthesis)。合成后点样法使用的专用设备称为点样仪(arrayer),目前有多家国外公司(如 Bopdiscovery、Biorobotics、Vartesian Technologies、Genetic Microsystems、Genomics Solutions 等)生产点样仪。点样仪的主要部件是由计算机系统控制的电脑机械手。点样时电脑机械手利用点样针头从 96 或 384 微孔板上吸取 cDNA 样品,按照设计好的位置点在载玻片表面。针头的数目、机械手的移动时间、针头清洗和干燥时间、样品总数和载破片数目共同决定了点样所需时间;针头的直径和形状、样品溶液的黏滞程度以及固相载体的表面特性决定了芯片上液滴的量和扩散面积。

除点样法以外,cDNA 芯片也可以用电子定位法(electronic addressing)制备。美国 Nanogen 公司最早使用这项技术,他们对空白片上的特定位点进行电活化,使相应活化点的表面带有电荷,成为"微电极",能够吸附 cDNA 分子。带有微电极的芯片与样品溶液共同孵育,溶液中的 cDNA 分子被吸附的微电极上,并与芯片表面发生化学结合从而固定。用这种工艺制备的芯片的优点是:微电极的电吸附作用可以提高与靶核酸的杂交效率;缺点是制备复杂,成本较高。这种带有微电极的芯片也称为主动式芯片。许多公司出售商品化的 cDNA 芯片,可以根据需要从公司定制。美国 Incyte 公司是最著名的 cDNA 芯片提供商之一,其产名为 GEMTM 芯片,每张芯片上最多可以含有数万个点,对样品中 mRNA 的检出限达到 2 pg,对两种来源样品中的基因差异表达的检出限为 2 倍。

cDNA 芯片样品制备包括分离和标记两个方面,有些样品还要经过核酸扩增放大这一步骤。样品制备的一般过程是:提取待检样品中的 mRNA,反转录成 cDNA,同时标记上荧光。荧光标记是最常用的方法,优点是无放射性且有多种颜色可供使用;研究者可以根据需要选用其他标记方法,例如,放射性核素标记法、化学发光法或酶标法。如果目的是研究两种来源组织细胞基因的差异表达,则分别提取两种组织细胞的 mRNA,反转录成 cDNA,分别标记两种不同颜色的荧光(如 cy3 和 cy5),等量混合后与芯片进行杂交反应(图 7-3)。

杂交反应可以在专用的杂交仪(hybridization station)或杂交盒(hybridization chamber)内进行。杂交仪能够容纳多张芯片,有利于杂交过程的自动化和杂交条件的标准化。单个反应可以在杂交盒里进行,斯坦福大学 P. O. Brown 教授领导的实验室将制作杂交盒的详细说明提供在互联网上,同时还提供了 cDNA 芯片设备、样品处理与杂交的完整的实验手册和有关软件(http://cmgm.stanford.edu/pbrowri/index.html)。

通常检测芯片上的杂交信号需要高灵敏度的检测系统——阅读仪(reader),阅读仪的成像原理分为激光共聚焦扫描和 CCD 成像两种。前者分辨率和灵敏度较高,但是扫描速度较慢且价格昂贵;后者的特点与之相反。一次标准的 cDNA 芯片杂交实验产生的成千上万个

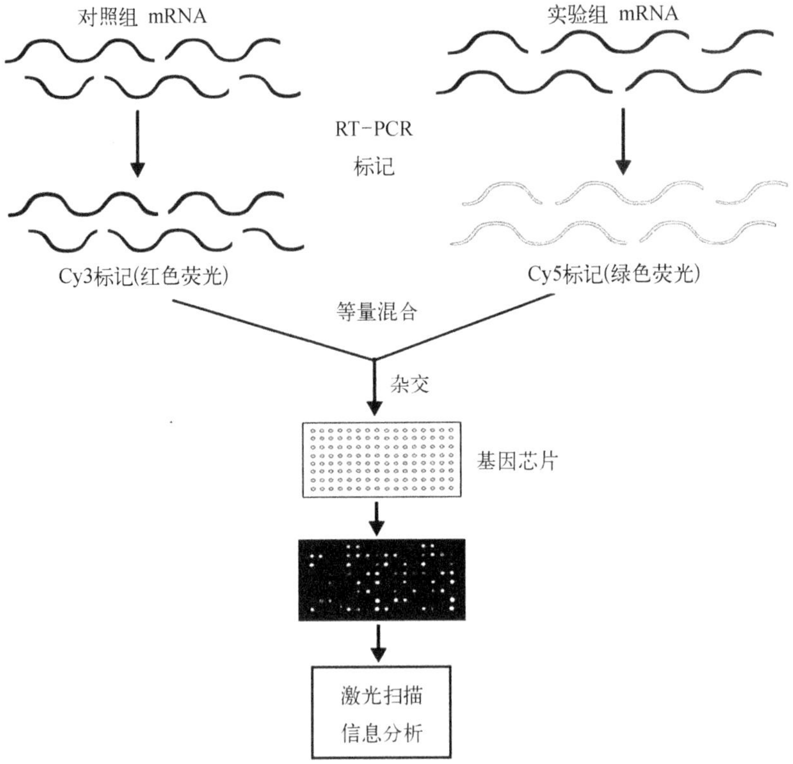

图 7-3 cDNA 芯片原理和工作流程示意图(焦炳华,2014)

点的杂交信息,需要生物信息学手段的支持。已经有多种读取和分析杂交信号的应用软件以及能够与网络公共数据库连接进行数据分析的应用软件,在 NHGRI 的网站可以下载用于图像分析的软件,还可以找到能够与 Genbank、Unigene 等数据库联机工作的软件包(丁永生,2011)。

四、DNA 芯片的应用

随着芯片技术的不断完善与发展,目前 DNA 芯片已广泛地应用于生物科学、医学等众多领域。

(一) 海洋微藻研究中的应用

基因芯片在海洋微藻物种鉴定、基因遗传多样性分析、活性物质筛选等方面具有广阔的应用前景。

1. 在海洋微藻分类与鉴定研究方面的应用

分类与鉴定是整个生物学研究的基础,传统分类鉴定方法主要以形态鉴定为主,需借助显微镜对藻体显微结构进行观察,该方法具有一定局限性。近年来,已成功研制出相关的基因芯片,如 Gescher 等研制出一种用于监控和鉴定亚历山大藻的基因芯片——ALEX 芯片,可对多种赤潮藻进行鉴定。我国研究人员经过多年的努力,已经为基因芯片的研制打下了坚实的基础,研究了我国海域内的棕囊藻、赤潮异弯藻、亚历山大藻、利玛原甲藻等藻类的 rRNA 基因、产毒基因,获取了特异性基因序列的信息,部分特异性基因序列也被成功研制成基因探针,制备基因芯片,在对实地水样的检测时取得了不错的效果。

2. 在微藻遗传多样性分析与基因突变方面的应用

海洋微藻数量巨大、种群繁多、多样性程度高。利用基因芯片来检测遗传多样性,突显快速、高通量且准确的优势,尤其是使用芯片实验室,它将分子杂交、显影等步骤微缩至同一块芯片上进行,实现反应流程化、衔接快速化,真正意义上达到自动、智能处理分析样品和结果。此外,基因芯片还可以准确地确定突变位点和突变类型,同时检测多个基因乃至整个基因组的突变,对发现新藻株和经济藻类选育有重要意义。

3. 在海藻基因差异性表达上的应用

基因芯片技术可以直接检测 mRNA 的种类及其丰度,因而成为研究基因表达的有力工具。然而,基因表达受到外界环境和内在环境双重影响。在不同的环境条件下,基因表达的效果存在一定差异。如在有毒赤潮生物产毒机制的研究中,研究人员可借助基因芯片便捷直观地分析产毒基因在外界环境及内在生理变化等因素影响下的差异性表达,以阐明产毒机制。

4. 在海藻活性物质筛选方面的应用

海洋微藻内含有在代谢过程中产生的大量活性物质,具有很高的应用价值。如许多微藻体内的蛋白质含量达到60%以上,营养价值颇高,可作为营养保健食品,螺旋藻等就已在许多国家实现产业化生产;在蓝藻等藻类体内含有藻胆蛋白,具有荧光特性,免疫学上常被制成荧光探针;多不饱和脂肪酸,包括长链不饱和脂肪酸 EPA(二十碳五烯酸)和 DHA(二十二碳六烯酸),它们对婴幼儿大脑发育及成人心血管疾病预防和治疗有一定的效果,金藻中的多不饱和脂肪酸含量几乎占到其脂肪酸总量的一半,利用基因芯片对这些活性物质进行筛选,具有显著优势。

(二)在海洋病原微生物检测中的应用

DNA 芯片技术的最大优点为可快速、准确地提供病原体的遗传信息,从而实现微生物感染的快速诊断。

副溶血性弧菌(*Vibrio parahaemolyticus*)、霍乱弧菌(*Vibrio cholerae*)、溶藻弧菌(*Vibrio alginolyticus*)、拟态弧菌(*Vibrio mimicus*)等致病性弧菌都是重要的食源性致病菌,广泛存在于海水、海底沉积物以及鱼贝虾蟹等海产品中,人们食用受该类菌污染的食物后会引起腹泻、呕吐、发烧等典型胃肠炎反应,重症患者还会脱水、休克,甚至死亡。通过对副溶血性弧菌、霍乱弧菌、溶藻弧菌和拟态弧菌等 16S rDNA 全序列进行软件比对,寻找四种弧菌及相关海洋来源的致病菌 16S rDNA 的差异序列,成功制备 DNA 芯片,能快速、特异地检测海洋来源的致病菌,尤其是为副溶血性弧菌以及其他弧菌感染的诊断与预防提供可靠的技术手段,为保障海洋食品安全提供了又一道屏障。

(三)海洋鱼类微生物感染的机制分析

大菱鲆(*Scophthalmus maximus*)是原产欧洲的名贵鱼种,自然分布于大西洋东北部、北海、波罗的海和地中海等海域。由于它具有耐低温、生长快、性格温顺、易于接受配合饵料、抗逆性强以及口感独特等优点，现已成为当前欧洲重要海水养殖鱼类之一，我国也有大量养殖。然而随着大菱鲆养殖业的迅猛发展和集约化程度的不断提高，病害问题日渐突出，其中尤以微生物性疾病最为常见。嗜污虫属的盾纤虫（*Philasterides dicentrarchi*）感染可引起鱼皮肤溃烂、变黑，游泳异常，鼓眼，虫体主要寄生于大菱鲆皮肤病灶处、鳃、腹水和眼眶周围组织，病鱼发生脑炎，肝实质组织坏死，肠壁严重水肿，死亡率高，对养殖业带来严重损失。为了研究盾纤虫的感染机制，Belén G. Pardo 等利用安捷伦寡核苷酸表达谱芯片，评估大菱鲆在被感染过程中脾、肝、肾的基因表达情况。结果发现上调的基因大多与免疫功能相关联，而下调的基因主要涉及代谢相关。所获得的信息将有助于了解大菱鲆受盾纤虫感染的免疫反应，尤其是对制定微生物感染的防御策略有重要价值。

（四）海洋鱼类发育的机制研究

海洋黑鲈鱼是重要的经济鱼类，在幼虫期，海洋硬骨鱼经过非常快速的增长，并通过形态急剧变化来完成蜕变进入幼鱼。在生命的这个阶段，基因表达的调控被广泛认为是潜在的关键机制。M. J. Darias 用基因表达谱芯片分析在受精卵孵化（DPH）后 7 和 43 天间 10 个时间点的基因表达变化，显著差异表达的基因有 485 个，通过对基因功能的富集分析，在幼虫期调控的基因之中，与器官发生、能量代谢相关通路、生物合成和消化相关基因表达异常升高，这是利用芯片技术首次对海鲈鱼的发育过程进行研究。

（五）海洋作物的选种

牡蛎在夏天有较高的死亡率，这是牡蛎与环境、病原体之间相互作用的结果。但某些种类的牡蛎能耐夏季的死亡，这提供了一个机会来利用基因芯片分析耐受（R）与易感（S）牡蛎的基因型的差异。结果发现在 R 种系与 S 种系牡蛎中，与先天免疫相关的基因表达谱有明显差异，如 Toll 样受体（TLR）、NF－κB、补 C_1q 样蛋白、前列腺素 E_2受体等，导致 R 种系牡蛎有较强的调节先天免疫的能力而 S 种系牡蛎则不能。这个结果不仅对牡蛎耐夏季死亡的机制有深入的认识，也对牡蛎的选种有重要的指导意义。

（六）海洋环境污染的检测

将海洋鱼类石颌鲷暴露于一系列污染物中，其中包括：苯并芘、多氯联苯 1254、全氟辛酸、三丁基氯化锡、林丹、雌二醇、4－壬基苯酚、甲基氯化汞和氯化镉。将五种混合污染物喂养或注射到鱼体内，每一种混合物包括 1 至 3 种化合物。利用石颌鲷肝的 cDNA 芯片（4 608 个测序基因）进行分析，确定肝脏基因表达的改变。根据基因表达的差异确定污染物的性质。比如镉污染与弹性蛋白酶 4、羧肽酶 B、胰蛋白酶原、穿孔蛋白、补体 C31、细胞色素 P4502K5、铜蓝蛋白、羧酸酯脂肪酶，以及金属硫蛋白等基因的高表达有关。通过研究，旨在实现多种环境威胁的快速生物监测。

（七）海洋生态毒理学评估

随着沿海经济快速发展和海洋的过度开发，海洋环境污染问题日渐凸显，近岸海域常常出现水质清洁度不达标，水体严重富营养化，营养盐失衡等海洋生态的问题，因而进行海洋生态毒理学的深入研究，探索出快速、准确的污染检测方法，将为海洋环境保护提供高水平的基础支持，成为“持续发展”战略的一种重要技术支撑。海洋青鳉鱼（*Oryzias melastigma*）在中国、朝鲜、日本及印度等海域均普遍存在，成年个体长约 3.5～4.0 cm，生活周期大约为 2～3 个月，其基因组较小，只有斑马鱼基因组的一半，大约为 800 Mb，性格温和、产卵率高、易于观察、海水消耗低，对海水环境压力较能耐受，且肝、生殖组织等对缺氧引起的环境压力变化比较敏感，因此很适宜作为模式生物用于毒理学等方面的实验研究。海洋青鳉鱼的生态毒理学专用型 cDNA 芯片，将海洋环境压力危害性和基因表达特征联系起来，通过基因表达分析确定毒理因素的危害性，此研究结果不仅有助于对海洋环境毒理因素相关的分子生物学机制进行了解，也为开发出创新型的海洋环境监测技术奠定了良好的基础。

第二节 蛋白质芯片

随着人类基因组计划的顺利完成，基因序列图谱已经获得，并已定位了大部分蛋白质编码基因。但是，基因的功能不仅仅由序列决定，它给予生命的信息之多、变异之广使致病机制研究成了一个极其复杂的问题，而基因治疗造成的患者死亡及转基因克隆物种出现的变异更促使我们认识到，目前距彻底了解它们并实施疾病治疗仍有漫长的路要走。

最早研发的生物芯片为 DNA 芯片（cDNA 芯片），其检测细胞中 mRNA 浓度或量的变化程度。可是，蛋白质是生物学功能的直接执行者，真正影响细胞的生理状态的是其基因产物——蛋白质，它能直接反映基因给予的信息，它的功能一旦出现异常就可引发疾病。蛋白质组学研究是继基因组学研究后生命科学发展的一个主流方向。蛋白质的结构和功能最终直接影响着生命活动的变化，基因转录水平的研究只能在一定程度上反映基因表达产物的变化，而真正发挥功能的蛋白质要经过转录后加工、翻译调控以及翻译后加工等许多步骤和调控才能形成，因而对蛋白质的直接研究才能真实地解释各种生命现象。因此，研究蛋白质组成、性质及功能是揭示基因和疾病连接链条中的关键一环。有别于 RNA 层次，蛋白质需经过翻译后修饰（post-translational modification）。如此多样化的蛋白质生物合成信息，加上成熟蛋白质间或蛋白质与其他小分子/药物/大分了间的交互作用（interactions），使用传统的方法（如 Western blotting，ELISA 等）都无法同时检测整个细胞中所有蛋白质的变化。以往，有关蛋白质的研究多采用色谱分离纯化、二维电泳、光谱、质谱定量定性等分析化学的研究技术。运用这些手段进行研究所必需的技术条件要求高、仪器昂贵、步骤繁琐、耗时冗长，不适应大规模的筛查和临床检测，使得蛋白质芯片的发展显得尤为重要。

一、蛋白质芯片的基本概念

蛋白质芯片（protein chip，PC）又称蛋白质微阵列（protein microarray），是将生物分子或其他可与蛋白质结合的物质作为配基，将其固定在固相载体表面，以形成蛋白质阵列。在检测过程中，待测分子与配基分子在芯片表面会形成生物分子复合物。基于此原理，通过检测复合物，可达到对蛋白质的探测、识别和定量的目的。蛋白质芯片的出现为识别和检测生物分子，及时观察生物分子间的相互作用和认识生物分子的功能提供了可能，有助于科研人员获得很多传统技术难以提供的信息。但由于蛋白质本身的特性，使得芯片的制作与应用与DNA芯片相比而言，具有更高的难度，包括：① 蛋白质的制备不易。虽然分子生物学技术大幅进步，但其相关的合成仪器却十分昂贵。② 蛋白质的稳定性不佳。易因温度、酸碱度的变化而断裂、失去活性。③ 蛋白质与换能器的结合不易。以传统的做法，是将蛋白质分子以共价键结合于载体上，如此将会破坏蛋白质的活性；若改以蛋白质埋于其他大分子如聚丙烯酰胺（polyacrylamide）中，或将其夹在中空的纤维半透膜内，将会延迟讯号的传递。④ 芯片上蛋白质与待测样品的最佳反应环境不同，难以达到平衡（史蒂夫，拉塞尔，2010）。

二、蛋白质芯片的种类

蛋白质芯片的发展非常迅速，目前已出现了各种类型的相关产品。根据蛋白质芯片所固定的探针分子类型，可分为生物分子型和非生物分子型。生物分子型如抗体、受体、酶、免疫复合物、DNA或寡核苷酸等；非生物分子型如某些阳离子、阴离子、亲水或疏水物质的化学基团等（图7－4）。根据蛋白质芯片的固定方式不同又可分为固相和液相芯片等。以下就几种典型的蛋白质芯片加以说明。

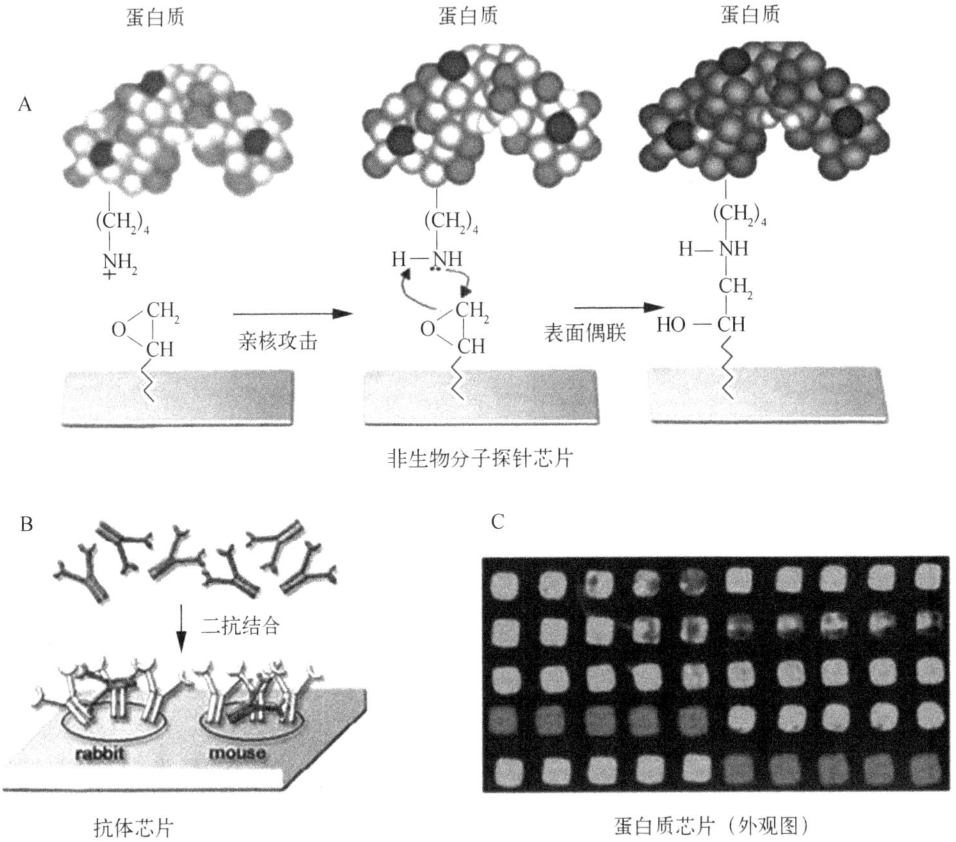

图7－4　蛋白质芯片示意图（焦炳华，2014）

（一）抗体芯片

抗体芯片是蛋白质芯片发展早期的类型，是蛋白质芯片的一种，能和不同抗原特异性结合的多种抗体高密度地固定到玻片或其他载体上，使待测样品通过芯片表面，经过洗脱把非特异性结合的蛋白质洗掉，从而对特异性结合在其上的抗原进行检测。具有微型化、集成化、高通量化的特点，可以用于检测某一特定的生理或病理过程相关蛋白质的表达丰度，目前主要用于信号转导、蛋白质组学、肿瘤及其他疾病的相关研究。第一张商品化的抗体芯片（Ab Microarray 380）由美国 BD Clontech 公司推出，芯片上排列了 380 种已知蛋白质的单抗，这些单抗对应的蛋白质都是细胞结构和功能上十分重要的分子，涉及信号传导、肿瘤、细胞周期调控、细胞结构、细胞凋亡和神经生物学等广泛的领域。通过这张芯片，在一次实验中就能够比较几百种蛋白质的表达变化。Ab Microarray 380 上的抗体是经过精心挑选的，这些抗体不仅可以识别人源蛋白质，对小鼠和大鼠样品同样有效。另外，每个抗体的结合亲和力都经过了实验测定，从多种抗体来源的克隆中筛选出反应特异性好、交叉反应程度小、信号明显的抗体，并且还要保证信号与抗原浓度有着良好的线性关系。优化的抗体探针才可以保证反应的特异性和灵敏度（可检测 20 pg/mL 的抗原浓度）。芯片的检测采用荧光报告分子，常用的荧光扫描仪都能够完成。随着抗体数量的增加，抗体芯片的种类越来越多，应用也越来越广（图 7－5）。

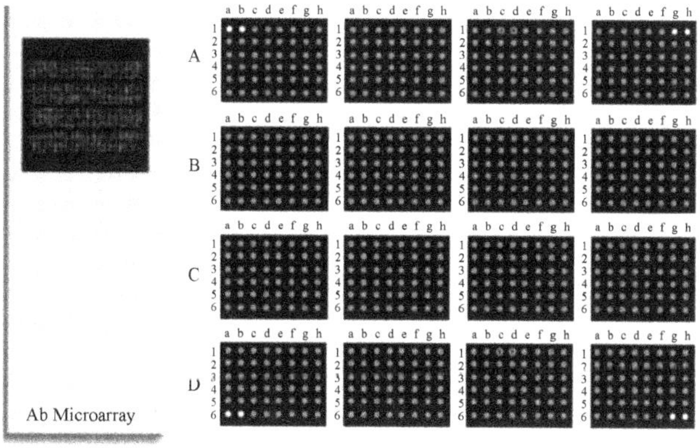

图 7－5 Clontech 公司第一个商业化抗体芯片 Ab Microarray 380（焦炳华，2014）
点代表 cy3/cy5 标记的 BSA 点样，作为点阵方向标记

（二）非生物分子探针芯片

由于抗体芯片只能检测已知蛋白质，所以其主要应用领域为临床诊断。对于未知蛋白质的分析是蛋白质组学的一项重要内容。非生物分子探针芯片适合此类用途。蛋白质芯片公司 Ciphergen 的化学芯片是主要代表，其表面包裹了各种材料，利用这些不同的表面区别不同的蛋白质。设计的表面材料有疏水型的、亲水型的、阳离子和阴离子交换型的、金属离子等等，但是仅用这些有限数量的表面来识别数以千计的不同蛋白质比较困难。与芯片成键的蛋白质可采用 MALDI－TOF 质谱进行分析。化学表面芯片的特点是：可直接用粗生物

样品(血清、尿、体液)进行分析;可同时快速发现多个生物标记物;所用样品量少(0.5~5 μL或2 000个细胞样品),测定速度快(5 min);高通量的验证能力——可自动化操作;可发现低丰度、小分子质量蛋白质;灵敏度高(1 fmol);可测定疏水蛋白质特别是膜蛋白;在同一系统中集分离、纯化、鉴定、检测和数据分析为一体。

(三) 液相芯片

固相载体的蛋白质芯片难于维持蛋白质的天然构象,不利于蛋白质功能研究。液相芯片在这方面具有独特优势。液相芯片体系由许多不同的小球体为主要基质构成,每种小球体上固定有不同的探针分子,将这些小球体悬浮于一个液相体系中,就构成了一个液相蛋白质芯片系统。利用这个系统,我们可以对同一个样品中的多个不同的分子同时进行检测,这种检测技术称之为流式多组分谱分析(flexible multi-analyte profiling, xMAP)技术。

在液相系统中,为了区分不同的探针,每一种固定有探针的微球都有一个独特的色彩编号,或称荧光编码。在微球制造过程中掺入了红色和橙色两种荧光染料(这两种染料各有10种不同区分),从而把微球分为100种不同的颜色,形成一个具有独特光谱地址的含有100种不同微球的阵列。不同颜色微球在分类激光激发下产生的荧光互不相同,这种分类荧光是识别不同微球的唯一途径。利用这100种微球,可以分别标记上100种不同的探针分子,可同时对一个样本中的100种不同的目的分子进行检测。为了便于探针分子的固定,在球形基质的表面进行了一系列的修饰,可适合各种蛋白质、肽、核酸等生物分子的固定。

1. 检测反应的原理

球形基质、探针分子、被检测物、报告分子是液相蛋白质芯片的4个主要构成部分。反应主要包括3个步骤: ① 探针分子的固定;② 将这种标记好探针的球形基质与样品反应。探针可以与相应的目的分子特异性的结合,带有绿色报告荧光的报告分子也与目的分子特异性的结合,对反应进行定量;③ 反应结果的检测。检测的原理是使单个的球形基质通过检测通道,并使用双色激光同时对球形基质上的红色分类荧光和报告分子上的绿色报告荧光进行检测。红色激光激发的是球形基质上的红色分类荧光,根据球形基质的不同色彩编号,可以将球形基质分类,从而将各个不同的分析反应区分开来。绿色激光激发的是绿色报告荧光分子,目的是确定球形基质上结合的报告荧光分子的数量,从而确定球形基质上结合的目的分子的数量。因此,通过红绿双色激光的同时检测,可以确定被结合的检测物的种类和数量。

2. 液相芯片的检测

液相芯片的技术特点可归纳如下: ① 反应快速、灵敏度高。反应环境为液相、微球上固定的探针与待检样品均在溶液中反应,其彼此间碰撞概率与速度相对于固相芯片或ELISA等反应模式可增加10倍以上,因此可提高反应速度及灵敏度。抗原-抗体等蛋白质分子相互作用的结果可在瞬间经激光判定后由电脑以数据信息的形式记录下来,敏感性显著超越酶联信号或常规杂交信号检测。② 通量大、可同时检测多种目标物。该技术可对同一样品中多达100种分子同时进行分析。液相芯片系统采用96孔板为反应容器,在35~60 min内,可对96个不同的样品进行检测,所需样品用量比常规方法少。③ 稳定性好。液相环境更有利于保持蛋白质的天然构象,不仅有利于探针和被检测物的反应,也更能保证反应的特异性和稳定性。④ 操作简便,耗时短。常规 ELISA 或固相芯片技术,每一步反应之后都需充分洗涤以去除非特异结合成分,耗时且易造成污染,而液相芯片技术可以避免这些过程和弊端。

三、蛋白质芯片的基本原理

由于蛋白质空间结构与其功能活性相关,要制造蛋白质芯片相对要比 DNA 芯片复杂很多。蛋白质芯片有多种类型,原理也各不相同,以固相蛋白质芯片为例,其原理是将各种蛋白质有序地固定于滴定板、滤膜和载玻片等各种载体上成为检测用的芯片,然后用标记了特定荧光素的蛋白质或其他成分与芯片作用,经漂洗将未能与芯片上蛋白质互补结合的成分洗去,再利用荧光扫描仪或激光共聚焦扫描技术测定芯片上各点的荧光强度,通过荧光强度分析蛋白质与蛋白质之间的相互作用,由此达到测定各种蛋白质功能的目的。为了实现这个目的,首先必须通过一定的方法将蛋白质固定于合适的载体上,同时能够维持蛋白质天然构象,也就是必须防止其变性以维持其原有特定的生物活性。另外,由于生物细胞中蛋白质的多样性和功能的复杂性,开发和建立具有多样品并行处理能力、能够进行快速分析的高通量蛋白质芯片技术将有利于简化和加快蛋白质功能研究的进展(邱实,2014)。

(一) 芯片的制备

1. 固相载体

为了维持蛋白质二级与三级结构与其生化活性,选择玻片材质与表面化学处理剂是必要的。固相载体呈薄片型,外观可做成长条状、圆形或椭圆形等不同形状,经特定处理后承载吸附有关的生物制剂。常用的材质有硅、云母、各种膜片等。如使用玻璃或硅化物为玻片材质的基因芯片常用甲醛来固定 DNA 片段,相同方法也用于固定蛋白质于玻片上。此外,也可将玻片表面附上铝或金、亲水性聚合物或聚丙烯酰胺电泳胶,这些材料可避免蛋白质分子变性并使其反应部位朝向正确的方位,让整个反应在亲水性环境下进行。

2. 探针分子

DNA 芯片的原理是两股互补的 DNA 片段利用自然的杂交力量来进行反应,而蛋白质芯片普遍利用抗体与抗原间的结合作用来达到检测的目的。所以在玻片"印"上形同阵列的各种不同抗体,这些抗体可为单抗、多抗、抗体的某一片段或合成多肽配体(synthetic polypeptide ligand)。此外,受体、结合某些阳离子或阴离子的化学基团、亲水或疏水物质、酶、免疫复合物等也常用来作为探针分子。它们可采用化学固定技术固定在载体表面上,形成一个个点状芯池。某些 DNA 或寡核苷酸也可被用来辨识和结合特定蛋白质。SomaLogic 公司利用光感应原理开发出光照配体(photoaptamer)技术来制造芯片,整个实验过程大致为先利用配体结合检测物中的蛋白质,接着把芯片暴露在紫外线照射下,使得配体和目标蛋白质交联(cross-linking)而产生共价键,这时候就可用比较剧烈的实验条件将未结合的蛋白质洗去。

3. 固定方式

制备蛋白质芯片时常常采用直接点样法,以避免蛋白质空间结构改变,保持它和样品的特异性结合能力。现已有预置已知探针的多种芯片系统(Ciphergen Biosystems 公司)出售,类型有列式、微孔板式、凝胶块状等。一般来说,一块载体上根据需要固定的芯池可多可少,研究用芯片的芯池数目较少,大多都在6~10个左右,多者可达10多个;但供规模生产用的芯片其芯池数量要多得多。现有一种构象型蛋白质芯片,其芯池数目高达1 600个/cm^2,呈微矩阵排列,点样时须用机械手进行,可同时检测数千个样品。使用时先将需要检测的含有蛋白质的标本如尿液、血清、精液、组织提取物等按一定程序做好层析、电泳、色谱等前处理,然后在每个芯池内点入需要的种类,一般样品量只要2~5 μL即可。根据测定目的的不同可选用含有不同探针的芯片。让标本在每个芯池中与特定的探针结合或与其中含有的生物制剂相互作用一段时间,然后洗去未结合的或多余的物质,将样品固定后等待检测即可。

Zyomyx公司发展了另一个照相平版印刷(photolithography,类似于Affymetrix)技术,将蛋白质或抗体固定在流动室(flow chamber)中而形成液态状,可防止水分蒸发而导致的蛋白质变性。此外,Large Scale Biology公司将数百条涂满特定抗体的塑料杆子捆在一起形成一束状物,然后把此束状物横切成含有特定抗体的薄片,1 m长的束状物可制成上百万张低密度的芯片,在成本上具有竞争力,且容易制造并适合用于临床诊断(哈德曼,2006)。

(二)蛋白质芯片的检测

如何检测芯片上结合的微量蛋白质是蛋白质芯片技术的关键。直接检测模式是将待测蛋白质用荧光素或放射性核素标记,结合到芯片的蛋白质就会发出特定的信号,检测时用特殊的芯片扫描仪扫描和相应的计算机软件进行数据分析,或将芯片放射显影后再选用相应的软件进行数据分析。间接检测模式类似于ELISA方法,标记第二抗体分子(图7-6)。以上两种检测模式均基于阵列为基础的芯片检测技术,方法操作简单、成本低廉,可以在单一测量时间内完成多次重复性测量。目前国外多采用质谱(mass spectrometry, MS)分析基础

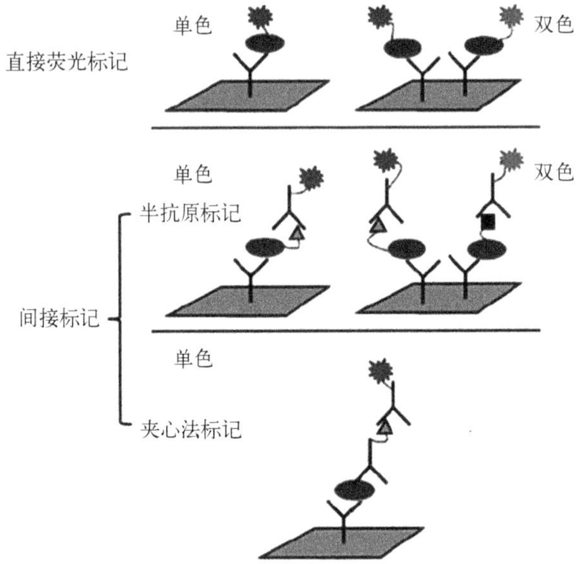

图7-6 蛋白质荧光标记的两种方法,直接标记和间接标记(蔡在龙 制作)

上的新技术，如表面加强的激光离子解析—飞行时间质谱技术（SELDI－TOF－MS），可使吸附在蛋白质芯片上的靶蛋白离子化，在电场力的作用下计算出其质量电荷比，与蛋白质数据库配合使用，来确定蛋白质片段的相对分子质量和相对含量，可用来进行检测蛋白质谱的变化。光学蛋白质芯片技术是基于1995年提出的光学椭圆生物传感器的概念，利用具有生物活性芯片上靶蛋白感应表面及生物分子的特异性结合性，可在椭偏光学成像观察下直接测定多种生物分子。

四、蛋白质芯片在海洋生命科学研究中的展望

蛋白质芯片已经在医学研究领域中广泛使用（图7－7），在识别特定蛋白质表达物、进行蛋白质水平的药物筛选、揭示蛋白激酶的作用、测定血清中的小分子物质含量等方面均比常规技术更准确、更迅速。由于目前海洋生物来源的蛋白质抗体极其有限，因此，目前还没有专门用于海洋生命科学的抗体芯片。但可以预见：随着海洋生命科学研究的不断深入，蛋白质芯片必然大有作为。蛋白质芯片技术在海洋药物研究中的目标是发现新的天然海洋药物，阐明其调控细胞代谢、信号传导和调控网络规律，揭示和验证药物作用的靶点，探索药物作用机制。生物信息学资源的共享与高通量筛选技术的结合，克服了传统技术繁琐、重复性不强的缺点，加快了药物筛选的进程。随着技术的不断更新，蛋白质功能密码被破译，利用蛋白质芯片技术一定能够从海洋中开发出低毒、高效、能治愈重大疾病的药物。

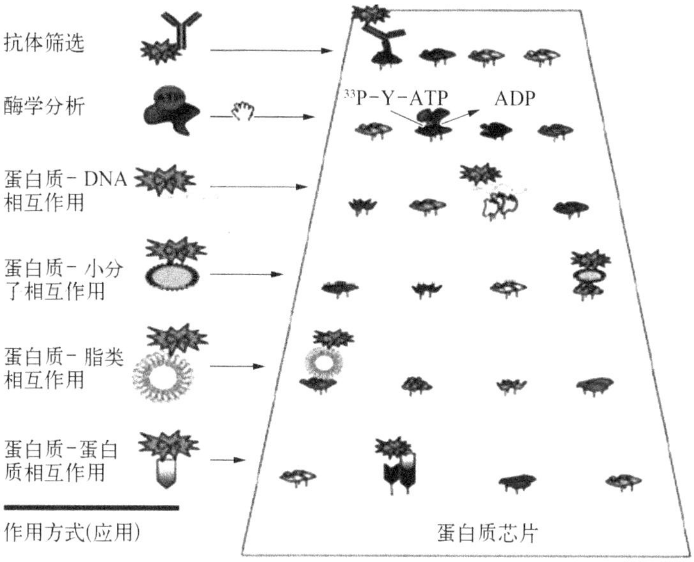

图7－7 蛋白质芯片在医学研究领域中的应用（蔡在龙 制作）

第三节 组织芯片

新的诊疗方法的开展常常依赖于以高通量的方式对分子标志物在成千上万个临床样本

中进行筛选。基因芯片和相关的基因组筛选工具使通过筛选基因组来发现基因与临床疾病的关系成为可能。但是这些基因组和蛋白质组研究中发现的标志物在被用作诊断或判定预后指标之前,必须进行证实和验证。而此时应用活体组织进行测试往往是不现实的,因此亟待发展体外、在组织层面上进行测试的高通量的技术,组织芯片(tissue microarray)技术就是在这样的背景下应运而生。

一、组织芯片的基本概念

J. Kononen 等(1998)在 *Nature* 上首次报道了组织芯片这一高通量的技术。一张组织芯片有序地固定着成百甚至上千个来源于不同患者的组织样本,每个样本为圆盘状,直径为 0.6~2.0 mm(图 7-8)。这样的组织芯片可被用来做特定的分子分析如 DNA、mRNA 的原位杂交和蛋白质的免疫组织化学染色。与传统的免疫组化或原位杂交技术即一张玻片对一个患者组织样本相比,组织芯片的高通量是显而易见的,而且还可以克服传统技术方法可能造成的样本、实验间的误差,使其结果更为客观可靠。

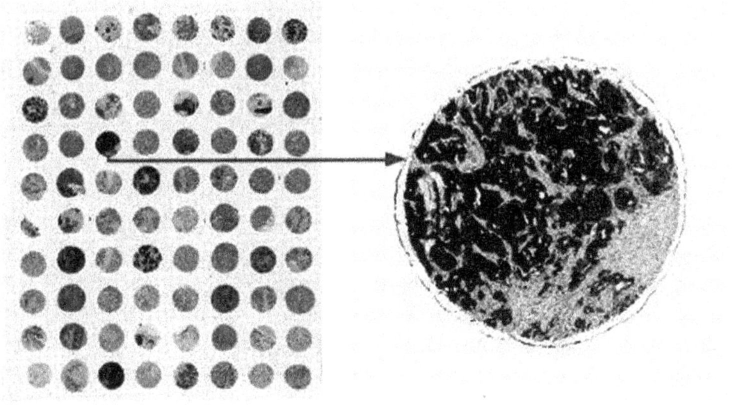

图 7-8 一张 80 个点的组织芯片(左)及其放大图(右)(J. Kononen, 1998)

组织芯片技术为从成千上万个候选基因中筛选到与某一疾病类型特异相关的分子标志物提供了新的高效手段。该技术实现了基因表达谱的研究与临床应用的快速结合,通过揭示候选基因的细胞定位、组织分布与临床显著性信息,组织芯片技术尤其适合以基因组为基础的诊断和药物靶标的发现。与传统技术相比较,组织芯片具有很多优势:如分析的速度大大增加;通过制备组织芯片可分析大量的分子标志物,而保留原有的组织用于其他研究;可以对现有的大量组织样本库进行研究,而其他高通量基因组和蛋白质组研究则难以实现。组织芯片的自动化制备和分析技术使其在癌症研究方面得到大量应用,组织芯片可以分析大样本量下肿瘤发生发展过程中的分子变异情况,识别诊断和预后指标,以及验证新发现的具有诊断和治疗作用的基因。例如,Kononen 等收集了两组乳腺癌样本,每组 645 例,选用已知的乳腺癌标记,两组分别用组织芯片和传统的技术方法进行筛选。结果证实两组的结果绝大部分都吻合。组织芯片与基因芯片检测技术的主要差别是前者是检测一批不同患者样本(如 500~1 000 例)中某一或几个生物标记物的表达状况,后者则是检测同一患者样本中成千上万个基因的表达状况。

二、组织芯片的基本原理

(一) 芯片制作

组织芯片的制作方式主要有两种：石蜡切片方法和冰冻切片方法，其中以石蜡切片方法为主。冰冻切片方法较少，而且制作较为困难，制作出的组织芯片其密度与质量还有待提高。但与石蜡切片方法相比，冰冻切片对组织细胞中抗原、核酸特别是对 RNA 保存具有明显的优势，因此用冰冻切片方法制作组织芯片将是其发展方向。

1. 石蜡切片制作方法

我们参考国外文献和实验室自身条件总结了一套石蜡组织芯片制作方法：① 制备熔点为 57～59℃、大小适宜的受体蜡块。② 将受体蜡块在 39～42℃ 水浴中浸泡 10 分钟使其软化便于打孔。③ 从水浴中取出受体蜡块并安放在国产组织点样仪的固定器上。用受体针在受体蜡块上打孔。要尽快操作，一次可以连续打 10 个孔。当蜡块硬化时要停止打孔，如果蜡块硬化后还进行打孔将会破坏蜡孔周围的石蜡。④ 从固定器取出蜡块用步骤②的方法重新软化受体蜡块。重复步骤②～③直至整个受体蜡块打孔完成。⑤ 用供体针(比受体针稍大)在第一个供体样本冲取样本。⑥ 用镊子将供体样本小心地放在被选定的受体蜡块孔上，再用镊子柄将样本轻轻地压入相应的受体蜡孔中或直接用供体针将取出的样本填入受体蜡孔中。继续冲取供体样本和将它们插入受体蜡块直至完成。在组织样本填入蜡孔时应该记录每个样本在二维阵列中的具体位置。⑦ 将做好的芯片蜡块面朝下放在一玻片上一同放入 37℃ 温箱 15 分钟。⑧ 当蜡块软化时从温箱取出蜡块和玻片，轻轻地将它们相互挤压，这将会使样本压平，使供体样本更深地进入蜡块。⑨ 这时还不要将蜡块和玻片分开，将它们一起放入冰浴中进行冷却大约 10 分钟。这时样本块就可以进行切片了。目前我们能制作出 400 点左右的质量良好的组织芯片。

2. 冰冻切片制作方法

其制作组织芯片的方法与石蜡切片方法基本相似。不同之处为：支持物为 OCT(一种冰冻包埋介质)；供体(组织)与受体(OCT 模块)用同一针取样或打孔；组织供体、OCT 模块、取样针或打孔针都放置于干冰中使其保持冰冻状态。

在芯片制作过程中需用到组织点样仪(tissue arrayer)。目前只有美国 Beecher Instruments 公司销售组织点样仪，且受专利保护(www. beecherinstruments. com)，每台售价约 10 万人民币。对国内多数单位来说它是个贵重仪器。根据经验，买此公司的打孔和取样针就可以进行组织点样工作，一套取样针售价约 1 000 元人民币，分别有 0. 6 mm、1. 0 mm 和 2. 0 mm 三种规格。

在组织芯片的制备过程中，以下几个问题值得引起重视。

(1) 组织样本的代表性

组织芯片体积小、信息含量高是其明显的优点。但组织芯片中组织样本的大小对某一病变组织的代表性是组织芯片设计中最重要的问题，尤其是对异质性明显的肿瘤。一般而言,芯片上组织样本数量越大,组织片的面积肯定越小,细胞数量也越小。直径0.6 mm的组织片上细胞数为直径为2 mm的组织芯片的1/10,故在组织芯片的设计中并不是组织片的数量越多越好,特别是肿瘤分化程度差异大或肿瘤的异质性明显时,尤其要注意这一问题。组织芯片制备完后还要进行一般的HE染色,检测样本是否具有代表性,只有这样才可能使实验结果真实可靠。如果实验动物组织的异质性不明显(如肝、肾和肌肉等),那么一个动物实验的组织都可以在排列在一个组织芯片,一次进行完一个和两个指标的检测,这样实验样本间的误差将明显降低,同时还可减少实验费用,缩短实验时间。

(2) 样本中被检测物质的保存

由于组织细胞离体后会很快发生自溶,组织细胞中核酸酶会降解靶核酸特别是RNA。目前医院病理标本档案库样本的制作过程往往注意形态的完整性而忽视了核酸的保护,对RNA特别是拷贝数少的RNA的检测不够理想,但不影响蛋白质/多肽的检测(其在病理标本中的抗原完整性可保持60年)。冰冻切片方法制作组织芯片克服了这一问题。但目前冰冻切片方法制作组织芯片还有一些困难如标本一时很难累积到一定数量、制作较慢,技术方法还有待进一步改进等问题。

(3) 组织片的移位或脱落

组织片脱落的对策是首先对载玻片进行彻底的清洗,同时还可用0.1%的多聚赖氨酸、APES和0.5%铬明胶等进行防脱片处理。

(二) 芯片检测

组织芯片的检测技术包括免疫组化(IHC)、原位杂交(ISH)、荧光原位杂交(FISH)等各种整片组织切片上的分子检测技术。免疫组化尤为常用。供体组织的固定时间及方法对mRNA ISH实验的敏感性和特异性有较大影响。使用传统的甲醛固定的供体组织蜡块时,可检测到中度和冗余表达的转录本,冰冻组织芯片可得到更好的检测结果。实验结果的判定通常由病理学家在光学显微镜下进行,每小时可处理成百个点的数据;也可以获取图像资料后使用软件分析,这样做的好处在于可以建立与分子和临床信息相关联的数据库系统。FISH技术在组织芯片上分析遗传变异非常方便,一次芯片杂交可提供1 000个组织中的特异遗传变异情况。限速步骤之一是FISH信号的评分。现已发展出共聚焦荧光显微镜为基础的系统,附带图像分析算法用于自动分析组织芯片的FISH结果。

三、组织芯片的应用

组织芯片技术大大促进了高通量并行分析大批量组织样本技术的发展。例如,500~1 000例不同肿瘤组织排列在同一石蜡块上,而这样的组织芯片石蜡块又可以制成100~200张组织芯片。这些组织芯片可分别用来进行DNA、RNA或蛋白质的检测,从这些数据中可迅速的筛选出与疾病相关的生物标志物,有助于建立与临床诊断、治疗和预后相关的参数。

筛选新型肿瘤分子标志物是组织芯片应用最为广泛的领域,乳腺癌、前列腺癌等研究结果表明:组织芯片分析分子变异的结果与传统方法的研究结果非常一致,同时也证实了组织芯片的可靠性,为进一步开展大规模研究奠定了基础。

1. 乳腺癌标志物筛选

近年来,已有许多学者应用乳腺癌组织芯片开展标志物的筛选与验证工作,取得了有意义的结果。如:① 在对645个乳腺癌标本制成的组织芯片中,发现4个已知基因(*Erbb2*、*c-myc*、*CCND1* 和 *Cyclin D1*)和2个新的染色体区段(17*q*23 和 20*q*13)与乳腺癌的相关性明显;② 组织芯片研究表明核糖体蛋白 S6 激酶在乳腺癌细胞中不仅高表达,而且具有很高的酶活性。结合临床资料分析,发现该激酶和 *HER*-2 的高表达与患者较低的存活率显著相关;③ 使用FISH检测29例乳腺癌患者组织芯片(1.5 mm直径)中 *HER*-2 扩增情况,结果与全组织中的结果一致。该实验为大规模的组织芯片 FISH 检测提供了新的可靠方法;④ 大量的细胞系和转基因动物实验提示 TGF-β 信号途径与乳腺癌增生相关。456例临床样本的乳腺癌组织芯片检测亦证实,该信号途径中 Smad 受体单位的缺失率随乳腺癌恶性程度增高而增高,而与组织学分型、雌激素受体和 HER2/neu 表达无相关性;⑤ 使用含有611个石蜡包埋临床标本的乳腺癌预后组织芯片(每点0.6 mm直径)分析了端粒酶催化亚单位——人端粒酶反转录酶(hTERT)和端粒酶全酶复合体核心单元(hTR),结果表明,hTERT 和 hTR 的表达与肿瘤特异的存活率显著相关,hTERT 和 hTR 值越高,预后越差。多变量统计学分析同时也发现 hTERT 是一个独立的预后指标。该研究提示端粒酶作为潜在的乳腺癌预后指标,具有较高的临床价值。

2. 前列腺癌标志物筛选

尽管前列腺特异性抗原被广泛用作其早期诊断指标,前列腺癌导致的死亡在西方国家男性癌症患者中仍然位居第二。有学者等对前列腺癌激素治疗失败的病因学进行了 cDNA 芯片表达谱研究,并对发现的高表达基因作了组织芯片验证,筛选到在前列腺癌激素治疗失败的样本中显著表达的胰岛素样生长因子结合蛋白(IGFBP2),提示 IGF 可能是前列腺癌发展过程中关键的信号调节途径。此项研究也突破了单一的肿瘤基因芯片表达谱研究模式,开始结合细胞和组织水平的高通量技术。随后,在其构建的含有良性前列腺增生、原发癌、转移癌及激素治疗失败后局部复发癌等前列腺癌多型组织芯片的 FISH 分析中,对5个基因(雄激素受体的基因、*myc*、*Erbb2*、*cyclinD1* 和 *N-myc*)进行了检测分析,证明前列腺组织不同阶段的病变具有一些特有的基因类型。如转移癌与 *myc* 增多有关,激素治疗失败后的局部复发癌与雄激素受体基因增多有关。发现雄激素受体基因在转移癌的扩增率为22%,*myc* 为11%,*Cyclin D*1 为5%,而 *Erbb2* 和 *N-myc* 在前列腺癌的各分期中均未发现扩增。这些新的认识有助于分析肿瘤患者的预后和制定有针对性的治疗措施。同时,也有助于肿瘤在分子水平上的分型。为进一步揭示前列腺癌发生发展的分子机制,并验证由 cDNA 芯片分析筛选到的候选基因,在含544个临床标本的前列腺组织芯片中分别进行了靶基因的 mRNA ISH 和相应抗体的 IHC 检测。结果证实 S100P 与前列腺癌显著相关,而晶体蛋白(crystallin μ)和 LIM 结构域蛋白 LM04 在原发性前列腺癌症中有较高表达,而在激素治疗的转移性癌中则显著降低。

以上例子说明,组织芯片作为一种新型的基于组织和细胞水平的高通量筛选技术,可以在原位、定量、平行地分析候选生物分子标志物在基因扩增、mRNA 和蛋白质水平的表达情况,可将基因芯片等发现的具有潜在应用价值的生物分子标记物迅速评估其生物学作用和临床价值,有助于建立与诊断、治疗和预后相关的参数。随着技术方法的不断完善和标准化,组织芯片在筛选新型肿瘤分子标志物中的应用会更加广泛和深入。

第四节 其他生物芯片

生物芯片的基本含义是采用微量化、并行化、高通量的方式检测生物样品中的分子变化规律。生物芯片实际上是缩小了的生物化学分析器,通过芯片上微加工获得的微米结构和生物化学处理结合,便可将成千上万个与生命相关的信息集成在一块厘米见方的芯片上。采用芯片可进行生命科学和医学中所涉及的各种生物化学反应,以达到对基因、抗原和活体细胞等进行测试分析的目的。通过分析可得到大量具有生物学、医学意义的信息。生物化学反应和分析过程通常包括样品制备、生物化学反应、检测和数据分析处理等三个步骤。将其中一个步骤或几个步骤微型化集成到一块芯片上就能获得具有特殊功能的生物芯片,例如,用于样品制备的细胞过滤器芯片和解电电泳芯片、用于基因突变检测和基因表达的DNA微阵列芯片和用于药物筛选的高通量微米反应池芯片等。现在,世界各国的科学家们正致力于将生化分析的全过程通过不同芯片的使用最后达到全部功能的集成,以实现所谓的微型全分析系统或缩微芯片实验室。使用缩微芯片实验室,人们可以在一个封闭的系统内以很短的时间完成从原始样品到获取所需分析结果的全套操作。基于此,除了前面所述的DNA 芯片、蛋白质芯片、组织芯片等芯片外,适合各种用途的生物芯片也不断出现。

一、芯片实验室技术

芯片实验室(lab - on - a - chip)是指把生物和化学等领域中所涉及的样品制备、生物与化学反应、分离检测等基本操作单位集成或基本集成于一块几平方厘米的芯片上,用以完成不同的生物或化学反应过程,并对其产物进行分析的一种技术。计算机芯片使计算微型化,而芯片实验室使实验室微型化。因此,在生物医学领域它可以使珍贵的生物样品和试剂消耗降低到微升甚至纳升级,而且分析速度成倍提高,成本成倍下降;它可以使以前大的分析仪器变成平方厘米尺寸规模的分析仪,将大大节约资源和能源。芯片实验室由于排污很少,所以也是一种绿色技术。因此可以说,芯片实验室是生物芯片技术发展的最高目标。

芯片实验最大的特点是“微集成”,集成的单元部件越来越多,且集成的规模也越来越大。所涉及的部件包括:进样及样品处理有关的透析、膜、固相萃取、净化部件;用于流体控制的微阀、微泵、微混合器、微反应器,还有微通道和微检测器等。代表性的工作是美国 S. R. Quake 研究小组将 3 574 个微阀、1 000 个微反应器和 1 024 个微通道集成在尺寸仅有 3. 3 mm × 6 mm 面积的硅质材料上,完成了液体在内部的定向流动与分配。

1998 年 6 月,Nanogen 公司的程京等首次报道了用芯片实验室所实现的从样品制备到反应结果显示的全部分析过程。他们用这个装置从混有大肠杆菌的血液中成功地分离出了细菌,在高压脉冲破胞之后用蛋白酶 K 孵化水解蛋白,制得纯化的 DNA,最后用另一块电子增强的 DNA 杂交芯片分析证实提取物是大肠杆菌的 DNA。这是向缩微实验室迈进的一个成功的突破。

芯片实验室在生物医学领域中的应用有如下几个方面：① 临床血细胞分析。细胞芯片分析仪将微流路和微电极组合到芯片上,实现了细胞的分类和计数,而且还可进行血红蛋白的定量测定。近来美国华盛顿大学与美国 Backman 公司合作研究出了可供检测血细胞的一次性塑料芯片,大大减少了检测成本和仪器的体积。② 核酸分析。微流控芯片实验室一开始就在 DNA 领域显示其极强的功能,涉及了遗传学诊断、法医学基因分型和测序等方面;有学者制成了集成有微混合器和 DNA 纯化装置的一次性微流控芯片系统,用于 DNA 的样品制备,在微通道里放置阴离子交换树脂,得到了单一头发丝中的线粒体 DNA 的电泳图;利用微流控芯片快速分析脑脊液样品中的 DNA,诊断带状疱疹病毒性脑炎所需时间只有脑脊液样品普通凝胶电泳的 1/100,其分析时间缩短了 100 倍以上。③ 蛋白质分析。微流控芯片可以用于酶的分析测定,蛋白质和肽的二维电泳分离与检测,为蛋白质的组学研究提供了一种快捷、便利的分析工具。④ 药物分析。有文献报道成功地利用细胞芯片进行抗肿瘤药物的高通量筛选,在芯片实验室上进行手性药物分离及药物相互作用研究。

芯片实验室技术的普遍应用仍有一些关键性问题亟待解决和完善,诸如：芯片实验室技术的灵敏度、重复性、特异性和非特异性,简化样品制备和提高标记效率,高度集成化的样品制备,基因扩增、核酸标记以及检测仪器的研制和开发,生物芯片的重复利用和多重用途,标准的统一等。

二、毛细管电泳芯片

毛细管电泳芯片是在常规毛细管电泳的原理和技术的基础上,利用微加工技术在平方厘米级大小的芯片上加工出各种微细结构,如通道和其他的功能单元,通过不同的通道、反应器、检测单元等的设计和布局,实现样品的进样、反应、分离和检测,是一种多功能化的快速、高效和低耗的微型实验装置。该项技术由杜邦公司于 1983 年最早开发出来,随后,瑞士的 Ciba - Geigy 公司和加拿大的 Alberta 大学合作利用玻璃芯片毛细管电泳完成了对寡核苷酸的分离。首次用芯片毛细电泳检测 DNA 突变和对 DNA 进行测序的是由加利福尼亚大学伯格利分校的科学家完成的。通过在芯片上加上高压直流电,他们在 2 min 时间内便完成了从 118 bp 到 1 353 bp DNA 片段的快速分离。此外,还有将核酸扩增反应与芯片毛细管电泳集成为一体开展多重 PCR 和 DNA 片段分离的报道。

三、生物化学反应芯片

微流控芯片分析技术具有进样量极小、易实现自动化控制和高通量分析的特点,使得在微流控芯片上进行生化反应操作较常规的分析样品前处理更方便、更快速、成本更低廉。而且,高特异性的生化反应与微流控芯片强大的分离、检测能力相结合显示出明显的优势,因此以药物筛选或生化样品分析为目的而进行的酶反应、免疫反应、荧光分子标记、PCR 反应,酶联免疫分析等正逐渐转移到芯片上实现,并在生物化学分析、临床检测、药物筛选领域越来越显示出巨大的发展潜力。宾夕法尼亚大学研究小组最近成功地在坝式微过滤芯片中直接对分离所得的人白细胞通过升温方式胞解后所释放的 DNA 进行了扩增,这是世界上首例将样品制备和扩增反应集成为一体的研究成果。随着技术的不断发展，越来越多的生物化学反应被集成到微流控芯片上。目前，生物化学反应在微流控分析芯片上的集成技术尚不成熟，芯片操作的重复性较差，芯片上生化反应的可控性不强。

四、样品制备芯片

针对 DNA 分析，其制备过程通常要经过细胞分离、破胞、脱蛋白质等多方面的工作，最后得到纯度足够高的待检 DNA。目前在细胞分离方法上较突出的有过滤分离（根据生物颗粒的尺寸差异进行分离）和解电电泳分离（利用在芯片上所施加的高频非均匀电场使不同的细胞内诱导出偶电极，导致细胞受不同的解电力作用，从而从样品中分离出来）等。芯片中的破胞方法有芯片升温破胞、变压脉冲破胞、化学破胞等。在捕获 DNA 方面，Cepheid 公司应用湿法蚀刻和反应离子蚀刻/等离子蚀刻等工艺在硅片上加工出含有 5 000 个高 200 μm 直径 20 μm 的具有细柱式结构的 DNA 萃取芯片，专门用于 DNA 的萃取。

（蔡在龙）

主要参考文献

丁永生，李汪根，任立红. 2011. 基于生物芯片的 DNA 计算—模型、算法及应用. 北京：科学出版社.

哈德曼，陈忠斌. 2006. 生物芯片技术与应用详解/生物实验室系列. 北京：化学工业出版社.

焦炳华. 2014. 现代生物工程. 北京：科学出版社.

邱实，刘芳. 2014. 蛋白质芯片应用研究进展. 食品科学，35(17)：332－37.

史蒂夫，拉塞尔. 2010. 生物芯片技术与实践(精). 北京：科学出版社.

André Koschmieder, Karin Zimmermann. 2012. Tools for managing and analyzing microarray data. Brief Bioinform, 13(1): 46－60.

Hinrich(欣里希). 2012. 基于 Affymetrixa 芯片的基因表达研究. 北京：科学出版社.

Li X, Harwood VJ, Nayak B, Weidhaas JL. 2016. Ultrafiltration and Microarray for Detection of Microbial Source Tracking Marker and Pathogen Genes in Riverine and Marine Systems. Appl Environ Microbiol, 82(5): 1625－35.

Meric A Ovacik, Banalata Sen, Susan Y Euling. 2013. Pathway modeling of microarray data: a case study of pathway activity changes in the testis following in utero exposure to dibutyl phthalate (DBP). Toxicol Appl Pharmacol, 271(3): 386－94.

Trumbić Ž, Bekaert M, Taggart JB, et al. 2015. Development and validation of a mixed-tissue oligonucleotide DNA microarray for Atlantic bluefin tuna, Thunnus thynnus (Linnaeus, 1758). BMC Genomics, 16: 1007. doi: 10.1186/s12864－015－2208－7.

Williams TJ, Cavicchioli R. 2014. Marine metaproteomics: deciphering the microbial metabolic food web. Trends Microbiol, 22(5): 248－60.